問題+解説編

数学Ⅱ+B 入試問題集

第1章　式と証明
1　式の計算　*001*
2　二項定理とその応用　*004*
3　恒等式　*008*
4　対称式　*010*
5　等式の証明　*012*
6　不等式の証明　*015*
7　相加平均・相乗平均の不等式　*018*

第2章　高次方程式
1　複素数と方程式　*020*
2　2次方程式　*024*
3　剰余定理と因数定理　*027*
4　高次方程式　*030*
5　解と係数の関係　*033*
6　1の3乗根ω　*036*

第3章　図形と方程式
1　点の座標　*038*
2　直線の方程式　*041*
3　円の方程式　*047*
4　軌跡と領域　*056*

第4章　三角関数
1　三角関数の基本　*070*
2　加法定理と派生公式　*081*
3　三角関数の応用　*092*

第5章　指数関数と対数関数
1　指数関数　*098*
2　対数関数　*105*

第6章　微分法
1　関数の極限と導関数　*115*
2　接線　*120*
3　関数の増減とグラフ　*123*
4　微分法の応用　*131*

第7章　積分法
1　積分法(1)　*137*
2　積分法(2)　*146*

第8章　数列
1　等差数列　*158*
2　等比数列　*163*
3　いろいろな数列の和　*166*
4　数列の和の応用　*178*
5　漸化式　*183*
6　漸化式の応用　*189*
7　数学的帰納法　*192*

第9章　ベクトル
1　ベクトルとは　*196*
2　ベクトルと図形(1)　*205*
3　ベクトルと図形(2)　*212*
4　空間ベクトル(1)　*217*
5　空間ベクトル(2)　*224*

東洋館出版社

SURE STUDY シュアスタ！

問題＋解説編

数学Ⅱ＋B 入試問題集

土田竜馬／高橋全人／小島祐太

> **第1章**
> 式と証明
> **第2章**
> 高次方程式
> **第3章**
> 図形と方程式
> **第4章**
> 三角関数
> **第5章**
> 指数関数と対数関数
> **第6章**
> 微分法
> **第7章**
> 積分法
> **第8章**
> 数　列
> **第9章**
> ベクトル

東洋館出版社

まえがき

本書の特徴

　書店に行くと，学習参考書のコーナーにはたくさんの問題集，参考書が溢れています．薄いものから厚いもの，易しいものから難しいもの，解説が少ないものから解説がとても詳しいもの，と本当に様々です．
　しかし，我々が受験生に心から推薦することができるものは決して多くありませんでした．

　あまりにも分厚いものはたしかに網羅性はあります．しかし，本当にそれを全て終わらせることができると思いますか？　また，最初のほうはやり込んだものの，後ろのほうは全く手付かずの状態になっていたりしませんか？

　あまりにも薄いものも推薦はできませんでした．最重要問題から始めるということは受験勉強をしていくにあたり一理あるとは思います．しかし，それだけでは網羅性がなく，穴だらけで，せっかく1冊を仕上げても得点力につながりません．大学入試は重要問題のみが出題されるわけではないのです．よって，次の一冊に取りかからなければならなくなります．

　そこで，本書では網羅性を維持しつつ，最後までやり切れるようになるべく問題数を削減しました．例題→類題という構成の問題集や参考書もありますが，例題→類題と2問解くならば，本書の1問を2回繰り返してください．たくさんの問題を解くこともちろん重要です．が，まずはこの一冊をボロボロになるまでやりこんで，完璧に仕上げてみましょう．東大・京大に代表される最難関大を除けば入試に必要な事項はすべて網羅されています．

　また，1ページに問題と解答がきちんと収まっているようなものがありますが，全てが1ページに収まるということは不自然だと思いませんか？　分野に

よって，問題によって，解答が短いものもあれば長いものだってあります．また，その解答に行き着くまでの考え方に説明が長くなるものもあれば，そうでないものだってあります．そこで，本書ではレイアウトの問題で書くべき内容を削減しなくてもよいように，解説，問題を別に構成し，さらに解答編は別冊にしてあります．

最後に，以下の質問の答えが一瞬で浮かぶか考えてみてください．

> ① $x^2 - 2x - 1 = 0$ を解の公式にあてはめずに解けますか？
> ② 相加平均・相乗平均の不等式を使う際に，等号成立条件の確認が必要な場合と必要でない場合の違いはわかりますか？
> ③ $\sin\theta + \cos\theta$ を $\cos$ で合成できますか？
> ④ $3^{\log_3 5}$ の値が見た瞬間にわかりますか？
> ⑤ 3次関数 $f(x)$ が極値をもつ条件は $f'(x) = 0$ の判別式 > 0 であって，0以上でないという理由がわかりますか？
> ⑥ $\sum_{k=1}^{n} k^2 = \frac{1}{6}n(n+1)(2n+1), \sum_{k=1}^{n} k^3 = \left\{\frac{1}{2}n(n*1)\right\}^2$ が成立する理由がわかりますか？
> ⑦ 特性方程式という言葉だけを覚えて，漸化式の解き方を全て丸暗記してませんか？
> ⑧ 数学的帰納法には様々なバリエーションがあることが理解できていますか？

どんな人でも「苦手な分野」というものは必ずあると思います．こういった場合，教科書の太枠で囲まれている公式部分を丸暗記し，それに数値をあてはめるような勉強をしてきたのではないでしょうか？

もしそうだとしたら，それは数学の勉強ではなくただの作業です．そんなことを繰り返しているようでは応用力はつかないし，公式や解法を忘れたらどうしようという恐怖に常に付きまとわれます．受験勉強をしていくにあたって，定理や公式の成り立ちを理解し，納得することを大切にして欲しいです．

本書では単なる暗記ではなく（もちろん暗記を軽視したり否定しているわけではありません），その公式や定理の概念やイメージがわかりやすくなるように

書きました．全てをしっかりと読み込んでほしいと思います．ただし，あくまでも高等学校教科書レベルの基本事項をひと通り学習したほうが本格的な入試対策を始めることを想定して作られています．そのため，未習の方には解答・解説が少ないように感じられるところもあるでしょう．未習の分野がある場合には，まず教科書を学習してから取り組んでください．

本書の構成

本書では，まず各章ごとに「出題傾向と対策」，そして各単元ごとに「基本事項の解説」とその分野における「問題」が掲載されています．

「出題傾向と対策」は，入試におけるその章の出題のされ方や重要度，他の章との関連性などが書いてあります．「基本事項の解説」では定理や公式などの紹介とその証明を中心にその単元の重要ポイントをまとめてあります．

「問題」では Point でその問題の解法のヒントが書かれています．なお，問題は以下のように3段階にレベル分けしてあります．

- ★☆☆（ランク1）…基本問題（教科書の例題レベル）
- ★★☆（ランク2）…標準問題（入試問題基本レベル）
- ★★★（ランク3）…発展問題（入試問題標準レベル）

以下に本書の具体的な使い方の一例を記します．

1. 「出題傾向と対策」を読み終えたら「基本事項の解説」を利用して定理・公式に抜けがないかを確認しましょう．余力があればここで証明までできるようにしておくと，より深い理解が得られるでしょう．

2. 次に「問題」を実際に解いてみましょう．解く順番は各自の実力に応じて変えてもよいでしょう．数学があまり得意でないならば，まずは★☆☆（ランク1）の問題のみを解き，次に★★☆（ランク2）を解く．ここまでを繰り返し解き，完璧になったら★★★（ランク3）にチャレンジするなどというのも一つの使い方です．

   ただし，数学な得意な人でも★☆☆（ランク1）の問題から全て解くことをおすすめします．というのも，自分ではわかっているつもりだったけれども実は勘違いしていた，本来暗記していなければならないものなのに実は忘れてしまっていた，というようなものが必ずあるからです．

3. 実際に「問題」を解くときにはPointで与えられたヒントを参考にしながら，まずは自力で最低15分は考えて自分なりの解答を作成して下さい．解けなかった場合は別冊の解答をよく読み，自分でその解答が再現できるように繰り返し練習しましょう．このとき，ただ解答を暗記するのではなく「基本事項がどのように運用されているか」を意識しながら解答を作成することが重要です．また，問題が解けた場合でも，自分の解答と本書の解答を見比べて，よりよい解法はないか，記述が不十分な箇所はないかをしっかり確認して，より完成度の高い答案の作成を目指しましょう．

4. 初見で解けなかった問題に関しては，時間をあけて再び解き直しをするとよいでしょう．

　数学は積み重ねが重要な教科ですから，すぐに劇的に実力が向上することはありません．また，ある程度の苦痛が伴うのを避けることはできません．しかし，本書と正面から向き合い努力すれば必ず報われます．頑張ってください．

　本書の刊行にあたって，いろいろな方の協力がありました．駿台予備学校講師の小野敦先生，大阪府立和泉高等学校の山下尊也先生には原稿の内容面でたくさんのアドバイスを頂きました．また，TeXコンサルタントの瀬川直也氏には組版や図版の作成で大変お世話になりました．ここで深く感謝いたします．

著者一同

土田竜馬

一橋大学経済学部卒業後，東京工業大学大学院に進むという異色の経歴をもつ．大学時代から予備校の教壇に立ち，2004 年より代々木ゼミナール講師となる．近年は東大理科数学，一橋大数学，早慶ハイレベル理系数学など上位クラスを中心に担当．その授業の一部は全国の代ゼミ各校舎・サテライン予備校，提携先の高等学校等で受講可能である．

　授業中は厳しい発言も多いが，それも全ては第一志望合格のため．受験生のことを本気で応援する頼れるオヤジである．

高橋全人

早稲田大学卒．代々木ゼミナール講師．

　幼少時代をアマゾン川のほとり，三浦の海辺で過ごす．中学・高校時代は，勉強そっちのけでバレーボールに没頭．大学卒業後，塾の講師として勤務したのに，代々木ゼミナール講師となる．趣味であるスキューバダイビングでは，プロのライセンスを取得．暇さえあれば，パラオ・モルディブなどの海に潜りに行くが，なかなか時間が取れないのが悩みである．

小島祐太

慶應義塾大学理工学部卒．代々木ゼミナール講師．

　長崎県生まれ．大学入学時より予備校講師を志し，日吉のアパートに移り住む．学費捻出と修行のため，大学受験予備校の教壇に立つ．卒業後，母校代々木ゼミナールの講師となる．

　休暇はふらりと気ままな旅に．旅先で趣味の自転車を走らせる．

目　次

第1章　式と証明　　1

1. 式の計算 1
2. 二項定理とその応用 4
3. 恒等式 8
4. 対称式 10
5. 等式の証明 12
6. 不等式の証明 15
7. 相加平均・相乗平均の不等式 18

第2章　高次方程式　　20

1. 複素数と方程式 20
2. 2次方程式 24
3. 剰余定理と因数定理 27
4. 高次方程式 30
5. 解と係数の関係 33
6. 1の3乗根 ω 36

第3章　図形と方程式　　38

1. 点の座標 38
2. 直線の方程式 41
3. 円の方程式 47

4　軌跡と領域 56

第4章　三角関数　　　　　　　　　　　　　70

　　　1　三角関数の基本 70
　　　2　加法定理と派生公式 81
　　　3　三角関数の応用 92

第5章　指数関数と対数関数　　　　　　　　98

　　　1　指数関数 98
　　　2　対数関数 105

第6章　微分法　　　　　　　　　　　　　115

　　　1　関数の極限と導関数 115
　　　2　接線 120
　　　3　関数の増減とグラフ 123
　　　4　微分法の応用 131

第7章　積分法　　　　　　　　　　　　　137

　　　1　積分法（1） 137
　　　2　積分法（2） 146

第8章　数列　　　　　　　　　　　　　　158

　　　1　等差数列 158
　　　2　等比数列 163
　　　3　いろいろな数列の和 166
　　　4　数列の和の応用 178

5	漸化式	183
6	漸化式の応用	189
7	数学的帰納法	192

第9章　ベクトル　196

1	ベクトルとは	196
2	ベクトルと図形（1）	205
3	ベクトルと図形（2）	212
4	空間ベクトル（1）	217
5	空間ベクトル（2）	224

第1章 式と証明

1 式の計算

■公式をすらすら使えるようになりましょう

出題傾向と対策

数学において最も基礎となる「式の扱い」を学習します．この分野は独立して出題されるというより，他の分野と融合されることがほとんどです．二項定理は確率や数列，整数問題などにおいて現れますし，相加平均・相乗平均の不等式は関数の最大値・最小値などで用いることもあります．公式を覚えることはもちろんですが，意味を考えて式を扱っていくことがポイントです．

1-1 3次の乗法公式と因数分解

乗法公式なんてなくても，気合と根性があればどんな式も展開することができます．ですから，公式を忘れることを恐れる必要はありません．しかし，毎回毎回一つずつ展開していると時間がかかりますし，脳のエネルギーを無駄に使うことで集中力が切れてしまいます．というわけで，以下の5つはすぐ使えるようにしておくべきでしょう．

▶▶▶公 式

① : $(a+b)^3 = a^3 + 3a^2b + 3ab^2 + b^3$

② : $(a-b)^3 = a^3 - 3a^2b + 3ab^2 - b^3$

③ : $(a+b)(a^2 - ab + b^2) = a^3 + b^3$

④ : $(a-b)(a^2 + ab + b^2) = a^3 - b^3$

⑤ : $a^3 + b^3 + c^3 - 3abc$
$= (a+b+c)(a^2 + b^2 + c^2 - ab - bc - ca)$

1-2 整式の除法

整数 A を整数 B で割ったとき，商が Q で余りが R であるとき，
$$A = BQ + R \ (R < B)$$
となることは小学校で学習しました．これと同様に，整式 $A(x)$ を整式 $B(x)$ で割った商が $Q(x)$ で余りが $R(x)$ であるとき，

$$A(x) = B(x)Q(x) + R(x) \ (R(x)\text{ の次数} < B(x)\text{ の次数})$$

となります．

問題 1　難易度 ★☆☆　▶▶▶ 解答 P1

次の式を展開せよ．

(1) $(x+2)^3(x-2)^3$
(2) $(x-2y)(x+2y)(x^2+2xy+4y^2)(x^2-2xy+4y^2)$
(3) $(x^2+xy+y^2)(x^2+y^2)(x-y)^2(x+y)$

POINT
(1) $A^3B^3 = (AB)^3$, $(a-b)^3$ の展開公式を利用します．
(2) $(a+b)(a^2-ab+b^2) = a^3+b^3$, $(a-b)(a^2+ab+b^2) = a^3-b^3$ が使えるように，かけ算の順序を工夫しましょう．
(3) $(a-b)(a+b) = a^2-b^2, (a-b)(a^2+ab+b^2) = a^3-b^3$ が使えるようにかけ算の順序を工夫します．

問題 2　難易度 ★☆☆　▶▶▶ 解答 P1

次の式を因数分解せよ．

(1) $x(x+1)(x+2) - y(y+1)(y+2) + xy(x-y)$
(2) $125x^4 + 8xy^3$
(3) $a^6 - 1$
(4) $a^3 + b^3 + c^3 - 3abc$

POINT　(1)〜(3) では
$$a^3 - b^3 = (a-b)(a^2+ab+b^2), \ a^3+b^3 = (a+b)(a^2-ab+b^2)$$
の形を作り，因数分解を行います．
(4) では $a^3+b^3 = (a+b)^3 - 3ab(a+b)$ としてから因数分解をします．

問題 3 難易度 ★☆☆　　▶▶▶解答 P2

$3x^3 - 2x^2 + 1$ をある整式 $f(x)$ で割ると，商が $x+1$，余りが $x-3$ であるという．$f(x)$ を求めよ．

POINT $3x^3 - 2x^2 + 1 = f(x)(x+1) + x - 3$ から $f(x)(x+1) = 3x^3 - 2x^2 - x + 4$ と表せますので，$3x^3 - 2x^2 - x + 4$ を $x+1$ で割ったときの商が $f(x)$ となります．

問題 4 難易度 ★★☆　　▶▶▶解答 P2

$x = 2 + \sqrt{3}$ のとき，$x^5 - 5x^4 + 6x^3 - 6x^2 + 6x - 2$ の値を求めよ．

POINT $x = 2 + \sqrt{3}$ を直接代入すると非常に大変な計算になるので計算の工夫をします．

$x = 2 + \sqrt{3}$ のとき $x - 2 = \sqrt{3}$ として両辺を 2 乗すると
$$x^2 - 4x + 4 = 3 \quad \therefore \quad x^2 - 4x + 1 = 0$$

となります．ここで，与式を $x^2 - 4x + 1$ で割り，その結果を使い，与式を $\underline{(x^2 - 4x + 1)Q(x)} + ax + b$ の形に変形します．というのは，$x^2 - 4x + 1 = 0$ ですから，〜〜〜の部分は 0 になり，余りの $ax + b$ に $x = 2 + \sqrt{3}$ を代入すれば済むからです．

2 二項定理とその応用

第1章 式と証明

■理屈をきちんと納得しましょう

2-1 二項定理

たとえば，$(a+b)^4$ を展開すると，

$$(a+b)^4 = (a+b)^3(a+b)$$
$$= (a^3 + 3a^2b + 3ab^2 + b^3)(a+b)$$
$$= a^4 + 4a^3b + 6a^2b^2 + 4ab^3 + b^4$$

となります．ここで，たとえば a^3b の係数がなぜ 4 になっているのか，組合せを利用して考えてみましょう．

$$(a+b)^4 = \underbrace{(a+b)}_{①}\underbrace{(a+b)}_{②}\underbrace{(a+b)}_{③}\underbrace{(a+b)}_{④}$$

の展開式で，たとえば，①③④から a をとり ②から b をとれば a^3b という項が得られます．また，②③④から a をとり ①から b をとれば a^3b という項が得られます．

要するに ①～④ の中のどこから b を選ぶかを考えれば，残り3つは自動的に a が選ばれるわけですから a^3b という項ができます．どこから b を選ぶかは $_4C_1 = 4$ 通りあるので，展開したときに a^3b という項が4個出てくるので a^3b の係数は4となります．

では，ある特定の項の係数だけでなく展開してできるすべての係数を求めて，展開した結果の式を考えてみます．$(a+b)^4$ の展開において，先の例と同様に考えていけば a^2b^2 の係数は $_4C_2$，ab^3 の係数は $_4C_3$ となるので，

$$(a+b)^4 = a^4 + {}_4C_1 a^3b + {}_4C_2 a^2b^2 + {}_4C_3 ab^3 + b^4$$
$$= \sum_{k=0}^{4} {}_4C_k a^{4-k} b^k$$

となります．

これを一般化して，自然数 n に対して $(a+b)^n$ の展開式がどのようになるか求めてみましょう．$a^p b^q$ という項（ただし，$p+q=n$）における係数は，n 個の $(a+b)$ のうち，どこから b を q 個取ればよいかと考えれば，$_nC_q$ となります．$(a+b)^n$ の展開式は，$q=0, 1, 2, \cdots, n$ の場合を足せばよいので，

$$(a+b)^n$$
$$= {}_nC_0 a^n + {}_nC_1 a^{n-1}b + {}_nC_2 a^{n-2}b^2 + \cdots$$
$$+ {}_nC_k a^{n-k}b^k + \cdots + {}_nC_{n-1}ab^{n-1} + {}_nC_n b^n$$

となります．これを **二項定理** といいます．

2-2 多項定理

　二項定理を正確に理解することができたら，考え方は同じです．たとえば，$(a+b+c)^6$ を展開したときの ab^2c^3 の係数を考えてみます．

$$\underbrace{(a+b+c)}_{①}\underbrace{(a+b+c)}_{②}\underbrace{(a+b+c)}_{③}\underbrace{(a+b+c)}_{④}\underbrace{(a+b+c)}_{⑤}\underbrace{(a+b+c)}_{⑥}$$

と並んでいるとき，c^3 を作るには，c を3つ選ぶことになります．(①, ②, ③)，(②, ④, ⑤) など様々な選び方がありますが，どの3つから c をとるかと考えると ${}_6C_3$ 通りあります．

　残った3つの括弧のうち1つから a，2つから b をとるので，その取り方は ${}_3C_1 = 3$ 通りあります．

　よって ${}_6C_3 \times {}_3C_1 = 60$ 通りの選び方があるので 係数は 60 となります．

　これを一般化すると，$(a+b+c)^n$ の展開式における $a^p b^q c^r$ (p, q, r は 0 以上の整数で $p+q+r=n$) の項は，n 個の $(a+b+c)$ という因数から，a を p 個，b を q 個，c を r 個とって掛け合わせてできるので，その係数は

$${}_nC_p \times {}_{n-p}C_q = \frac{n!}{p!(n-p)!} \times \frac{(n-p)!}{q!(n-p-q)!} = \frac{n!}{p!q!r!} \quad (\because p+q+r=n)$$

すなわち，

$$\frac{n!}{p!q!r!}$$

となります．

問題 5 難易度 ★☆☆

次の係数を求めよ.

(1) $(x+y)^9$ の展開式における x^7y^2 の係数
(2) $(2x-y)^6$ の展開式における x^2y^4 の係数
(3) $\left(x^3 - \dfrac{1}{x^2}\right)^{10}$ の展開式における定数項

POINT (1)(2) 二項定理を利用して展開をします.
(3) 定数項とは, $x^3 \cdot \dfrac{1}{x^3} = 1$ のように x が約分されて定数となる項のことです.

問題 6 難易度 ★★☆

次の係数を求めよ.

(1) $(x+y+z)^6$ の展開式における x^2y^3z の係数
(2) $(x^2-2x+3)^4$ の展開式における x^5 の係数
(3) $(x+y)^6(x+y+2)^5$ の展開式における x^6y^3 の係数

POINT (2) x^2, $-2x$, 3 を何個取ればよいか, その組合せすべてを求め, それぞれの係数を求めます.
(3) 1つの文字で表せるので $x+y=t$ と置き換えて展開します. その後, x^6y^3 という項の現れる部分に注目します.

問題 7 　難易度 ★★☆　▶▶▶解答 P4

次の値を求めよ．

(1) $_nC_0 + 2\,_nC_1 + 2^2\,_nC_2 + \cdots + 2^n\,_nC_n$

(2) $_nC_0 + _nC_1 + _nC_2 + \cdots + _nC_n$

(3) $_nC_0 - _nC_1 + _nC_2 - _nC_3 + \cdots + (-1)^n\,_nC_n$

POINT 二項定理

$$(a+b)^n = {_nC_0}a^n + {_nC_1}a^{n-1}b + {_nC_2}a^{n-2}b^2 + \cdots + {_nC_k}a^{n-k}b^k + \cdots + {_nC_n}b^n$$

の a, b, n に適当な値を代入します．

問題 8 　難易度 ★★☆　▶▶▶解答 P5

21^{21} を 400 で割った余りを求めよ．

POINT $21^{21} = (20+1)^{21}$ とみて，二項定理を利用します．

3 恒等式

第1章 式と証明

■恒等式と方程式の違いを明確にしましょう

　一般的に，等号 (=) で繋がれた式を **等式** といいます．次の2つの等式をみてみましょう．

> ① $(x-1)^2 = x^2 - 1$
>
> ② $(x-1)^2 = x^2 - 2x + 1$

①の等式は，展開して整理すると，

$$x^2 - 2x + 1 = x^2 - 1$$
$$-2x + 2 = 0$$
$$x = 1$$

となり，$x = 1$ という特定の値に対してのみ成立する等式であることがわかります．このような等式を **方程式** といい，方程式を成り立たせる値を，その方程式の **解** といいます．

　一方，②の等式は，左辺を展開して整理すると右辺と全く同じ形の式になり，$x = 1$, $x = -\sqrt{5}, \cdots$ のように x がどのような値でも成立する等式となります．このように，文字にどのような値を代入しても，両辺に値が存在する限りつねに成立する等式を **恒等式** といいます．

　一般に，展開や因数分解などの変形によって得られる等式は恒等式です．したがって，$f(x) = g(x)$ が x の恒等式であるならば，$f(x)$ と $g(x)$ は全く同じ形の式であることになります．

　恒等式になるように定数を決める問題では，2通りの方法があります．まず，恒等式はその定義から，任意の値を代入してもよいので，**数値を代入して係数の方程式を作る** 方法（数値代入法）があります．また，恒等式は変形した式が両辺にあるだけなので，**係数を比較する** 方法（係数比較法）もあります．ケース・バイ・ケースで扱いやすい方を利用するとよいでしょう．

問題 9　難易度 ★☆☆

次の問いに答えよ．

(1) 等式 $x^3 + (x+1)^3 + (x+2)^3 = ax(x-1)(x+1) + bx(x-1) + cx + d$ が x についての恒等式であるとき，定数 a, b, c, d の値を求めよ．

(2) $\dfrac{x^2 + 3x + 5}{(x+2)(x+1)^2} = \dfrac{p}{x+2} - \dfrac{qx - r}{(x+1)^2}$ が x についての恒等式であるとき，定数 p, q, r の値を求めよ．

POINT 係数比較法と数値代入法のどちらを利用するのがよいかを考えます．なお，数値代入法を用いた場合，代入した値以外についても与式が成立しなければならないので，最後に係数を比較することを忘れないようにしましょう．

問題 10　難易度 ★☆☆

次の等式が x, y についての恒等式となるように，定数 a, b, c の値を求めよ．

$$x^2 + xy - 12y^2 - 3x + 23y + a = (x - 3y + b)(x + 4y + c)$$

POINT 右辺を展開して整理し，左辺と各項の係数を比較します．

4 対称式 — 第1章 式と証明

■今後，様々な場面で出現します

$x+y$, xy, x^2+y^2, $x^2+y^2+z^2$ などのように，どの 2 つの変数を交換しても変わらない多項式のことを対称式といいます．

2 変数の対称式の中でも $x+y$, xy を基本対称式といいます．3 変数の基本対称式は $x+y+z$, $xy+yz+zx$, xyz の 3 つです．

一般に，全ての対称式は基本対称式の多項式で表すことができることが知られています．

$$x^2+y^2 = (x+y)^2 - 2xy$$
$$(x-y)^2 = (x+y)^2 - 4xy$$
$$x^3+y^3 = (x+y)^3 - 3xy(x+y)$$
$$x^2+y^2+z^2 = (x+y+z)^2 - 2(xy+yz+zx)$$

の 4 つは入試頻出です．

問題 11　難易度 ★☆☆　▶▶▶ 解答 P7　再確認 CHECK

次の式の値を求めよ．

(1) $x+y=1$, $xy=2$ のとき，x^2+y^2, x^3+y^3

(2) $\alpha = \dfrac{2+\sqrt{3}}{2-\sqrt{3}}$, $\beta = \dfrac{2-\sqrt{3}}{2+\sqrt{3}}$ のとき，$\alpha+\beta$, $\alpha^2+\beta^2$

POINT　2 文字の対称式を基本対称式で表す練習です．

問題 12 　難易度 ★☆☆　　　▶▶▶ 解答 P7

$x + \dfrac{1}{x} = a$ のとき，次の値を求めよ．

(1) $x^2 + \dfrac{1}{x^2}$　　　(2) $x^4 + \dfrac{1}{x^4}$　　　(3) $x^6 + \dfrac{1}{x^6}$

POINT $\dfrac{1}{x} = y$ とおくと，$x + y = a$ のとき，$x^2 + y^2$，$x^4 + y^4$，$x^6 + y^6$ を求める問題です．条件式も，値を求める式も対称式であることがわかります．

問題 13 　難易度 ★★☆　　　▶▶▶ 解答 P8

$x,\ y,\ z$ が
$$x + y + z = 3,\ x^2 + y^2 + z^2 = 1,\ xyz = 2$$
を満たすとき，次の値を求めよ．

(1) $xy + yz + zx$
(2) $x(y^3 + z^3) + y(z^3 + x^3) + z(x^3 + y^3)$

POINT 3 文字の対称式を基本対称式で表す練習です．

問題 14 　難易度 ★★☆　　　▶▶▶ 解答 P8

$a + b + c = 2,\ a^2 + b^2 + c^2 = 2,\ \dfrac{1}{a} + \dfrac{1}{b} + \dfrac{1}{c} = -1$ のとき，次の値を求めよ．

(1) $ab + bc + ca$　　　(2) abc
(3) $a^2b^2 + b^2c^2 + c^2a^2$　　　(4) $a^4 + b^4 + c^4$

POINT 本問も 3 文字の対称式を基本対称式で表す練習です．
(3) は $A^2 + B^2 + C^2 = (A + B + C)^2 - 2(AB + BC + CA)$ において，$A = ab,\ B = bc,\ C = ca$ と，(4) は $A = a^2,\ B = b^2,\ C = c^2$ としましょう．

第1章 式と証明

5 等式の証明

■論理的な言い換えができるようになりましょう

一般に，$A = B$ が成立することを証明するには，以下の3つの方法が用いられます．

> **等式証明の方法**
>
> ① 一方を変形して，もう一方に等しいことを示す．つまり，
> $$A = \cdots = B \quad \therefore \quad A = B$$
>
> ② 両方を変形して，等しくなることを示す．つまり，
> $$A = \cdots = C, \ B = \cdots = C \quad \therefore \quad A = B$$
>
> ③ 差が0になることを示す．つまり，
> $$A - B = 0 \quad \therefore \quad A = B$$

たとえば，$(x^2 + x + 1)(x^2 - x + 1) = x^4 + x^2 + 1$ を証明するには，①を利用して，
$$\begin{aligned}(左辺) &= (x^2 + x + 1)(x^2 - x + 1) \\ &= x^4 - x^3 + x^2 + x^3 - x^2 + x + x^2 - x + 1 \\ &= x^4 + x^2 + 1 = (右辺)\end{aligned}$$
とします．

また，$(a^2 - b^2)(c^2 - d^2) = (ac + bd)^2 - (ad + bc)^2$ を証明するには，②を利用して，
$$(左辺) = a^2 c^2 - a^2 d^2 - b^2 c^2 + b^2 d^2$$
であり，
$$\begin{aligned}(右辺) &= a^2 c^2 + 2abcd + b^2 d^2 - (a^2 d^2 + 2abcd + b^2 c^2) \\ &= a^2 c^2 - a^2 d^2 - b^2 c^2 + b^2 d^2\end{aligned}$$
より，(左辺) = (右辺) とします．

最後に，$(a + b)^2 - (a - b)^2 = 4ab$ を証明するには，③を利用して，
$$(左辺) - (右辺) = (a^2 + 2ab + b^2) - (a^2 - 2ab + b^2) - 4ab = 4ab - 4ab = 0$$

より，(左辺) = (右辺) とします．

上記 3 つのうち，どれを利用しても証明することができるものもありますが，どれを用いるのかによって計算量が随分と変わるものもあります．様々な解法を考えてみることが重要です．

また，等式の証明の応用例として，x, y が実数のとき，
$$x = 0 \text{ かつ } y = 0 \iff x^2 + y^2 = 0$$
$$x, y \text{ の少なくとも一方が } 0 \iff xy = 0$$
のように，論理的に考える問題もあります．

問題 15　難易度 ★☆☆　▶▶▶ 解答 P9

a, b, c を実数とするとき，次の等式が成り立つことを証明せよ．

(1) $(a^2 - 1)(b^2 - 1) = (ab + 1)^2 - (a + b)^2$
(2) $a + b + c = 0$ のとき，$ab(a + b)^2 + bc(b + c)^2 + ca(c + a)^2 = 0$

POINT (1) 左辺と右辺をそれぞれ計算して，それらが等しいことを示します．

(2) 条件式が与えられている場合は「文字の消去」を考えましょう．

問題 16　難易度 ★★☆　▶▶▶ 解答 P9

x, y, z は実数である．このとき，次の問いに答えよ．

(1) $x + y + z = xy + yz + zx = 3$ のとき，x, y, z はすべて 1 であることを示せ．
(2) $x + y + z = 3$，$(x - 1)^3 + (y - 1)^3 + (z - 1)^3 = 0$ のとき，x, y, z のうち少なくとも 1 つは 1 であることを示せ．

POINT (1) $x - 1 = 0$ かつ $y - 1 = 0$ かつ $z - 1 = 0$ と考えて，
$(x - 1)^2 + (y - 1)^2 + (z - 1)^2 = 0$ となることを示します．

(2) x, y, z のうち少なくとも 1 つは 1 であるということから $(x-1)(y-1)(z-1) = 0$ であることを示します．その際，公式：$a^3 + b^3 + c^3 - 3abc = (a+b+c)(a^2+b^2+c^2-ab-bc-ca)$ を利用します．頻度が低いので忘れがちです．P1 を確認しておきましょう．

6 不等式の証明

第1章 式と証明

■証明の書き方に注意しましょう

一般に，$A \geqq B$ が成立することを証明するには，以下の2つの方法が用いられます．

不等式証明の方法

① 一方を変形して，もう一方以上であることを示す．つまり，
$$A \geqq \cdots \geqq B \quad \therefore \quad A \geqq B$$

② 差が0以上になることを示す．つまり，
$$A - B \geqq 0 \quad \therefore \quad A \geqq B$$

たとえば，$\sqrt{x^4 + 2x^2 + 2} > x^2 + 1$ を証明するには，①を利用して，
$$\begin{aligned}
(左辺) &= \sqrt{x^4 + 2x^2 + 2} \\
&> \sqrt{x^4 + 2x^2 + 1} \\
&= \sqrt{(x^2 + 1)^2} \\
&= |x^2 + 1| \\
&= x^2 + 1 = (右辺)
\end{aligned}$$
とします．

たとえば，$a > 1$, $b > 1$ のとき，$ab + 1 > a + b$ を証明するには，②を利用して，
$$\begin{aligned}
(左辺) - (右辺) &= ab + 1 - (a + b) \\
&= a(b - 1) - (b - 1) \\
&= (a - 1)(b - 1) > 0 \quad (\because \quad a > 1, b > 1)
\end{aligned}$$
より，$ab + 1 > a + b$ とします．

より一般的で，応用範囲が広いのは②であると覚えておきましょう．根号や絶対値を含む不等式では，そのまま引き算しても式変形が困難な場合が多いので，両辺を二乗してから差をとります．

問題 17 難易度 ★☆☆

次の問いに答えよ．

(1) $a \geq b$, $x \geq y$ のとき，$(a+2b)(x+2y) \leq 3(ax+2by)$ が成立することを示せ．

(2) x, y を実数とするとき，$x^4 + y^4 \geq x^3 y + xy^3$ が成立することを示せ．

POINT
(1) $a \geq b$, $x \geq y$ の大小関係を利用して，(右辺) − (左辺) ≥ 0 を示します．

(2) 平方の和の形をうまく作り出しましょう．

問題 18 難易度 ★★☆

a, b, c を実数とするとき，次の問いに答えよ．

(1) $a^2 + b^2 + c^2 \geq ab + bc + ca$ が成立することを示せ．
(2) $a^4 + b^4 + c^4 \geq abc(a+b+c)$ が成立することを示せ．
(3) $a+b \geq c$ のとき，$a^3 + b^3 + 3abc \geq c^3$ が成立することを示せ．

POINT
(1) (左辺) − (右辺) ≥ 0 を示します．(実数)$^2 \geq 0$ となることを利用しましょう．

(2) (1) を繰り返し利用します．

(3) (左辺) − (右辺) ≥ 0 を示します．式の形から，$a^3 + b^3 + c^3 - 3abc$ の因数分解公式が連想できたでしょうか．

問題 19 難易度 ★★☆ ▶▶▶ 解答 P12

再確認 CHECK

不等式 $\sqrt{a^2+b^2+c^2}\sqrt{x^2+y^2+z^2} \geqq |ax+by+cz|$ が成立することを示せ．また，等号が成立するのはどのようなときかを答えよ．ただし，文字は全て実数であるとする．

POINT このまま差の形を作ると処理しにくいので，両辺を2乗してから差をとります．ただし，「$A^2 \geqq B^2$ ならば $A \geqq B$」といってはいけません．$A^2 \geqq B^2$ に加えて $A \geqq 0$ かつ $B \geqq 0$ ならば $A \geqq B$ となることに注意しましょう．

問題 20 難易度 ★★☆ ▶▶▶ 解答 P12

再確認 CHECK

a が $a \neq \sqrt{2}$ を満たす正の実数であるとき，$\sqrt{2}$ は a と $\dfrac{a+2}{a+1}$ との間にあることを示せ．

POINT a と $\dfrac{a+2}{a+1}$ との間といっても，そもそも a と $\dfrac{a+2}{a+1}$ の大小関係がわかりません．そこで，A が p, q の間にあるとき $(p \neq q)$

$$p < A < q \text{ または } q < A < p$$

$$\iff \begin{cases} p - A > 0 \\ q - A < 0 \end{cases} \text{ または } \begin{cases} p - A < 0 \\ q - A > 0 \end{cases}$$

より，2つをまとめて $(p-A)(q-A) < 0$ となることを利用します．

7 相加平均・相乗平均の不等式

第1章 式と証明

■有名不等式の中で最もよく出題されるものです

一般に2数 a, b に対して，$\dfrac{a+b}{2}$ を 相加平均，$\sqrt{ab}$ を 相乗平均 といいます．そして，$a \geqq 0$, $b \geqq 0$ のとき

$$\dfrac{a+b}{2} \geqq \sqrt{ab} \quad (\text{等号は } a=b \text{ のとき成立})$$

が成立し，これを 相加平均・相乗平均の不等式 といいます．これは，

$$\dfrac{a+b}{2} - \sqrt{ab} = \dfrac{(\sqrt{a})^2 - 2\sqrt{ab} + (\sqrt{b})^2}{2}$$
$$= \dfrac{(\sqrt{a} - \sqrt{b})^2}{2} \geqq 0$$

より，たしかに成立することが確認できます．なお，等号は $\sqrt{a} = \sqrt{b}$ つまり $a = b$ のとき成立します．

この不等式は，応用範囲の広いとても重要な不等式で，特に証明を求められていない限り公式として利用することになります．また，この不等式は分母を払った

$$a + b \geqq 2\sqrt{ab}$$

の形で用いられることが多いことも記憶しておきましょう．

問題 21　難易度 ★★☆　▶▶▶ 解答 P13　再確認 CHECK

a, b, c は正の実数とする．このとき，次の不等式を証明せよ．また，等号が成立する場合を調べよ．

(1) $\left(a + \dfrac{1}{b}\right)\left(b + \dfrac{4}{a}\right) \geqq 9$

(2) $(a+b)\left(\dfrac{1}{a} + \dfrac{1}{b}\right) \geqq 4$

(3) $\left(a + \dfrac{1}{b}\right)\left(b + \dfrac{1}{c}\right)\left(c + \dfrac{1}{a}\right) \geqq 8$

POINT　左辺を展開し，相加平均・相乗平均の不等式を利用します．

問題 22

(1) $x > 1$ のとき，$x + \dfrac{2}{x-1}$ の最小値を求めよ．

(2) $x > 0$ のとき，$\dfrac{x}{x^2+1}$ の最大値を求めよ．

(3) $x > 0$, $y > 0$, $x^2 + 2y^2 = 4$ のとき，xy の最大値を求めよ．

POINT ここでは，相加平均・相乗平均の不等式を利用する様々なタイプを演習します．

(1) $x - 1 = t$ とおくと，$x > 1$ より $t = x - 1 > 0$ となるので，相加平均・相乗平均の不等式を利用することができます．

(2) 分子・分母を x で割って，分母に相加平均・相乗平均の不等式を利用します．

(3) x^2 と $2y^2$ の和が一定ですから，積 $2x^2y^2$ の最大値を求めることができます．

第 2 章 高次方程式

1 複素数と方程式

■実数の世界から拡張されます

出題傾向と対策

　この章では「式の割り算」と「高次方程式の解法」を学習します．この内容も，第 1 章と同様に様々な分野に絡んでくる数学の基本的な部分ですが，余りを求める問題や 1 の 3 乗根の問題は入試でそのまま出題されることもあります．また，複素数の扱いは数学 III の「複素数平面」につながっていきます．解と係数の関係は非常によく用いられる公式ですので，正しく使えるようにしましょう．

1-1 複素数とその演算

　1 次方程式 $2x-3=0$ は整数の範囲に解をもちませんが，有理数の範囲では $x=\dfrac{3}{2}$ という解をもちます．また，2 次方程式 $x^2=2$ は有理数の範囲に解をもちませんが，実数の範囲では $x=\pm\sqrt{2}$ という解をもちます．

　このように，数の考え方を広げると方程式が新しく解をもつ場合があります．

　2 次方程式 $x^2=-2$ は実数の範囲に解をもちません．そこで，これが解をもつように，$i^2=-1$ となる数を新しく考え，$x=\pm\sqrt{2}i$ と表します．実数 a，b に対して，$a+bi$ の形に表される数を**複素数**といいます．

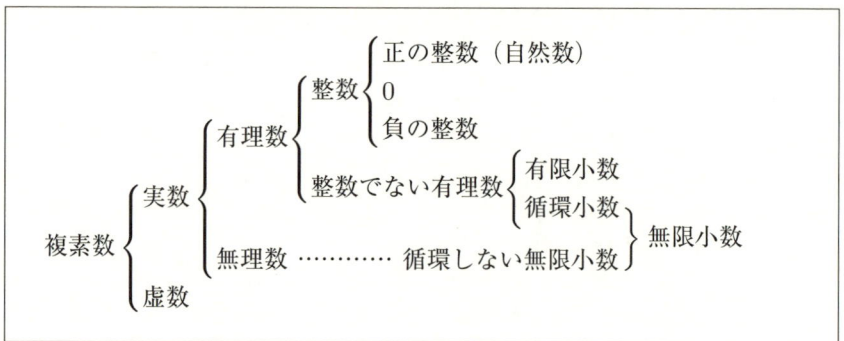

　複素数 $a+bi$ において，a を **実部**，b を **虚部** といいます．虚部とは，b のことであって，bi のことではありません．注意しましょう．

1-2 複素数の相等

2つの複素数 z と z' が等しいということはどういうことかを確認します．たとえば，$z = a+bi$, $z' = c+di$ (a, b, c, d は実数) とすると，

$$z = z'$$
$$\iff a+bi = c+di$$
$$\iff a-c = i(d-b)$$

なので，左辺 ($= a-c$) は実数です．一方，右辺は $d-b \neq 0$ のときは虚数となるので，$d-b=0$ でなければなりません．このとき $a-c=0$ より，

$$a+bi = c+di \iff a=c \text{ かつ } d=b$$

となります．

1-3 複素数の四則演算と共役複素数

複素数の四則演算に関しては，i は文字と同じように扱い，i^2 が出てきたら -1 にします．たとえば，

$$(1+2i)(3+4i) = 3+10i+8i^2 \quad (\text{文字の計算})$$
$$= 3+10i+8(-1) \quad (\because \quad i^2 = -1)$$
$$= -5+10i$$

となります．

また，複素数 $\alpha = a+bi$ (a, b は実数) に対して，$a-bi$ を α と共役な**複素数**といい，$\overline{\alpha}$ と表します．つまり，$\overline{\alpha} = a-bi$ です．複素数 $a+bi$ と $a-bi$ を，互いに共役な複素数といいます．前述の計算法則に従うと，共役な複素数同士の和，積は次のようになります．

$$\alpha + \overline{\alpha} = (a+bi)+(a-bi) = 2a \text{ (実数)}$$
$$\alpha\overline{\alpha} = (a+bi)(a-bi) = a^2 - b^2 i^2 = a^2 + b^2 \text{ (実数)}$$

このことを利用して複素数同士の除法は，分母と共役な複素数を分母分子に掛けて計算することができます．

問題 23　難易度 ★☆☆　▶▶▶ 解答 P16

次の計算をせよ．

(1) $\sqrt{-24}\sqrt{-6}$
(2) $(\sqrt{3}+\sqrt{-2})(\sqrt{3}-2\sqrt{-8})$
(3) $\dfrac{3+i}{2-i}+\dfrac{2-i}{3+i}$
(4) $\dfrac{(2+i)^2}{2-i}$

POINT (1)(2) 負の数の平方根は，$\sqrt{-a}=\sqrt{a}\,i\ (a>0)$ と定義します．たとえば，$\sqrt{-2}=\sqrt{2}\,i$，$\sqrt{-3}=\sqrt{3}\,i$ なので，
$$\sqrt{-2}\times\sqrt{-3}=\sqrt{2}\,i\times\sqrt{3}\,i=\sqrt{6}\,i^2=-\sqrt{6}$$
となります．$\sqrt{-2}\times\sqrt{-3}=\sqrt{(-2)(-3)}=\sqrt{6}$ というミスが多いので注意しましょう．

(3)(4) 分母に i が出てくるときは，分母と共役な複素数を分子・分母に掛けて分母の実数化を行います．

問題 24　難易度 ★☆☆　▶▶▶ 解答 P16

次の等式を満たす実数 x, y を求めよ．

(1) $(2x-y)+(6x+2y)i=1+8i$
(2) $(x+2y)+(3x-y)i=0$
(3) $(3-4i)(x+yi)=5+10i$

POINT a, b, c, d が実数のとき，
$$a+bi=c+di \iff a=c,\ b=d$$
となることを利用します．

問題 25 　難易度 ★★☆

2つの実数 a, b は正とする．このとき，次の問いに答えよ．ただし，i は虚数単位である．

(1) $(a+bi)^2 = \dfrac{1}{2} + \dfrac{\sqrt{3}}{2}i$ を満たす (a, b) を求めよ．

(2) $(a+bi)(b+ai) = 12i$ を満たしながら a, b が変化するとき，$\dfrac{a+bi}{ab^2 + a^2 bi}$ の実部の値を求めよ．

POINT 　(1) 左辺を展開して，複素数の相等を利用します．
　　　　(2) 左辺を展開して，複素数の相等を利用します．その後は条件を用いて与式を整理していきます．

2 2次方程式

第2章 高次方程式

■解の公式を丸暗記していませんか

2-1 解の公式と判別式

実数 a, b, c に対して，2次方程式 $ax^2 + bx + c = 0$ の解の公式は

$$ax^2 + bx + c = 0$$

$$a\left(x^2 + \frac{b}{a}x\right) + c = 0$$

$$a\left\{\left(x + \frac{b}{2a}\right)^2 - \left(\frac{b}{2a}\right)^2\right\} + c = 0$$

$$a\left(x + \frac{b}{2a}\right)^2 - \frac{b^2}{4a} + c = 0$$

$$a\left(x + \frac{b}{2a}\right)^2 - \frac{b^2 - 4ac}{4a} = 0$$

$$\left(x + \frac{b}{2a}\right)^2 = \frac{b^2 - 4ac}{4a^2} \quad \therefore \quad x = \frac{-b \pm \sqrt{b^2 - 4ac}}{2a}$$

という形で導き出されます．この導出過程から，解を複素数の範囲まで拡張しても

$$x = \frac{-b \pm \sqrt{b^2 - 4ac}}{2a}$$

は成立します．また，特に b が偶数のとき，$b = 2b'$ とすると

$$x = \frac{-b' \pm \sqrt{b'^2 - ac}}{a}$$

となります．さらに，

2次方程式の判別式と実数解の個数

2次方程式 $ax^2 + bx + c = 0$ の判別式 $D = b^2 - 4ac$ について

① $D = b^2 - 4ac > 0$ のとき　異なる2つの実数解をもつ
② $D = b^2 - 4ac = 0$ のとき　重解をもつ
③ $D = b^2 - 4ac < 0$ のとき　異なる2つの虚数解をもつ

となることもわかります．

問題 26　難易度 ★☆☆　▶▶▶ 解答 P18

次の 2 次方程式を解け.

(1) $x^2 + 2 = 0$
(2) $3x^2 + 2x + 7 = 0$
(3) $3x^2 - 2x + 2 = 0$
(4) $x^2 - 2x + 4 = 0$
(5) $\sqrt{2}x^2 + 4x + 3\sqrt{2} = 0$
(6) $(x+1)^2 + 2 = 0$

POINT 因数分解に気づかないとき，因数分解ができないときは解の公式を利用します．

問題 27　難易度 ★☆☆　▶▶▶ 解答 P19

2 つの 2 次方程式 $x^2 + ax + 3a = 0$, $x^2 - ax + a^2 - 1 = 0$ がともに実数解をもつような実数 a の値の範囲を求めよ．

POINT 2 次方程式 $ax^2 + bx + c = 0$ $(a \neq 0)$ が，実数解をもつか，虚数解をもつかは，判別式の符号を調べることで判断できます．重解も実数解であることに注意しましょう．

問題 28　難易度 ★★☆　▶▶▶ 解答 P19

実数 x, y が方程式 $2x^2 + 4xy + 3y^2 + 4x + 5y - 4 = 0$ を満たす．このとき，x のとり得る範囲を求めよ．

POINT グラフを描くこともできなければ，図形的に考察することもできません．そこで，発想を変えてみます．たとえば，$x = 0$ という値をとることができるかを考えてみます．与式に $x = 0$ を代入すると，
$$3y^2 + 5y - 4 = 0$$
となります．判別式を D_1 とすると，$D_1 = 5^2 - 4 \cdot 3 \cdot (-4) > 0$ より，

たしかに実数 y が存在します．つまり，$x=0$ という値をとることができることがわかりました．

次に，$x=3$ という値をとることができるかを考えてみましょう．与式に $x=3$ を代入すると，
$$3y^2 + 17y + 26 = 0$$
となります．判別式を D_2 とすると，$D_2 = 17^2 - 4 \cdot 3 \cdot 26 < 0$ より，$x=3$ に対応する実数 y は存在しません．つまり，$x=3$ という値をとることができないことがわかりました．

このように，x がある値をとることができるならば，必ずそれに対応する実数 y が存在するので，実数 y の存在条件を考えることで x の取り得る範囲が求められます．

問題 29 　難易度 ★★★　▶▶▶ 解答 P19　再確認 CHECK ✓✓✓

実数 x, y が $x^2 + xy + y^2 = x + y$ を満たしているとき，次の問いに答えよ．

(1) $s = x + y$ がとり得る値の範囲を求めよ．
(2) $u = x^2 + y^2$ は最大値をもつ．その最大値と，それを与える x, y の値を求めよ．

POINT (1) 考え方は前問と同じです．たとえば，$s = 1$ という値を取ることができるのならば，それに対応する実数 x, y が存在する，と考えます．その際，$y = s - x$ から y を消去して，実数 x が存在するための条件を考えてもよいですが，対称式であることに注目して，xy を s の式で表し，x, y を解にもつ 2 次方程式を作って実数解をもつ条件を求めます．

(2) (1) の方針を引き継ぎ，u を s で表します．

3 剰余定理と因数定理

第2章 高次方程式

■定理を暗記するのではなく，恒等式としての性質を意識しましょう

3-1 剰余定理と因数定理

たとえば，$x^{20}+x^{10}+1$ を $x-1$ で割った余りを考えてみましょう．実際に割り算を実行するのは大変な作業ですし，そもそも求めるのは余りなので，割り算を実行したつもりになって進めてみることにします．

商は x の整式なので，それを $P(x)$，余りは $x-1$ よりも次数が低いので，定数となるからこれを r として割り算の式を作ると，
$$x^{20}+x^{10}+1 = (x-1)P(x)+r$$
となります．両辺に $x=1$ を代入すると，右辺の第1項は $0 \cdot P(1) = 0$ となるので，
$$1^{20}+1^{10}+1 = r \qquad \therefore \quad r = 3$$
と余りを求めることができました．これを一般化してみましょう．

多項式 $f(x)$ を1次式 $x-a$ で割ったときの商を $P(x)$，余りを r（定数）とすると，
$$f(x) = (x-a)P(x)+r$$
が成立するので，両辺に $x=a$ を代入すると，
$$f(a) = (a-a)P(a)+r = r \qquad \therefore \quad f(a) = r$$
が得られます．つまり **多項式 $f(x)$ を1次式 $x-a$ で割った余りは $f(a)$** となり，これを **剰余定理** といいます．特に余りが0の場合は割り切れることを意味するので，

$$\boxed{f(x) \text{ が } x-a \text{ で割り切れる} \iff f(a) = 0}$$

となり，これを **因数定理** といいます．

剰余定理は，次のように拡張できます．$f(x)$ を1次式 $ax+b$ で割ったときの商を $P(x)$，余りを r（定数）とすると，
$$f(x) = (ax+b)Q(x)+r$$
が成立する．両辺に $x = -\dfrac{b}{a}$ を代入すると，
$$f\left(-\frac{b}{a}\right) = \left\{a \cdot \left(-\frac{b}{a}\right)+b\right\}Q\left(-\frac{b}{a}\right)+r$$
$$= (-b+b)Q\left(-\frac{b}{a}\right)+r = r$$
となり，$r = f\left(-\dfrac{b}{a}\right)$ となることがわかります．

問題 30　難易度 ★★☆

次の問いに答えよ．

(1) 整式 $P(x) = x^{101} + x^{100} + x^{99} + 1$ を $x^2 - 1$ で割ったときの余りを求めよ．

(2) 3次式 $P(x) = x^3 + px^2 + qx + r$ は 2 次式 $x^2 - 3x + 2$ と $x^2 - 5x + 6$ とによって割り切れるという．このとき，p, q, r を求めよ．

POINT (1) 2次式で割るので，余りは1次以下となります．そこで，余りを $ax+b$ として，$x = \pm 1$ を代入します．

(2) 条件から得られる恒等式において，適切な x の値を代入して p, q, r に関する条件を立式します．

問題 31　難易度 ★★☆

整式 $P(x)$ を $(x-1)^2$ で割ったときの余りが $4x-5$ で，$x+2$ で割ったときの余りが -4 である．

(1) $P(x)$ を $x-1$ で割ったときの余りを求めよ．
(2) $P(x)$ を $(x-1)(x+2)$ で割ったときの余りを求めよ．
(3) $P(x)$ を $(x-1)^2(x+2)$ で割ったときの余りを求めよ．

POINT 整式 $P(x)$ を $(x-1)^2$ で割ったときの商を $Q_1(x)$ とおくと，余りが $4x-5$ だから，

$$P(x) = (x-1)^2 Q_1(x) + 4x - 5 \quad \cdots\cdots ①$$

とかけます．また，$x+2$ で割ったときの余りが -4 だから，商を $Q_2(x)$ として

$$P(x) = (x+2)Q_2(x) - 4 \quad \cdots\cdots ②$$

とかけます．

(1) では，整式 $P(x)$ を $x-1$ で割ったときの商を $S_1(x)$ とおいてみます．1 次式で割ったときの余りは定数となるので，余りを r とおくと，
$$P(x) = (x-1)S_1(x) + r \qquad \cdots\cdots ③$$
とかけます．③より $P(1) = r$ ですが，$P(1)$ は①から得られます．

　(2) では，整式 $P(x)$ を $(x-1)(x+2)$ で割ったときの商を $S_2(x)$ とおいてみます．2 次式で割ったときの余りは 1 次式以下となるので，余りを $ax+b$ とおくと，
$$P(x) = (x-1)(x+2)S_2(x) + ax + b \qquad \cdots\cdots ④$$
とかけます．④より $P(-2) = -2a + b$ ですが，$P(-2)$ は②から得られます．

　(3) は少し工夫が必要です．3 次式で割ったときの余りは 2 次以下なので $cx^2 + dx + e$ と設定してみましょう．商を $S_3(x)$ とすれば，
$$P(x) = (x-1)^2(x+2)S_3(x) + cx^2 + dx + e \qquad \cdots\cdots ⑤$$
とかけます．⑤で $x=1$, $x=-2$ とおき①，②を用いれば c, d, e の関係式が 2 つ得られるわけですが，それだけでは c, d, e は決定できません．文字が 3 つで式が 2 つだけだからです．

　ではどうすればいいのか？条件を使いやすいように設定するところがポイントです．

　もう一度①に注目してみましょう．つまり①と⑤を見比べてみます．⑤の $(x-1)^2(x+2)S_3(x)$ の部分は $(x-1)^2$ で割り切れるのですから，$cx^2 + dx + e$ の部分を $(x-1)^2$ で割った余りが $4x - 5$ になるはずです．つまり
$$cx^2 + dx + e = c(x-1)^2 + 4x - 5$$
とかけます．よって，$P(x)$ を $(x-1)^2(x+2)$ で割ったときの余りは $c(x-1)^2 + 4x + 5$ とおくことができ，⑤のかわりに
$$P(x) = (x-1)^2(x+2)S_3(x) + c(x-1)^2 + 4x - 5 \qquad \cdots\cdots ⑤'$$
とかけるわけです．⑤'より $P(-2) = 9c - 13$ ですが，$P(-2)$ は②から得られます．

4 高次方程式

第2章 高次方程式

■因数定理を用いることがポイントです

4-1 高次方程式の解き方

　一般に，3次以上の方程式を **高次方程式** といいます．高次方程式 $P(x) = 0$ を解くには，それを因数分解することが目標になります．

　たとえば，方程式 $x^3 - 3x + 2 = 0$ を解いてみましょう．

　これは，$x = 1$ で成立するので，因数定理より $x - 1$ を因数にもちます．したがって，
$$x^3 - 3x + 2 = (x-1)(x^2 + x - 2) = (x-1)^2(x+2) = 0$$
$$\therefore \quad x = 1, -2$$

となります．この例からわかるように，高次方程式を解くときは解を1つ見つけることがポイントになります．

　では，どうしたら $x = 1$ を見つけられるのか，ということになるわけですが，そのための手段として次の定理を知っておくとよいでしょう．

整数係数の多項式
$$a_n x^n + a_{n-1} x^{n-1} + \cdots + a_0 = 0 \quad (a_0 \neq 0, \; a_n \neq 0)$$
が有理数解をもてば，それは
$$\pm \frac{a_0 \text{の約数}}{a_n \text{の約数}} = \pm \frac{\text{定数項の約数}}{\text{最高次の係数の約数}} \quad \cdots\cdots (*)$$
の形である．

　たとえば，$f(x) = 2x^3 - 5x^2 + 7x - 6$ の因数分解について考えてみると，最高次の係数の約数には 1, 2 があり，定数項の約数には 1, 2, 3, 6 があるので，$f(a) = 0$ となる a の候補は
$$\pm \frac{1}{1}, \pm \frac{2}{1}, \pm \frac{3}{1}, \pm \frac{6}{1}, \pm \frac{1}{2}, \pm \frac{2}{2}, \pm \frac{3}{2}, \pm \frac{6}{2}$$
となります．これらを順に，
$$f(1) = 2 - 5 + 7 - 6 \neq 0$$
$$f(2) = 2 \cdot 2^3 - 5 \cdot 2^2 + 7 \cdot 2 - 6 \neq 0$$
$$\vdots$$

と調べていくと，$f\left(\dfrac{3}{2}\right) = 0$ となるので，$f(x) = (2x-3)(x^2-x+2)$ と因数分解できます．

以下に証明を記しますが，学習の初期の段階では知識として知っておけばよいので，不要な方は読み飛ばしてください．

有理数解をもつとき，それを $\dfrac{q}{p}$ (p と q は互いに素な整数で $p \neq 0$) とすると，

$$a_n \dfrac{q^n}{p^n} + a_{n-1} \dfrac{q^{n-1}}{p^{n-1}} + \cdots + a_1 \dfrac{q}{p} + a_0 = 0$$

$$\therefore \quad a_n q^n = -p(a_{n-1}q^{n-1} + \cdots + a_1 p^{n-2}q + a_0 p^{n-1})$$

であり，p と q は互いに素であるから，p は a_n の約数となる．また，

$$a_0 p^n = -q(a_n q^{n-1} + a_{n-1} pq^{n-2} + \cdots + a_1 p^{n-1})$$

であり，p と q は互いに素であるから，q は a_0 の約数となる．

問題 32 難易度 ★☆☆　　▶▶▶ 解答 P22

次の方程式を解け．

(1) $x^3 - 4x^2 - 11x + 30 = 0$

(2) $x^4 + 2x^3 + 4x^2 - 2x - 5 = 0$

POINT 解を見つけて，因数分解します．

問題 33 難易度 ★★☆　　▶▶▶ 解答 P23

次の問いに答えよ

(1) $y = x + \dfrac{1}{x}$ とおく．x の 4 次方程式 $2x^4 - 9x^3 - x^2 - 9x + 2 = 0$ から y の 2 次方程式を導け．

(2) (1) を利用して，方程式 $2x^4 - 9x^3 - x^2 - 9x + 2 = 0$ を解け．

POINT (1) 係数が中央の項から左右対称である方程式を**相反方程式**といいます．相反方程式では，$x + \dfrac{1}{x}$ を作ることがポイントです．本問の場合，方程式の両辺を x^2 で割ります．与えられた方程式は $x = 0$ を解に

もたないので，$x \neq 0$ として構いません．

(2) (1) で導いた y の 2 次方程式の解を求めてから x を求めます．

5 解と係数の関係

第2章 高次方程式

■対称式であることを意識して式変形しましょう

5-1 解と係数の関係

$P(x) = ax^2 + bx + c \ (a \neq 0)$ ……① とし，2次方程式 $P(x) = 0$ を考えます．$P(x) = 0$ の解が $x = \alpha, \beta$ であるとき，$P(x)$ は $x-\alpha, x-\beta$ を因数にもつので $P(x) = a(x-\alpha)(x-\beta)$ とおけます．これを展開すると，

$$P(x) = a\{x^2 - (\alpha+\beta)x + \alpha\beta\}$$
$$= ax^2 - a(\alpha+\beta)x + a\alpha\beta \qquad \text{……②}$$

となるから，①，② の係数を比較して

$$\begin{cases} b = -a(\alpha+\beta) \\ c = a\alpha\beta \end{cases} \quad \therefore \quad \begin{cases} \alpha + \beta = -\dfrac{b}{a} \\ \alpha\beta = \dfrac{c}{a} \end{cases}$$

が得られます．これを2次方程式の **解と係数の関係** といいます．

$Q(x) = ax^3 + bx^2 + cx + d \ (a \neq 0)$ ……③ とし，3次方程式 $Q(x) = 0$ を考えます．$Q(x) = 0$ の解が $x = \alpha, \beta, \gamma$ であるとき，$Q(x)$ は $x-\alpha, x-\beta, x-\gamma$ を因数にもつので $Q(x) = a(x-\alpha)(x-\beta)(x-\gamma)$ とおけます．これを展開すると，

$$P(x) = a\{x^2 - (\alpha+\beta)x + \alpha\beta\}(x-\gamma)$$
$$= a\{x^3 - (\alpha+\beta)x^2 + \alpha\beta x - \gamma x^2 + (\alpha\gamma+\beta\gamma)x - \alpha\beta\gamma\}$$
$$= a\{x^3 - (\alpha+\beta+\gamma)x^2 + (\alpha\beta+\beta\gamma+\gamma\alpha)x - \alpha\beta\gamma\}$$
$$= ax^3 - a(\alpha+\beta+\gamma)x^2 + a(\alpha\beta+\beta\gamma+\gamma\alpha)x - a\alpha\beta\gamma \qquad \text{……④}$$

となるから，③，④ の係数を比較して

$$\begin{cases} b = -a(\alpha+\beta+\gamma) \\ c = a(\alpha\beta+\beta\gamma+\gamma\alpha) \\ d = -a\alpha\beta\gamma \end{cases} \quad \therefore \quad \begin{cases} \alpha+\beta+\gamma = -\dfrac{b}{a} \\ \alpha\beta+\beta\gamma+\gamma\alpha = \dfrac{c}{a} \\ \alpha\beta\gamma = -\dfrac{d}{a} \end{cases}$$

が得られます．これを3次方程式の **解と係数の関係** といいます．

▶▶▶ 公式

① 2次方程式の解と係数の関係
$ax^2 + bx + c = 0$ (a, b, c は実数, $a \neq 0$) の2つの解を α, β とすると,
$$\begin{cases} \alpha + \beta = -\dfrac{b}{a} \\ \alpha\beta = \dfrac{c}{a} \end{cases}$$

② 3次方程式の解と係数の関係
$ax^3 + bx^2 + cx + d = 0$ (a, b, c, d は実数, $a \neq 0$) の3つの解を α, β, γ とすると,
$$\begin{cases} \alpha + \beta + \gamma = -\dfrac{b}{a} \\ \alpha\beta + \beta\gamma + \gamma\alpha = \dfrac{c}{a} \\ \alpha\beta\gamma = -\dfrac{d}{a} \end{cases}$$

問題 34 難易度 ★★☆ ▶▶▶解答 P24

次の問いに答えよ.
(1) 2次方程式 $x^2 - (a+1)x + a = 0$ の2つの解を $t, \dfrac{1}{t}$ とするとき, t を求めよ. ただし, a は実数とする.
(2) 2次方程式 $x^2 + 3x + 1 = 0$ の2つの解を α, β とするとき, $(\alpha^2 + 5\alpha + 1)(\beta^2 - 4\beta + 1)$ の値を求めよ.

POINT (1) 解を直接出すのは大変です. 解と係数の関係を利用しましょう.
(2) 解の定義から $\alpha^2 + 3\alpha + 1 = 0$, $\beta^2 + 3\beta + 1 = 0$ が成立します. これを用いて次数を下げてから処理しましょう.

問題 35　難易度 ★★☆　　解答 P24

2次方程式 $x^2+(4-a)x+3a-9=0$ が2つの正の整数解をもつような a の値をすべて求めよ．

POINT　2つの解を α, β とおき，解と係数の関係を利用して a, α, β の間に成立する関係式をたてます．その際，解が整数であることを利用します．

問題 36　難易度 ★★☆　　解答 P25

実数係数の3次方程式 $x^3+ax^2+bx+6=0$ が $x=1+\sqrt{2}i$ を解にもつとき，実数 a, b の値と他の解を求めよ．

POINT　実数係数の方程式で $x=1+\sqrt{2}i$ が解より，共役な複素数 $x=1-\sqrt{2}i$ も解となります．これを利用して解と係数の関係を用いて処理します．

問題 37　難易度 ★★☆　　解答 P25

3次方程式 $x^3-2x^2+x+5=0$ の3つの解を $x=a, b, c$ とするとき，次の問いに答えよ．

(1) $a^2+b^2+c^2$ の値を求めよ．
(2) $a^3+b^3+c^3$ の値を求めよ．
(3) $a^4+b^4+c^4$ の値を求めよ．

POINT　3次方程式の解と係数の関係を利用します．
$a^2+b^2+c^2$, $a^3+b^3+c^3$, $a^4+b^4+c^4$ は対称式なので，基本対称式 $a+b+c$, $ab+bc+ca$, abc で表すことを考えます．

6 1の3乗根 ω

第2章 高次方程式

■ 2つの虚数については，その導き方をおさえておきましょう

6 -1 ωの諸公式

1の3乗根（立方根）とは，3乗して1になる数，すなわち $x^3 = 1$ の解のことをいいます． $x^3 = 1$ を解くと

$$x^3 = 1$$
$$x^3 - 1 = 0$$
$$(x-1)(x^2+x+1) = 0 \quad \therefore \quad x = 1, \ x^2+x+1 = 0$$

これを解くと，$x = 1, \ \dfrac{-1 \pm \sqrt{3}i}{2}$ となります．

このうち，虚数であるものを ω とします．上記の考察より，ω は $x^3 = 1$ の解であり，$x^2 + x + 1 = 0$ の解でもあるから，

$$\omega^3 = 1$$
$$\omega^2 + \omega + 1 = 0$$

が成立します．

問題 38　難易度 ★★☆　▶▶▶解答 P27

$x^3 - 1 = 0$ の異なる3個の解を a, b, c とし，$A = (a-b)(b-c)(c-a)$ とする．このとき，A^2 の値を求めよ．

POINT 式の対称性から，$a = 1$ として一般性は失われません．b, c は虚数のため，直接代入すると計算が大変になります．解と係数の関係を上手に利用しましょう．

問題 39 難易度 ★★★

x の3次方程式 $x^3 + (1-a^2)x - a = 0$ (a は実数の定数) ……(*) について，次の問いに答えよ．

(1) $a = 0, 1, 2$ のとき，それぞれ (*) の解を求めよ．
(2) (*) の異なる実数解の個数が3となるとき，a の満たす条件を求めよ．
(3) $a = 1$ のとき，(*) の虚数解の任意の1つを ω とする．このとき，
$1 + \omega + \omega^2 + \cdots\cdots + \omega^{2010}$ の値を求めよ．

POINT (2) 解を1つ見つけることがポイントです．
(3) $1 + \omega + \omega^2 = 0$ より，たとえば
$$\omega^3 + \omega^4 + \omega^5 = \omega^3(1 + \omega + \omega^2) = 0$$
となります．これを上手に利用しましょう．

1 点の座標

第3章 図形と方程式

■基本公式を覚えてしまいましょう

出題傾向と対策

　この章では円や三角形などを式で表して扱います．どのように取り組んできたかで非常に差がつく単元で，それ故に入試でも非常によく出題される内容となっています．特に，軌跡・領域では数学の総合的な力が要求されます．

　一部，覚えにくい公式もありますが，ベクトルを学習後にもう一度勉強し直すとすっきりとするでしょう．

1-1 2点間の距離の公式

　右図の三角形で三平方の定理を用いると，座標平面上の2点 $A(x_1, y_1)$ と点 $B(x_2, y_2)$ 間の距離は

$$AB = \sqrt{(x_2 - x_1)^2 + (y_2 - y_1)^2}$$

となります．

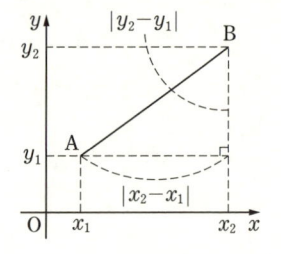

1-2 傾きの利用

　直線 AB の傾きが m とわかっているとき，距離 AB を求めるのに，x 座標，y 座標の差の両方を使う必要はありません．

　右図で，$AK = 1$ のとき $AC = \sqrt{1 + m^2}$ ですから，$\triangle ACK \backsim \triangle ABH$ に注意すると，AB の長さは AC の長さを $|x_1 - x_2|$ 倍して，

$$AB = \sqrt{1 + m^2}|x_1 - x_2|$$

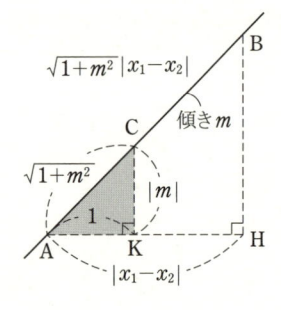

となります．たとえば，傾き2の直線上で，x 座標の差が3である2点間の距離は，

$$\sqrt{1 + 2^2} \cdot 3 = 3\sqrt{5}$$

となります．

1-3 内分点・外分点

▶▶▶ 公 式

> $m > 0$, $n > 0$ とするとき，3 点 $A(x_1, y_1)$, $B(x_2, y_2)$, $C(x_3, y_3)$ について，
>
> ① 線分 AB を $m:n$ に内分する点 P の座標は
> $$\left(\frac{nx_1 + mx_2}{m+n}, \frac{ny_1 + my_2}{m+n} \right)$$
>
> ② 線分 AB を $m:n$ に外分する点 Q の座標は
> $$\left(\frac{-nx_1 + mx_2}{m-n}, \frac{-ny_1 + my_2}{m-n} \right)$$
>
> ③ 三角形 ABC の重心 G の座標は
> $$\left(\frac{x_1 + x_2 + x_3}{3}, \frac{y_1 + y_2 + y_3}{3} \right)$$

が成立します．$m:n$ に外分する点は $m:(-n)$ に内分する点と考えれば記憶しやすいでしょう．

なお，数学 B の「ベクトル」を学習している人はベクトルを利用するのが最も簡潔でしょう．線分 AB を $m:n$ に内分する点を P とすると，

$$\begin{aligned}
\overrightarrow{OP} &= \frac{n\overrightarrow{OA} + m\overrightarrow{OB}}{m+n} \\
&= \frac{1}{m+n} \{ n(x_1, y_1) + m(x_2, y_2) \} \\
&= \frac{1}{m+n} (nx_1 + mx_2, ny_1 + my_2)
\end{aligned}$$

となります．

問題 40　難易度 ★☆☆　▶▶▶ 解答 P28

次の問いに答えよ．

(1) A(2, 0), B(4, 2) がある．このとき，

　(i) 線分 AB を 2:1 に内分する点 C の座標を求めよ．
　(ii) 線分 AB を 4:1 に外分する点 D の座標を求めよ．

(2) 3 点 A(4, 5), B(−4, −2), C(2, −5) に対して，三角形 ABC の重心 G の座標を求めよ．

POINT　内分点，外分点を求める公式を利用します．4:1 に外分するというのは，4:(−1) に内分すると考えましょう．

2 第3章 図形と方程式
直線の方程式
■直線の一般形を扱えるようになりましょう

2-1 直線の方程式

傾きが m, y 切片が n である直線の方程式が $y = mx + n$ となることは中学で学習済みです．傾きが m で点 (p, q) を通る直線の方程式は

$$y = m(x - p) + q$$

となります．これは，原点を通る傾き m の直線を x 軸方向に p, y 軸方向に q だけ平行移動すると考えれば明らかです．

ただし，上記の形では y 軸に平行な直線を表すことはできません．y 軸に平行な直線は $x = k$ の形になります．

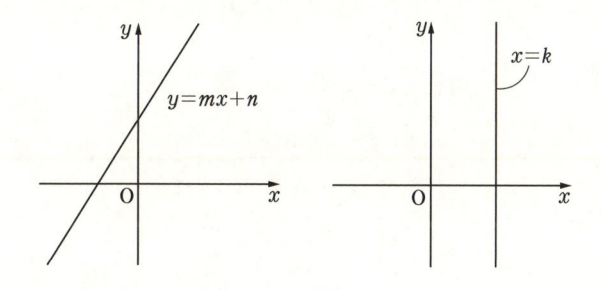

2-2 直線の方程式の一般形

a, b, c を定数とするとき，$ax + by + c = 0$ ($a \neq 0$ または $b \neq 0$) の形で表されるものを，直線の方程式の一般形といいます．$y = m(x - p) + q$ の形と一般形の違いをしっかりと理解しておきましょう．

$y = m(x - p) + q$ の形は，式の形を見れば傾きと y 切片がわかります．未知数が2つで済むというメリットがあります．しかし，$y = m(x - p) + q$ だけでは y 軸に平行な直線を表すことができないため，必要ならば場合分けをしなければなりません．

一般形では，未知数が3つ必要になるかわりに，座標平面上の全直線を表すことができます．また，式の形を見れば直線の法線ベクトルがすぐにわかります．法線ベクトルとは，直線と垂直なベクトルのことをいいます．

2-3 　2直線の平行条件・垂直条件

2直線 $p : y = mx + n$, $q : y = m'x + n'$ について,

$$p \mathbin{/\mkern-3mu/} q \iff m = m'$$
$$p \perp q \iff mm' = -1$$

が成立します．これに加えて，2直線 $l_1 : a_1 x + b_1 y + c_1 = 0$, $l_2 : a_2 x + b_2 y + c_2 = 0$ について,

$$l_1 \mathbin{/\mkern-3mu/} l_2 \iff a_1 : b_1 = a_2 : b_2$$
$$l_1 \perp l_2 \iff a_1 a_2 + b_1 b_2 = 0$$

も使えるようになりましょう．とりあえず a_1, a_2, b_1, b_2 がすべて0でない場合は次のように説明できます．

$$l_1 : y = -\frac{a_1}{b_1}x - \frac{c_1}{b_1},\ l_2 : y = -\frac{a_2}{b_2}x - \frac{c_2}{b_2}$$

より

$$l_1 \mathbin{/\mkern-3mu/} l_2 \iff -\frac{a_1}{b_1} = -\frac{a_2}{b_2}$$
$$\iff a_1 b_2 = a_2 b_1$$
$$\iff a_1 : b_1 = a_2 : b_2$$

$$l_1 \perp l_2 \iff -\frac{a_1}{b_1} \times \left(-\frac{a_2}{b_2}\right) = -1$$
$$\iff \frac{a_1 a_2}{b_1 b_2} = -1$$
$$\iff a_1 a_2 = -b_1 b_2$$
$$\iff a_1 a_2 + b_1 b_2 = 0$$

a_1, a_2, b_1, b_2 のうち0となるものがある場合を含めて説明する場合はベクトルを用いるのが最も簡潔です．ベクトルを未習の方は既習後に以下を読んで理解してください．

直線 l の方程式を $ax + by + c = 0$ とします．

直線 l 上に2点 P_1, P_2 をとって，その座標をそれぞれ $P_1(x_1, y_1)$, $P_2(x_2, y_2)$ とすると，この2点が直線 l 上にあることから，

$$ax_1 + by_1 + c = 0 \qquad \cdots\cdots ①$$
$$ax_2 + by_2 + c = 0 \qquad \cdots\cdots ②$$

が成立します．② $-$ ① より，

$$a(x_2 - x_1) + b(y_2 - y_1) = 0 \qquad \cdots\cdots ③$$

③は $\vec{p} = (a, b)$ と $\overrightarrow{P_1P_2} = (x_2 - x_1, y_2 - y_1)$ が垂直であることを表します．この $\vec{p} = (a, b)$ を直線の **法線ベクトル** といいます．（図1参照）

図1　図2　図3

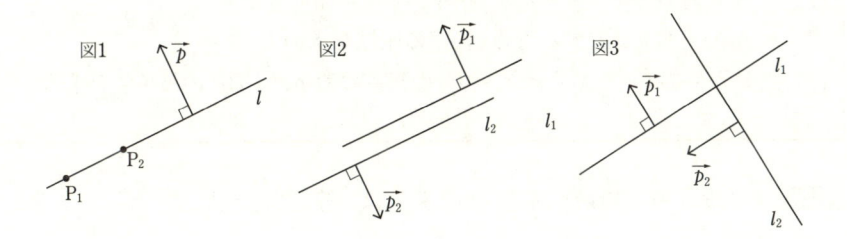

$l_1 \parallel l_2$ のとき，2つの法線ベクトル $\vec{p_1} = (a_1, b_1)$ と $\vec{p_2} = (a_2, b_2)$ が平行であるから，

$$a_1 : b_1 = a_2 : b_2$$

が成立します．（図2参照）

$l_1 \perp l_2$ のとき，2つのベクトル $\vec{p_1} = (a_1, b_1)$ と $\vec{p_2} = (a_2, b_2)$ が垂直であるから，内積を計算すると，

$$a_1 a_2 + b_1 b_2 = 0$$

が成立します．（図3参照）

問題 41　難易度 ★★☆　▶▶▶ 解答 P28

(1) 点 $(2, 1)$ を通り，直線 $3x - 4y + 2 = 0$ に平行な直線の方程式を求めよ．また，垂直な直線の方程式を求めよ．

(2) 座標平面上に2直線 $l : (a-2)x + ay + 2 = 0,\ m : x + (a-2)y + 1 = 0$ がある．これらが平行になるとき（一致する場合を除く）の a の値を求めよ．また，垂直になるときの a の値を求めよ．

POINT (1) $3x - 4y + 2 = 0$ を $y = \dfrac{3}{4}x + \dfrac{1}{2}$ と変形して，平行，垂直となる直線の傾きを求めます．

(2) x, y の係数に注目して2直線が平行となる条件，垂直となる条件を考えます．

問題 42 難易度 ★★☆

直線 $l: y = 2x - 3$ と 2 点 A(5, 2), B(4, 0) について，次の問いに答えよ．

(1) 点 A から直線 l に下した垂線の足 H の座標を求めよ．
(2) 点 A の直線 l に関する対称点 A′ の座標を求めよ．
(3) 点 P が直線 l 上を動くとき，線分の長さの和 AP + BP の最小値を求めよ．

POINT 折れ線の長さの最小値を求める際には，線対称を利用して図形的に考えます．

問題 43 難易度 ★★☆

3 直線
$$y = 2x - 1 \cdots\cdots ①, \quad y = 3x + m \cdots\cdots ②, \quad y = mx + 9 \cdots\cdots ③$$
について，次の問いに答えよ．

(1) 3 直線が 1 点で交わるとき，定数 m の値を求めよ．
(2) 3 直線によって三角形ができないとき，定数 m の値を求めよ．

POINT (1) 2 直線の交点を残りの 1 点が通ると考えます．
(2) 3 直線が三角形を作らないのは

(ⅰ) 3 直線が 1 点で交わる
(ⅱ) 3 直線のうち 2 本 (以上) が平行になる

場合があります．本問では①と②が平行でないので，3 直線が平行になることはありません．

2-4 点と直線の距離の公式

▶▶▶ 公式

点 $P(x_0, y_0)$ と直線 $l: ax+by+c=0$ の距離 d は
$$d = \frac{|ax_0+by_0+c|}{\sqrt{a^2+b^2}}$$

ベクトルを利用しないと煩雑な証明になります．ベクトルを未習の方は正しく使えるようになりましょう．以下に，ベクトルを用いた証明を記します．

点 P から直線 l に下ろした垂線の足を H とします．このとき $\overrightarrow{PH}$ は l の法線ベクトル $\vec{n}=(a, b)$ と平行なので，t を実数として

$$\overrightarrow{PH} = t\vec{n}$$

とおけます．両辺に $\vec{n}$ との内積をとると

$$\overrightarrow{PH} \cdot \vec{n} = t\vec{n} \cdot \vec{n}$$

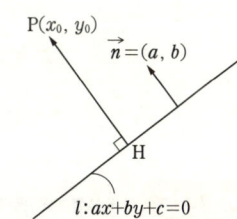

H(X, Y) とすると，$\overrightarrow{PH} = (X-x_0, Y-y_0)$ より
$a(X-x_0)+b(Y-y_0)=t(a^2+b^2)$ で $aX+bY-ax_0-by_0=t^2(a^2+b^2)$
H は l 上にある点より $aX+bY+c=0 \iff aX+bY=-c$ であるから，上式に代入して，

$$-c-ax_0-by_0 = t(a^2+b^2)$$

$a^2+b^2 \neq 0$ より $t = -\dfrac{ax_0+by_0+c}{a^2+b^2}$

以上から

$$\begin{aligned} PH = |\overrightarrow{PH}| &= |t||\vec{n}| \\ &= \left|-\frac{ax_0+by_0+c}{a^2+b^2}\right|\sqrt{a^2+b^2} = \frac{|ax_0+by_0+c|}{\sqrt{a^2+b^2}} \end{aligned}$$

問題 44 難易度 ★☆☆　▶▶▶ 解答 P31

次の点と直線の距離を求めよ．

(1) $(-4, -4)$, $3x-4y-2=0$　　(2) $(-2, 1)$, $y = -\dfrac{4}{3}x + \dfrac{5}{3}$

POINT 点と直線の距離の公式を利用します．

問題 45 難易度 ★★☆ ▶▶▶ 解答 P31

次の問いに答えよ．

(1) 直線 $y = -x + 3$ 上にある点 P と直線 $3x + 4y + 5 = 0$ の距離が 3 となるとき，点 P の座標を求めよ．
(2) 点 $(2, 1)$ を通る直線で，点 $(5, 5)$ からの距離が 3 であるものの方程式を求めよ．

POINT (1) 直線 $y = -x + 3$ 上の点は $(t, -t + 3)$ と表せます．あとは点と直線の距離の公式を利用します．
(2) 点 $(2, 1)$ を通る直線を $y = m(x - 2) + 1$ とすると y 軸に平行な直線 $x = 2$ が除かれています．場合分けを忘れないようにしましょう．

問題 46 難易度 ★★☆ ▶▶▶ 解答 P32

放物線 $y = x^2 + 2x$ 上の点 P と直線 $l : y = x - 1$ 上の点 Q を結ぶ線分の長さの最小値を求めよ．

POINT 図を描いて，いくつか点 P をとってみると，放物線の接線を利用することに気づくでしょう．接線の傾きを求める際に微分法を利用するので，未習の方は後回しでも構いません．

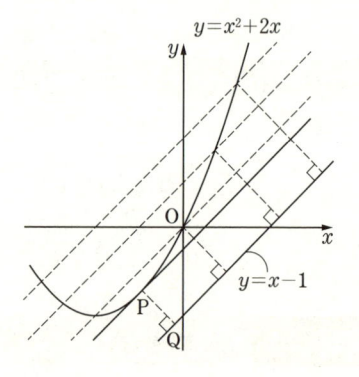

3 円の方程式

■円の図形的性質も意識しましょう

3-1 円の方程式

　円とは，1つの定点（中心）から等距離にある点の集合です．

　座標平面上において，中心 A(a, b)，半径 r の円 C がどのような方程式で表されるかを求めてみます．円 C の周上に点 P(x, y) があるとき，

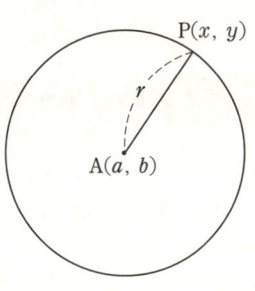

$$AP = r \text{ から } AP^2 = r^2$$
$$\therefore \quad (x-a)^2 + (y-b)^2 = r^2$$

すなわち，中心の座標が (a, b)，半径 r の円の方程式は

$$(x-a)^2 + (y-b)^2 = r^2 \ (r > 0)$$

となります．なお，これを展開整理した形の

$$x^2 + y^2 + lx + my + n = 0$$

も活用しましょう．

問題 47　難易度 ★☆☆　▶▶▶ 解答 P32

次の問いに答えよ．
(1) 中心が点 $(2, 1)$ で半径が 3 の円の方程式を求めよ．
(2) 円 $x^2 + y^2 - 2x + 4y + 1 = 0$ の中心の座標と半径を求めよ．
(3) 中心が点 $(4, -3)$ で，原点を通る円の方程式を求めよ．
(4) 2 点 P$(1, 3)$，Q$(3, -3)$ を直径の両端とする円の方程式を求めよ．
(5) 座標平面上の 3 点 A$(-2, 1)$，B$(1, -2)$，C$(4, 3)$ を通る円の中心の座標を求めよ．

POINT　(2) 平方完成をして $(x-a)^2 + (y-b)^2 = r^2$ の形を作ります．
　　　　(4) 線分 PQ の中点が円の中心になります．

(5) 条件を満たす円の方程式を $(x-a)^2+(y-b)^2=r^2$ とすると，代入したあとの計算が大変になります．$x^2+y^2+lx+my+n=0$ とおいて処理しましょう．三角形の外心は各辺の垂直二等分線の交点であることを利用することもできます．

問題 48　難易度 ★★☆　▶▶▶ 解答 P34

方程式 $x^2+2mx+y^2-2(m+1)y+3m^2-3m+5=0$ が円を表すとき，m の値の範囲を求めよ．また，半径が最大となるときの m の値を求めよ．

POINT $(x-a)^2+(y-b)^2=M$ が円を表すのは，$M>0$ のときで，半径は $\sqrt{M}$ となります．

問題 49　難易度 ★★☆　▶▶▶ 解答 P34

次の問いに答えよ．

(1) 円 $C:(x-1)^2+(y-1)^2=13$ が，直線 $l:4x+3y-2=0$ から切りとる弦の長さを求めよ．

(2) 円 C が，直線 $m:3x+y-k=0$ から (1) の半分の長さの弦を切りとるとき，k の値を求めよ．

POINT 弦の長さ d を求める際には，円 C の中心 A と直線 l の距離 h と円 C の半径 r に注目して，次のように図形的に考えると，簡単に求めることができます．

円 C と直線 l が異なる 2 点で交わるとき，円の中心 A から直線に下した垂線の足 H は円が直線から切りとる弦の中点となるので，三平方の定理を用いると，

$$\left(\frac{d}{2}\right)^2 + h^2 = r^2$$
$$\therefore d = 2\sqrt{r^2 - h^2}$$

と求めることができます．直角三角形を作ることがポイントです．

3-2 円と直線の位置関係

円と直線の位置関係は，円の中心と直線の距離 h と半径 r の大小によって，次のように，図形的に分類することができます．下表で，D とは円の方程式と直線の方程式から y を消去して得られる x の2次方程式の判別式を表します．

共有点 2 個	共有点 1 個	共有点 0 個
$h<r$	$h=r$	$h>r$
$D>0$ （実数解が2個）	$D=0$ （重解）	$D<0$ （実数解なし）

円と直線の位置関係は，

$h < r \iff$ 異なる2点で交わる
$h = r \iff$ 接する
$h > r \iff$ 共有点をもたない

となります．円と直線の問題で，共有点の座標を求める必要がないときには，h と r で図形的に考える方が，応用範囲も広くはるかに重要です．

3-3 円の接線公式

▶▶▶公式

①：円 $x^2+y^2=r^2$ 上の点 (x_1, y_1) における接線の方程式は
$$x_1 x + y_1 y = r^2$$
②：円 $(x-a)^2+(y-b)^2=r^2$ 上の点 (x_2, y_2) における接線の方程式は
$$(x_2-a)(x-a)+(y_2-b)(y-b)=r^2$$

P50同様，ベクトルを未習の方はとりあえず正しく使えるようになりましょう．

右図で $\overrightarrow{OA} \perp \overrightarrow{AP}$ であるから，

$\overrightarrow{OA} \cdot \overrightarrow{AP} = 0$

$x_1(x-x_1)+y_1(y-y_1)=0$

$x_1 x + y_1 y = x_1{}^2 + y_1{}^2$

と表すことができます．ここで点 (x_1, y_1) は円 $x^2+y^2=r^2$ 上にあることより $x_1{}^2+y_1{}^2=r^2$ が成立するので，上式に用いると $x_1 x+y_1 y=r^2$ となります．

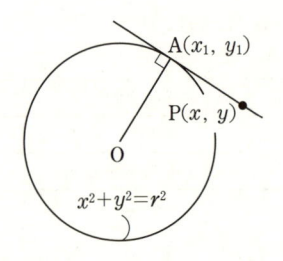

次に②の説明をします．円 $x^2+y^2=r^2$ 上の点 (x_1, y_1) における接線の方程式 $x_1 x + y_1 y = r^2$ を，x 軸方向へ a，y 軸方向へ b だけ平行移動すると，
$$x_1(x-a)+y_1(y-b)=r^2 \cdots\cdots (*)$$
となります．これは円 $(x-a)^2+(y-b)^2=r^2$ 上の点 (x_1+a, y_1+b) における接線の方程式です．ここで，$(x_1+a, y_1+b)=(x_2, y_2)$ とおくと，
$$x_1 = x_2 - a$$
$$y_1 = y_2 - a$$
であるから，(*) に用いると，円 $(x-a)^2+(y-b)^2=r^2$ 上の点 (x_2, y_2) における接線の方程式は $(x_2-a)(x-a)+(y_2-b)(y-b)=r^2$ となります．

問題 50 難易度 ★★☆

次の問いに答えよ．

(1) 円 $x^2+y^2=5$ 上の点 $(1, 2)$ における接線の方程式を求めよ．
(2) 円 $(x-2)^2+(y-1)^2=25$ 上の点 $(6, 4)$ における接線の方程式を求めよ．
(3) 点 $(3, 1)$ を通り，円 $C: x^2+y^2=2$ に接する直線の方程式を求めよ．
(4) 円 $x^2+y^2=4$ に点 $(12, 0)$ から接線を引くとき，接点の x 座標を求めよ．

POINT (1), (2) のように接点の座標がわかっているときは，接線公式を用いるのが簡潔です．(3) は円の接線公式を利用して解くことも利用せずに解くこともできます．利用しない場合は，接線の方程式をいきなり $y=m(x-3)+1$ とおくことはできません．y 軸に平行な接線が存在することもあるからです．

(4) の場合，要求されているのはあくまで接点の座標であることに注意しましょう．(3) の別解のように傾きを m として接線の方程式を求めた後，円の方程式と連立して接点の座標を出すのは二度手間です．

問題 51 難易度 ★★★

点 A$(4, 2)$ から円 $x^2+y^2=9$ に引いた 2 本の接線の接点をそれぞれ P, Q とするとき，直線 PQ の方程式 l を求めよ．

POINT 接点の座標を求めてから，直線の方程式を出そうとすると，計算が大変です．そこで，まず接点 P, Q の座標をそれぞれ文字でおき，接線を求め，これが点 A を通ると考えます．

点 A を円に関する極，直線 PQ を円に関する極線といいます．

3-4 2円の位置関係

2つの円 C_1, C_2 の半径をそれぞれ r_1, r_2, 中心間の距離を d とすると,

(1) $d < |r_1 - r_2|$ のとき　一方が他方の内部にある
(2) $d = |r_1 - r_2|$ のとき　内接する
(3) $|r_1 - r_2| < d < r_1 + r_2$ のとき　2点で交わる
(4) $d = r_1 + r_2$ のとき　外接する
(5) $d > r_1 + r_2$ のとき　離れている

(1) 一方が他方の内部にある	(2) 内接する
$d < |r_1 - r_2|$	$d = |r_1 - r_2|$

(3) 2点で交わる	(4) 外接する	(5) 離れている
$|r_1 - r_2| < d < r_1 + r_2$	$d = r_1 + r_2$	$d > r_1 + r_2$

問題 52　難易度 ★★☆　　▶▶▶解答 P37

2つの円 $C_1 : x^2 + y^2 = 1$, $C_2 : x^2 + y^2 - \dfrac{1}{2}x + y - \dfrac{a^2}{2} = 0$ $(a > 0)$ を考える。C_1 と C_2 が異なる2点で交わるための a の値の範囲を求めよ。

POINT 2円の位置関係は, 中心間の距離と半径を考えます。

問題 53　難易度 ★★★　▶▶▶ 解答 P38

2つの円 $x^2+y^2=\dfrac{1}{16}$, $(x-1)^2+y^2=\dfrac{1}{4}$ の共通接線の方程式を求めよ.

POINT　2つの円に接する直線を共通接線といい，2つの円がその接線に対して同じ側にあるとき共通外接線，反対側にあるとき共通内接線といいます．

2円の中心を通る直線と共通接線との交点を求め，この点を通る直線の傾きを文字で置き，円に接する条件を求めます．

3-5　束の考え方

次の例題を考えることから始めましょう．

例題

直線 $2x-y-3+k(x+2y-4)=0$ が定数 k の値によらず通る点を求めよ．

---

k の値によらず通るということは，k がいくつであっても成立するような (x, y) を求める．すなわち，k についての恒等式となる (x, y) を求めるということです．

$$2x-y-3+k(x+2y-4)=0 \quad \cdots\cdots ①$$

が k の値によらずに成立するのは

$$2x-y-3=0 \quad \text{かつ} \quad x+2y-4=0 \quad \cdots\cdots ②$$

これを解いて $(x, y)=(2, 1)$

ここまでを再度確認してみます．まず ① は何らかの図形を表します．（もちろん x, y の1次式より直線なのですが）
そして ② より直線 $2x-y-3=0$ と直線 $x+2y-4=0$ の交点を必ず通ることがわかります．これを一般化すると次のようになります．

k を実数定数とする．2つの曲線 $F : f(x, y) = 0$, $G : g(x, y) = 0$ が共有点をもつとき，

$$f(x, y) + k \cdot g(x, y) = 0 \quad (k \text{ は定数}) \cdots\cdots (*)$$

は，その共有点を通る直線または曲線群を表す

共有点 P の座標を (a, b) とすると，F, G は P を通るから，

$$f(a, b) = 0, \ g(a, b) = 0$$

が成立します．このとき，

$$f(a, b) + k \cdot g(a, b) = 0 \quad \cdots\cdots ①$$

も成立しますが，これは $(*)$ が点 P を通ることを意味するからです．

なお，$(*)$ が，F, G の共有点を通るすべての**曲線群を表しているわけではない**ということに注意してください．たとえば，

$$\{f(x, y)\}^2 + k\{g(x, y)\}^2 = 0$$

も F, G の共有点を通る曲線群を表しています．要するに，$(*)$ は共有点を通る限られた直線または曲線群を表すに過ぎないのですが，大学入試に必要なものは $(*)$ の形だけなのです．

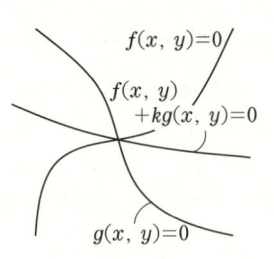

問題 54 　難易度 ★★☆

2つの円
$$C_1 : x^2 + y^2 - 2x + 4y = 0 \quad \cdots\cdots ①,$$
$$C_2 : x^2 + y^2 + 2x - 1 = 0 \quad \cdots\cdots ②$$

がある．このとき，次の問いに答えよ．

(1) C_1 と C_2 が異なる2点で交わることを示せ．
(2) C_1, C_2 の交点を P, Q とするとき，2点 P, Q と点 $(1, 0)$ を通る円の方程式を求めよ．
(3) 直線 PQ の方程式を求めよ．

POINT (1) 半径の差 < 中心間の距離 < 半径の和 を示すことになります．

(2) 実際に交点の座標を求めようとすると面倒なので，うまく処理しましょう．束の考え方を用いると
$$x^2 + y^2 - 2x + 4y + k(x^2 + y^2 + 2x - 1) = 0$$
の形に表せます．

(3) (2) と同様に，直線 PQ の方程式も
$$x^2 + y^2 - 2x + 4y + k(x^2 + y^2 + 2x - 1) = 0$$
の形に表せますが，直線を表すためには x^2, y^2 の項が消えなければならないので，$k = -1$ と定まります．

4 軌跡と領域

第3章 図形と方程式

■条件をわかりやすい式に言い換えます

4-1 軌跡

　点Pが何かしらの条件を満たしながら動くとき，点Pの描く図形を，その条件の下での点Pの**軌跡**といいます．

　軌跡を求めるには，動点$P(X, Y)$の座標X, Yがどのような関係式を満たすかを求めることになります．というのは，たとえば点$P(X, Y)$が常に$Y = X^2$を満たすのならば，この点は放物線$y = x^2$を描くことがわかるからです．

　軌跡を求めるには，具体的には以下の手順に従います．

> Ⓐ 動点Pの座標を(x, y)とおく
> Ⓑ 条件を立式する
> Ⓒ x, y以外の変数がある場合にはそれを消去しx, yの関係式を作る

という流れで処理します．

　たとえば，点$P(x, y)$が，$x = t+1$, $y = t^2$のように第3の変数tを用いて表されている場合を考えましょう．tに様々な数値を代入すると

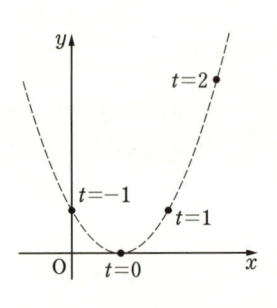

$t = -1$ ...... $(x, y) = (0, 1)$
$t = 0$ ...... $(x, y) = (1, 0)$
$t = 1$ ...... $(x, y) = (2, 1)$
$t = 2$ ...... $(x, y) = (3, 4)$
　　　⋮

とtの値に応じて，x, yの値が変わります．このような作業を無限に行えば，点$P(x, y)$は1つの図形を描くことがわかります．そしてこの図形がどのようなものかを知るには，xとyの満たす関係式を求めればよいので，そのためにtを消去します．
$x = t+1 \iff t = x-1$を$y = t^2$に代入して$y = (x-1)^2$
こうしてtを消去して得られた式が，点$P(x, y)$の軌跡の方程式です．

このとき変数 t は，x と y の媒介役という意味で，媒介変数（パラメータ）と呼ばれます．

問題演習に入る前に以下の公式の証明をしてみます．

▶▶▶ **公式**

$y = f(x)$ を x 軸方向に p，y 軸方向に q だけ平行移動した方程式は
$$y - q = f(x - p)$$

点 (x, y) を x 軸方向に p，y 軸方向に q だけ平行移動した点を (X, Y) とすると，
$\begin{cases} X = x + p \\ Y = y + q \end{cases}$ より $x = X - p$，$y = Y - q$

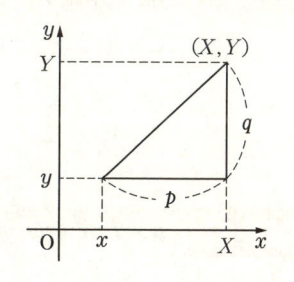

となる．(x, y) は $y = f(x)$ を満たすので代入すると，
$$Y - q = f(X - p)$$

(X, Y) を (x, y) と書き換えると，求める方程式は $y - q = f(x - p)$ となる．

問題 55 難易度 ★☆☆　　▶▶▶ 解答 P40　再確認 CHECK ✓✓✓

次の問いに答えよ．

(1) 原点と点 A(0, 2) からの距離の平方の和が 20 である点 P の軌跡を求めよ．

(2) 点 Q が直線 $x - 2y - 1 = 0$ 上を動くとき，点 A(1, 3) と点 Q を結ぶ線分の中点 P の軌跡を求めよ．

POINT 点 P の座標を (x, y) とおき，P が満たす条件を立式します．

問題 56 難易度 ★★☆

放物線 $y = x^2 + px - p$ の頂点 $P(x, y)$ について，次の問いに答えよ．

(1) x, y を p を用いて表せ．
(2) p が任意の実数値をとって変化するとき，点 P の軌跡を求めよ．
(3) p が $p \geqq 0$ の範囲で変化するとき，点 P の軌跡を求め，それを図示せよ．

POINT 頂点の座標を求めたら，媒介変数 p を消去して x, y の間に成り立つ関係式を求めます．(3) では消去する文字の条件を忘れないようにしましょう．

問題 57 難易度 ★★☆

直線 $l : y = m(x-1)$ ……① と放物線 $C : y = x^2$ ……② について，次の問いに答えよ．

(1) l と C が異なる 2 点 A, B で交わるとき，m の値の範囲を求めよ．
(2) 線分 AB の中点を $M(x, y)$ とするとき，x, y を m を用いて表せ．
(3) m が (1) の範囲で変わるとき，点 M の軌跡を求めよ．

POINT (1) 直線 l と放物線を連立した $x^2 - mx + m = 0$ が異なる 2 つの実数解をもちます．
(2) $x^2 - mx + m = 0$ の 2 解が A, B の x 座標になります．
(3) (2) の関係式より m を消去して x, y の間に成り立つ関係式を求めます．前問同様，m の条件を忘れないようにしましょう．

問題 58　難易度 ★★★

円 $(x-2)^2+y^2=4$ と直線 $y=m(x-6)$ について，次の問いに答えよ．

(1) 円 $(x-2)^2+y^2=4$ と直線 $y=m(x-6)$ が異なる 2 点で交わるとき m の値の範囲を求めよ．

(2) (1) のとき，円と直線の交点を A, B とする．このとき線分 AB の中点 M の軌跡を求めよ．

POINT (1) 円と直線の位置関係は「判別式」か「点と直線の距離の公式」を利用します．(2) でどのような解法を利用するかで，どちらを利用する方が扱いやすいかが変わります．

(2) 線分 AB の中点の座標を m を用いて表します．その後，(1) で求めた m の範囲を x の範囲に変換します．この作業はかなり面倒なのですが，一度は経験しておきたいところです．なお，直径に対する円周角が常に 90° であることを用いて，幾何的に解くことも可能です．別解を参照してください．

問題 59　難易度 ★★☆

座標平面上に直線 $l : 3x+4y=5$ がある．l 上の点 P と原点 O を結ぶ線分上に $\mathrm{OP} \cdot \mathrm{OQ} = 1$ となるように点 Q をとる．

(1) 点 P, Q の座標をそれぞれ (x, y), (X, Y) とするとき，x と y をそれぞれ X と Y で表せ．

(2) 点 P が l 上を動くとき，点 Q の軌跡を求めよ．

POINT 文字がたくさんあるので，目標をしっかりもっておかないと数式をいじくり倒しておしまいとなりかねません．

まず，x と y をそれぞれ X と Y で表すということは，点 $\mathrm{Q}(X, Y)$ に対して点 $\mathrm{P}(x, y)$ の座標を求めるということです．つまり，本問では，

Qが先に与えられていて，そのときにPを求めるということをしっかり認識することが必要です．

たとえば，Q(2, 1) に対応する P(x, y) を求めてみましょう．

Pは，Oを端点とする半直線上にあり，OP・OQ = 1 を満たす点です．まず，

$$OQ = \sqrt{2^2 + 1^2} = \sqrt{5}$$
$$OP \cdot OQ = 1$$

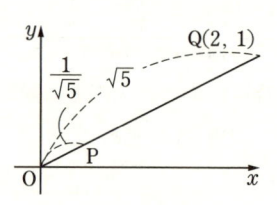

より，$OP = \dfrac{1}{\sqrt{5}}$ となります．すると，Oを中心にQを $\dfrac{OP}{OQ} = \dfrac{1}{5}$ 倍すればよいので，Pの座標 (x, y) は，

$$\begin{cases} x = 2 \cdot \dfrac{1}{5} = \dfrac{2}{5} \\ y = 1 \cdot \dfrac{1}{5} = \dfrac{1}{5} \end{cases}$$

と求まります．

問題 60 難易度 ★★★　　▶▶▶解答 P45

座標平面上の2つの直線
$$l : kx - y = 1 - k, \quad m : x + ky = 7k + 5$$
について次の問いに答えよ．
(1) l, m はいずれも k の値によらずに定点を通る．その定点の座標を求めよ．
(2) k が任意の実数値をとるとき，l, m の交点の軌跡を求めよ．

POINT (1) k の値にかかわらず直線の方程式を満たす定数 (x, y) が存在する，ということです．k の恒等式と見ましょう．
(2) 数式処理でも図形的処理でもどちらでも求めることが可能です．図形的処理の場合，2直線の傾きに着目しましょう．

問題 61　難易度 ★★★　▶▶▶ 解答 P46

平面上に2定点 $A(-a, 0)$, $B(a, 0)$ $(a > 0)$ がある．動点 $P(p, q)$ $(q > 0)$ は $\angle APB = \dfrac{\pi}{3}$ を満たしながら，この平面上を動くものとする．このとき，次の問いに答えよ．

(1) 点 P の軌跡の方程式を求めよ．
(2) 三角形 APB の重心の軌跡を求めよ．

POINT (1) 点 P は 2 点を見込む角が一定なので，円の一部を描きます．軌跡の問題をすべて数式の処理で解こうとする受験生も見受けられますが，図形的視点ももてるようになりましょう．

(2) 重心を $G(x, y)$ として，p, q および x, y の満たす条件を立式してから，p, q を消去して x, y の間に成り立つ式を求めます．

4-2　不等式の表す領域

ある点 (x, y) について $y > x + 1$ が成立するとき，この不等式を満たす点 (x, y) の集合は直線 $y = x + 1$ の上側を表します．同様にして，$y < x + 1$ は直線 $y = x + 1$ の下側を表します．ただし，いずれの場合も境界線 $y = x + 1$ は含みません．

このように，不等式が満たす点の集合を，その不等式が表す**領域**といいます．

$$y > f(x) \cdots y = f(x) \text{ の上側}$$
$$y < f(x) \cdots y = f(x) \text{ の下側}$$

を表します（順に図1, 図2参照）．

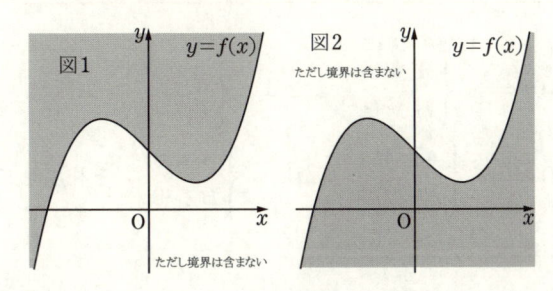

また，

$$(x-a)^2 + (y-b)^2 < r^2 \cdots (x-a)^2 + (y-b)^2 = r^2 \text{ の内部}$$
$$(x-a)^2 + (y-b)^2 > r^2 \cdots (x-a)^2 + (y-b)^2 = r^2 \text{ の外部}$$

を表します（順に図3，図4参照）．

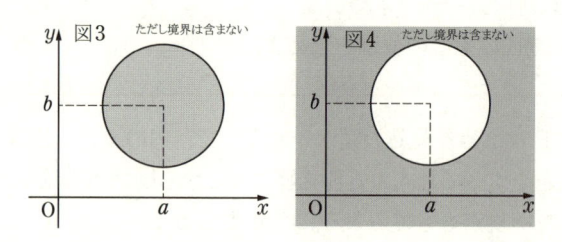

不等号が $\geqq$ や $\leqq$ の場合は，境界線上の点も含みます．領域の問題では，図示して答えることが多いのですが，その際，

- 条件を満たす部分を図示して斜線を引く
- 描いた図が求める答であることを明記する
- 境界を含むか含まないかを明記する

ということを注意してください．

問題 62　難易度 ★☆☆　▶▶▶解答 P47

xy 平面上において，次の不等式で表される領域を図示せよ．

(1) $(x-y)(x+2y+1) > 0$　　(2) $(2x-y)(x^2-y-3) \leqq 0$

POINT

$AB > 0 \iff \begin{cases} A > 0 \\ B > 0 \end{cases}$ または $\begin{cases} A < 0 \\ B < 0 \end{cases}$

$AB < 0 \iff \begin{cases} A > 0 \\ B < 0 \end{cases}$ または $\begin{cases} A < 0 \\ B > 0 \end{cases}$ を利用します．

問題 63 難易度 ★★☆　　▶▶▶解答 P48

x, y を実数とするとき，次の問いに答えよ．
(1) 不等式 $x^2 + y^2 \leq |x| + |y|$ を満たす領域を図示せよ．
(2) (1) で図示した領域の面積を求めよ．

POINT (1) 式の形から，図示する領域は x 軸，y 軸，原点に関して対称であることがわかります．そこで，$x \geq 0, y \geq 0$ のときを考え，あとは軸に関して対称に移動させましょう．

問題 64 難易度 ★★☆　　▶▶▶解答 P49

点 A, B を A$(-1, 5)$, B$(2, -1)$ とする．実数 a, b について直線 $y = (b-a)x - (3b+a)$ が線分 AB と共有点をもつとき，点 (a, b) の存在領域を図示せよ．

POINT 線分 AB の方程式と $y = (b-a)x - (3b+a)$ を連立し，$-1 \leq x \leq 2$ に解をもつ条件を考えると大変です．そこで，正領域・負領域の考え方を利用しましょう．

　$f(x, y) = 0$ に関して，$f(x, y) > 0$ を満たす領域を正領域，$f(x, y) < 0$ を満たす領域を負領域といいます．$f(x, y) = 0$ によって，座標平面が 2 つの部分に分けられますが，グラフの上側が正領域となる訳ではないことに注意しましょう．

　たとえば，$f(x, y) = x - y$ とすると，$f(x, y) > 0 \iff x - y > 0$ つまり $y < x$ となるので，$f(x, y) > 0$ は $y = x$ の下側を表します．$g(x, y) = y - x$ とすると，$g(x, y) > 0 \iff y - x > 0$ つまり $y > x$ となるので，$g(x, y) > 0$ は $y = x$ の上側を表します．
つまり，どのような式を用意するかで，グラフの上側となることもあれば，グラフの下側になることもあるのです．

4-3 線形計画法

たとえば，x, y が4つの不等式
$$x \geqq 0,\ y \geqq 0,\ x+2y \leqq 8,\ 3x+2y \leqq 12$$
を満たすとき，$x+y$ の最大値，最小値を求めることを考えてみます．この不等式の表す領域は右図の網目部分です．

本来はまず不等式の領域が決まり，その領域内の (x, y) に対して $x+y$ の値が決まるという形になっています．しかし，領域内の無数の点 (x, y) に対して $x+y$ の値を求めることは不可能ですね．そこで，発想を変えて，ある値 k を考えてみて，$x+y$ がその値をとるかどうか調べるという方法をとります．

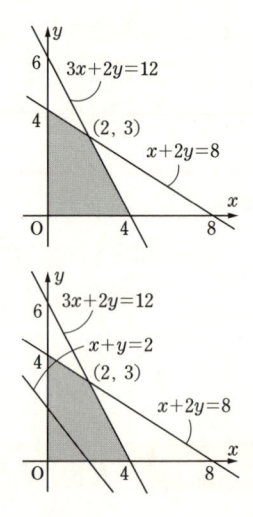

たとえば，$x+y$ が2という値をとるかどうかを調べてみます．$x+y=2$ を満たす x, y は，直線 $y=-x+2$ 上にあるので，この直線が領域と共有点をもてば，$x+y=2$ をとることがわかります．図より，共有点が存在するので，たしかに $x+y=2$ という値をとることがわかります．このような作業を無数の値に対して行えば最大値や最小値を求めることが可能になります．ただ，実際に無数の値に対して行うことはできないので，一般化した直線 $x+y=k$ が領域と共有点をもつ範囲を調べることで最大値や最小値を求めます．

次に，右図のような領域
$$x+y \leqq 1,\ x \geqq 0,\ y \geqq 0$$
が与えられたときの $y-ax$（a は定数）の最大値を考えてみましょう．

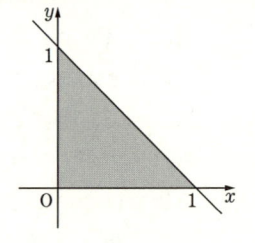

$y-ax=k \iff y=ax+k$ とおき，これと領域が共有点をもつ条件を考えますが，定数 a の値，つまり直線の傾き a によって，どこで最大値をとるかが変わってきます．

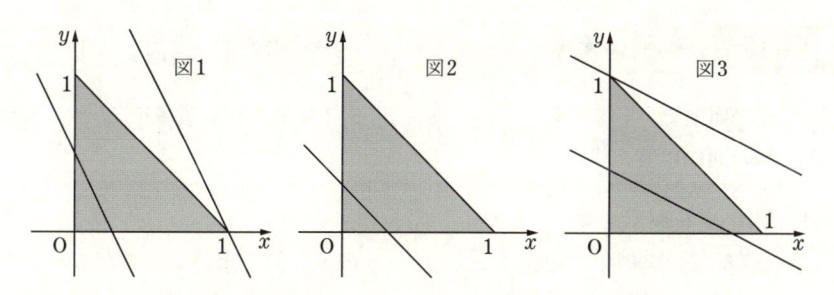

$a=-2$ のとき，図 1 から直線 $y=ax+k$ が点 $(1, 0)$ を通るとき k が最大，$a=-\dfrac{1}{2}$ のとき，図 3 から直線 $y=ax+k$ が点 $(0, 1)$ を通るとき，k が最大となります．

このようにいくつか実験をしていくと $a=-1$ が場合分けをする境目であることがわかるでしょう（図 2 参照）．

このように文字定数 a を少しずつ変化させることで，場合分けの境目を見つけることが重要です．

問題 65　難易度 ★★☆　▶▶▶解答 P49

xy 平面上で不等式 $y \leqq 2x$, $2y \geqq x$, $x+y \leqq 3$ を同時に満たす点 (x, y) の存在する領域を D とするとき，次の問いに答えよ．

(1) 領域 D を図示せよ．
(2) 点 (x, y) が領域 D を動くとき，$2x+y$ の最大値と最小値を求めよ．
(3) (2) のとき，$\dfrac{y-3}{x-3}$ の最大値と最小値を求めよ．

POINT 最大値・最小値を求めたい式を k とおいて，(1) の領域と共有点をもつ条件を考えます．

問題 66　難易度 ★★★

座標平面上で，不等式 $|x-3|+|y-3| \leqq 2$ で表される領域を D とするとき，次の問いに答えよ．

(1) 領域 D を図示せよ．
(2) 点 (x, y) が領域 D を動くとき $2x+y$ の最大値を求めよ．またこのときの x と y の値を求めよ．
(3) 点 (x, y) が領域 D を動くとき $x^2+y^2-4x-2y$ の最大値を求めよ．またこのときの x と y の値を求めよ．
(4) 点 (x, y) が領域 D を動くとき $\dfrac{y-1}{x+2}$ の取り得る値の範囲を求めよ．

POINT (1) 場合分けして絶対値をはずします．
(2)〜(4) 与えられた式を $=k$ とおき，領域 D と共有点をもつ条件を図形的に考えます．

問題 67　難易度 ★★★

次の連立不等式の表す領域を D とする．
$$\begin{cases} x^2+y^2-1 \leqq 0 \\ x+2y-2 \leqq 0 \end{cases}$$

(1) 領域 D を図示せよ．
(2) a を実数とする．点 (x, y) が D を動くとき，$ax+y$ の最小値を a を用いて表せ．
(3) a を実数とする．点 (x, y) が D を動くとき，$ax+y$ の最大値を a を用いて表せ．

POINT (2) $ax+y=k$ とおきます．a が変化すると直線 $y=-ax+k$ の傾き $-a$ が変化します．このとき，y 切片 k が最小になる場合 (直線が最も下側にくる場合) を考えます．
(3) $ax+y=k$ とおきます．a が変化すると直線 $y=-ax+k$ の傾き

第 3 章　図形と方程式 ｜ 067

$-a$ が変化します．このとき，y 切片 k が最大になる場合 (直線が最も上側にくる場合) を考えます．傾き $-a$ の値によって場合分けが必要になります．どこが場合分けを行う節目になるかを図形的に考えましょう．

4-4 直線の通過領域

問題 68　難易度 ★★★　　　▶▶▶ 解答 P52　　再確認 CHECK ☑☑☑

次の問いに答えよ．

(1) t がすべての実数を動くとき，直線 $l : y = tx + t^2 - t$ が通過する領域を図示せよ．

(2) t が $0 \leqq t \leqq 1$ の範囲を動くとき，直線 $y = tx + t^2 - t$ が通過する領域を図示せよ．

POINT　(1) 実数 t を 1 つ定めると，それに対応する直線が 1 つに定まります．たとえば，$t = 2$ のとき $y = 2x + 2$ となります．つまり，$y = 2x + 2$ を満たすすべての点 (x, y) を通過することになります．

次に，座標平面上の点 $(2, 2)$ を通過するかを考えてみましょう．代入した

$$2 = 2t + t^2 - t$$
$$t^2 + t - 2 = 0 \quad \therefore \quad (t-1)(t+2) = 0$$

を解くと，$t = -2, 1$ となります．これは，$t = -2, 1$ のとき，点 $(2, 2)$ を通過することを意味します．では，点 $(2, -1)$ を通過するでしょうか．代入した

$$-1 = 2t + t^2 - t \quad \therefore \quad t^2 + t + 1 = 0$$

は (判別式) $= 1^2 - 4 < 0$ より，実数解が存在しません．t は実数であるから，点 $(2, -1)$ に対応する t が存在しない，すなわちこの直線は点 $(2, -1)$ を通過しないことがわかります．

まとめると，
　点 (x, y) が求める通過領域に属する
　$\iff$ 点 (x, y) を通る直線 l，すなわち対応する実数 t が存在する
　$\iff$ 直線 l の方程式を t についての方程式とみたとき，実数 t が存在する
ということです．

次に，もう一つの考え方を紹介します．直線 $y = tx + t^2 - t$ は t の値が変化すれば傾きが変化します．また，t の値によらず通る点もありません．そこで任意の t と任意の x を1つ決めれば y が1つ定まる，と考えてみます．

独立に動く x と t を同時に扱うことは難しいので，例えば x を $x = 1$ と固定してみます (図1参照)．このとき
$$y = t \cdot 1 + t^2 - t = t^2$$
で，$y = t^2$ のグラフを考えれば，y は0以上の任意の実数値をとります．
つまり $x = 1$ 上では y は $y \geq 0$ の任意の実数値をとることがわかります (図2参照)．

次に x を $x = 2$ に固定してみます (図3参照)．このとき
$$y = t \cdot 2 + t^2 - t = t^2 + t$$
で，$y = \left(t + \dfrac{1}{2}\right)^2 - \dfrac{1}{4}$ より，$y = \left(t + \dfrac{1}{2}\right)^2 - \dfrac{1}{4}$ のグラフを考えれば，y は $-\dfrac{1}{4}$ 以上の任意の実数値をとります．つまり $x = 2$ 上では y は $y \geq -\dfrac{1}{4}$ の任意の実数値をとることがわかります (図4参照)．

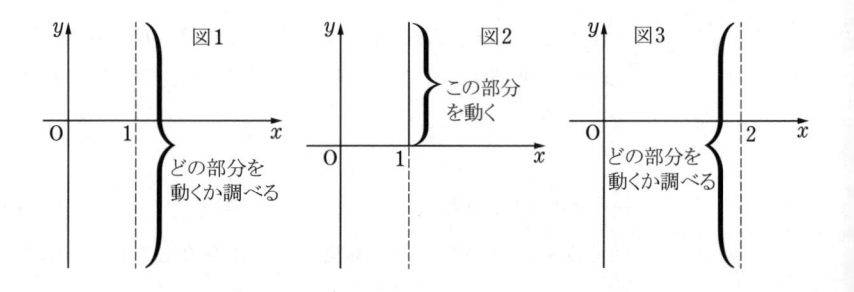

図1　どの部分を動くか調べる

図2　この部分を動く

図3　どの部分を動くか調べる

このような作業を無限に繰り返していけば，通過領域がわかります．すなわち，$x=k$ による図形の断面がすべての k に対してわかればもとの図形が復元できるということです．

独立して動く2変数に対して1文字を固定するという考え方はシンプルですが，何が定数で，何が変数なのかをしっかりと認識することが重要です．

1 三角関数の基本

第4章 三角関数

■まずは定義を正しく理解しましょう

出題傾向と対策

　関数の問題としても図形との関連問題としても問われる極めて重要な分野です．定義の理解，基本公式，方程式・不等式の計算，関数の扱いなど最初から最後まで重要な内容がずらりと並びます．

　覚えることが非常に多い単元ですから，初めから丸暗記しようとすると間違いなく破綻します．公式は自分の手で導く練習を行い，さらに頭の中を整理しながら覚えていくように心がけましょう．

1-1 一般角

　平面上に，点 O を中心として半直線 OP を回転させるとき，この半直線 OP を **動径** といい，その最初の位置を示す半直線 OX を **始線** といいます．

動径の回転には2つの向きがあります．時計の針の回転と逆の向きを正の向きといい，その回転角を正の角といいます．一方，時計の針の回転と同じ向きを負の向きといい，その回転角を負の角といいます．このように角を回転の大きさと考えて，負の角や360°を超える角なども考えたときの角を **一般角** といいます．

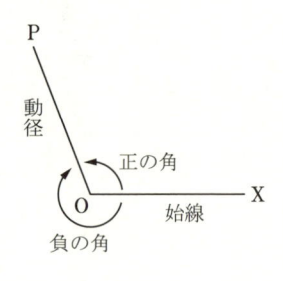

1-2 弧度法

　角度の大きさは「1周は360°」と定義して表してきました．この方法は **度数法** と呼ばれます．1周の角度を表すために用いられた「360」という値の由来は，1年はほぼ360日であることなどであると考えられていて，数学的に深い意味はありません．度数法は数学の発展と共に不便が生じてきました．そこで，**弧度法** と呼ばれる新しい角度の表し方を導入します．

半径 r の円から，弧の長さが半径と同じ r になる扇形を考えます．このときの中心角を 1rad(ラジアン) と定めます．半円の弧の長さは $2\pi r \times \dfrac{1}{2} = \pi r$ ですから，このときの弧の長さは，中心角が 1rad のときの π 倍になっています．

よって，右図より

$$180° = \pi \text{rad}$$

という関係が成立することがわかるでしょう．

通常，rad という単位は省略するのが一般的です．角度に何も単位がついていなければ rad であると判断して下さい．

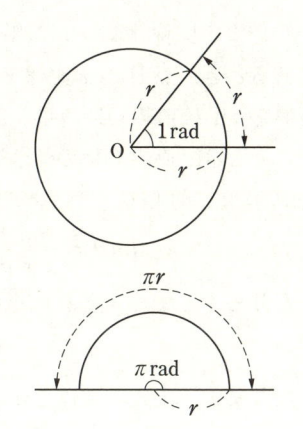

公式を2つ確認しておきます．半径 r，中心角 θ の扇形において，円全体に対する扇形の占める割合と円周に対して l が占める割合は等しいので，

$$2\pi r : l = 2\pi : \theta \quad \therefore \quad l = r\theta$$

となります．同様のことが扇形の面積 S についても成立するので，

$$\pi r^2 : S = 2\pi : \theta \quad \therefore \quad S = \dfrac{1}{2}r^2\theta$$

▶▶▶ 公式

① 半径が r，中心角が θ の扇形の弧の長さ l：
$$l = r\theta$$

② 半径が r，中心角が θ の扇形の面積 S：
$$S = \dfrac{1}{2}r^2\theta$$

1-3 三角関数の定義

原点 O を中心とする単位円 ($x^2 + y^2 = 1$) 上の点 P が，x 軸の正方向から線

分 OP まで反時計まわりに測った角が θ の位置にあるとき，点 P の x 座標を $\cos\theta$，点 P の y 座標を $\sin\theta$，直線 OP の傾きを $\tan\theta$ とします．

このとき，直線 OP の傾きを考えると，$\cos\theta \neq 0$ に対して，
$$\tan\theta = \frac{\sin\theta}{\cos\theta}$$
となります．また，点 P は単位円周上の点より OP = 1 であるから，
$$\cos^2\theta + \sin^2\theta = 1$$
となります．上式の両辺を $\cos^2\theta$ で割ると，
$$1 + \frac{\sin^2\theta}{\cos^2\theta} = \frac{1}{\cos^2\theta} \quad \therefore \quad 1 + \tan^2\theta = \frac{1}{\cos^2\theta}$$
が得られます．

▶▶▶ 公式

① : $\sin^2\theta + \cos^2\theta = 1$

② : $\tan\theta = \dfrac{\sin\theta}{\cos\theta}$

③ : $1 + \tan^2\theta = \dfrac{1}{\cos^2\theta}$

問題 69　難易度 ★☆☆　▶▶▶ 解答 P56

次の問いに答えよ．

(1) $15°$ を弧度法に直せ．また，$\dfrac{\pi}{8}$ を度数法に直せ．

(2) 半径が 3，中心角が $\dfrac{\pi}{7}$ である扇形の弧の長さ l と面積 S をそれぞれ求めよ．

(3) 周囲の長さが 1 の扇形の面積が最大となるとき，半径と中心角を求めよ．

POINT (1) $180° = \pi\,(rad)$ を利用して比例計算します．

(2) 公式 $l = r\theta$，$S = \dfrac{1}{2}r^2\theta$ を用います．

(3) (2) の公式から，

$$S = \frac{1}{2}r^2\theta = \frac{1}{2}r \cdot r\theta = \frac{1}{2}lr$$

となります.

問題 70　難易度 ★☆☆　　▶▶▶ 解答 P56

次の値を求めよ.

(1) $\cos\dfrac{\pi}{6}$ 　　(2) $\sin\dfrac{5}{6}\pi$ 　　(3) $\tan\dfrac{3}{4}\pi$

(4) $\cos\dfrac{4}{3}\pi$ 　　(5) $\sin\left(-\dfrac{\pi}{3}\right)$ 　　(6) $\tan\left(-\dfrac{2}{3}\pi\right)$

POINT　単位円を描いて正確に求めましょう.

問題 71　難易度 ★☆☆　　▶▶▶ 解答 P58

(1) $\sin\theta = \dfrac{2}{3}$ のとき，$\cos\theta$, $\tan\theta$ の値を求めよ.

(2) $\sin\theta + \cos\theta = \dfrac{1}{2}$ のとき，次の値を求めよ.

　(i) $\sin\theta\cos\theta$ 　　　　　(ii) $\sin^3\theta + \cos^3\theta$

POINT　なんとなく $\sin^2\theta + \cos^2\theta = 1$ を作っている人がよく見受けられますが，対称式・交代式という視点から処理できるようになりましょう.

　通常 2 変数の対称式は，基本対称式 $x + y$ と xy で表すのが基本です.

　一方，$\sin\theta$, $\cos\theta$ には常に $\sin^2\theta + \cos^2\theta = 1$ が成立するので，和 $\sin\theta + \cos\theta$ と積 $\sin\theta\cos\theta$ の一方がわかれば，他方を求めることができます.

　このとき，和を 2 乗すると和と積がつながります.

問題 72　難易度 ★★☆　▶▶▶解答 P58

$\sin y = \sin x$ を満たす点 (x, y) を xy 平面に図示せよ.

POINT 角度に制限がありませんから，一般角の範囲で考えます.

1-4　定義から明らかな公式

定義から，いくつかの公式を作ることができます.

▶▶▶ 公式

① $-\theta$ の三角関数：
$$\begin{cases} \sin(-\theta) = -\sin\theta \\ \cos(-\theta) = \cos\theta \\ \tan(-\theta) = -\tan\theta \end{cases}$$

② $\pi - \theta$ の三角関数：
$$\begin{cases} \sin(\pi - \theta) = \sin\theta \\ \cos(\pi - \theta) = -\cos\theta \\ \tan(\pi - \theta) = -\tan\theta \end{cases}$$

② $\dfrac{\pi}{2} - \theta$ の三角関数：
$$\begin{cases} \sin\left(\dfrac{\pi}{2} - \theta\right) = \cos\theta \\ \cos\left(\dfrac{\pi}{2} - \theta\right) = \sin\theta \\ \tan\left(\dfrac{\pi}{2} - \theta\right) = \dfrac{1}{\tan\theta} \end{cases}$$

これらの公式をすべて丸暗記するのは容易ではありませんし，応用も利きません.

単位円を利用して導き出せるものは単位円を使って考える

のが原則です．たとえば，右図において，三角関数の定義から，

$$P(\cos\theta,\ \sin\theta),$$
$$Q(\cos(-\theta), \sin(-\theta)),$$
$$R(\cos(\pi-\theta),\ \sin(\pi-\theta))$$

となります．P, Q は x 軸に関して対称なので，x 座標は等しく，y 座標は符号だけが異なります．つまり，

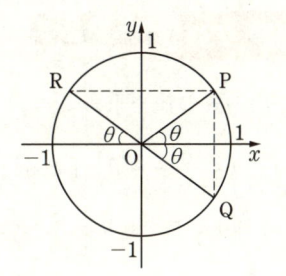

$$\cos(-\theta) = \cos\theta,\ \sin(-\theta) = -\sin\theta$$

が得られます．また P, R は y 軸に関して対称より，x 座標は符号だけが異なり，y 座標は等しくなります．つまり

$$\cos(\pi-\theta) = -\cos\theta \quad \sin(\pi-\theta) = \sin\theta$$

が得られます．

また，右図では三角関数の定義から

$$P(\cos\theta,\ \sin\theta),$$
$$Q\left(\cos\left(\frac{\pi}{2}-\theta\right),\ \sin\left(\frac{\pi}{2}-\theta\right)\right)$$

となりますが，P, Q は直線 $y=x$ に関して対称なので

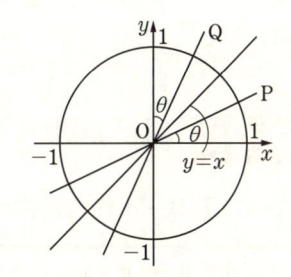

$$\cos\left(\frac{\pi}{2}-\theta\right) = \sin\theta,\ \sin\left(\frac{\pi}{2}-\theta\right) = \cos\theta$$

が成立します．

このように単位円を使って考えれば無駄な暗記は減らすことが可能です．どうしても図形的に考えることが難しい場合は，たとえば

$$\sin(\pi-\theta) = \sin\pi\cos\theta - \cos\pi\sin\theta$$
$$= 0\cdot\cos\theta - (-1)\cdot\sin\theta = \sin\theta$$

というように，この後登場する**加法定理**で導くというスタンスが実戦的でしょう．

問題 73　難易度 ★☆☆　　解答 P59

次の式の値を求めよ．

(1) $\cos^2\left(\dfrac{\pi}{4}+\theta\right)+\cos^2\left(\dfrac{\pi}{4}-\theta\right)$

(2) $\sin\dfrac{5}{7}\pi+\tan\dfrac{6}{5}\pi+\cos\dfrac{11}{14}\pi+\tan\left(-\dfrac{\pi}{5}\right)$

POINT (1) $\dfrac{\pi}{4}-\theta=\dfrac{\pi}{2}-\left(\dfrac{\pi}{4}+\theta\right)$ と考えて，$\cos\left(\dfrac{\pi}{2}-\theta\right)=\sin\theta$ を利用します．

(2) すべての角を鋭角で表してみましょう．

問題 74　難易度 ★☆☆　　解答 P60

次の方程式・不等式を解け．

(1) $2\sin^2 x-3\cos x-3=0\ (0\leqq x<2\pi)$

(2) $\tan x=\sqrt{2}\cos x\ \left(-\dfrac{\pi}{2}<x<\dfrac{\pi}{2}\right)$

(3) $2\cos x-3\tan x>0\ \left(\dfrac{\pi}{2}<x<\pi\right)$

(4) $2\cos^2 x+\sin x-2<0\ (0\leqq x\leqq \pi)$

POINT sin, cos, tan の統一を行い，方程式・不等式を解きます．

1-5 三角関数のグラフ

基本となる3つのグラフの概形はすぐに浮かぶようになりましょう．

① $y = \sin x$

値域：$-1 \leqq y \leqq 1$

周期：2π

奇関数（原点について対称）

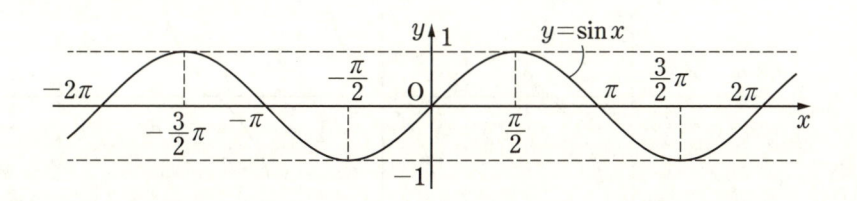

② $y = \cos x$

値域：$-1 \leqq y \leqq 1$

周期：2π

偶関数（y 軸について対称）

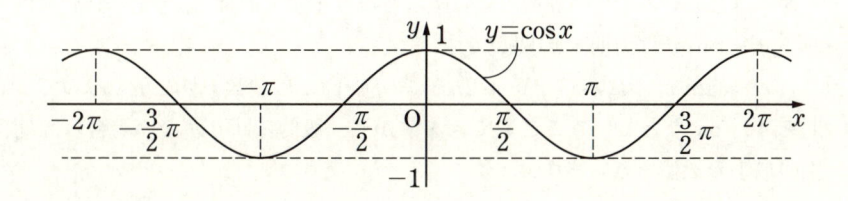

③ $y = \tan x$

定義域：$x \neq \dfrac{\pi}{2} + n\pi$ (n：整数)

周期：π

奇関数（原点対称）

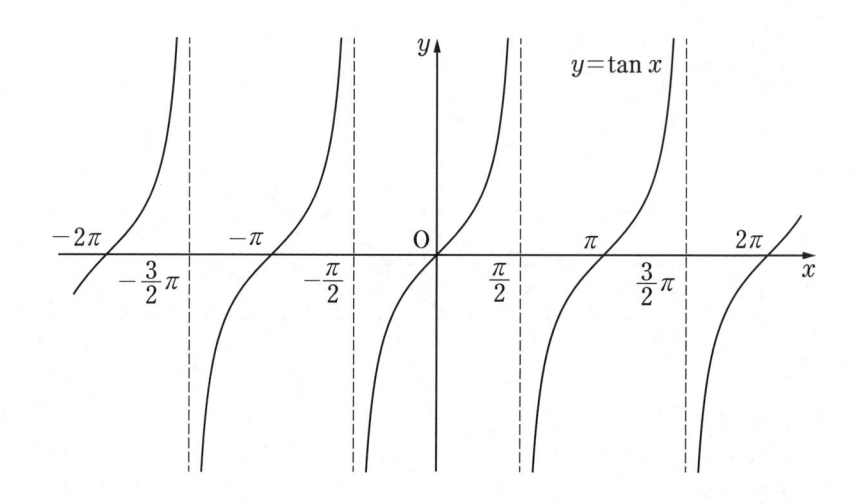

三角関数のグラフは同じ形を繰り返していることがわかります．このような関数を**周期関数**といいます．たとえば，$y = \sin x$ は $0 \leqq x \leqq 2\pi$ までの部分を繰り返しているので，周期 2π の関数となります．同様に，$y = \cos x$ は周期 2π，$y = \tan x$ は周期 π の関数です．

$f(x) = \sin x$ において $f(x + 2n\pi) = f(x)$ (n は整数) が成立するので，周期を 4π，6π などということもできますが，一般的に断りがない場合は周期は正の最小の数値をさします．

次に複雑な三角関数の図示について説明します．たとえば，$y = 2\sin 3x$ のグラフを描くことを考えます．

関数を x 軸方向に a だけ平行移動すると，$x \to x+a$ とするのではなく，$x \to x-a$ としました．式変形とグラフは逆に対応するということは直感と反対であるため，学習の初期段階では違和感を感じたと思います．

定数倍についても同じで，$x \to 3x$ となっているということは x 軸方向に $\frac{1}{3}$ 倍したということです．$y = \sin x$ の周期は 2π より $y = \sin 3x$ の周期は $\frac{2}{3}\pi$ であることがわかります．次に振幅を考えます．$y = \sin x \to y = 2\sin x$ となると，y 軸方向へ 2 倍しているということは特に問題はないでしょう．

ではグラフを描いていきます．まず，1 周期の起点の 1 つとして，$x = 0$ をとります．周期 $\frac{2}{3}\pi$ より，1 周期は $x = \frac{2}{3}\pi$ で終わります．次に $x = 0$ と $x = \frac{2}{3}\pi$ の中間である $x = \frac{\pi}{3}$ をとります．

あとはこれらを滑らかに結べば終了です．ここまでが理解できれば，あとはその応用に過ぎません．

たとえば $y = 2\sin\left(3x + \frac{\pi}{2}\right)$ のグラフは，式が $y = 2\sin 3\left(x + \frac{\pi}{6}\right)$ と変形されるので $y = 2\sin 3x$ のグラフを x 軸方向に $-\frac{\pi}{6}$ だけ平行移動したものであることがわかります．ならば，$y = 2\sin 3x$ において起点としてとった $x = 0$ が $x = -\frac{\pi}{6}$ から始まるので，1 周期は $x = \frac{2}{3}\pi - \frac{\pi}{6} = \frac{\pi}{2}$ で終わります．よって右図のようなグラフになります．

なお，$y = 2\sin\left(3x + \frac{\pi}{2}\right)$ のグラフを $y = 2\sin 3x$ のグラフを x 軸方向に $-\frac{\pi}{2}$ だけ平行移動したもの，とするのは間違いです．注意して下さい．

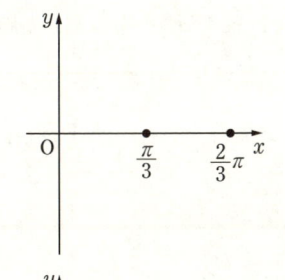

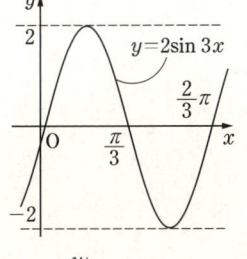

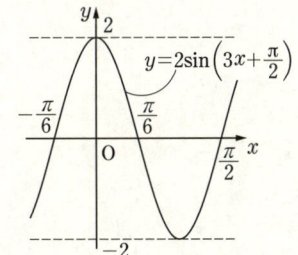

問題 75 難易度 ★★☆

関数 $\sin x$ の増減を考えて，4つの数 $\sin 0, \sin 1, \sin 2, \sin 3$ を小さい方から順に並べよ．

POINT $\sin 1, \sin 2$ などの値は直接求めることができません．そこで，$\dfrac{\pi}{3}, \dfrac{\pi}{2}$ など $\sin$ の値が求められるもので評価します．

問題 76 難易度 ★☆☆

$y = 2\cos\left(3x - \dfrac{\pi}{2}\right) + 1$ の周期を求め，そのグラフを描け．

POINT 式変形を行って，平行移動などがわかる形にします．

2 加法定理と派生公式

第4章 三角関数

■すべては加法定理から始まります

2-1 加法定理

数式の展開や因数分解を利用すると，効率の良い計算を行うことができました．たとえば，97^3 の計算は $(a-b)^3$ の公式を使えば，

$$97^3 = (100-3)^3$$
$$= 100^3 - 3 \cdot 100^2 \cdot 3 + 3 \cdot 100 \cdot 3^2 - 3^3$$
$$= 1000000 - 90000 + 2700 - 27 = 912673$$

と，簡単に計算することができます．三角関数でもこれに似た計算方法を用いて三角比の値を $\dfrac{\pi}{6}, \dfrac{\pi}{4}, \dfrac{\pi}{3}$ 以外でも求めることができます．

そこで，再度単位円を利用します．図1では単位円に2つの動径があり，動径 OA と OB が x 軸の正の向きとなす角はそれぞれ α と β です．$\angle \mathrm{AOB} = \alpha - \beta$ に注意して，△AOB を円周に沿って OB が x 軸に重なるように，原点 O を中心として回転させたのが図2です．

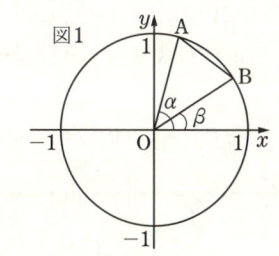

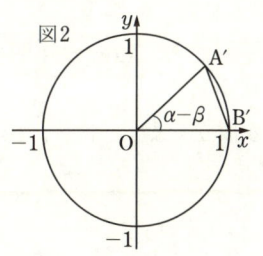

図1において A, B の座標は $\mathrm{A}(\cos\alpha, \sin\alpha)$, $\mathrm{B}(\cos\beta, \sin\beta)$ であるから，2点間の距離の公式より

$$\mathrm{AB}^2 = (\cos\alpha - \cos\beta)^2 + (\sin\alpha - \sin\beta)^2$$
$$= (\cos^2\alpha - 2\cos\alpha\cos\beta + \cos^2\beta)$$
$$\qquad + (\sin^2\alpha - 2\sin\alpha\sin\beta + \sin^2\beta)$$
$$= 2 - 2(\cos\alpha\cos\beta + \sin\alpha\sin\beta) \cdots\cdots ①$$

となります．
また，図2において A′, B′ の座標は $\mathrm{A}'(\cos(\alpha-\beta), \sin(\alpha-\beta))$, $\mathrm{B}'(1, 0)$ であるから，2点間の距離の公式より

$$\mathrm{A'B'}^2 = \{\cos(\alpha-\beta) - 1\}^2 + \{\sin(\alpha-\beta) - 0\}^2$$
$$= \cos^2(\alpha-\beta) - 2\cos(\alpha-\beta) + 1 + \sin^2(\alpha-\beta)$$

$$= 2 - 2\cos(\alpha - \beta) \cdots\cdots ②$$

となります．① = ② より，

$$\cos(\alpha - \beta) = \cos\alpha\cos\beta + \sin\alpha\sin\beta \quad \cdots\cdots ③$$

を得ます．式は少し複雑化したものの，$(\alpha - \beta)$ を α と β で表せることが可能になりました．このことは 97^3 では計算が大変でも，$97 = (100 - 3)$ と見ることで楽に答が求められるように，$\cos\dfrac{\pi}{12}$ では計算不能なように思えても，$\dfrac{\pi}{12} = \dfrac{\pi}{4} - \dfrac{\pi}{6}$ と見ることで答が求められることを意味します．

次に，これを拡張していきます．まず，③の β に $-\beta$ を代入すると，

$$\cos\{\alpha - (-\beta)\} = \cos\alpha\cos(-\beta) + \sin\alpha\sin(-\beta)$$

となるので，$\cos(-\beta) = \cos\beta$, $\sin(-\beta) = -\sin\beta$ に注意して

$$\cos(\alpha + \beta) = \cos\alpha\cos\beta - \sin\alpha\sin\beta \quad \cdots\cdots ④$$

が成立します．次に，$\cos\left(\dfrac{\pi}{2} - \theta\right) = \sin\theta$ に $\theta = \alpha - \beta$ を代入すると，

$$\cos\left\{\dfrac{\pi}{2} - (\alpha - \beta)\right\} = \sin(\alpha - \beta)$$

となりますが，左辺の $\left\{\dfrac{\pi}{2} - (\alpha - \beta)\right\}$ を $\left\{\left(\dfrac{\pi}{2} - \alpha\right) + \beta\right\}$ と見て④を利用すると，

$$\cos\left\{\dfrac{\pi}{2} - (\alpha - \beta)\right\} = \cos\left\{\left(\dfrac{\pi}{2} - \alpha\right) + \beta\right\}$$
$$= \cos\left(\dfrac{\pi}{2} - \alpha\right)\cos\beta - \sin\left(\dfrac{\pi}{2} - \alpha\right)\sin\beta$$
$$= \sin\alpha\cos\beta - \cos\alpha\sin\beta$$

となります．よって，

$$\sin(\alpha - \beta) = \sin\alpha\cos\beta - \cos\alpha\sin\beta \quad \cdots\cdots ⑤$$

が得られます．そして，⑤の β に $-\beta$ を代入すると，

$$\sin\{\alpha - (-\beta)\} = \sin\alpha\cos(-\beta) - \cos\alpha\sin(-\beta)$$

となるので，$\cos(-\beta) = \cos\beta$, $\sin(-\beta) = -\sin\beta$ に注意すると

$$\sin(\alpha + \beta) = \sin\alpha\cos\beta + \cos\alpha\sin\beta$$

となります．これらを用いると，

$$\tan(\alpha+\beta) = \frac{\sin(\alpha+\beta)}{\cos(\alpha+\beta)}$$

$$= \frac{\sin\alpha\cos\beta + \cos\alpha\sin\beta}{\cos\alpha\cos\beta - \sin\alpha\sin\beta}$$

$$= \frac{\dfrac{\sin\alpha}{\cos\alpha} + \dfrac{\sin\beta}{\cos\beta}}{1 - \dfrac{\sin\alpha}{\cos\alpha}\cdot\dfrac{\sin\beta}{\cos\beta}}$$

$$= \frac{\tan\alpha + \tan\beta}{1 - \tan\alpha\tan\beta}$$

すなわち，

$$\tan(\alpha+\beta) = \frac{\tan\alpha + \tan\beta}{1 - \tan\alpha\tan\beta} \quad\cdots\cdots ⑥$$

が成立します．そして，⑥の β に $-\beta$ を代入すると，

$$\tan\{\alpha+(-\beta)\} = \frac{\tan\alpha + \tan(-\beta)}{1 - \tan\alpha\tan(-\beta)}$$

で，$\tan(-\beta) = -\tan\beta$ に注意すると

$$\tan(\alpha-\beta) = \frac{\tan\alpha - \tan\beta}{1 + \tan\alpha\tan\beta}$$

が得られます．これらを**加法定理**といい，三角関数で最も重要な公式ですので，しっかり覚えてスラスラ頭に浮かぶようにしておきましょう．

▶▶▶ **公 式**

加法定理（すべて複号同順）
① : $\sin(\alpha\pm\beta) = \sin\alpha\cos\beta \pm \cos\alpha\sin\beta$
② : $\cos(\alpha\pm\beta) = \cos\alpha\cos\beta \mp \sin\alpha\sin\beta$
③ : $\tan(\alpha\pm\beta) = \dfrac{\tan\alpha \pm \tan\beta}{1 \mp \tan\alpha\tan\beta}$

2-2 直線のなす角

　中心が原点，半径が1の単位円周上の点 A(1, 0) から反時計回りに θ だけ回転した点 P の x 座標が $\cos\theta$，y 座標が $\sin\theta$，直線 OP の傾きが $\tan\theta$ であるというのが三角関数の定義です．

　これは「そんなの知ってるよ」という人が多いでしょう．しかし，中央の図のように円を消すと，傾きが $\tan\theta$ であるということがいえなくなる人が多くなります．もちろん，平行移動しても傾きは不変なので，

$$x \text{ 軸正方向となす角 } \theta \rightarrow \text{傾き} \tan\theta$$

ということです．円が図示されていなくても傾きがいえるようになりましょう．

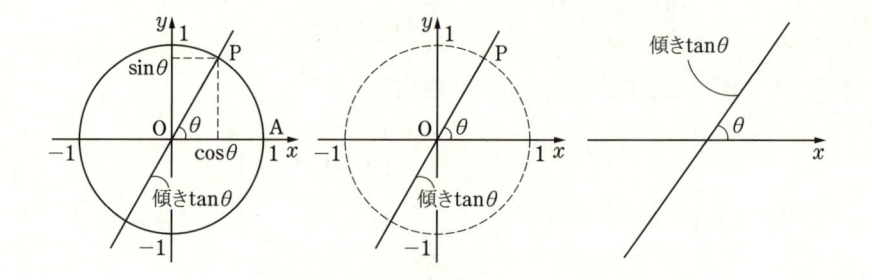

2-3 2倍角の公式・半角の公式

　加法定理を用いると，様々な公式を作ることが可能になります．まず，sin の加法定理において，$\alpha = \beta = \theta$ とおくと，

$$\begin{aligned} \sin 2\theta &= \sin(\theta + \theta) \\ &= \sin\theta\cos\theta + \cos\theta\sin\theta \\ &= 2\sin\theta\cos\theta \end{aligned}$$

すなわち，

$$\sin 2\theta = 2\sin\theta\cos\theta$$

となります．また，cos の加法定理において，$\alpha = \beta = \theta$ とおくと，

$$\begin{aligned} \cos 2\theta &= \cos(\theta + \theta) \\ &= \cos\theta\cos\theta - \sin\theta\sin\theta \\ &= \cos^2\theta - \sin^2\theta \cdots\cdots ① \end{aligned}$$

となります．ここで，$\sin^2\theta + \cos^2\theta = 1 \iff \sin^2\theta = 1 - \cos^2\theta$ を①に用いると
$$\cos 2\theta = \cos^2\theta - (1 - \cos^2\theta) = 2\cos^2\theta - 1$$
すなわち，
$$\boxed{\cos 2\theta = 2\cos^2\theta - 1} \quad \cdots\cdots ②$$
となります．また，$\cos^2\theta = 1 - \sin^2\theta$ を①に用いると
$$\cos 2\theta = (1 - \sin^2\theta) - \sin^2\theta = 1 - 2\sin^2\theta$$
すなわち，
$$\boxed{\cos 2\theta = 1 - 2\sin^2\theta} \quad \cdots\cdots ③$$
となります．最後に tan の加法定理において，$\alpha = \beta = \theta$ とおくと，
$$\tan 2\theta = \tan(\theta + \theta)$$
$$= \frac{\tan\theta + \tan\theta}{1 - \tan\theta\tan\theta}$$
$$= \frac{2\tan\theta}{1 - \tan^2\theta}$$
すなわち，
$$\boxed{\tan 2\theta = \frac{2\tan\theta}{1 - \tan^2\theta}}$$
となります．これらを **2倍角の公式** といいます．また，②，③を変形して得られる
$$\boxed{\cos^2\theta = \frac{1 + \cos 2\theta}{2}, \quad \sin^2\theta = \frac{1 - \cos 2\theta}{2}}$$
を **半角の公式** といいます．

▶▶▶ 公式

2 倍角の公式

①：$\sin 2\theta = 2\sin\theta\cos\theta$

②：$\cos 2\theta = 2\cos^2\theta - 1 = 1 - 2\sin^2\theta$

③：$\tan 2\theta = \dfrac{2\tan\theta}{1-\tan^2\theta}$

▶▶▶ 公式

半角の公式

①：$\cos^2\theta = \dfrac{1+\cos 2\theta}{2}$

②：$\sin^2\theta = \dfrac{1-\cos 2\theta}{2}$

2-4 3倍角の公式

加法定理と 2 倍角の公式を利用すると，3 倍角の公式を作ることができます．

$$\begin{aligned}
\sin 3\theta &= \sin(\theta + 2\theta) = \sin\theta\cos 2\theta + \cos\theta\sin 2\theta \\
&= \sin\theta(1-2\sin^2\theta) + \cos\theta(2\sin\theta\cos\theta) \\
&= \sin\theta - 2\sin^3\theta + 2\sin\theta(1-\sin^2\theta) \\
&= 3\sin\theta - 4\sin^3\theta \\
\cos 3\theta &= \cos(\theta + 2\theta) = \cos\theta\cos 2\theta - \sin\theta\sin 2\theta \\
&= \cos\theta(2\cos^2\theta - 1) - \sin\theta(2\sin\theta\cos\theta) \\
&= 2\cos^3\theta - \cos\theta - 2\cos\theta(1-\cos^2\theta) \\
&= 4\cos^3\theta - 3\cos\theta
\end{aligned}$$

▶▶▶ 公式

3 倍角の公式

①：$\sin 3\theta = 3\sin\theta - 4\sin^3\theta$

②：$\cos 3\theta = 4\cos^3\theta - 3\cos\theta$

2-5 三角関数の合成

$a\sin\theta + b\cos\theta$ の形の式を 1 つの三角関数にまとめることを **三角関数の合成** といいます．具体的には，

> Ⓐ $a\sin\theta + b\cos\theta$ の形を $\sqrt{a^2+b^2}$ でくくる
> Ⓑ Ⓐの括弧の中の数値を，同じ角の $\cos$ と $\sin$ におきかえる
> Ⓒ 加法定理を用いてまとめる

という流れで処理します．たとえば，

$$\cos\theta - \sqrt{3}\sin\theta = 2\left(\cos\theta \cdot \frac{1}{2} - \sin\theta \cdot \frac{\sqrt{3}}{2}\right) \quad \cdots\cdots Ⓐ$$

$$= 2\left\{\sin\theta \cdot \left(-\frac{\sqrt{3}}{2}\right) + \cos\theta \cdot \frac{1}{2}\right\}$$

$$= 2\left(\sin\theta \cos\frac{5}{6}\pi + \cos\theta \sin\frac{5}{6}\pi\right) \quad \cdots\cdots Ⓑ$$

$$= 2\sin\left(\theta + \frac{5}{6}\pi\right) \quad \cdots\cdots Ⓒ$$

となります．用意する加法定理によってはいろいろな合成が可能で，上の例では

$$\sin(\theta + \alpha) = \sin\theta\cos\alpha + \cos\theta\sin\alpha$$

を使用しましたが，

$$\cos(\theta + \alpha) = \cos\theta\cos\alpha - \sin\theta\sin\alpha$$

を用意すれば，

$$\cos\theta - \sqrt{3}\sin\theta = 2\left(\cos\theta \cdot \frac{1}{2} - \sin\theta \cdot \frac{\sqrt{3}}{2}\right) \quad \cdots\cdots Ⓐ$$

$$= 2\left(\cos\theta\cos\frac{\pi}{3} - \sin\theta\sin\frac{\pi}{3}\right) \quad \cdots\cdots Ⓑ$$

$$= 2\cos\left(\theta + \frac{\pi}{3}\right) \quad \cdots\cdots Ⓒ$$

とすることもできます．

なお Ⓐ → Ⓑ に至る過程で，必ずしも有名角が出現するとは限りません．たとえば，合成の手順にしたがえば

$$3\sin\theta + 4\cos\theta = 5\left(\sin\theta \cdot \frac{3}{5} + \cos\theta \cdot \frac{4}{5}\right) \quad \cdots\cdots Ⓐ$$

ですが，$\cos$ が $\frac{3}{5}$，$\sin$ が $\frac{4}{5}$ を満たす有名角はありません．このような場合は

求まらない角を α とおくのが原則です．つまり $\cos\alpha = \dfrac{3}{5}$, $\sin\alpha = \dfrac{4}{5}$ を満たす α に対して，

$$\begin{aligned}3\sin\theta + 4\cos\theta &= 5\left(\sin\theta \cdot \dfrac{3}{5} + \cos\theta \cdot \dfrac{4}{5}\right) \\ &= 5(\sin\cos\alpha + \cos\theta\sin\alpha) \quad \cdots\cdots ⓑ \\ &= 5\sin(\theta + \alpha)\end{aligned}$$

と合成できるのです．

問題 77　難易度 ★☆☆　▶▶▶解答 P62　再確認 CHECK ✓✓✓

次の問いに答えよ．

(1) α, β がそれぞれ第2象限，第3象限の角であって，$\sin\alpha = \dfrac{4}{5}$, $\cos\beta = -\dfrac{5}{13}$ のとき，$\cos(\alpha - \beta)$ の値を求めよ．

(2) $\tan\alpha = \dfrac{1}{2}$, $\tan\beta = \dfrac{1}{3}$ $\left(0 \leqq \alpha < \dfrac{\pi}{2},\ 0 \leqq \beta < \dfrac{\pi}{2}\right)$ のとき，$\alpha + \beta$ の値を求めよ．

POINT (1) α は第2象限の角より $\cos\alpha < 0$，β は第3象限の角より $\sin\beta < 0$ となります．

(2) $\tan\alpha = \dfrac{1}{2}$, $\tan\beta = \dfrac{1}{3}$ から α, β を具体的に求めることはできません．そこで，$\tan(\alpha + \beta)$ の値から，$\alpha + \beta$ の値を求めます．

問題 78 難易度 ★★☆

次の問いに答えよ．

(1) 2次方程式 $x^2 - 4x - 3 = 0$ の2つの解が $\tan\alpha, \tan\beta$ のとき，$\tan(\alpha+\beta)$ の値を求めよ．
(2) 直線 $y = 5x$ と直線 $y = kx$ のなす角が $\dfrac{\pi}{4}$ のとき，k の値を求めよ．

POINT (1) 解と係数の関係より $\tan\alpha, \tan\beta$ の和と積とを求めておきます．
(2) 2直線が x 軸正方向となす角を α, β とおきます．

問題 79 難易度 ★★★

x を正の実数とする．座標平面上の3点 $A(0, 1), B(0, 2), P(x, x)$ をとり，$\triangle APB$ を考える．x の値が変化するとき，$\angle APB$ の最大値を求めよ．

POINT $\angle APB$ をベクトルの内積で捉えると計算が大変になります．ここでは，$\tan$ の加法定理を利用するのがよいでしょう．一般に $0 < \theta < \dfrac{\pi}{2}$ で $\tan\theta$ は単調増加ですから，この範囲において θ が最大となる x と $\tan\theta$ が最大となる x は一致します．

問題 80 難易度 ★☆☆

$\dfrac{\pi}{2} < \alpha < \pi$ かつ $\cos\alpha = -\dfrac{2}{3}$ のとき，次の値を求めよ．

(1) $\sin 2\alpha$ (2) $\cos 2\alpha$ (3) $\tan 2\alpha$

POINT 倍角の公式を利用します．

問題 81 難易度 ★★☆

次の問いに答えよ．

(1) $\sin 22.5°$, $\cos 157.5°$ の値を求めよ．

(2) $\tan \dfrac{\theta}{2} = t$ とする．このとき，$\cos\theta = \dfrac{1-t^2}{1+t^2}$, $\sin\theta = \dfrac{2t}{1+t^2}$ と表されることを示せ．

POINT 半角の公式を利用します．

問題 82 難易度 ★★☆

$0 \leqq \theta < 2\pi$ の範囲で，次の関数の最大値，最小値およびそのときの θ の値を求めよ．

$$y = 2\cos 2\theta + 4\cos\theta - 3$$

POINT まず，三角関数の種類 (sin, cos, tan)，および角の大きさをそろえます．すなわち，単一の三角関数に直します．その後，おきかえをすれば単なる最大最小問題です．

問題 83 難易度 ★☆☆

次の式を $r\sin(\theta+\alpha)$, $r\cos(\theta+\alpha)$ の形で表せ．ただし，α が負の角度になってもよい．

(1) $\sin\theta - \cos\theta$　　　　(2) $\sqrt{3}\cos\theta - \sin\theta$

POINT 三角関数の合成のやり方を復習しておきましょう．

問題 84

$0 \leqq \theta < 2\pi$ のとき，次の問いに答えよ．

(1) $f(\theta) = \sin\theta + \cos\theta$ の最大値と最小値を求めよ．
(2) $g(\theta) = 2\sin\left(\theta + \dfrac{\pi}{6}\right) + \cos\theta$ の最大値と最小値を求めよ．
(3) $h(\theta) = 2\sin\theta + 3\cos\theta$ の最大値と最小値を求めよ．

POINT $a\sin\theta + b\cos\theta$ の形は合成して種類を統一して処理するのが原則です．

3 三角関数の応用

■式をどのように変形すればよいかをよく考えましょう

3-1 積和公式

たとえば，$\sin\frac{7}{18}\pi\cos\frac{\pi}{18}$ を和の形に直すことを考えてみましょう．
$\sin\frac{7}{18}\pi\cos\frac{\pi}{18}$ を含む加法定理の式を2つ書くと，

$$\begin{cases} \sin\left(\frac{7}{18}\pi+\frac{\pi}{18}\right)=\sin\frac{7}{18}\pi\cos\frac{\pi}{18}+\cos\frac{7}{18}\pi\sin\frac{\pi}{18} \\ \sin\left(\frac{7}{18}\pi-\frac{\pi}{18}\right)=\sin\frac{7}{18}\pi\cos\frac{\pi}{18}-\cos\frac{7}{18}\pi\sin\frac{\pi}{18} \end{cases}$$

となります．この2式の辺々を加えると，

$$\sin\frac{4}{9}\pi+\sin\frac{\pi}{3}=2\sin\frac{7}{18}\pi\cos\frac{\pi}{18}$$
$$\therefore\quad \sin\frac{7}{18}\pi\cos\frac{\pi}{18}=\frac{1}{2}\left(\sin\frac{4}{9}\pi+\sin\frac{\pi}{3}\right)$$

となり，和の形が導出できました．このように，

> 与えられた積を含む加法定理の式を足すか引く

ことが積から和の形に直すときのポイントです．以下，一般化してみます．

$$\sin(\alpha+\beta)=\sin\alpha\cos\beta+\cos\alpha\sin\beta \cdots\cdots ①$$
$$\sin(\alpha-\beta)=\sin\alpha\cos\beta-\cos\alpha\sin\beta \cdots\cdots ②$$

において，①+② より，

$$\sin(\alpha+\beta)+\sin(\alpha-\beta)=2\sin\alpha\cos\beta$$

よって，

$$\boldsymbol{\sin\alpha\cos\beta=\frac{1}{2}\{\sin(\alpha+\beta)+\sin(\alpha-\beta)\}}$$

①−② より，

$$\sin(\alpha+\beta)-\sin(\alpha-\beta)=2\cos\alpha\sin\beta$$

よって，

$$\boldsymbol{\cos\alpha\sin\beta=\frac{1}{2}\{\sin(\alpha+\beta)-\sin(\alpha-\beta)\}}$$

が得られます．次に，
$$\cos(\alpha+\beta) = \cos\alpha\cos\beta - \sin\alpha\sin\beta \cdots\cdots ③$$
$$\cos(\alpha-\beta) = \cos\alpha\cos\beta + \sin\alpha\sin\beta \cdots\cdots ④$$
において，③ + ④ より，
$$\cos(\alpha+\beta) + \cos(\alpha-\beta) = 2\cos\alpha\cos\beta$$
よって，
$$\cos\alpha\cos\beta = \frac{1}{2}\{\cos(\alpha+\beta) + \cos(\alpha-\beta)\}$$

③ − ④ より，
$$\cos(\alpha+\beta) - \cos(\alpha-\beta) = -2\sin\alpha\sin\beta$$
よって，
$$\sin\alpha\sin\beta = -\frac{1}{2}\{\cos(\alpha+\beta) - \cos(\alpha-\beta)\}$$

が得られます．これらを **積和公式** といいます．覚えにくく，覚え間違えをしやすい公式なので丸暗記は危険です．理解して自ら導き出せるようになりましょう．

▶▶▶ 公 式

積和公式
① : $\sin\alpha\cos\beta = \dfrac{1}{2}\{\sin(\alpha+\beta) + \sin(\alpha-\beta)\}$
② : $\cos\alpha\sin\beta = \dfrac{1}{2}\{\sin(\alpha+\beta) - \sin(\alpha-\beta)\}$
③ : $\cos\alpha\cos\beta = \dfrac{1}{2}\{\cos(\alpha+\beta) + \cos(\alpha-\beta)\}$
④ : $\sin\alpha\sin\beta = -\dfrac{1}{2}\{\cos(\alpha+\beta) - \cos(\alpha-\beta)\}$

3-2 和積公式

たとえば，積和公式
$$\sin\alpha\cos\beta = \frac{1}{2}\{\sin(\alpha+\beta) + \sin(\alpha-\beta)\} \quad \cdots\cdots ①$$
において，右辺から左辺に向けてみると，和を積に直す公式とも読めます．しかし，そのような使い方をするためには，若干不便な点があります．というのも，本来与えられた角度を代入したい部分が $\alpha+\beta$ や $\alpha-\beta$ のような式になっています．

そこで，代入したい部分をそれぞれ一文字で置き換えてみます．具体的には，$\alpha+\beta = A$，$\alpha-\beta = B$ とおくと，
$$\alpha = \frac{A+B}{2},\ \beta = \frac{A-B}{2}$$
となります．このとき，①は
$$\sin\frac{A+B}{2}\cos\frac{A-B}{2} = \frac{1}{2}(\sin A + \sin B)$$
$$\therefore\quad \sin A + \sin B = 2\sin\frac{A+B}{2}\cos\frac{A-B}{2}$$
となります．残りの積和公式においても同様の処理を行えば，以下の **和積公式** が得られます．

▶▶▶ **公式**

> 和積公式
> ① : $\sin A + \sin B = 2\sin\dfrac{A+B}{2}\cos\dfrac{A-B}{2}$
> ② : $\sin A - \sin B = 2\cos\dfrac{A+B}{2}\sin\dfrac{A-B}{2}$
> ③ : $\cos A + \cos B = 2\cos\dfrac{A+B}{2}\cos\dfrac{A-B}{2}$
> ④ : $\cos A - \cos B = -2\sin\dfrac{A+B}{2}\sin\dfrac{A-B}{2}$

これも覚えにくく，覚え間違えをしやすい公式なので丸暗記は危険です．自ら導き出せるようになりましょう．

問題 85　難易度 ★★☆　▶▶▶解答 P68

和積公式，積和公式を利用して，次の値を求めよ．

(1) $\sin 105° + \sin 15°$　(2) $\cos 105° + \cos 15°$　(3) $\sin 105° \cos 15°$
(4) $\cos 105° \sin 15°$　(5) $\cos 105° \cos 15°$　(6) $\sin 105° \sin 15°$

POINT 和積公式と積和公式の練習です．扱いやすいようにあえて度数法で表記してあります．

問題 86　難易度 ★★☆　▶▶▶解答 P69

次の問いに答えよ．

(1) $\sin 20° + \sin 140°$ を積の形にせよ．
(2) $\sin 20° + \sin 140° + \sin 260°$ の値を求めよ．
(3) $\sin 20° \sin 40° \sin 80°$ の値を求めよ．

POINT (1) 和積公式を利用します．
(2) (1) の結果を利用して，再び和積公式を利用します．
(3) 積和公式を利用します．

問題 87　難易度 ★★★　▶▶▶解答 P70

$0 \leqq x < 2\pi$ のとき，$\sin 4x + \sin 3x + \sin 2x + \sin x = 0$ を解け．

POINT 和積公式を用いて積の形を作ります．共通因数が出るようにするにはどれとどれを組み合わせればよいか考えましょう．

3-3 $\sin\theta + \cos\theta = t$ 型

問題 88 難易度 ★★☆　▶▶▶解答 P71

θ の関数 $y = \sin 2\theta + \sin\theta + \cos\theta$ について，次の問いに答えよ．

(1) $t = \sin\theta + \cos\theta$ とおいて，y を t の関数で表せ．
(2) t のとりうる値の範囲を求めよ．
(3) y のとりうる値の範囲を求めよ．

POINT $\sin\theta$, $\cos\theta$ の対称式は $\sin\theta + \cos\theta = t$ とおくのが定石です．

3-4 $a\sin^2\theta + b\sin\theta\cos\theta + c\cos^2\theta$ 型

問題 89 難易度 ★★☆　▶▶▶解答 P71

関数 $y = \sin^2 x + 8\sin x \cos x + 7\cos^2 x$ $(0 \leqq x \leqq \pi)$ の最大値，最小値を求めよ．

POINT $a\sin^2\theta + b\sin\theta\cos\theta + c\cos^2\theta$ 型は半角公式を使って次数を下げた後，合成を利用するのが定石です．

問題 90 難易度 ★★★　▶▶▶解答 P72

点 P は円 $x^2 + y^2 = 4$ 上の第 1 象限を動く点であり，点 Q は円 $x^2 + y^2 = 16$ 上の第 2 象限を動く点である．ただし，原点 O に対して，つねに $\angle POQ = \dfrac{\pi}{2}$ であるとする．また，点 P から x 軸に垂線 PH を下ろし，点 Q から x 軸に垂線 QK を下ろす．さらに $\theta = \angle POH$ とする．

(1) 四角形 PQKH の面積の最大値を求めよ．
(2) 三角形 QKH の面積の最大値を求めよ．

POINT P は原点を中心とする半径 2 の円周上にあるので，その座標は $(2\cos\theta, 2\sin\theta)$ と表せます．同様に Q の座標も θ で表せるので，各図形の面積を θ の関数として処理します．

3-5 解の個数

問題 91　難易度 ★★★

a を定数, $0 \leq \theta \leq \dfrac{7}{6}\pi$ とする．このとき θ に関する方程式
$$\cos^2\theta + \sin\theta + a = 0$$
の解の個数を求めよ．

POINT　数 III で学習する三角関数の微分，合成関数の微分などを知らないと左辺のグラフを描くことはできません．そこで，数学 II の範囲では置き換えて，扱いやすい形にします．つまり
$$\cos^2\theta + \sin\theta + a = 0$$
$$(1 - \sin^2\theta) + \sin\theta + a = 0$$

$\sin\theta = t$ とすると
$$1 - t^2 + t + a = 0 \quad \therefore \quad t^2 - t - 1 = a$$

ただし，$0 \leq \theta \leq \dfrac{7}{6}\pi$ より，$-\dfrac{1}{2} \leq \sin\theta \leq 1$　$\therefore$　$-\dfrac{1}{2} \leq t \leq 1$
として考えます．あとは $t^2 - t - 1 = a$ の解の個数を数えるだけと考えるのは安易すぎます．というのも，求めるものは θ の個数であって，t の個数ではないからです．

　たとえば，$t = \dfrac{1}{2}$ のとき $\sin\theta = \dfrac{1}{2}$ を満たす θ は $\dfrac{\pi}{6}$, $\dfrac{5}{6}\pi$ より 1 つの t に 2 個の θ が対応します．また，$t = 1$ のとき $\sin\theta = 1$ を満たす θ は $\dfrac{\pi}{2}$ より，1 つの t に 1 個の θ が対応します．置換前の θ の個数と t の個数が 1 対 1 に対応するとは限らないことがポイントです．この対応関係を正確に判断するには単位円を利用するとよいでしょう．

第5章 指数関数と対数関数

1 指数関数

■ 指数法則をマスターしましょう

出題傾向と対策

指数は今まで扱ってきた累乗計算の拡張で，多少は馴染みがあると思いますので計算に慣れてしまえば簡単です．一方，対数は高校で初めて学習する内容で慣れるまでは抵抗感があるかもしれません．

理解することが難しい内容は他分野に比べると少ないです．言い換えれば，入試レベルになると単独では物足りないため，他の分野との融合問題として出題されることもあります．

1-1 累乗根

数 a の n 個の積 $\underbrace{a \times a \times \cdots \times a}_{n \text{個}}$ を a^n と表します．a のことを 底，n のことを 指数 といいます．特に，a^2 のことを a の 平方，a^3 のことを a の 立方 といいます．また，$a, a^2, a^3, \cdots$ を総称して a の 累乗 といいます．

n を自然数とするとき，n 乗すると a になる数，つまり

$$x^n = a$$

となる x の値を，a の n 乗根 といいます．たとえば，$2^3 = 8$ なので，2 は 8 の 3 乗根です．また，$2^4 = 16$ であり $(-2)^4 = 16$ であるから，-2 と 2 はともに 16 の 4 乗根です．

数学 II では，数としては実数の範囲で考えます．このとき，実数 a の n 乗根は，次のようになります．

---

(1) n が奇数のとき

　　a の正負に関係なく，a の n 乗根はただ 1 つだけ存在し，それを $\sqrt[n]{a}$ と表す．

(2) n が偶数のとき

　　a が正のときに正と負の 2 つの n 乗根が存在する．そのうち正のものを $\sqrt[n]{a}$ と表し，負のものを $-\sqrt[n]{a}$ と表す．

たとえば，$2^4 = 16$，$(-2)^4 = 16$ であるから，$\sqrt[4]{16} = 2$，$-\sqrt[4]{16} = -2$ である．

なお，a が 0 のときは，a の n 乗根は 0 のみ，a が負のときには，a の n 乗根は存在しない．

$a > 0$, $b > 0$ で，n が自然数のとき，累乗根について，次のことが成立します．

$$\sqrt[n]{a}\sqrt[n]{b} = \sqrt[n]{ab}, \quad \frac{\sqrt[n]{a}}{\sqrt[n]{b}} = \sqrt[n]{\frac{a}{b}}, \quad \sqrt[n]{a^n b} = a\sqrt[n]{b}$$

平方根のときと同じなので簡単に記憶できるでしょう．

1-2 指数の整数・有理数・実数への拡張

$a > 0$, $b > 0$, m, n を自然数とするとき，

① $a^m a^n = a^{m+n}$

② $(a^m)^n = a^{mn}$

③ $(ab)^n = a^n b^n$

④ $\dfrac{a^m}{a^n} = a^{m-n}$

などが成立します．指数の拡張にあたっては，上記の計算法則が成り立つように拡張していきます．まず，④において，$m = n$ とすると，

$$\frac{a^m}{a^m} = 1$$

となるから，$a^{m-m} = a^0$ を 1 と定めることにします．すると，④で $m = 0$ とすると，

$$\frac{a^0}{a^n} = \frac{1}{a^n}$$

となるから，a^{0-n}，すなわち a^{-n} を $\dfrac{1}{a^n}$ と定めることになります．これで整

数へ拡張できました．次に有理数への拡張を考えます．ただし，一般の有理数乗を考えるときには，底が正のときのみを考えます．

②で $m = \dfrac{1}{n}$ とすると，$(a^{\frac{1}{n}})^n = a^1 = a$ となるから，$a^{\frac{1}{n}}$ は a の n 乗根 $\sqrt[n]{a}$ と定めればよいことがわかります．

最後にこれを実数に拡張していきますが，数学 II ではきちんと定義することはありません．とりあえず成立すると考え，計算ができるようになればいいと思っておいてください．

▶▶▶ **公 式**

> $a > 0$，$b > 0$ のとき，すべての実数 x, y に対して，
> ① : $a^x a^y = a^{x+y}$
> ② : $(a^x)^y = a^{xy}$
> ③ : $(ab)^x = a^x b^x$
> ④ : $a^{-x} = \dfrac{1}{a^x}$

が成立します．これを**指数法則**といいます．

1-3 指数関数のグラフ

関数のグラフを描くときの決まりごとは無数の点を xy 平面に打っていくことです．もちろん無数の点を打つことは不可能ですから，ある程度の点を打ったところで論理的に類推していくものです．1 次関数や 2 次関数は x の値に何を代入しても比較的楽に計算ができます．そのためかなり多くの点を打つことでグラフの形を見ることができたのです．しかし $y = a^x$ の場合，x の値をそれほど自由に選べそうにありません．それは $\sqrt[n]{a}$ の計算がからんでくるからです．

そこで，計算ができそうなものからやっていきましょう．$a > 1$ の例として $y = 2^x$ のグラフに挑戦してみましょう．x に代入する値が $1, 2, 3, \cdots$ であれば計算は簡単です．また $-1, -2, -3$ でも逆数になることがわかっていれば簡単ですね．結果，下のようになります．

定義域	実数全体
値域	正の実数
特徴	点 $(0, 1)$ $(\because a^0 = 1)$ を通り x 軸が漸近線
概形	右図の通り
不等式	$p < q \iff a^p < a^q$

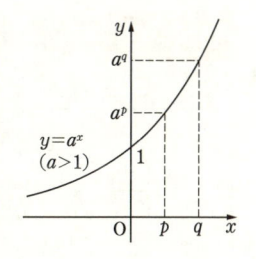

次は $0 < a < 1$ のときの $y = a^x$ のグラフです．たとえば，$y = \left(\dfrac{1}{2}\right)^x$ のグラフを考えてみます．$\left(\dfrac{1}{2}\right)^x = 2^{-x}$ ですから，$y = \left(\dfrac{1}{2}\right)^x$ は $y = 2^x$ に比べて指数部分の符号が逆になっているだけです．

このことは，一つの x に対応する y の値がまったく正反対に，左から右へ流れる変化が右から左へ流れること相等します．早い話が左右逆になるのです．よって，たとえば $y = \left(\dfrac{1}{2}\right)^x$ のグラフと $y = 2^x$ のグラフは左右逆になっただけということがわかるのです．一般化すると，下のようになります．

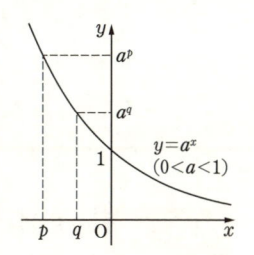

定義域	実数全体
値域	正の実数
特徴	点 $(0, 1)$ $(\because a^0 = 1)$ を通り x 軸が漸近線
概形	右図の通り
不等式	$p < q \iff a^p > a^q$

問題 92　難易度 ★☆☆　▶▶▶解答 P73

次の式を簡単にせよ．ただし，文字はすべて正の数とする．

(1) $2^{-\frac{1}{2}} \times 2^{\frac{5}{6}} \div 2^{\frac{1}{3}}$

(2) $(9^{\frac{2}{3}} \times 3^{-2})^{\frac{1}{2}}$

(3) $\left\{\left(\dfrac{16}{25}\right)^{-\frac{3}{4}}\right\}^{\frac{2}{3}}$

(4) $a^{\frac{3}{2}} \times a^{\frac{3}{4}} \div a^{\frac{1}{4}}$

(5) $(a^0 b^{-2} c^{-4})^{\frac{3}{2}}$

(6) $(a^{\frac{1}{2}} b^{-\frac{3}{2}})^{\frac{1}{2}} \times a^{\frac{3}{4}} \div b^{-\frac{3}{4}}$

(7) $\sqrt{a^2 \sqrt[3]{a}}$

(8) $\sqrt{a\sqrt{a\sqrt{a}}}$

POINT　指数法則を用いて計算します．

問題 93 難易度 ★★☆

次の問いに答えよ．

(1) $x^{\frac{1}{3}} + x^{-\frac{1}{3}} = 3$ のとき，$x + x^{-1}$ の値を求めよ．
(2) $\sqrt[3]{2+\sqrt{5}} + \sqrt[3]{2-\sqrt{5}}$ の値を求めよ．
(3) $\dfrac{1}{\sqrt[3]{121} + \sqrt[3]{11} + 1}$ の小数第1位を求めよ．

POINT
(1) $x^{\frac{1}{3}} = a$ とすると，$x^{-\frac{1}{3}} = a^{-1}$ で，$x + x^{-1} = a^3 + a^{-3}$ となります．

(2) $\sqrt[3]{2+\sqrt{5}} = a$，$\sqrt[3]{2-\sqrt{5}} = b$ とすると，a^3，b^3，ab の値が求められます．

(3) $\sqrt[3]{11} = a$ とおくと，$\sqrt[3]{121} = a^2$ となるので，与式の分母は $a^2 + a + 1$ となります．$a^3 = 11$ であることに着目すると，ある公式が浮かびますね．

問題 94 難易度 ★☆☆

次の数を大小の順に並べよ．

(1) $\sqrt[4]{27}$，$\sqrt[5]{81}$，$\sqrt[6]{243}$
(2) $\sqrt{0.5^3}$，$\sqrt[3]{0.5^4}$，$\sqrt[4]{0.5^5}$

POINT
$a^p > a^q \iff \begin{cases} p > q & (a > 1) \\ p < q & (0 < a < 1) \end{cases}$ となることを利用します．

問題 95 難易度 ★★☆

次の方程式を解け.

(1) $5^{2x-1} = \dfrac{1}{125}$

(2) $\left(\dfrac{1}{3}\right)^{2x} = 9^{x-1}$

(3) $4^x - 2^{x+1} = 8$

(4) $\begin{cases} 2^{x-1} + 3^{y+1} = 11 \\ 2^{x+2} - 3^{y-1} = 15 \end{cases}$

(5) $3(9^x + 9^{-x}) - 7(3^x + 3^{-x}) - 4 = 0$

POINT 指数方程式を解くにあたっては，$a^p = a^q \iff p = q$ の形を目標にします．(3),(4) のように扱いにくい場合は置き換えを利用します．(5) は $3^x + 3^{-x} = t$ とおく有名問題です．相加平均・相乗平均の不等式を忘れてしまっている人は復習をしてから解きましょう．

問題 96 難易度 ★★☆

次の不等式を解け.

(1) $\left(\dfrac{1}{3}\right)^{x-1} > 81$

(2) $4^{x+2} \leqq 8^x$

(3) $0.5^{2x-1} \geqq 0.125$

(4) $0.1^x > 0.01$

(5) $4^x - 5 \cdot 2^x + 4 < 0$

(6) $9^x - 4 \cdot 3^x + 3 \leqq 0$

POINT 指数不等式を解くにあたっては，$a^p > a^q \iff \begin{cases} p > q & (a > 1) \\ p < q & (0 < a < 1) \end{cases}$ となることを利用します．$0 < a < 1$ のときは不等号の向きが変わることに注意してください．(5),(6) のように扱いにくい場合は置き換えを利用します．

問題 97　難易度 ★★★

x についての方程式 $4^x - a^2 \cdot 2^x + 2a^2 + 4a - 6 = 0$ が正の解と負の解をそれぞれ 1 つずつもつとき，定数 a の範囲を求めよ．

POINT　$2^x = t$ と置き換えて，2 次関数の解の配置に帰着させます．その際，$x < 0$ は $0 < t < 1$ に対応し，$x > 0$ は $t > 1$ に対応することに注意しましょう．

問題 98　難易度 ★★☆

関数 $y = 9^x + 9^{-x} - 6(3^x + 3^{-x}) + 13$ について，次の問いに答えよ．

(1) $t = 3^x + 3^{-x}$ とおくとき，y を t で表せ．
(2) t のとりうる値の範囲を求めよ．
(3) y の最小値と，そのときの x の値を求めよ．

POINT　(1) $t = 3^x + 3^{-x}$ を 2 乗して，$9^x + 9^{-x}$ を t で表します．

(2) 相加平均・相乗平均の不等式を利用します．

(3) (1)，(2) を利用すれば，2 次関数の最小値を求める問題になります．最小値を与える x を求める際に対数を利用するので，苦手な人は後回しにしても構いません．

2 対数関数

第5章 指数関数と対数関数

■対数は指数の逆視点です

2-1 対数の定義

たとえば，$2^3 = 8$ という式は「2を3乗すると8である」という意味です．これは「2を8にする指数は3である」と言うこともできます．このときの「3」を

$$3 = \log_2 8$$

と表します．慣れるまでは抵抗感があるかとは思いますが，仕方ありません．

一般に $a > 0$, $a \neq 1$ に対して，$a^x = b$ を満たす x の値を a を底とする b の対数 といい，$x = \log_a b$ と表します．つまり，

$$a^x = b \iff x = \log_a b$$

ということです．なお，b のことを 真数 といいます．

2-2 底の条件・真数条件

$x = \log_a b$ は $a^x = b$ の別の表現であるから，底 a は $a > 0$, $a \neq 1$ を満たすことが前提になります．これを底の条件といいます．また，$a^x = b$ において x がどのような値でも a^x の値は常に正であるから，真数 b は $b > 0$ を満たします．これを真数条件といいます．

対数を含む式が出てきたときには，

まずは底の条件，真数条件を確認する

ことを忘れないことが重要です．

2-3 対数の性質

繰り返しますが，$x = \log_a b$ は $a^x = b$ の別の表現です．指数の計算が指数法則に支配されているのならば，対数に関しても何らかの法則が得られるはずです．以下，それを一つずつ確認していきます．

まず，$a > 0$, $a \neq 1$ のとき $a^m = M$, $a^n = N$ とすると，対数の定義から

$$m = \log_a M, \ n = \log_a N \cdots\cdots ①$$

が成立します．一方，指数法則から
$$a^m a^n = a^{m+n} = MN$$
となるので，これを対数で表すと，
$$m + n = \log_a MN \cdots\cdots ②$$
②の左辺に①を代入すれば

$$\boxed{\log_a MN = \log_a M + \log_a N}\ (積の対数は対数の和)$$

となります．これを用いると，たとえば
$$\begin{aligned}\log_a M^3 &= \log_a(M \cdot M^2) \\ &= \log_a M + \log_a M^2 \\ &= \log_a M + \log_a(M \cdot M) \\ &= \log_a M + \log_a M + \log_a M = 3\log_a M\end{aligned}$$
となります．一般に

$$\boxed{\log_a M^p = p\log_a M}$$

が成立します．また，再び指数法則から，
$$\frac{a^m}{a^n} = a^{m-n} = \frac{M}{N}$$
となるので，これを対数で表すと，
$$m - n = \log_a \frac{M}{N} \cdots\cdots ③$$
③の左辺に①を代入すれば

$$\boxed{\log_a \frac{M}{N} = \log_a M - \log_a N}\ (商の対数は対数の差)$$

となります．

2-4 底の変換公式

対数の問題を解くときには底を変えたいときがよくあります．たとえば，$\log_2 3 + \log_4 3$ などは，このままではこれ以上計算することはできません．底を2または4に統一することができれば計算することができます．そこで活躍するのが

$$\log_a M = \frac{\log_b M}{\log_b a}$$

というもので，これを底の変換公式といいます．これは大学入試で証明が出題されることもあるので，自分で証明できるようになっておきましょう．

まず，$\log_a M = p$ とすると，
$$a^p = M \cdots\cdots ①$$
次に，$\log_b a = q$ とすると，
$$b^q = a \cdots\cdots ②$$
が成立します．②を①に代入して a を消去すると
$$(b^q)^p = M \quad \therefore \quad b^{qp} = M$$
となるので，これを対数を用いて表せば
$$\log_b M = qp \quad \therefore \quad \log_b M = \log_b a \cdot \log_a M$$
$a \neq 1$ より $\log_b a \neq 0$ だから，両辺を $\log_b a$ で割って，$\log_a M = \dfrac{\log_b M}{\log_b a}$ が成立します．

▶▶▶ 公式

$a > 0,\ a \neq 1,\ b > 0,\ b \neq 1,\ M > 0,\ N > 0$ に対して

① : $\log_a MN = \log_a M + \log_a N$

② : $\log_a M^p = p \log_a M$ （p は実数）

③ : $\log_a \dfrac{M}{N} = \log_a M - \log_a N$

④ : $\log_a M = \dfrac{\log_b M}{\log_b a}$

2-5 対数関数のグラフ

ここでは対数関数とそのグラフの概形を説明します．ただし，たくさんの点を打ってグラフの形を想像するのではなく，$y = a^x$ と $y = \log_a x$ の関係に着目することで $y = \log_a x$ のグラフを完成させてみます．そのためにまず指数関数と対数関数の関係に注目しましょう．

$$y = a^x \iff x = \log_a y \qquad \cdots\cdots (*)$$

でした．つまり，$y = a^x$ と $x = \log_a y$ はまったく同値の関係です．同値であるならばグラフの形状だってまったく同じはずです．我々が描きたいのは $x = \log_a y$ ではなく，$y = \log_a x$ ですから，x と y を入れ替えて，つまり $y = x$ に関して対称移動すれば $y = \log_a x$ のグラフのでき上がりです．

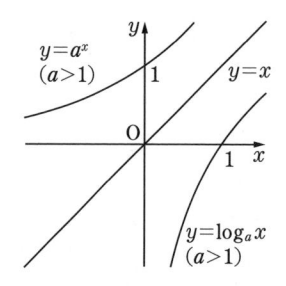

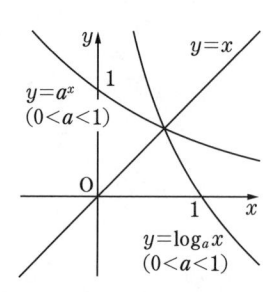

最後に対数関数のグラフをまとめておきます．

① $y = \log_a x \, (a > 1)$

定義域	正の実数（真数条件）
値域	実数全体
特　徴	点 $(1,\ 0)$ を通り y 軸が漸近線
概　形	右図の通り
不等式	$p < q \iff \log_a p < \log_a q$

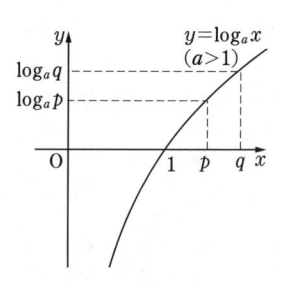

② $y = \log_a x \, (0 < a < 1)$

定義域	正の実数（真数条件）
値域	実数全体
特　徴	点 $(1,\ 0)$ を通り y 軸が漸近線
概　形	右図の通り
不等式	$p < q \iff \log_a p > \log_a q$

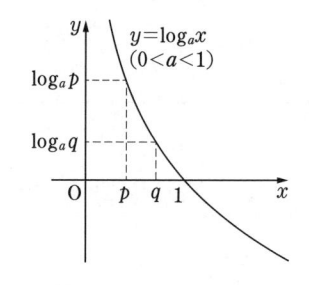

2-6 桁数問題

例題

$\log_{10} 2 = 0.3010$, $\log_{10} 3 = 0.4771$, $\log_{10} 7 = 0.8451$ とする．このとき，5^{100} の桁数と最高位の数字を求めよ．

まず，
$$\log_{10} 5^{100} = 100 \log_{10} \frac{10}{2} = 100(\log_{10} 10 - \log_{10} 2)$$
$$= 100(1 - 0.3010) = 69.90$$

より，
$$5^{100} = 10^{69.90} = 10^{0.90} \times 10^{69} \quad \cdots\cdots (*)$$

となります．$10^0 = 1$, $10^1 = 10$ より $10^{0.90}$ は 1 と 10 の間，すなわち 1 桁の数であるとわかります．それに 10^{69} をかければ，小数点が右に 69 個動く，つまり，桁数が 69 だけ増えるので，5^{100} は **70 桁** とわかります．

次に 5^{100} の最高位の数字を求めてみます．$(*)$ より $10^{0.90}$ がどのくらいの数字になるかを求めればいいことがわかります．もちろん，$10^{0.90}$ がどのくらいの数字になるかなんてわかりませんから探っていくことになります．与えられた条件から，
$$\log_{10} 7 = 0.8451 \iff 7 = 10^{0.8451}$$

となるので，$10^{0.90} > 7$ が成立します．さらに，
$$\log_{10} 8 = 3 \log_{10} 2$$
$$= 3 \times 0.3010 = 0.9030 \quad \therefore \quad 8 = 10^{0.9030}$$

となるから，
$$7 = 10^{0.8451} < 10^{0.90} < 10^{0.9030} = 8$$

が成立します．つまり，$10^{0.90}$ は 7 と 8 の間にある数なので最高位の数字は **7** となるわけです．

例題 2

$\log_{10} 2 = 0.3010$, $\log_{10} 3 = 0.4771$ とする．このとき，$\left(\dfrac{1}{3}\right)^{500}$ は小数第何位に初めて 0 でない数字が現れるか．また，初めて現れる 0 でない数字を求めよ．

小数第何位に初めて 0 でない数字が現れるかを求めるときも考え方は同じです．たとえば，$3.14 \times 10^{-1} = 0.314$ は，3.14 という 1 桁の数の小数点を左に 1 個ずらしたのだから小数第 1 位にはじめて 0 でない数が現れますし，$3.14 \times 10^{-2} = 0.0314$ は，3.14 という 1 桁の数の小数点を左に 2 個ずらしたのだから小数第 2 位にはじめて 0 でない数が現れます．

$$\log_{10}\left(\frac{1}{3}\right)^{500} = 500 \log_{10}\left(\frac{1}{3}\right) = 500(\log_{10} 1 - \log_{10} 3)$$
$$= -500 \log_{10} 3 = -500 \times 0.4771 = -238.55$$

より，

$$\left(\frac{1}{3}\right)^{500} = 10^{-238.55} = 10^{0.45} \times 10^{-239}$$

となります．$10^{0.45}$ という 1 桁の数に 10^{-239} をかけると，小数点が左に 239 個ずれるのだから，**小数第 239 位** に初めて 0 でない数が現れます．

では，最後に小数第 239 位に現れる 0 でない数字を求めてみます．そのためには $10^{0.45}$ がどのくらいの数字になるかを評価することになります．もちろん，$10^{0.45}$ がどのくらいの数字になるかなんてわかりませんから探っていくことになります．条件から，

$$\log_{10} 2 = 0.3010 \iff 2 = 10^{0.3010}$$
$$\log_{10} 3 = 0.4771 \iff 3 = 10^{0.4771}$$

となるから，

$$2 = 10^{0.3010} < 10^{0.45} < 10^{0.4771} = 3$$

が成立します．つまり，$10^{0.45}$ は 2 と 3 の間にある数なので小数第 239 位に現れる数字は **2** となるのです．

問題 99

次の式を簡単にせよ．

(1) $\log_6 2 + \log_6 3$

(2) $\log_5 75 - \log_5 15$

(3) $\log_3 \sqrt{27}$

(4) $\dfrac{3}{2}\log_3 \sqrt[3]{5} - \log_3 \dfrac{\sqrt{5}}{9}$

(5) $\log_2 \sqrt{2} + \dfrac{3}{2}\log_2 \sqrt{3} - \dfrac{3}{2}\log_2 \sqrt{6}$

POINT 対数の性質を利用します．

問題 100

次の式を簡単にせよ．

(1) $\log_8 4$

(2) $\log_2 3 \cdot \log_3 8$

(3) $\log_3 5 \cdot \log_5 7 \cdot \log_7 9$

(4) $(\log_4 3 + \log_8 3)(\log_3 2 + \log_9 2)$

POINT 底の変換公式を用いて底を統一した後，対数の性質を用いて計算します．

問題 101

$a = \log_2 3$, $b = \log_2 5$ とするとき，次の式を a, b で表せ．

(1) $\log_2 45$

(2) $\log_2 \dfrac{6}{25}$

(3) $\log_3 15$

POINT (1)(2) では対数の性質，(3) では底の変換公式を利用します．

問題 102　難易度 ★☆☆　解答 P81

次の各組の数を小さい順に並べよ．

(1) $\log_4 \sqrt{7},\ \log_4 3,\ \log_4 \sqrt{8}$　　(2) $\log_{0.5} 5,\ \log_{0.5} 0.1,\ \log_{0.5} 2$

POINT　$\log_a p > \log_a q \iff \begin{cases} p > q & (a > 1) \\ p < q & (0 < a < 1) \end{cases}$ となることを利用します．
$0 < a < 1$ のときは不等号の向きが変わることに注意してください．

問題 103　難易度 ★★☆　解答 P81

$a^2 < b < a < 1$ であるとき，
$$\log_a b,\ \log_b a,\ \log_a \frac{a}{b},\ \log_b \frac{b}{a},\ \frac{1}{2}$$
を大小の順に並べよ．

POINT　$a^2 < b < a < 1$ を満たす具体例で計算してみると目安がつきます．たとえば，$a = \dfrac{1}{2},\ b = \dfrac{1}{3}$ とすると
$$\log_a b = \log_2 3,\ \log_b a = \log_3 2,\ \log_a \frac{a}{b} = \log_2 \frac{2}{3},\ \log_b \frac{b}{a} = \log_3 \frac{3}{2}$$
となり，$\log_a b > \log_b a > \log_b \dfrac{b}{a} > \log_a \dfrac{a}{b}$ となることが予想されます．

問題 104　難易度 ★★☆　解答 P82

次の方程式を解け．

(1) $\log_2 x + \log_2(x-2) = 3$　　(2) $\log_{10}(x+1) + \log_{10}(x-2) = 1$
(3) $\log_2 x - \log_x 16 = 3$　　(4) $4(\log_4 x)^2 - 3\log_8 x - 2 = 0$

POINT　まずは底の条件，真数条件の確認から始めます．対数方程式を解くにあたっては，$\log_a p = \log_a q \iff p = q$ の形を目標にします．底が統一されていなければ，底の変換公式を用いて底を揃えます．そのままだと扱いにくい場合は置き換えを利用します．

問題 105　難易度 ★★☆　解答 P83

次の不等式を解け．ただし，a は $0 < a < 1$ を満たす定数とする．

(1) $\log_3 x + \log_3(x+2) < 1$

(2) $2\log_{0.5}(x-1) \leqq \log_{0.5}(7-x)$

(3) $\log_a(x-1) \geqq \log_{a^2}(x+11)$

POINT　まずは底の条件，真数条件の確認から始めます．対数不等式を解くにあたっては，$\log_a p > \log_a q \iff \begin{cases} p > q & (a > 1) \\ p < q & (0 < a < 1) \end{cases}$ となることを利用します．$0 < a < 1$ のときは不等号の向きが変わることに注意してください．また，そのままだと扱いにくい場合は置き換えを利用します．

問題 106　難易度 ★★★　解答 P84

不等式 $\log_x y - \log_y x^2 < 1$ を満たす点 (x, y) が存在する領域を図示せよ．

POINT　注意すべき点は前問と同じです．最後は3次不等式を解くことになるので，苦手な人は微分法の項を学習し終えてから解きましょう．

問題 107　難易度 ★★☆　解答 P85

関数 $y = \left(\log_3 \dfrac{x}{27}\right)\left(\log_{\frac{1}{3}} \dfrac{3}{x}\right)$ $\left(\dfrac{1}{3} \leqq x \leqq 27\right)$ の最大値，最小値とそれを与える x の値を求めよ．

POINT　底の変換公式を用いて底を3に揃えたら，$\log_3 x = t$ とおきます．$\dfrac{1}{3} \leqq x \leqq 27$ に対応する t の範囲を確認することを忘れないようにしましょう．

問題 108 難易度 ★★☆

$A = 18^{50}$ について，次の問いに答えよ．ただし，$\log_{10} 2 = 0.3010$，$\log_{10} 3 = 0.4771$ とする．

(1) A は何桁の数か．
(2) $10^{0.76} < 6$ を示せ．
(3) A の最高位の数字を求めよ．

POINT

(1) 常用対数をとると，$A = 10^{62.76}$ であることがわかります．これは 62 桁でしょうか，それとも 63 桁でしょうか．解説を読み直してきちんと処理できるようになりたいところです．

(2) $A = 10^{0.76} \cdot 10^{62}$ です．そこで，$10^{0.76}$ がどれくらいの値になるかを評価することになります．そのための誘導が本問です．

(3) (2) より $10^{0.76} < 6$ が示されましたが，これでは下側からの評価ができていません．$\log_{10} 5$ を計算することで下側からの評価を行いましょう．

第6章 微分法

1 関数の極限と導関数

■導関数の意味を理解しましょう

> **出題傾向と対策**
>
> 　微分・積分は数学IIおよび数学IIIの両方で学習しますが，高校数学の中でも最も重要な単元の1つで，どこの大学を受験してもまず間違いなく出題されます．この分野は覚えることが少ない反面，問題を解く上で何を行えばよいのかを判断する力が必要になります．特に，第1章や第2章で学習した「恒等式」「方程式」「因数定理」など，様々な式の扱いの基本を意識することがポイントです．

1-1 関数の極限

　右図において，x が限りなく1に近づくとき，$x+1$ の値は限りなく2に近づきます．これを，x が限りなく1に近づくとき，$x+1$ の極限値は2である，といい，

$$\lim_{x \to 1}(x+1) = 2$$

と表します．限りなく近づくといいながら，実際には代入することで求めることができます．

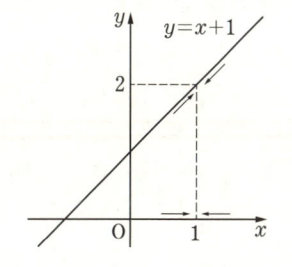

　一般に関数 $f(x)$ において，x が a と異なる値をとりながら a に限りなく近づくとき，$f(x)$ が定数 α に限りなく近づくことを，

$$\lim_{x \to a} f(x) = \alpha$$

または

$$f(x) \to \alpha \ (x \to a)$$

と表し，この値 α のことを，$x \to a$ のときの $f(x)$ の **極限値** といいます．

問題 109 難易度 ★☆☆

次の極限値を求めよ．

(1) $\lim_{x \to -2}(3 - x + x^2)$

(2) $\lim_{x \to 2} \dfrac{x^2 - 3x + 2}{x - 2}$

(3) $\lim_{x \to 3} \dfrac{\sqrt{x+1} - 2}{x - 3}$

(4) $\lim_{x \to 1}\left(\dfrac{1}{x-1} - \dfrac{5x-2}{x^3-1}\right)$

POINT そのまま代入すると分母が0になる場合は，因数分解や有理化などの式変形をしてから代入します．

問題 110 難易度 ★☆☆

次の等式が成り立つように，定数 a, b の値を定めよ．

$$\lim_{x \to 1} \dfrac{2x^2 - x + a}{x - 1} = b$$

POINT （分母）$\to 0$ より，極限値が定まるためには（分子）$\to 0$ となることが必要です．というのも，分数式で分母が0になったとき，たとえば $\dfrac{3}{0} = a$ は $3 = a \times 0$ とすると，a がいくつであっても成立しません．$\dfrac{0}{0} = b$ は $0 = b \times 0$ とすると b がいくつであっても成立します．前者の $\dfrac{3}{0}$ の形を不能，後者の $\dfrac{0}{0}$ の形を不定といいますが，どちらにしても，（分母）$\to 0$ のとき，極限値が存在するには，（分子）$\to 0$ となること，すなわち $\dfrac{0}{0}$ の不定形でなければならないということがわかるでしょう．

1-2 平均変化率と微分係数

A$(a, f(a))$, B$(b, f(b))$ であるとき，直線 AB の傾きは

$$\frac{f(b)-f(a)}{b-a} \quad (ただし\ a \neq b)$$

となり，これを **平均変化率** と呼びます．

次に，この平均変化率において b を限りなく a に近づけてみます．すると点 B は限りなく点 A に近づき，直線 AB は点 A における接線に限りなく近づきます．

このとき，この接線の傾きを $x = a$ における **微分係数** といい，記号 $f'(a)$ で表します．つまり，

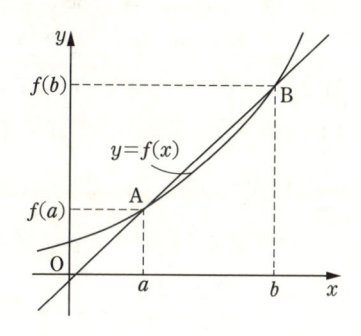

$$f'(a) = \lim_{b \to a} \frac{f(b)-f(a)}{b-a}$$

となります．なお，上式で，$b - a = h$ とおきかえて

$$f'(a) = \lim_{h \to 0} \frac{f(a+h)-f(a)}{h}$$

と表すこともあります．

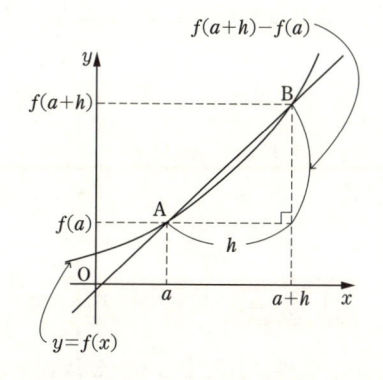

1-3 導関数の定義

微分係数 $f'(a)$ は点 $(a, f(a))$ における接線の傾きを表します．この a に，$a = 1$ を代入すると点 $(1, f(1))$ における接線の傾きを表し，$a = -3$ を代入すると点 $(-3, f(-3))$ における接線の傾きを表します．これを一般化して，定数 a を変数 x とおきかえた関数

$$f'(x) = \lim_{h \to 0} \frac{f(x+h)-f(x)}{h}$$

を $y = f(x)$ の **導関数** といいます．この $f'(x)$ の x に具体的な数値を代入する

ことによって，$y=f(x)$ 上の任意の点における接線の傾きを求めることが可能になります．また，導関数 $f'(x)$ を求めることを $f(x)$ を **微分する** といいます．

導関数の表し方には，他に y', $\dfrac{dy}{dx}$, $\dfrac{d}{dx}f(x)$ などがあります．

さて，導関数の定義式を用いれば微分することが可能になりますが，複雑な関数に1つ1つ定義式を用いていると手間がかかりすぎます．そこで，以下の3つを公式として利用してよいことになっています．

▶▶▶ 公 式

n は自然数，k, l を実数定数とするとき，
① : $(x^n)' = nx^{n-1}$
② : $(定数)' = 0$
③ : $\{k \cdot f(x) + l \cdot g(x)\}' = k \cdot f'(x) + l \cdot g'(x)$

これらを利用すると，たとえば，
$$(3x^2 - 4x + 1)' = 3(x^2)' - 4(x)' + 1'$$
$$= 3 \cdot 2x - 4 \cdot 1 + 0 = 6x - 4$$

となります．

問題 111　難易度 ★☆☆　▶▶▶ 解答 P87

定義にしたがって，次の値を求めよ．

(1) $f(x) = x^3 - 2x$ について，$x = 1$ から $x = 3$ までの平均変化率
(2) $f(x) = x^3 - 2x$ について，$x = 1$ における微分係数
(3) $g(x) = x^2 - 3x + 2$ について，$x = 2$ における微分係数
(4) $g(x) = x^2 - 3x + 2$ について，$x = a$ における微分係数

POINT 微分係数の定義を確認しましょう．

問題 112　難易度 ★★☆　▶▶▶解答 P88

次の極限値を $a, f(a), f'(a)$ を用いて表せ．

(1) $\displaystyle\lim_{h \to 0} \frac{f(a+3h) - f(a-2h)}{h}$

(2) $\displaystyle\lim_{x \to a} \frac{x^2 f(x) - a^2 f(a)}{x^2 - a^2}$

POINT　$f'(a) = \displaystyle\lim_{\triangle \to 0} \frac{f(a + \triangle) - f(a)}{\triangle}$ の形を強引に作り出すことがポイントです．たとえば，(1) では $f(a)$ を足し引きして

$$\lim_{h \to 0} \frac{\{f(a+3h) - f(a)\} - \{f(a-2h) - f(a)\}}{h}$$

とします．ただし，これでは $\triangle$ の部分が一致していないので，$\triangle$ の部分が一致するように調整をすることになります．

問題 113　難易度 ★★☆　▶▶▶解答 P89

次の問いに答えよ．

(1) 関数 $f(x) = x^2 + 2x$ を定義にしたがって微分せよ．
(2) 関数 $f(x) = (x-1)(x^2+2)$ を微分せよ．また，$x=1$ における微分係数を求めよ．
(3) 整式で表された関数 $f(x)$ が $x^2 f'(x) - f(x) = 2x^3 - x + 3$ を満たすとき，$f(x)$ を求めよ．

POINT
(1) 導関数の定義を忘れていたら確認してください．
(2) 微分公式を用いて導関数を求め，$x=1$ を代入します．
(3) $f(x)$ を n 次式として，次数 n を決定することから始めましょう．

2 接線

■ 接線の求め方をマスターしましょう

2-1 接線の方程式

　第3章「図形と方程式」において，点 (p, q) を通り，傾きが m である直線の方程式は
$$y = m(x - p) + q$$
と表せることを学習しました．関数 $f(x)$ の微分係数 $f'(a)$ は曲線 $y = f(x)$ 上の点 $A(a, f(a))$ における接線の傾きを表すので，曲線 $y = f(x)$ 上の点 $A(a, f(a))$ における接線の方程式は

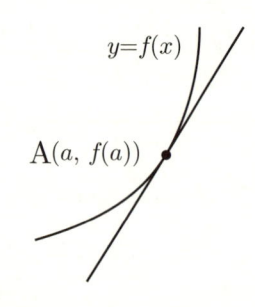

$$y = f'(a)(x - a) + f(a)$$

となります．
　また，点 $A(a, f(a))$ を通り，その点における接線に対して垂直な直線を曲線 $y = f(x)$ 上の点 $A(a, f(a))$ における**法線**といいます．

　2直線が直交するとき，それぞれの傾き同士の積は -1 であることから $f'(a) \neq 0$ ならば，法線の傾きは $-\dfrac{1}{f'(a)}$ であるから，曲線 $y = f(x)$ 上の点 $A(a, f(a))$ における法線の方程式は $f'(a) \neq 0$ のとき，

$$y = -\frac{1}{f'(a)}(x - a) + f(a)$$

となります．$f'(a) = 0$ のとき，法線の方程式は $x = a$ となります．

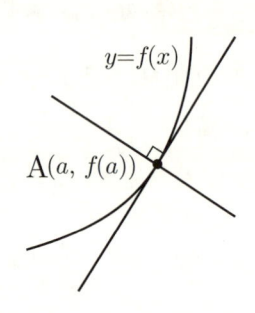

2-2 2曲線の共通接線

　2つの曲線 $y = f(x)$, $y = g(x)$ が点 $P(\alpha, \beta)$ で接するというのは，2曲線が同一の点 $P(\alpha, \beta)$ において共通接線をもつということです．

そして，その条件は

$$f(\alpha) = g(\alpha),\ f'(\alpha) = g'(\alpha)$$

です．理由を数式で確認しておきましょう．曲線 $y = f(x)$ 上の点 $(\alpha, f(d))$ における接線の方程式は

$$\begin{aligned} y &= f'(\alpha)(x - \alpha) + f(\alpha) \\ &= f'(\alpha)x - \alpha f'(\alpha) + f(\alpha) \cdots\cdots ① \end{aligned}$$

です．一方，曲線 $y = g(x)$ 上の点 $(\alpha, g(\alpha))$ における接線の方程式は

$$\begin{aligned} y &= g'(\alpha)(x - \alpha) + g(\alpha) \\ &= g'(\alpha)x - \alpha g'(\alpha) + g(\alpha) \cdots\cdots ② \end{aligned}$$

です．①，②が一致するので，傾きと y 切片を比較して

$$\begin{cases} f'(\alpha) = g'(\alpha) \\ -\alpha f'(\alpha) + f(\alpha) = -\alpha g'(\alpha) + g(\alpha) \end{cases}$$

これより，$f(\alpha) = g(\alpha),\ f'(\alpha) = g'(\alpha)$ となります．

問題 114　難易度 ★☆☆　解答 P90

曲線 $C : y = \dfrac{1}{3}x^3 + x^2 - 2$ を考える．

(1) 曲線 C 上の点 $\left(1, -\dfrac{2}{3}\right)$ における C の接線を l とする．l の方程式を求めよ．

(2) 曲線 C の接線で，l に平行なものを m とする．C と m の接点の座標を求めよ．また，m の方程式を求めよ．

POINT (1) 曲線 $y = f(x)$ 上の点 $(a, f(a))$ における接線の方程式は
　　$y = f'(a)(x - a) + f(a)$ となります．

(2) C と m の接点の座標を文字でおいて処理します．

問題 115　難易度 ★★☆

次の問いに答えよ．

(1) 曲線 $y = x^3 - 3x^2 - 10x + 1$ 上のある点における接線が x 軸の正の向きと $135°$ の角をつくるとき，その点の座標を求めよ．

(2) 点 $(1, -1)$ から曲線 $y = x^2 - x + 3$ に引いた接線の方程式および接点の座標を求めよ．

POINT
(1) x 軸の正の向きと $135°$ の角をつくるということは，接線の傾きが -1 になるということです．

(2) まず接点を文字でおいて，接線の方程式をその文字を用いて表します．その後，$x = 1, y = -1$ 代入しておいた文字の値を求めます．

問題 116　難易度 ★★☆

2つの3次関数 $f(x) = x^3 + 2ax - b$, $g(x) = -x^3 + 2bx + c$ のグラフが点 $P(1, 0)$ を通り，点 P で共通な接線をもつとき，a, b, c の値および点 P 以外の2つのグラフの共有点の座標を求めよ．

POINT 2曲線が点 $P(1, 0)$ で共通な接線をもつので，$f(1) = g(1)$, $f'(1) = g'(1)$ が成立します．

問題 117　難易度 ★★☆

2つの放物線 $y = x^2 - 2x + 5$ と $y = -2x^2 + 2$ の両方に接する接線の方程式を求めよ．

POINT 2曲線に接するということを「一方の接線が他方に接する」と考えます．

3 関数の増減とグラフ

第6章 微分法

■増減の調べ方，極値の定義を正しく理解しましょう

3-1 関数の増加と減少

関数 $f(x)$ の増加，減少を調べるために $f'(a)$ は点 $(a, f(a))$ における接線の傾きを表すことを利用します．右図から，

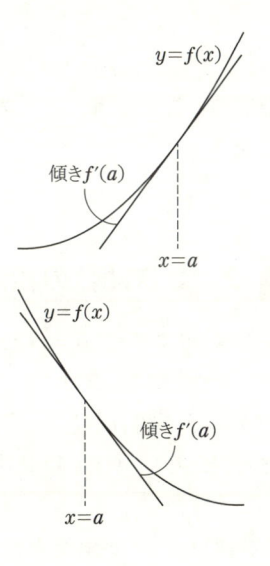

$x = a$ において $f(x)$ は増加状態
$\iff y = f(x)$ のグラフは右上がり
$\iff$ 接線の傾きが正
$\iff f'(a) > 0$

また，

$x = a$ において $f(x)$ は減少状態
$\iff y = f(x)$ のグラフは右下がり
$\iff$ 接線の傾きが負
$\iff f'(a) < 0$

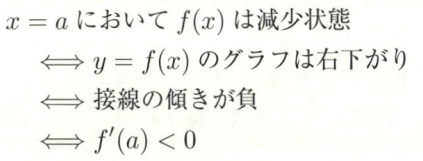

となります．

このことから，一般に，

$$f'(x) > 0 \iff f(x) \text{ は増加}$$
$$f'(x) < 0 \iff f(x) \text{ は減少}$$

が成立することがわかるでしょう．

なお，厳密には以下のようになります．h を $h > 0$ とするとき，

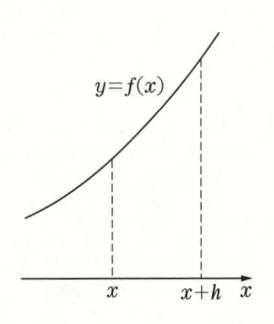

$y = f(x)$ が増加
$\iff f(x+h) > f(x)$
$\iff f(x+h) - f(x) > 0$
$\therefore \quad f'(x) = \lim_{h \to 0} \dfrac{f(x+h) - f(x)}{h} > 0$

$y = (x)$ が減少
$\iff f(x+h) < f(x)$
$\iff f(x+h) - f(x) < 0$
$\therefore \quad f'(x) = \lim_{h \to 0} \dfrac{f(x+h) - f(x)}{h} < 0$

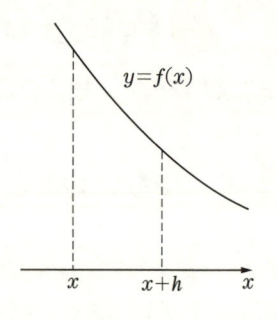

導関数の符号を調べれば関数の増減がわかるということを再度認識しておいてください．

3-2 3次関数の概形

関数 $f(x)$ の値が $x = \alpha$ を境目として，増加から減少に変わるとき，$f(x)$ は $x = \alpha$ で **極大** になる といい，$f(\alpha)$ を **極大値** といいます．また，関数 $f(x)$ の値が $x = \beta$ を境目として，減少から増加に変わるとき，$f(x)$ は $x = \beta$ で **極小** になる といい，$f(\beta)$ を **極小値** といいます．極大値と極小値をあわせて **極値** といいます．

3次関数 $f(x)$ が極値をもつかどうかは $y = f'(x)$ のグラフと x 軸との位置関係によって決まります．

次の表は上から順に，$f'(x) = 0$ の実数解，$y = f'(x)$ の概形，増減表，$f(x)$ の概形，極値の存在を表します．ただし，$f(x)$ の3次の係数が正の場合です．

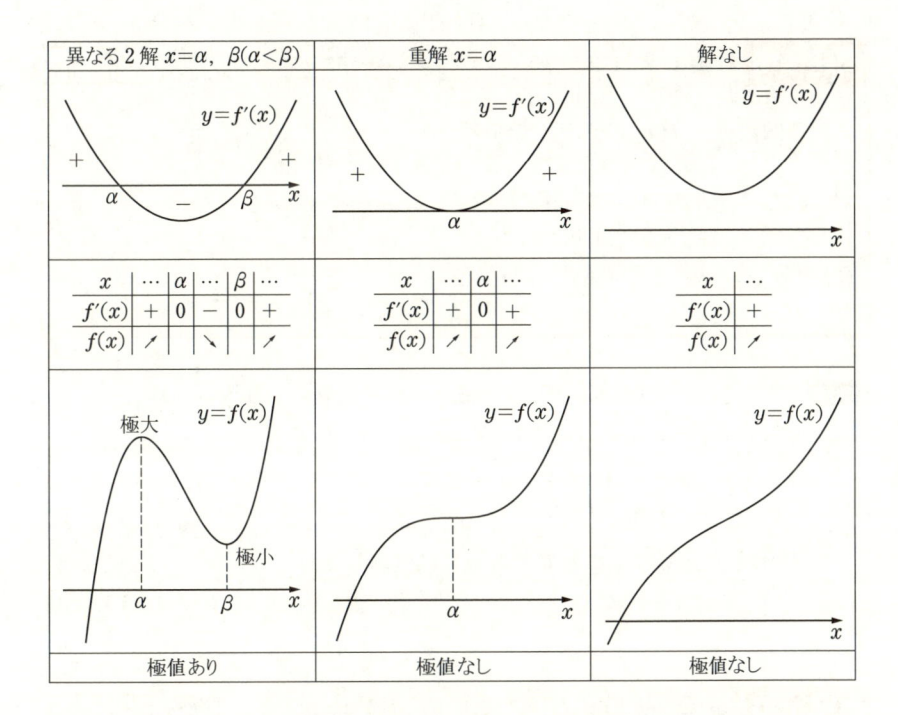

異なる2解 $x=\alpha,\ \beta(\alpha<\beta)$	重解 $x=\alpha$	解なし
$y=f'(x)$ のグラフ、α と β で x 軸と交わる下に凸の放物線、$+\ -\ +$	$y=f'(x)$ のグラフ、α で x 軸に接する下に凸の放物線、$+\ +$	$y=f'(x)$ のグラフ、x 軸と交わらない下に凸の放物線、$+$
増減表：$f'(x)$ が $+\ 0\ -\ 0\ +$、$f(x)$ が ↗ ↘ ↗	増減表：$f'(x)$ が $+\ 0\ +$、$f(x)$ が ↗ ↗	増減表：$f'(x)$ が $+$、$f(x)$ が ↗
$y=f(x)$ のグラフ、$x=\alpha$ で極大、$x=\beta$ で極小	$y=f(x)$ のグラフ、$x=\alpha$ で接線が水平だが極値なし	$y=f(x)$ のグラフ、単調増加
極値あり	極値なし	極値なし

問題 118 難易度 ★☆☆ ▶▶▶ 解答 P93

次の関数 $f(x)$ について，その増減を調べ，$y=f(x)$ のグラフの概形をかけ．また，極値が存在する場合は極値を求めよ．ただし，x 軸との交点の座標は求めなくてよい．

(1) $f(x) = x^3 - 6x^2 + 9x + 1$
(2) $f(x) = x^3 - 3x^2 + 3x + 1$
(3) $f(x) = x^3 - 3x^2 + 4x + 1$

POINT 増減表の作成，3次関数のグラフを描く練習をしておきましょう．

問題 119　難易度 ★☆☆　▶▶▶解答 P94

次の関数 $y = f(x)$ のグラフを描け．

(1) $f(x) = 3x^4 + 4x^3 - 12x^2 + 15$
(2) $f(x) = 3x^4 + 8x^3 + 6x^2 - 1$
(3) $f(x) = x^4 - 4x^3 + 6x^2 - 4x + 2$

POINT　ここでは 4 次関数のグラフの概形を描く練習をします．一般に，
$f(x) = ax^4 + bx^3 + cx^2 + dx + e\ (a \neq 0)$ のとき
$f'(x) = 4ax^3 + 3bx^2 + 2cx + d$ で，この $f'(x)$ の符号を調べることで $f(x)$ の増減が決まります．その際，前頁でまとめた 3 次関数のグラフの概形を覚えておくことでスムーズに処理しましょう．

問題 120　難易度 ★☆☆　▶▶▶解答 P95

関数 $f(x) = 3x^3 - 3x^2 - 11x + 5$ について，次の問いに答えよ．

(1) $f(x)$ が極大値をとるときの x の値を求めよ．
(2) $f(x)$ の極大値を求めよ．

POINT　問題 118 の復習ですが，問題 4 を解くときの考え方も使います．
$f'(x) = 9x^2 - 6x - 11$ で，$f'(x) = 0$ の解は $x = \dfrac{1 \pm 2\sqrt{3}}{3}$ となります．これをそのまま代入すると計算が大変です．そこで，$f(x)$ を $f'(x)$ で割り，商と余りを求め，割り算についての等式を作成します．

問題 121　難易度 ★★☆

次の問いに答えよ．

(1) 3次関数 $f(x) = x^3 + ax^2 + bx + c$ は $x = -1$ のとき極大値 34 をとり，$x = 5$ のとき極小値 d をとる．このとき，定数 a, b, c, d の値を求めよ．

(2) x の関数 $f(x) = x^3 + ax^2 + ax + a$ が極値をもたないような実数 a の値の範囲を求めよ．

POINT　(1) 条件から $f'(-1) = 0$, $f'(5) = 0$, $f(-1) = 34$, $f(5) = d$ が成立するので，これを解いて a, b, c, d を求めます．ただし，本当に極値をとるかはわからないので，十分性の確認が必要になります．なお，積分を用いた上手い解法もあります．別解を参照してください．

(2) $f(x)$ が極値をもたないので，$f'(x)$ は符号変化をしません．

問題 122　難易度 ★★☆

3次関数 $f(x) = x^3 + ax^2 + bx$ について，次の問いに答えよ．

(1) $f(x)$ が極大値と極小値をもつような点 (a, b) の存在範囲を図示せよ．

(2) $f(x)$ が $-1 < x < 1$ において極大値と極小値をもつような点 (a, b) の存在範囲を図示せよ．

POINT　(1) では「$f'(x) = 0$ が実数解をもてばよいので，(判別式) $\geqq 0$」とするミスが非常に多いことが特徴です．3次関数のグラフの概形からわかるように (判別式) $= 0$，つまり $f'(x) = 0$ が重解をもつときは $f(x)$ は極値をもちません．$f'(x) = 0$ の (判別式) > 0 が，条件となります．

同様に考えると，(2) では $f'(x) = 0$ が $-1 < x < 1$ に相異なる2つの実数解をもつ条件を求めることになります．

問題 123　難易度 ★★☆

a, b は定数とする．3次関数 $f(x) = 2x^3 + ax^2 + bx + 1$ が $x = \alpha$ で極大値，$x = \beta$ で極小値をとる．このとき，次の問いに答えよ．

(1) $f(\alpha) - f(\beta)$ を α, β を用いて表せ．
(2) $f(\alpha) - f(\beta) = 1$, $\alpha + \beta = 3$ のとき a, b の値を求めよ．

POINT $f'(x) = 6x^2 + 2ax + b = 0$ の2解が $x = \alpha, \beta$ ですから，解と係数の関係を利用します．なお，積分を利用した巧妙な別解があるのでそちらもマスターして下さい．

問題 124　難易度 ★★☆

a は定数で $0 < a < 1$ とする．関数
$$y = a^{3x} + a^{-3x} - 9(a^{2x} + a^{-2x}) + 27(a^x + a^{-x}) \quad (x \geq 0)$$
の最小値と，そのときの x の値を求めよ．

POINT 対数関数のときに扱った問題の3次関数バージョンです．$a^x + a^{-x}$ を t とおいて，$a^{2x} + a^{-2x}$, $a^{3x} + a^{-3x}$ を t で表します．その際，相加平均・相乗平均の不等式から t の範囲に制限が入ることを忘れないようにしましょう．

問題 125　難易度 ★★☆

3次関数 $f(x) = ax^3 - 6ax^2 + b$ の $-1 \leq x \leq 2$ における最大値が3, 最小値が -29 であるような a, b の値を求めよ．

POINT 増減表を作成し，最大値と最小値を求めます．$a > 0$ のときと $a < 0$ のときでの場合分けに注意しましょう．

問題 126 難易度 ★★★　　解答 P101

関数 $f(x) = -2x^3 + 9x^2 + 4 \ (0 \leqq x \leqq a)$ の最大値 M と最小値 m を求めよ．ただし，a は $a > 0$ を満たす定数とする．

POINT まずはグラフを描くことから始めます．a の値を小さい値 ($a = 1$ など) で取って，少しずつ a を右に動かしながら考えていきましょう．最大値の候補は極大値か端点での値，最小値の候補は極小値か端点での値になるので，y 座標が極値と同じ点の x 座標
(左図では $x = b$，右図では $x = d$)

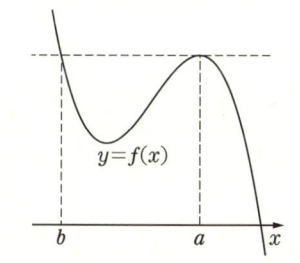

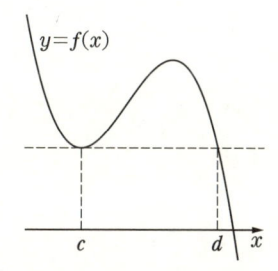

を求めておき，そこを節目として意識するとわかりやすいでしょう．いずれにしても，グラフをよく見ながら考えることが大切です．

問題 127 難易度 ★★☆　　解答 P102

$f(x) = 2x^3 - 3(a+1)x^2 + 6ax$ について，次の問いに答えよ．ただし，a は $a > 1$ を満たす定数とする．

(1) $f(x)$ の極値を求めよ．
(2) $0 \leqq x \leqq 4$ における $f(x)$ の最大値 M を求めよ．

POINT (1) の結果を用いてグラフを描きます．$0 \leqq x \leqq 4$ の「4」がグラフのどの辺りにくるのかを考えます．最大値の候補は，極大値か端点での値なので，曲線 $y = f(x)$ と直線 $y = 3a - 1$ (極大値) の交点を求めておきましょう．すると次の 2 つのタイプがあることがわかります．

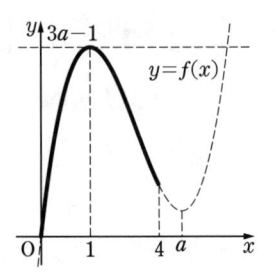

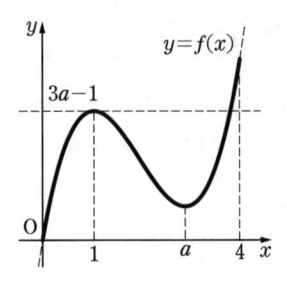

4 微分法の応用

第6章 微分法

■微分法の様々な応用問題を扱います

4-1 3次方程式の解の個数の判定

　2次方程式の解の個数を調べるには，判別式という便利な方法がありました．しかし，3次以上になってくると，そんな便利な方法はなく，そういう場合は図形的に考えることになります．

　たとえば2つのグラフ $y=x^2$ と $y=x$ の共有点の x 座標を求める際には，方程式 $x^2=x$ を解きました．これを逆に考えると，方程式 $x^2=x$ の解は2つのグラフ $y=x^2$ と $y=x$ の共有点の x 座標である，といえます．一般に，

　　$f(x)=g(x)$ の実数解は $y=f(x)$ と $y=g(x)$ の共有点の x 座標

と考えることができます．

　特に，x 軸は $y=0$ と表されるので，方程式 $f(x)=0$ の実数解は，$y=f(x)$ と x 軸 ($y=0$) の共有点の x 座標と考えることができます．

　さて，3次方程式の解の個数を判定するにあたり，$f(x)=k$ の形に変形することができないものもあります．このようなときには，3次関数 $y=f(x)$ の極値の符号に注目して，以下のように分類することになります．

(a) $f(x)$ が極値をもたないとき
　$y=f(x)$ は x 軸とただ1つの共有点をもつので，$f(x)=0$ の実数解は1つ

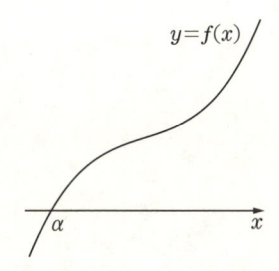

(b) $f(x)$ が極値をもつとき
　この場合は，極大値と極小値の符号によって，次の3つの場合に分けて考えることになります．

　① (極大値)×(極小値)>0 のとき (極値が同符号になるとき)
　　$y=f(x)$ は x 軸とただ1つの共有点をもつので，$f(x)=0$ の実数解は1つ．

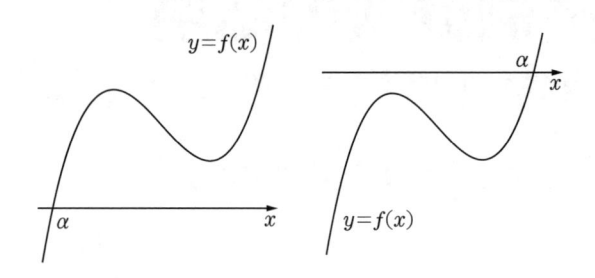

② (極大値)×(極小値) = 0 のとき （極値の一方が 0 になるとき）
$y = f(x)$ は，x 軸と相異なる 2 つの共有点をもつので，$f(x) = 0$ の実数解は 2 つ．

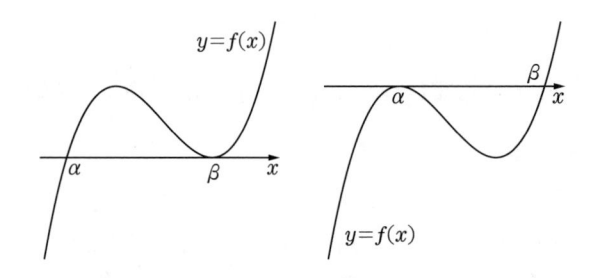

③ (極大値)×(極小値) < 0 のとき （極値が異符号になるとき）
$y = f(x)$ は，x 軸と相異なる 3 つの共有点をもつので，$f(x) = 0$ の実数解は 3 つ．

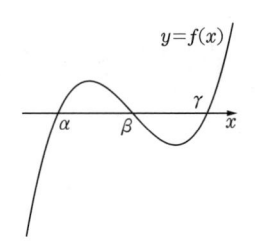

問題 128 　難易度 ★☆☆　　　▶▶▶解答 P103

$f(x) = x^3 - 3x^2 + 1$ について，次の問いに答えよ．

(1) $y = f(x)$ のグラフをかけ．
(2) 方程式 $f(x) = 0$ の実数解の個数を求めよ．
(3) 方程式 $f(x) = k$ の実数解の個数を k の値によって分類せよ．

POINT 方程式 $f(x) = k$ の実数解は，$y = f(x)$ と $y = k$ の共有点の x 座標と考えることができるので，(1) のグラフを利用して考えましょう．

問題 129 　難易度 ★★☆　　　▶▶▶解答 P104

3次方程式 $x^3 + 3kx^2 - 4 = 0$ の実数解が1個であるような実数 k の値の範囲を求めよ．

POINT $x = 0$ は明らかに解でないので $x \neq 0$ として，文字定数を分離すると

$$x^3 + 3kx^2 - 4 = 0 \iff k = \frac{-x^3 + 4}{3x^2}$$

となります．しかし，数学 II の範囲で右辺のグラフを描くことはできません．このような場合，極値の有無と極値の符号を調べることになります．本問の場合，$f(x) = x^3 + 3kx^2 - 4$ とすると，$f(x) = 0$ の実数解が1個であるのは，

　(i) $y = f(x)$ が極値をもたないとき
　(ii) $y = f(x)$ が極値をもち，かつ極値が同符号のとき

の2つの場合があります．

問題 130 難易度 ★★☆　▶▶▶解答 P105

方程式 $2x^3 - 3(a+1)x^2 + 6ax - 2a = 0$ が相異なる 3 つの実数解をもつとき，a の値の範囲を求めよ．

POINT $y = 2x^3 - 3(a+1)x^2 + 6ax - 2a$ と x 軸が異なる 3 つの共有点をもつような条件を求めます．文字定数を分離することができないので，$y = 2x^3 - 3(a+1)x^2 + 6ax - 2a$ の極値の符号に着目します．

問題 131 難易度 ★★☆　▶▶▶解答 P105

曲線 $y = x^3 - 6x^2 + x + b$ に原点からちょうど 2 本の接線が引けるとする．このとき，b の値を求めよ．

POINT $x = t$ における接線の方程式を求め，それが点 $(0, 0)$ を通ると考えます．接線が 2 本引けるということは接点が 2 個存在することに対応します．

問題 132 難易度 ★★☆　▶▶▶解答 P106

曲線 $y = 2x^3 - 3x$ を C とする．

(1) C 上の点 $(t, 2t^3 - 3t)$ における接線の方程式を求めよ．
(2) 点 $(1, a)$ から C へ 3 本の接線が引けるとき，a の値の範囲を求めよ．

POINT (2) (1) で求めた接線の方程式に $x = 1$, $y = a$ を代入して t の方程式をつくります．接線が 3 本より，接点が 3 個ですから，この方程式が異なる 3 つの実数解をもつ条件を求めます．

4-2 不等式への応用

問題 133 難易度 ★☆☆ ▶▶▶ 解答 P107

次の不等式を証明せよ．

(1) $x \geqq 0$ のとき $x^3 + 5 > 3x^2$
(2) $x \geqq 1$ のとき $x^3 - 3x^2 + 6x - 4 \geqq 0$

POINT 第1章で学習したように $A \geqq B$ という不等式を証明する方法はいくつかありますが，$A - B \geqq 0$ を示すことが基本です．(1) では $x^3 - 3x^2 + 5 = f(x)$ として $f(x)$ の最小値が正であることを示すことになります．

問題 134 難易度 ★★☆ ▶▶▶ 解答 P108

k を実数定数とする．$x \geqq 0$ において不等式 $2x^3 - 6x^2 + 3 + k \geqq 0$ がつねに成立するような k の値の範囲を求めよ．

POINT 文字定数を分離すると，

$$2x^3 - 6x^2 + 3 + k \geqq 0 \iff k \geqq -2x^3 + 6x^2 - 3$$

となります．そこで，$y = k$ が $(x \geqq 0$ で常に$) y = -2x^3 + 6x^2 - 3$ の上方にあるように k の値の範囲を求めます．

問題 135 難易度 ★★☆ ▶▶▶ 解答 P108

$x \geqq 0$ のとき，つねに $x^3 - ax + 1 \geqq 0$ が成り立つように実数 a の値の範囲を定めよ．

POINT 左辺全体を $f(x)$ とおきます．$x \geqq 0$ を満たすすべての x の値に対して $f(x) \geqq 0$ が成立するということは，($f(x)$ の最小値) $\geqq 0$ が成立するということに対応します．

4-3 図形への応用

問題 136 難易度 ★★☆ ▶▶▶ 解答 P109

放物線 $y = 6x - x^2$ $(y \geqq 0)$ と x 軸に平行な直線が異なる 2 点 A, B で交わっている．このとき，三角形 OAB の面積の最大値を求めよ．

POINT 点 A の座標を $(t, 6t - t^2)$ として，三角形 OAB の面積を t で表します．

問題 137 難易度 ★★☆ ▶▶▶ 解答 P110

半径 a の球に内接する直円柱の体積 V の最大値を求めよ．

POINT 直円柱の体積を求めるには，底面積と高さが必要です．そこで，底面の円の半径を r，直円柱の高さを x として，V を r, x で表します．

第7章 積分法

1 積分法（1）

■積分は微分の逆演算です

出題傾向と対策

積分定数を無視すれば積分は微分の逆演算なので計算そのものは容易です．積分で重要なのは，特定の部分の面積を最短ルートで求められるようになることです．教科書の例題レベルの問題ならば1つ1つ積分しても求められますが，入試レベルになると正直に積分していたらとても時間内に解き切ることはできません．慣れるまでに若干の時間はかかりますが，頑張ってマスターしましょう．

1-1 不定積分

$(x^3)' = 3x^2$ のように，微分すると $3x^2$ になる関数 x^3 を $3x^2$ の **原始関数** といいます．定数は微分すると 0 になるので，

$$(x^3+1)' = 3x^2, \ (x^3-1)' = 3x^2, \ (x^3+2)' = 3x^2, \cdots$$

も成立するので，x^3+1, x^3-1, x^3+2 などはすべて $3x^2$ の原始関数です．そこで，これらの定数をまとめて C とかき，x^3+C を $3x^2$ の **不定積分**，C を **積分定数** といいます．また，このことを，$\int dx$ という記号を用いて，

$$\int 3x^2 dx = x^3 + C$$

と表し，不定積分を求めることを **積分する** といいます．要するに，積分とは微分された関数を復元することで，

$$(x^3+C)' = 3x^2$$

の逆の操作

$$\int 3x^2 dx = x^3 + C$$

が積分計算です．このとき，以下の公式が成立します．

▶▶▶ 公式

α, k, l は定数，C は積分定数，n は自然数とする．

① $\displaystyle\int k\,dx = kx + C$

② $\displaystyle\int x^n dx = \frac{1}{n+1}x^{n+1} + C$

③ $\displaystyle\int (x+\alpha)^n dx = \frac{1}{n+1}(x+\alpha)^{n+1} + C$

④ $\displaystyle\int \{kf(x) \pm lg(x)\}dx = k\int f(x)dx \pm l\int g(x)dx$ （複号同順）

1-2 定積分

$f(x)$ の原始関数 $F(x)$ と 2 つの実数 a, b に対して，$F(b) - F(a)$ を $f(x)$ の a から b までの **定積分** といい，$\displaystyle\int_a^b f(x)dx$ とします．つまり，

$$\int_a^b f(x)dx = \Big[F(x) + C\Big]_a^b = F(b) - F(a)$$

と表します．このとき，C を **積分定数**，a を定積分の **下端**，b を定積分の **上端**，$a \leqq x \leqq b$ を **積分区間** といいます．定積分の計算には，どれか 1 つの原始関数を用いればよいのですが，通常は計算が簡単なように $C = 0$ となるものを用います．というのは，

$$\Big[F(x) + C\Big]_a^b = (F(b) + C) - (F(a) + C) = F(b) - F(a)$$

となり，どんな C の値を用いても差で消えるので，C を省略して用いるのです．たとえば，

$$\int_1^2 (4x^2 - 3x)dx$$

$$= 4\int_1^2 x^2 dx - 3\int_1^2 x\,dx$$

$$= 4\Big[\frac{1}{3}x^3\Big]_1^2 - 3\Big[\frac{1}{2}x^2\Big]_1^2$$

$$= 4 \cdot \frac{1}{3}(2^3 - 1^3) - 3 \cdot \frac{1}{2}(2^2 - 1^2)$$
$$= \frac{28}{3} - \frac{9}{2} = \frac{29}{6}$$

となります．

1 -3 覚えておくべき定積分

▶▶▶ 公式

① $f(x)$ が奇関数のとき，$\displaystyle\int_{-a}^{a} f(x)dx = 0$

② $f(x)$ が偶関数のとき，$\displaystyle\int_{-a}^{a} f(x)dx = 2\int_{0}^{a} f(x)dx$

③ $\displaystyle\int_{\alpha}^{\beta}(x-\alpha)(x-\beta)\,dx = -\frac{1}{6}(\beta - \alpha)^3$

④ $\displaystyle\int_{\alpha}^{\beta}(x-\alpha)(x-\beta)^2\,dx = \frac{1}{12}(\beta - \alpha)^4$

奇関数とは $f(x) = -f(-x)$ を満たす関数のことで，$y = x^3$, $y = x^3 + 3x$ などがあります．図形的には原点に関して対称となります．偶関数とは $f(x) = f(-x)$ を満たす関数のことで，$y = x^4$, $y = x^4 + 2x^2$ などがあります．図形的には y 軸に関して対称となります．

①に関しては

$$\int_{-a}^{a} x^3\,dx = \left[\frac{x^4}{4}\right]_{-a}^{a} = 0$$

などの例からわかると思います．

② に関しては右図において

$$\int_{-a}^{a} f(x)\,dx = 2\int_{0}^{a} f(x)\,dx$$

が成立しているという事実とともに頭に入れておけばいいでしょう．y 軸に関して対称ならば右半分の面積を2倍すれば全体の面積と一致します．

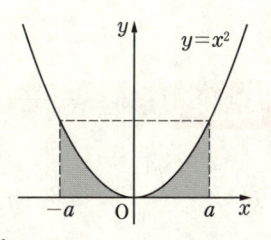

③，④については証明をした上で結果も覚えておきましょう．これらを公式として利用してよいかは予備校の先生の中でも判断が分かれるところですし，証

明なしで利用したら減点されたなどという話もよく聞きます．本書ではスペースの都合上，問題ごとに証明をすることはせずに公式として利用しますが，記述式で利用する際には証明（問題140に掲載してあります）をしてから利用するようにしてください．

1-4 微分積分学の基本定理

a を定数とするとき，

$$\frac{d}{dx}\int_a^x f(t)dt = f(x)$$

となります．これを **微分積分学の基本定理** といいます．単純化すると

積分したものを微分すると元に戻る

といえなくもないのですが，そのような形で丸暗記するのは危険です．原理をきちんと理解しておきましょう．

$f(x)$ の原始関数を $F(x)$ とすると，

$$\frac{d}{dx}\int_a^x f(t)dt = \frac{d}{dx}\Big[F(t)\Big]_a^x$$
$$= \frac{d}{dx}(F(x) - F(a))$$
$$= F'(x) = f(x)$$

ということです．$F(a)$ は定数であるから，$\dfrac{dF(a)}{dx} = 0$ となります．原理がきちんと理解できていれば，$\dfrac{d}{dx}\displaystyle\int_x^a f(t)dt = -f(x)$ となることもわかるでしょう．

問題 138　難易度 ★☆☆　▶▶▶ 解答 P111

$f(x) = \displaystyle\int_{-1}^1 (2t^2 + 3xt + 4x^2)dt$ とするとき，$\displaystyle\int_{-1}^1 f(x)dx$ の値を求めよ．

POINT　与えられた式から $f(x)$ を求めることからスタートします．与式の右辺は「dt」となっているので，t に関する積分，すなわち x を定数と見なし

て計算することになります．また積分区間が -1 から 1 までであることに着目して計算の簡略化を目指しましょう．

問題 139　難易度 ★★★　▶▶▶解答 P111

a, b, c を定数とする．整式 $f(x) = x^3 + ax^2 + bx + c$ が任意の 2 次式 $g(x)$ に対して $\int_{-1}^{1} f(x)g(x)dx = 0$ を満たしているとき，a, b, c の値を求めよ．

POINT 積分区間が対称な定積分ですから，偶関数・奇関数を利用することができます．

問題 140　難易度 ★★☆　▶▶▶解答 P112

次の式が成立することを証明せよ．

(1) $\int_{\alpha}^{\beta}(x-\alpha)(x-\beta)dx = -\dfrac{1}{6}(\beta-\alpha)^3$

(2) $\int_{\alpha}^{\beta}(x-\alpha)(x-\beta)^2 dx = \dfrac{1}{12}(\beta-\alpha)^4$

(3) $\int_{\alpha}^{\beta}(x-\alpha)^2(x-\beta)^2 dx = \dfrac{1}{30}(\beta-\alpha)^5$

POINT $(x-\alpha)^n$ の形を強引に作り出し，$\int (x-\alpha)^n dx = \dfrac{1}{n+1}(x-\alpha)^{n+1} + C$ を利用することがポイントです．

問題 141 難易度 ★★☆

次の問いに答えよ．

(1) 定積分 $\int_{-1}^{1}(x-1)|x^3-x|\,dx$ の値を求めよ．

(2) $a>0$ のとき $\int_{0}^{2a}|a^2-x^2|\,dx$ の値を求めよ．

POINT 絶対値をつけたまま積分をすることはできません．そこで，まずは絶対値をはずすことから始めます．絶対値の定義は

$$|A|=\begin{cases} A & (A\geqq 0 \text{のとき}) \\ -A & (A\leqq 0 \text{のとき}) \end{cases}$$

なので，絶対値記号の中身の符号を調べなければなりません．グラフを利用して考えましょう．

問題 142 難易度 ★★☆

次の定積分を計算せよ．ただし，a は正の定数とする．

(1) $\int_{0}^{2}|x-1|\,dx$

(2) $\int_{0}^{2}|x-a|\,dx$

(3) $\int_{0}^{a}|x-1|\,dx$

POINT 絶対値をつけたまま

$$\int_{0}^{2}|x-1|\,dx=\left[\left|\frac{x^2}{2}-x\right|\right]_{0}^{2}$$

とするのは間違いです．絶対値の定義は $|A|=\begin{cases} A & (A\geqq 0 \text{のとき}) \\ -A & (A\leqq 0 \text{のとき}) \end{cases}$

ですから，絶対値の中身の符号を調べなければなりません．グラフを用いるのがよいでしょう．

(2) では，$|x-a| = \begin{cases} x-a & (x \geqq a \text{ のとき}) \\ -(x-a) & (x \leqq a \text{ のとき}) \end{cases}$ ですから，符号の変わり目である $x = a$ が $0 \leqq x \leqq 2$ の中にあるか否かで場合分けをします．

(3) では，$|x-1| = \begin{cases} x-1 & (x \geqq 1 \text{ のとき}) \\ -(x-1) & (x \leqq 1 \text{ のとき}) \end{cases}$ ですから，符号の変わり目である $x = 1$ が $0 \leqq x \leqq a$ の中にあるか否かで場合分けをします．

問題 143　難易度 ★★☆　▶▶▶解答 P118

a を $0 \leqq a \leqq 2$ を満たす定数，$f(a) = \int_0^1 |3x^2 - 3ax| dx$ とする．このとき $f(a)$ を求めよ．

POINT　前問同様，絶対値をはずさなければ積分を実行することはできません．その際，$0 \leqq x \leqq 1$ より
$$|3x^2 - 3ax| = |3x(x-a)| = |3x||x-a| = 3x|x-a|$$
と絶対値の中をコンパクトにすると処理が楽になります．あとは，符号の変わり目である $x = a$ が $0 \leqq x \leqq 1$ の中にあるか否かで場合分けをすればよいでしょう．

問題 144　難易度 ★★★　▶▶▶解答 P119

次の等式を満たす関数 $f(x)$ を求めよ．

(1) $f(x) = x^3 - x + \int_0^2 f(t)\,dt$

(2) $f(x) = x^2 + \int_0^1 xf(t)\,dt + \int_0^1 tf(t)\,dt$

POINT　$5f(x) - 2x = 0$ のように関数の等式で与えられる方程式を関数方程式といいます．そして，関数方程式の中でも，未知の関数が積分の中に現

れるような方程式を **積分方程式** といいます．

さて，(1) では $\int_0^2 f(t)\,dt$ が定数にすぎないので，$A = \int_0^2 f(t)\,dt$ とすると，$f(x) = x^3 - x + A$ となります．これを f と A の連立方程式のように考えて，一方を消去すればよいのです．

(2) については 2 つの定積分があるのでそれぞれを文字におくことを考えますが，右辺第 1 項の定積分 $\int_0^1 xf(t)\,dt$ には x が含まれているので，これは定数にはならないことに注意しましょう．

x はこの積分には関係無い数ですから，$\int_0^1 xf(t)\,dt = x\int_0^1 f(t)\,dt$ と x を積分の外に出せば，残った $\int_0^1 f(t)\,dt$ は定数になります．

問題 145　難易度 ★★★　▶▶▶ 解答 P120

次の等式を満たす関数 $f(x)$ と定数 a の値を求めよ．

(1) $\int_1^x f(t)\,dt = x^2 - 2x + a$

(2) $\int_a^x f(t)\,dt = x^3 - 2ax + 3$

POINT　本問も，積分方程式の問題ですが，$\int_1^x f(t)$ のように，積分区間に変数 x の入った積分が含まれています．このような場合は，微分積分学の基本定理を利用して積分をなくすことを考えます．

たとえば (1) では両辺を x で微分すると，左辺と右辺はそれぞれ

$$f(x),\ 2x - 2$$

となるので，これらが等しいことから $f(x) = 2x - 2$ となります．

さらに，両辺に $x = 1$ を代入すると，左辺と右辺はそれぞれ

$$\int_1^1 f(t)\,dt = 0,\ -1 + a$$

となるので，これらが等しいことから $0 = -1 + a$ が得られます．

　このように，微分積分学の基本定理を用いる際には定積分の値が 0 となるような定数を代入して，定数についての等式をつくることが重要になります．

2 積分法（2）

第7章 積分法

■面積を効率よく求められるようになりましょう

2-1 面積

2曲線 $y = f(x)$, $y = g(x)$, $x = a, b$ とで囲まれる網目部分の面積 S は

$$S = \int_a^b \{f(x) - g(x)\} dx$$

で与えられます．特に，x軸は $y = 0$ と表されるので，右図のように，$y = f(x)$ が x 軸の上側にあるときの，網目部分の面積 S_1 は，

$$S_1 = \int_a^b \{f(x) - 0\} dx = \int_a^b \{f(x)\} dx$$

となります．

また，$y = f(x)$ が x 軸の下側にあるときの，網目部分の面積 S_2 は，

$$S_2 = \int_a^b \{0 - f(x)\} dx = \int_a^b \{-f(x)\} dx$$

となります．

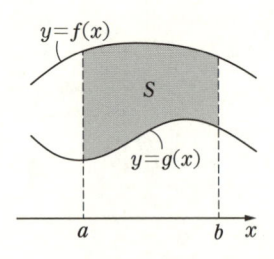

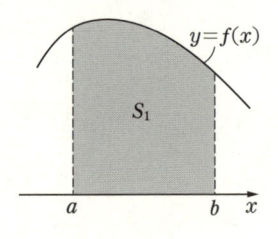

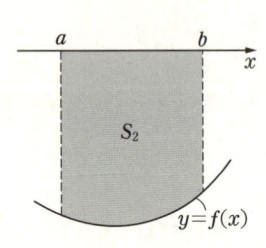

以下では，なぜ面積が積分をすることで求められるかの説明をします．

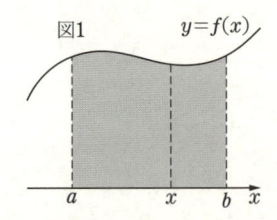

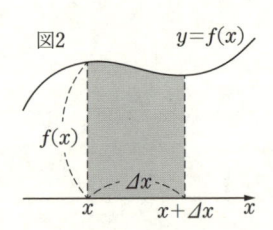

図1の網目部分の面積 S を求めることを考えます．網目部分のうち x 座標が a から x の範囲の部分の面積を $S(x)$ とすると

$$S(a) = 0, \ S(b) = S \ \cdots\cdots \ ①$$

です．このとき $S(x+\Delta x) - S(x)$ を考えると，これは図2の網目部分の面積であり，$\Delta x \fallingdotseq 0$ ならば

$$S(x+\Delta x) - S(x) \fallingdotseq f(x)\Delta x$$

$$\frac{S(x+\Delta)x - S(x)}{\Delta x} \fallingdotseq f(x)$$

つまり，

$$\lim_{\Delta x \to 0} \frac{S(x+\Delta x) - S(x)}{\Delta x} = f(x) \quad \therefore \quad S'(x) = f(x)$$

となります．これと ① より

$$S = S(b) - S(a)$$
$$= \int_a^b S'(x) \, dx = \int_a^b f(x) \, dx$$

これが微分法の考え方による面積の求積です．

問題 146　難易度 ★★☆　　　▶▶▶ 解答 P121

次の面積を求めよ．
(1) 2曲線 $y = x^2 + 1$ と $y = -2x^2$ と2直線 $x = -2, \ x = 1$ で囲まれる部分の面積 S_1
(2) 曲線 $y = x^2 + 2$ と x 軸，y 軸，直線 $x = 3$ で囲まれる部分の面積 S_2
(3) 曲線 $y = x^2 - 3x - 4$ と x 軸と2直線 $x = 1, \ x = 3$ で囲まれる部分の面積 S_3

POINT 面積 $= \int_\text{左}^\text{右} (\text{上} - \text{下}) dx$ ですから，グラフを描いて上下関係と積分区間を正確に把握します．

問題 147 難易度 ★★☆　解答 P122

(1) 曲線 $y = x|x| - 2x + 1$ と x 軸で囲まれた部分の面積 S_1 を求めよ.

(2) 連立不等式 $\begin{cases} y \geqq x^2 - 1 \\ y \leqq -x^2 + 3x + 1 \\ x \geqq 0 \end{cases}$ の表す領域の面積 S_2 を求めよ.

POINT 面積 $= \int_{左}^{右} (上 - 下) dx$ ですから，グラフを描いて上下関係と積分区間を正確に把握します．

問題 148 難易度 ★★☆　解答 P123

$k = 1, 2$ に対して放物線 $y = x^2 - kx + 1$ を C_k で表す．点 A(1, 1) での C_1 の接線に，点 A で直交している直線を l とし，l と C_2 の交点のうち x 座標が正となる点を B とする．

(1) 点 B の座標を求めよ．

(2) 曲線 C_1, C_2 と線分 AB で囲まれた図形の面積を求めよ．

POINT 要求されている部分を正確に図示し，積分しましょう．

問題 149 難易度 ★★☆　解答 P124

a を $0 < a < 1$ とする．直線 $l : y = 1 - a^2$ と曲線 $C : y = 1 - x^2$ $(x \geqq 0)$ について，次の問いに答えよ．

(1) 曲線 C, y 軸，直線 l で囲まれる部分の面積を S_1 とし，曲線 C, 直線 l, 直線 $x = 1$ で囲まれる部分の面積を S_2 とする．S_1, S_2 を a を用いて表せ．

(2) $S = S_1 + S_2$ とおくとき，$0 < a < 1$ の面積における S の最小値を求めよ．

POINT $0 < a < 1$ より $0 < 1 - a^2 < 1$ となります．位置関係に注意して正確に図示しましょう．

2 -2 面積の求め方

通常，面積を求めるときには「上から下を引いて定積分」を実行します．しかし，1つ1つ積分して1つ1つ代入し，1つ1つ計算していると，時間がかかり計算ミスをする可能性も高くなります．

そこで，問題 140 の「覚えておくべき定積分」を利用することで簡潔に求められるようになりましょう．以下，その方法を説明していきます．

下左図で線分 AB の長さはいくつになるでしょうか．

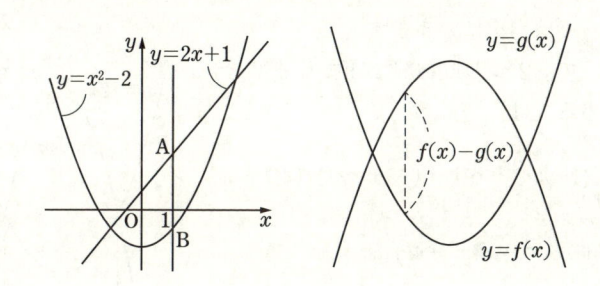

おそらく，ほとんどの人が A の y 座標が $2 \cdot 1 + 1 = 3$ より A(1, 3)，B の y 座標が $1^2 - 2 = -1$ より B(1, -1) となるので $3 - (-1) = 4$ と求めるでしょう．

もちろん，何の問題もありません．ただ，一般に上から下を引いた式は上と下の距離を表すので（上右図参照），上から下を引いた式 $2x + 1 - (x^2 - 2)$ に $x = 1$ を代入して $2 + 1 - (1^2 - 2) = 4$ と求めることも可能ですね．面積を求める際には，この考え方が効果的です．

では，具体例をみていきましょう．

右図において，放物線と直線で囲まれる部分の面積を求める式は

$$\int_{-1}^{1} \{mx + n - (2x^2 - 3x)\} \, dx$$
$$= \int_{-1}^{1} (-2x^2 + \bullet x + \blacksquare) \, dx$$

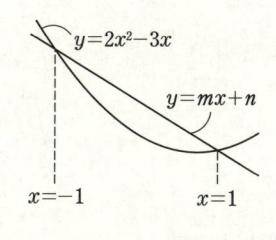

となります．

一般に上から下を引いた式は上と下の距離を表すので，$-2x^2 + \bullet x + \blacksquare$ に $x = -1, 1$ を代入すると 0 となります．ならば

$$-2x^2 + \bullet x + \blacksquare = -2(x+1)(x-1)$$

と書けます．よって，

$$\int_{-1}^{1} \{mx + n - (2x^2 - 3x)\} dx$$
$$= \int_{-1}^{1} (-2x^2 + \bullet x + \blacksquare) dx$$
$$= \int_{-1}^{1} \{-2(x+1)(x-1)\} dx$$
$$= (-2) \cdot \left\{-\frac{1}{6}\{1-(-1)\}^3\right\} = \frac{8}{3}$$

となります．では，次にいきます．

右図において，2つの放物線で囲まれる部分の面積を求める式は

$$\int_{-1}^{1} \{(-2x^2 + \sim) - (x^2 + \sim)\} dx$$
$$= \int_{-1}^{1} (-3x^2 + \bullet x + \blacksquare) dx$$

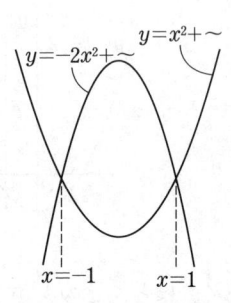

となります．

一般に上から下を引いた式は上と下の距離を表すので，$-3x^2 + \bullet x + \blacksquare$ に $x = -1, 1$ を代入すると 0 となります．ならば

$$-3x^2 + \bullet x + \blacksquare = -3(x+1)(x-1)$$

と書けます．よって，

$$\int_{-1}^{1} \{(-2x^2 + \sim) - (x^2 + \sim)\} dx$$
$$= \int_{-1}^{1} (-3x^2 + \bullet x + \blacksquare) dx$$
$$= \int_{-1}^{1} \{-3(x+1)(x-1)\} dx$$
$$= (-3) \cdot \left\{-\frac{1}{6}\{1-(-1)\}^3\right\} = 4$$

となります．

次に，ここまでの話の応用を考えてみます．右図において「上から下を引いたもの」が0になる2点 α, β は，直線を下に平行移動していくと互いに近づいていきます．最終的に放物線と直線が

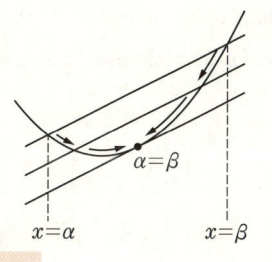

接するときに $\boldsymbol{\alpha = \beta}$ となる

ことがわかるでしょう．

これを利用して，右図の斜線部分の面積を求めてみます．面積を求める式は

$$\int_{-1}^{2} \{(2x^2 + \sim) - (mx+n)\}\, dx$$
$$= \int_{-1}^{2} (2x^2 + \bullet x + \blacksquare)\, dx$$

で，ここまでと同じように考えると $2x^2 + \bullet x + \blacksquare$ に $x=1$ を代入すると 0 となります．$x=1$ で接していることとあわせると

$$2x^2 + \bullet x + \blacksquare = 2(x-1)^2$$

と書けます．

よって，求める面積は

$$\int_{-1}^{2} \{(2x^2 + \sim) - (mx+n)\}\, dx$$
$$= \int_{-1}^{2} (2x^2 + \bullet x + \blacksquare)\, dx$$
$$= \int_{-1}^{2} 2(x-1)^2\, dx = \left[\frac{2}{3}(x-1)^3\right]_{-1}^{2} = \boldsymbol{6}$$

となります．

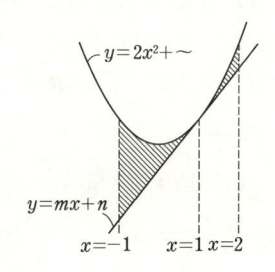

最後に，3次関数のグラフとその接線とで囲まれる部分の面積を考えてみます．面積を求める式は

$$\int_{-2}^{2} \{(x^3 + \sim) - (mx + n)\} \, dx$$
$$= \int_{-2}^{2} (x^3 + \bullet x^2 + \blacksquare x + \blacktriangle) \, dx$$

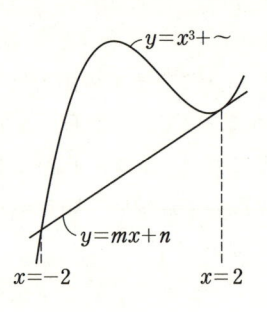

となります．ここまでと同じように考えると，
$x^3 + \bullet x^2 + \blacksquare x + \blacktriangle$ に $x = -2, 2$ を代入すると 0 となります．$x = 2$ で接していることとあわせると

$$x^3 + \bullet x^2 + \blacksquare x + \blacktriangle = (x+2)(x-2)^2$$

と書けます．

よって，求める面積は

$$\int_{-2}^{2} \{(x^3 + \sim) - (mx + n)\} \, dx$$
$$= \int_{-2}^{2} (x^3 + \bullet x^2 + \blacksquare x + \blacktriangle) \, dx$$
$$= \int_{-2}^{2} (x+2)(x-2)^2 \, dx$$
$$= \frac{1}{12} \{2 - (-2)\}^4 = \frac{64}{3}$$

となります．

問題 150 難易度 ★☆☆　　▶▶▶ 解答 P124

次の曲線と直線で囲まれる部分の面積を求めよ．
(1) $y = x^2 - 2x$, $y = x$
(2) $y = \frac{1}{2}x^2$, $y = \frac{1}{2}x + 1$

POINT 1つ1つ積分するのではなく，上から下を引いた式を決定し，公式を利用することで計算を回避することがポイントです．

問題 151 難易度 ★☆☆   解答 P125

次の2曲線で囲まれる部分の面積を求めよ．

(1) $y = x^2 - 2x - 5$, $y = -x^2 + 2x + 1$
(2) $y = x^2 + 4x + 1$, $y = -x^2 + 2x + 5$

POINT 1つ1つ積分するのではなく，上から下を引いた式を決定し，公式を利用することで計算を回避することがポイントです．

問題 152 難易度 ★★☆   解答 P126

放物線 $y = -x^2 + 2x$ と x 軸で囲まれた部分の面積が，$y = ax$ $(0 < a < 2)$ によって2等分されるとき，定数 a の値を求めよ．

POINT 図のように S_1, S_2 と定めると，S_2 が少々変な形をしています．そこで，

$$S_1 = S_2 \iff S_1 = (S_1 + S_2) \times \frac{1}{2}$$

と考えて，面積を求めやすい形を基準に考えます．

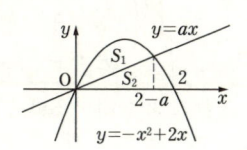

問題 153 難易度 ★★★   解答 P127

点 A(2, 1) を通り，傾き m の直線 l と放物線 $C: y = x^2 - 2x$ で囲まれる部分の面積を $S(m)$ とする．

(1) $S(m)$ を求めよ．
(2) $S(m)$ の最小値を求めよ．

POINT l の方程式は，$y = m(x - 2) + 1$ より，l と C の交点の x 座標は

$$x^2 - 2x = mx - 2m + 1$$
$$x^2 - (m + 2)x + 2m - 1 = 0$$

の 2 解になります．しかし，この x の値は m を含む無理式であるため，扱いが面倒です．そこで，2 解を α, β $(\alpha < \beta)$ とおくことにします．このとき，

$$\begin{aligned}
S(m) &= \int_\alpha^\beta \{(mx - 2m + 1) - (x^2 - 2x)\}dx \\
&= -\int_\alpha^\beta \{x^2 - (m+2)x + 2m - 1\}dx \\
&= -\int_\alpha^\beta (x-\alpha)(x-\beta)dx \\
&= \frac{1}{6}(\beta - \alpha)^3
\end{aligned}$$

となります．さて，この $(\beta - \alpha)^3$ を求めるときに，解の公式を用いてもよいのですが，解と係数の関係より

$$\alpha + \beta = m + 2, \quad \alpha\beta = 2m - 1$$

が成立するので，

$$(\beta - \alpha)^3 = \{(\beta - \alpha)^2\}^{\frac{3}{2}} = \{(\alpha + \beta)^2 - 4\alpha\beta\}^{\frac{3}{2}}$$

とすると，要領よく計算できます．これは，数 II の面積の問題において非常によく用いる式なので，事実上の公式としておくとよいでしょう．

問題 154 難易度 ★★★　▶▶▶ 解答 P128

座標平面上の曲線 $C : y = |x^2 - 1|$ と傾き a の直線 $l : y = a(x+1)$ が異なる 3 点で交わっている．このとき，次の問いに答えよ．
(1) a の取りうる値の範囲を求めよ．
(2) C と l で囲まれた 2 つの図形の面積の和 S を求めよ．

POINT (1) では直線 l が a の値によらず点 $(-1, 0)$ を通ることに着目し，図形的に考察しましょう．(2) はとても有名なパズル問題です．初見だと厳しいと思いますが，是非解けるようにして下さい．

問題 155　難易度 ★★☆　▶▶▶ 解答 P130

2つの放物線 $C_1: y = x^2 + 2x + 2$ と $C_2: y = x^2 - 4x + 17$ の共通接線を l とする．このとき，次の問いに答えよ．
(1) l の方程式を求めよ．
(2) l と2つの放物線の接点の座標を求めよ．
(3) l と2つの放物線とで囲まれる部分の面積 S を求めよ．

POINT (1) 一方の接線が他方と接する，と考えます．
(3) 2つの放物線の交点を通り，y 軸に平行な直線で2つの部分に分けます．

問題 156　難易度 ★★☆　▶▶▶ 解答 P131

座標平面上の曲線 $C_1: y = x^2$ に点 $P(X, Y)$ $(Y < X^2)$ から2本の接線を引き，その接点を $Q(\alpha, \alpha^2)$, $R(\beta, \beta^2)$ $(\alpha < \beta)$ とする．このとき，次の問いに答えよ．
(1) X, Y を α, β を用いて表せ．
(2) 線分 QR と C_1 とで囲まれる部分の面積を S_1, 2つの接線と C_1 とで囲まれる部分の面積を S_2 とする．$S_1 : S_2$ を求めよ．

POINT (1) 「点 P から2本の接線を引く」ということを「点 Q, R における接線の交点が P である」と考えます．
(2) 直線と放物線の上下関係に注意して立式します．S_1, S_2 とも，1つずつ積分するのではなく，公式の利用を意識しましょう．

問題 157　難易度 ★★☆　▶▶▶解答 P133

放物線 $y = \dfrac{1}{4}x^2 - 1$ …… ① と円 $x^2 + y^2 = 16$ …… ② がある．このとき，次の問いに答えよ．
(1) 放物線 ① と円 ② との交点の座標を求めよ．
(2) 放物線 ① と円 ② で囲まれる部分のうち，放物線の上側にある部分の面積を求めよ．

POINT (1) ①，② の交点を求めるので連立方程式を解きますが，$y = \dfrac{1}{4}x^2 - 1$ を ② に代入すると x の 4 次方程式になるので面倒です．そこで，① を $x^2 = 4y + 4$ として，② に代入します．
(2) 境界線に円弧が含まれていると，数学 II の範囲では積分できないので，扇形の面積を求めることになります．当然，中心角が必要となります．

問題 158　難易度 ★★☆　▶▶▶解答 P134

曲線 $y = x^2(x+3)$ を C とし，C を x 軸方向に a だけ平行移動した曲線を D とする．$a > 0$ とするとき，次の問いに答えよ．
(1) D の方程式を求めよ．
(2) 2 曲線 C, D が異なる 2 点で交わるような定数 a の値の範囲を求めよ．
(3) 2 曲線 C, D で囲まれた図形の面積 S を求めよ．

POINT (1) 曲線 $y = f(x)$ を x 軸方向に p，y 軸方向に q だけ平行移動すると，平行移動した曲線の方程式は $y - q = f(x - p)$ となります．
(2) x の 3 次の項の係数が等しい 2 つの 3 次関数では，2 つの式から y を消去すると，x の 3 次の項が消えるので，2 曲線 C, D が異なる 2 点で交わる条件は，2 次方程式の判別式を使えば求められます．

(3) 2つの3次関数のグラフで囲まれた部分の面積では，上から下を引くと3次の項が消えるので，結局のところ放物線の場合と同じ処理になります．

問題 159　難易度 ★★★

$f(x) = -x^4 + 8x^3 - 18x^2 + 11$ について，次の問いに答えよ．
(1) $y = f(x)$ の増減と極値を調べ，グラフの概形を描け．
(2) $y = f(x)$ と異なる2点で接する直線の方程式を求めよ．
(3) $y = f(x)$ と (2) で求めた直線とで囲まれた部分の面積 S を求めよ．

POINT (2) $x = t$ における接線が，曲線と再び接する，と考えてもよいのですが，接点の x 座標を設定し，接線 − 曲線 がどのように因数分解されるかを考えるとよいでしょう．

1 等差数列

第8章 数列

■数列のスタートは等差数列から

> **出題傾向と対策**
>
> 　入試頻出かつ数学 III にもつながる最重要分野の1つです.
> 　数列では，等差数列や等比数列に代表される「算数的に考える能力」と，シグマ記号に代表される「公式を正確に利用することができる能力」の両方が重要です．そのためには，公式を丸暗記するのではなく，それがどのようにして導かれたのかを正確に理解することを意識してください．
> 　漸化式は苦手意識をもっている方が多いでしょう．等差型，等比型，階差型のいずれかに帰着させるということをつねに意識すればマスターするのにさほど時間はかかりません．本書ではノーヒントで解けるようにならなければいけない漸化式をすべて網羅してあります．覚悟を決めていっきにマスターしてしまいましょう．

1-1 数列の一般項

> Ⓐ　1, 2, 3, 4, 5, 6, ⋯　　　　　　　　　　　自然数の列
> Ⓑ　1, 3, 5, 7, 9, 11, ⋯　　　　　　　　　　2ずつ増える
> Ⓒ　1, 2, 4, 8, 16, 32, ⋯　　　　　　　　　 2倍になる

のような数列において，その各々を数列の項といいます．数列を

$$a_1, \ a_2, \ a_3, \ \cdots, \ a_n, \ \cdots$$

と表すとき（これを単純に $\{a_n\}$ と表すこともあります），a_1 を「初項」（第1項），a_2 を第2項，a_3 を第3項，$\cdots$，a_n を第 n 項（一般項）といいます．

1-2 等差数列の一般項

数列の中でも，

> Ⓐ $-3, -1, 1, 3, 5, \cdots, 2n-5, \cdots$
> Ⓑ $10, 7, 4, 1, -2, \cdots, 13-3n, \cdots$

のように，次々に一定の数を加えてつくられる数列を特に **等差数列** といいます．等差数列は，はじめの数と加える一定の数（これを **公差** (common difference) といいます）を与えると全体が決定してしまいます．そこで，上の例では，Ⓐは初項が -3，公差が 2 の等差数列，Ⓑは初項が 10，公差が -3 の等差数列といいます．

それでは，初項が a_1，公差が d の等差数列 $\{a_n\}$ の第 n 項（一般項）を考えてみます．$a_1, a_2, \cdots$ は順に，

$$a_1 = a_1$$
$$a_2 = a_1 + d$$
$$a_3 = a_1 + d + d$$
$$a_4 = a_1 + d + d + d$$
$$\vdots$$

となり，以下同様に繰り返すと，第 n 項 a_n は初項 a_1 に公差 d を $n-1$ 回加えることになるので，

$$\boxed{a_n = a_1 + (n-1)d}$$

とわかります．これが等差数列の第 n 項（一般項）の公式です．たとえば，等差数列 $2, 5, 8, 11, \cdots$ では，$a_1 = 2, d = 3$ ですから，$a_n = 2 + (n-1) \cdot 3 = 3n - 1$ となるわけです．

1-3 等差数列の和

たとえば，

$$S = 1 + 2 + 3 + \cdots + 50 \qquad \cdots\cdots ①$$

の和を求めるにはどのようにしたらよいでしょうか．ガウス平面の名でも知られている天才ガウスが小学生のときに発見したというエピソードとしても有名

な求め方を紹介します．① を後ろから前へ逆に並べかえると，
$$S = 50 + 49 + 48 + \cdots + 1 \qquad \cdots\cdots ②$$
です．①，② の右辺の上下の対応する項の和がすべて
$$1 + 50 = 2 + 49 = 3 + 48 = \cdots = 50 + 1 = 51$$
となるので，① + ② をつくると，
$$2S = 51 \times 50 \qquad \therefore \quad S = \frac{51 \times 50}{2} = 1275$$
と求まります．

では，このアイデアを一般化してみます．初項が a_1，公差が d の等差数列 a_n について，
$$a_1 + a_n = a_1 + \{a_1 + (n-1)d\} = 2a_1 + (n-1)d$$
$$a_2 + a_{n-1} = (a_1 + d) + \{a_1 + (n-2)d\} = 2a_1 + (n-1)d = a_1 + a_n$$
$$a_3 + a_{n-2} = (a_1 + 2d) + \{a_1 + (n-3)d\} = 2a_1 + (n-1)d = a_1 + a_n$$
$$\vdots$$

ですから，初項から第 n 項までの和 S_n は，
$$S_n = a_1 + a_2 + a_3 + \cdots\cdots + a_n \qquad \cdots\cdots ③$$
$$S_n = a_n + a_{n-1} + \cdots\cdots + a_1 \qquad \cdots\cdots ④$$
③ + ④ をつくると，
$$2S_n = (a_1 + a_n) + (a_1 + a_n) + \cdots\cdots + (a_1 + a_n)$$
$$= (a_1 + a_n)n$$
つまり，

$$\boxed{S_n = \frac{a_1 + a_n}{2} \times n \quad \left(\text{等差数列の和} = \frac{\text{初項} + \text{末項}}{2} \times \text{項数} \right)}$$

となります．

▶▶▶ **公式**

① 等差数列の一般項：$a_n = a_1 + (n-1)d$

② 等差数列の和：$\dfrac{a_1 + a_n}{2} \times n \quad \left(\dfrac{\text{初項} + \text{末項}}{2} \times \text{項数} \right)$

問題 160 難易度 ★★☆　▶▶▶解答 P137

ある等差数列の第 n 項を a_n とするとき，
$$a_{10} + a_{11} + a_{12} + a_{13} + a_{14} = 365, \ a_{15} + a_{17} + a_{19} = -6$$
が成立している．この等差数列の初項と公差を求めよ．

POINT 公差 d を補助的に使うと面倒な連立方程式を解くことなく答えを求めることができます．たとえば，

$$a_{10} + a_{11} + a_{12} + a_{13} + a_{14} = 365$$
$$\underbrace{\phantom{a_{10}}}_{-d}\underbrace{\phantom{a_{11}}}_{-d}\phantom{a_{12}}\underbrace{\phantom{a_{13}}}_{+d}\underbrace{\phantom{a_{14}}}_{+d}$$

と a_{12} を基準に考えると

$$(a_{12} - 2d) + (a_{12} - d) + a_{12} + (a_{12} + d) + (a_{12} + 2d) = 365$$
$$\therefore \quad 5a_{12} = 365$$

という感じです．

問題 161 難易度 ★★☆　▶▶▶解答 P137

初項が 40 で，第 10 項から第 19 項までの和が -5 である等差数列の公差を求めよ．また，この数列の初項から第 n 項までの和を S_n とするとき，S_n が最大になるときの n の値と，その最大値を求めよ．

POINT S_n の最大（あるいは最小）を考える際には，

　　　正の項を加えるとは総和が増える
　　　負の項を加えるとは総和が減る

ということを利用して，a_n の符号の変化に着目すれば，どこで最大（最小）になるかは簡単にわかります．

問題 162 難易度 ★★★　　解答 P138

p は素数，m, n は正の整数で $m < n$ とする．m と n の間にあって，p を分母とする既約分数の総和 S を求めよ．

POINT たとえば，3 以上 7 以下で 5 を分母とする既約分数の総和を求めてみます．まず，3 以上 7 以下で 5 を分母とする分数を書き出してみると

$$\frac{15}{5}(=3), \frac{16}{5}, \frac{17}{5}, \cdots, \frac{20}{5}(=4), \cdots, \frac{34}{5}, \frac{35}{5}(=7)$$

となります．これは，初項 $\frac{15}{5}$，公差 $\frac{1}{5}$ の等差数列となっています．ここから，既約分数でないものを引くことを考えます．5 は素数より既約分数でないものは分子が 5 の倍数であるもの，すなわち

$$\frac{15}{5}, \frac{20}{5}, \frac{25}{5}, \frac{30}{5}, \frac{35}{5}$$

になります．これは初項 $\frac{15}{5}$，公差 $\frac{5}{5}$ の等差数列となっています．あとは，この作業を一般化すればよいのです．

問題 163 難易度 ★★☆　　解答 P139

初項 2，公差 3 の等差数列 $\{a_n\}$ と，初項 4，公差 5 の等差数列 $\{b_n\}$ について，これら 2 つの数列に共通に含まれる項を，順に並べてできる数列 $\{c_n\}$ の一般項を求めよ．

POINT 共通項を求める問題では，具体的に書きだしてみることが重要です．数列 $\{a_n\}, \{b_n\}$ の項を書き出すと

$$\{a_n\}: 2, 5, 8, 11, ⑭, 17, 20, 23, 26, ㉙, \cdots$$
$$\{b_n\}: 4, 9, ⑭, 19, 24, ㉙, 34, \cdots$$

数列 $\{a_n\}$ の公差は 3，数列 $\{b_n\}$ の公差は 5 なので，共通項は最小公倍数 15 を公差にもつ等差数列をなすことがわかるでしょう．

2 等比数列

第8章 数列

■和の公式を作れるようになりましょう

2-1 等比数列の一般項

数列の中でも，

$$1, 3, 9, 27, 81, 243, \cdots$$

のように，次々に一定の数を掛けてつくられる数列を特に **等比数列** といいます．等比数列は，はじめの数と掛ける一定の数（これを「公比」(common ratio) といいます）を与えると全体が決定してしまいます．上の例では，初項が 1，公比が 3 の等比数列といいます．

それでは，初項が a_1，公比が r の等比数列 $\{a_n\}$ の第 n 項（一般項）を考えてみます．$a_1, a_2, \cdots\cdots$ は順に，

$$a_1 = a_1$$
$$a_2 = a_1 \cdot r$$
$$a_3 = a_1 \cdot r \cdot r$$
$$a_4 = a_1 \cdot r \cdot r \cdot r$$
$$\vdots$$

となり，以下同様に繰り返すと，第 n 項 a_n は初項 a_1 に公比 r を $n-1$ 回掛けることになるので，

$$\boxed{a_n = a_1 \cdot r^{n-1}}$$

とわかります．これが等比数列の第 n 項（一般項）の公式です．たとえば，等比数列 $2, 6, 18, 54, \cdots$ では，$a_1 = 2$, $r = 3$ ですから，$a_n = 2 \cdot 3^{n-1}$ となるわけです．

2-2 等比数列の和

たとえば，

$$S = 1 + 3 + 9 + 27 + 81 + 243 \qquad \cdots\cdots ①$$

の和を求めるにはどのようにしたらよいでしょうか．これくらいならば計算できるかもしれませんが，第 1000 項までになったらとても計算できるものではありません．しかし，うまい方法があります．それは，① の両辺に公比 3 をか

けて，右に1つずらして引くのです．

$$\begin{array}{rl} S &= 1+3+9+27+81+243 \\ -3S &= 3+9+27+81+243+729 \\ \hline -2S &= 1-729 \qquad \therefore \quad S = 364 \end{array}$$

となります．それでは，このアイデアを一般化してみます．初項が a_1，公比が r の等比数列の初項から第 n 項までの和を S_n とおくと，

$$S_n = a_1 + a_1 r + a_1 r^2 + \cdots + a_1 r^{n-1} \qquad \cdots\cdots ②$$

この両辺に公比である r を掛けて，

$$rS_n = a_1 r + a_1 r^2 + \cdots + a_1 r^{n-1} + a_1 r^n \qquad \cdots\cdots ③$$

② $-$ ③ より

$$\begin{array}{rl} S_n &= a_1 + a_1 r + a_1 r^2 + \cdots + a_1 r^{n-1} \\ -rS_n &= a_1 r + a_1 r^2 + \cdots + a_1 r^{n-1} + a_1 r^n \\ \hline (1-r)S_n &= a_1(1-r^n) \end{array}$$

$r \neq 1$ のときは，両辺を $1-r$ で割ることができるので，

$$S_n = a_1 \cdot \frac{1-r^n}{1-r}$$

となります．$r = 1$ のときは，$a_1 = a_2 = \cdots = a_n$ なので，

$$S_n = \underbrace{a_1 + a_1 + \cdots + a_1}_{n\text{個}} = a_1 n$$

となります．以上をまとめると，等比数列の和の公式

$$S_n = \begin{cases} a_1 n & (r = 1) \\ \dfrac{a_1(1-r^n)}{1-r} & (r \neq 1) \end{cases}$$

が得られます．

問題 164 難易度 ★☆☆　　▶▶▶ 解答 P139

初項から第 8 項までの和が 2，初項から第 16 項までの和が 8 である等比数列において，初項から第 24 項までの和，初項から第 32 項までの和をそれぞれ求めよ．

POINT 等比数列の和の公式を利用します．ただし，公比が 1 か 1 でないかによって和の公式が異なることに注意しましょう．

問題 165 　難易度 ★★☆

1, a, b がこの順に等差数列になり，1, b^2, a^2 がこの順に等比数列になるとき，実数 a, b の値を求めよ．

POINT 等差数列とは一定の数を加えてつくられる数列なのですから，a, b, c がこの順で等差数列をなすとき，

$$b - a = c - b \quad (= (公差)) \quad \therefore \quad \boxed{2b = a + c}$$

が成立します．また，等比数列とは一定の数を掛けてつくられる数列なのですから，a, b, c がこの順で等比数列をなすとき，

$$\frac{b}{a} = \frac{c}{b} \quad (= (公比)) \quad \therefore \quad \boxed{b^2 = ac}$$

が成立します．ただし，問題によっては，$2b = a + c$ を用いるよりも，公差を優先して $a, a+d, a+2d$ とおいたり，中央項を優先して，$b-d, b, b+d$ とおいた方が扱いやすいものもあります．同様に，等比数列の場合は，公比を優先して a, ar, ar^2 とおいたり，中央項を優先して，$\frac{b}{r}, b, br$ とおいた方が扱いやすいものもあります．公式を丸暗記するのではなく問題によって使い分けられるようになることが理想です．

3 いろいろな数列の和

■シグマ恐怖症から脱却しましょう！

3-1 シグマ記号の意味と公式

数列 $\{a_n\}$ の初項から第 n 項までの和を表すのに，これまでは
$$S_n = a_1 + a_2 + \cdots + a_n$$
のような書き方をしてきました．しかし，これは冗長である上に，途中に「$\cdots$」と曖昧な表現が残ってしまいます．そこで，これを簡潔明瞭に表現するために $\sum_{k=1}^{n} a_k$ と表すことにします．

つまり，$\sum_{k=1}^{n} a_k$ とは a_k という k の式に $k = 1, 2, \cdots, n$ を代入した式の値の総和のことです．具体例をあげてみます．

---

① $\sum_{k=1}^{5} k = 1 + 2 + 3 + 4 + 5$

② $\sum_{k=1}^{4} (2k+1) = 3 + 5 + 7 + 9$

③ $\sum_{k=1}^{5} k^2 = 1^2 + 2^2 + 3^2 + 4^2 + 5^2$

④ $\sum_{k=1}^{n} \dfrac{1}{k(k+1)} = \dfrac{1}{1 \cdot 2} + \dfrac{1}{2 \cdot 3} + \dfrac{1}{3 \cdot 4} + \cdots + \dfrac{1}{n(n+1)}$

少しでも不安になったら具体的に書き出す癖をつけましょう．シグマに関しては次の公式が成立します．

郵便はがき

料金受取人払郵便

1 1 3 8 7 9 0

本郷局承認

9437

差出有効期間
平成30年2月
28日まで

東京都文京区本駒込5丁目
　　　　　　16番7号

東洋館出版社
営業部　読者カード係 行

ご芳名	
ご住所	〒
年　齢	①10代　②20代　③30代　④40代　⑤50代　⑥60代　⑦70代〜
勤務先	①幼稚園・保育所　②小学校　③中学校　④高校 ⑤大学　⑥教育委員会　⑦その他（　　　　　）
役　職	①教諭　②主任・主幹教諭　③教頭・副校長　④校長 ⑤指導主事　⑥学生　⑦大学職員　⑧その他（　　　　　）
希望誌	①初等教育資料　②新しい算数研究　③理科の教育 ④季刊特別支援教育　⑤特別支援教育研究

■アンケート（表裏）にご協力いただいた皆様の中から毎月抽選で上記の希望誌を送付いたします。
■ご記入いただいた個人情報は、当社の出版・企画の参考及び新刊等のご案内のために活用させていただくものです。第三者には一切開示いたしません。

Q ご購入いただいた書名をご記入ください

（書名）

Q 本書をご購入いただいた決め手は何ですか（1つ選択）

①勉強になる　②仕事に使える　③気楽に読める　④新聞・雑誌等の紹介
⑤価格が安い　⑥知人からの薦め　⑦内容が面白そう　⑧その他（　　　　　）

Q 本書へのご感想をお聞かせください（数字に○をつけてください）

4：たいへん良い　3：良い　2：あまり良くない　1：悪い

本書全体の印象	4―3―2―1	内容の程度/レベル	4―3―2―1
本書の内容の質	4―3―2―1	仕事への実用度	4―3―2―1
内容のわかりやすさ	4―3―2―1	本書の使い勝手	4―3―2―1
文章の読みやすさ	4―3―2―1	本書の装丁	4―3―2―1

Q 本書へのご意見・ご感想を具体的にご記入ください。

Q 電子書籍の教育書を購入したことがありますか？

Q 業務でスマートフォンを使用しますか？

Q 弊社へのご意見ご要望をご記入ください。

ご協力ありがとうございました。
弊社新刊案内等をご希望の方はPCメールアドレスをご記入ください。

_____ @ _____

▶▶▶ 公式

c は k に無関係な定数とする.

① : $\sum_{k=1}^{n} c = nc$

② : $\sum_{k=1}^{n} k = \dfrac{1}{2}n(n+1)$

③ : $\sum_{k=1}^{n} k^2 = \dfrac{1}{6}n(n+1)(2n+1)$

④ : $\sum_{k=1}^{n} k^3 = \left\{\dfrac{1}{2}n(n+1)\right\}^2$

本書では上の4つの公式を「シグマ公式」と呼ぶことにします.

では, ①から確認していきます. まず, 変数 k がなければ, 同じ数を足すことになります. たとえば,

$$\sum_{k=1}^{n} 3 = \underbrace{3+3+3+\cdots+3}_{n\text{個}} = 3n$$

ということです. よって,

$$\sum_{k=1}^{n} c = \underbrace{c+c+c+\cdots+c}_{n\text{個}} = nc$$

ということです. 次に②です.

$$\sum_{k=1}^{n} k = 1+2+3+\cdots+n$$

は, 初項 1, 公差 1, 項数 n の等差数列の和であるから,

$$\sum_{k=1}^{n} k = 1+2+3+\cdots+n = \dfrac{n \times (1+n)}{2} = \dfrac{n(n+1)}{2}$$

となります. ③では恒等式 $(k+1)^3 - k^3 = 3k^2 + 3k + 1$ に $k = 1, 2, 3, \cdots, n$ を代入すると,

$k=1$ で $\quad 2^3 - 1^3 = 3 \times 1^2 + 3 \times 1 + 1$

$k=2$ で $\quad 3^3 - 2^3 = 3 \times 2^2 + 3 \times 2 + 1$

$k = 3$ で　　$4^3 - 3^3 = 3 \times 3^2 + 3 \times 3 + 1$

$\vdots$

$k = n$ で　　$(n+1)^3 - n^3 = 3 \times n^2 + 3 \times n + 1$

この n 個の等式を縦に加えると,

$$(n+1)^3 - 1 = 3\sum_{k=1}^{n} k^2 + 3\sum_{k=1}^{n} k + \sum_{k=1}^{n} 1$$

となるので,

$$3\sum_{k=1}^{n} k^2 = (n+1)^3 - 1 - 3\sum_{k=1}^{n} k - \sum_{k=1}^{n} 1$$

$$= (n+1)^3 - 3 \cdot \frac{n(n+1)}{2} - (n+1)$$

$$= (n+1)\left\{(n+1)^2 - \frac{3}{2}n - 1\right\}$$

$$= (n+1)\left(n^2 + \frac{1}{2}n\right) = \frac{1}{2}n(n+1)(2n+1)$$

$$\therefore \quad \sum_{k=1}^{n} k^2 = \frac{1}{6}n(n+1)(2n+1)$$

が成立します. 最後に ④ では 恒等式 $(k+1)^4 - k^4 = 4k^3 + 6k^2 + 4k + 1$ に $k = 1, 2, 3, \cdots\cdots, n$ を代入すると,

$k = 1$ で　　$2^4 - 1^4 = 4 \times 1^3 + 6 \times 1^2 + 4 \times 1 + 1$

$k = 2$ で　　$3^4 - 2^4 = 4 \times 2^3 + 6 \times 2^2 + 4 \times 2 + 1$

$k = 3$ で　　$4^4 - 3^4 = 4 \times 3^3 + 6 \times 3^2 + 4 \times 3 + 1$

$\vdots$

$k = n$ で　　$(n+1)^4 - n^4 = 4 \times n^3 + 6 \times n^2 + 4 \times n + 1$

この n 個の等式を縦に加えると,

$$(n+1)^4 - 1 = 4\sum_{k=1}^{n} k^3 + 6\sum_{k=1}^{n} k^2 + 4\sum_{k=1}^{n} k + \sum_{k=1}^{n} 1$$

となるので,

$$4\sum_{k=1}^{n} k^3 = (n+1)^4 - 1 - 6\sum_{k=1}^{n} k^2 - 4\sum_{k=1}^{n} k - \sum_{k=1}^{n} 1$$

$$= (n+1)^4 - n(n+1)(2n+1) - 4 \cdot \frac{n(n+1)}{2} - (n+1)$$

$$= (n+1)\{(n+1)^3 - n(2n+1) - 2n - 1\}$$
$$= (n+1)^2\{(n+1)^2 - 2n - 1\} = (n+1)^2 n^2$$
$$\therefore \sum_{k=1}^{n} k^3 = \left\{\frac{n(n+1)}{2}\right\}^2$$

となります．

3-2 シグマの性質とよくある間違い

2つの数列 $\{a_n\}$ と $\{b_n\}$ の各項を足してつくられる新しい数列 $\{a_n + b_n\}$ の和は，足し算の順番を変えると，

$$(a_1 + b_1) + (a_2 + b_2) + (a_3 + b_3) + \cdots + (a_n + b_n)$$
$$= (a_1 + a_2 + a_3 + \cdots + a_n) + (b_1 + b_2 + b_3 + \cdots + b_n)$$

とできます．これを一般化すると，

$$\sum_{k=1}^{n}(a_k + b_k) = \sum_{k=1}^{n} a_k + \sum_{k=1}^{n} b_k$$

が成立します．また，数列 $\{a_n\}$ の各項に，定数 p を掛けてつくった新しい数列の和は，

$$pa_1 + pa_2 + pa_3 + \cdots + pa_n = p(a_1 + a_2 + a_3 + \cdots + a_n)$$

と p でくくることができるので，

$$\sum_{k=1}^{n} pa_k = p\sum_{k=1}^{n} a_k$$

とすることができます．

また，$\sum$ を扱う際によくある間違いが以下の2つです．充分に注意して下さい．

> **よくある間違い**
>
> ① $\displaystyle\sum_{k=1}^{n}\frac{a_k}{b_k} = \frac{\displaystyle\sum_{k=1}^{n} a_k}{\displaystyle\sum_{k=1}^{n} b_k}$

たとえば，$\dfrac{1}{2}+\dfrac{1}{3} \neq \dfrac{1+1}{2+3}$ などから明らかでしょう．

> **よくある間違い**
>
> ② $\displaystyle\sum_{k=1}^{n} a_k b_k = \sum_{k=1}^{n} a_k \times \sum_{k=1}^{n} b_k$

たとえば，
$$\sum_{k=1}^{2} a_k b_k = a_1 b_1 + a_2 b_2$$
$$\sum_{k=1}^{2} a_k \times \sum_{k=1}^{2} b_k = (a_1 + a_2)(b_1 + b_2) = a_1 b_1 + a_1 b_2 + a_2 b_1 + a_2 b_2$$
などから明らかでしょう．

3-3 和をとるには差を作る

ここでは，和の計算の原理について説明します．等差数列，等比数列以外の和の計算を行うにあたっては，

> Ⓐ 公式が使える場合は公式を用いる．
> Ⓑ 公式が使えない場合はシグマ内を $b_{k+1} - b_k$ の形に変形する．

ということが原則です．$\displaystyle\sum_{k=1}^{n} a_k$ を求めるにあたり，
$$a_k = b_{k+1} - b_k$$
と変形することができれば，
$$\sum_{k=1}^{n} a_k = b_{n+1} - b_1$$
と求めることができます．

$k=1 \quad b_2 - b_1$
$k=2 \quad b_3 - b_2$
$k=3 \quad b_4 - b_3$
$\vdots$
$k=n \quad b_{n+1} - b_n$
―――――――――
$\quad\quad\quad b_{n+1} - b_1$

3-4 部分分数分解

上述の通り $a_k = b_{k+1} - b_k$ と変形することができれば和を求めることがで

きます．大学入試問題では a_k が分数の形で与えられることが非常に多いので，分数形を差の形にする作業がスムーズにできるようになりたいものです．
$\frac{1}{2\cdot 3}=\frac{1}{2}-\frac{1}{3}$, $\frac{1}{2\cdot 5}=\frac{1}{3}\left(\frac{1}{2}-\frac{1}{5}\right)$ などのように，分数を2つの分数に分けることを **部分分数分解** といいます．

たとえば $\frac{1}{2\cdot 3}$ を部分分数に分解してみます．分数の分母を分け，差の形にすると $\frac{1}{2\cdot 3}=\frac{1}{2}-\frac{1}{3}$ となります．両辺が一致していることを確認してください．

次に $\frac{1}{2\cdot 5}$ を部分分数に分解してみます．分数の分母を分け，差の形にすると $\frac{1}{2}-\frac{1}{5}$ となりますが，通分すると $\frac{1}{2}-\frac{1}{5}=\frac{5-2}{2\cdot 5}=\frac{3}{2\cdot 5}$ より，$\frac{1}{2\cdot 5}=\frac{1}{2}-\frac{1}{5}$ とはできません．そこで元の分数に戻るように両辺を 3 で割れば，$\frac{1}{2\cdot 5}=\frac{1}{3}\left(\frac{1}{2}-\frac{1}{5}\right)$ となります．同じように考えると，

$$\frac{1}{k(k+1)}=\frac{1}{k}-\frac{1}{k+1} \quad (k と k+1 は差が 1 より調整不要)$$

$$\frac{1}{k(k+2)}=\frac{1}{2}\left(\frac{1}{k}-\frac{1}{k+2}\right)$$

$$\left(k と k+2 は差が 2 より 右辺で \frac{1}{2} が必要\right)$$

となります．一般に

$$\boxed{\frac{1}{a\cdot b}=\frac{1}{b-a}\left(\frac{1}{a}-\frac{1}{b}\right)}$$

が成立しますが，上式を丸暗記するのではなく，

分母を分け，差の形にして，調整する

ということを理解して，その場に応じてつくれるようになりましょう．

次に分母が 3 つの場合を考えてみます．たとえば $\frac{1}{3\cdot 4\cdot 5}$ を部分分数に分解してみます．$\frac{1}{3\cdot 4\cdot 5}$ を $\frac{1}{3\cdot 4}-\frac{1}{5}$ などと分解すると，バランスが悪いですね．そこで $\frac{1}{3\cdot 4\cdot 5}$ を $\frac{1}{3\cdot 4}-\frac{1}{4\cdot 5}$ と最初の 2 つと最後の 2 つに分けて，差の形を作ってみます．このとき

$$\frac{1}{3\cdot 4}-\frac{1}{4\cdot 5}=\frac{5-3}{3\cdot 4\cdot 5}=\frac{2}{3\cdot 4\cdot 5}$$

となるので，元の分数に戻るように両辺を 2 で割れば

$$\frac{1}{3\cdot 4\cdot 5} = \frac{1}{2}\left(\frac{1}{3\cdot 4} - \frac{1}{4\cdot 5}\right)$$

となります．同じように考えると

$$\frac{1}{k(k+1)(k+2)} = \frac{1}{2}\left\{\frac{1}{k(k+1)} - \frac{1}{(k+1)(k+2)}\right\}$$

$$\frac{1}{k(k+2)(k+4)} = \frac{1}{4}\left\{\frac{1}{k(k+2)} - \frac{1}{(k+2)(k+4)}\right\}$$

となります．一般に

$$\frac{1}{abc} = \frac{1}{c-a}\left(\frac{1}{ab} - \frac{1}{bc}\right)$$

が成立しますが，上式を丸暗記するのではなく，

分母を分け，差の形にして，調整する

ということを理解して，その場に応じてつくれるようになりましょう．

3-5 等差等比複合形

等比数列の和を求める場合，$S - rS$ を作ると中間項が消えるので和が求まりますが，中間項が消えなくても，中間項の和が求まれば全体の和が求まります．各項が 等差数列 × 等比数列 の形をしているとき，中間項が等比数列となり，和が求まることになります．

たとえば，$x \neq \pm 1$ のとき，$S = 1 + 2x^2 + 3x^4 + \cdots + nx^{2(n-1)}$ を求めてみます．

$$\begin{array}{r}
S = 1 + 2x^2 + 3x^4 + \cdots\cdots + nx^{2(n-1)} \\
-)\quad x^2 S = x^2 + 2x^4 + \cdots\cdots + (n-1)x^{2(n-1)} + nx^{2n} \\
\hline
(1-x^2)S = 1 + x^2 + x^4 + \cdots\cdots + x^{2(n-1)} - nx^{2n} \\
= \frac{1-x^{2n}}{1-x^2} - nx^{2n}
\end{array}$$

$x \neq \pm 1$ より $x^2 \neq 1$ ですから，

$$S = \frac{1-x^{2n}}{(1-x^2)^2} - \frac{nx^{2n}}{1-x^2} = \frac{1-(n+1)x^{2n} + nx^{2(n+1)}}{(1-x^2)^2}$$

となります．

3-6 階差数列

数列 $\{a_n\}$ の隣り合う2項の差 $b_n = a_{n+1} - a_n$ を項とする数列 $\{b_n\}$ を数列 $\{a_n\}$ の **階差数列** といいます。たとえば、数列 $\{a_n\}$ が 1, 2, 4, 7, 11, 16, $\cdots$ のとき、その階差数列 $\{b_n\}$ は 1, 2, 3, 4, 5, $\cdots$ となります。

$$\{a_n\}: a_1 \quad a_2 \quad a_3 \quad a_4 \quad a_5 \quad \cdots\cdots \quad a_{n-1} \quad a_n$$
$$\{b_n\}: \quad b_1 \quad b_2 \quad b_3 \quad b_4 \quad \cdots\cdots \quad b_{n-1}$$

上より,
$$a_2 = a_1 + b_1 \qquad \cdots\cdots ①$$
$$a_3 = a_2 + b_2 = (a_1 + b_1) + b_2 = a_1 + b_1 + b_2 \quad (\because ①) \qquad \cdots\cdots ②$$
$$a_4 = a_3 + b_3 = (a_1 + b_1 + b_2) + b_3 = a_1 + b_1 + b_2 + b_3 \quad (\because ②) \cdots\cdots ③$$
$$\vdots$$

となるので、$n \geqq 2$ のとき,

$$\boxed{a_n = a_1 + b_1 + b_2 + \cdots\cdots + b_{n-1} = a_1 + \sum_{k=1}^{n-1} b_k}$$

を得ます。階差数列に関しては、貯金のイメージを持てばわかりやすいでしょう。スタート時点での所持金が a_1 で、$b_1, b_2, b_3, \cdots, b_{n-1}$ と貯金をしていった結果の所持金が a_n ということは

$$a_n = a_1 + (b_1 + b_2 + \cdots\cdots + b_{n-1}) = a_1 + \sum_{k=1}^{n-1} b_k$$

となるのは自明です。

なお、2個以上の数があってはじめて階差数列が意味をなすので、あくまでも $n \geqq 2$ です。$n = 1$ のときに成立するかどうかの確認を忘れないようにしましょう。

また、階差数列はもとの数列の隣り合う2つの項の差で、たとえば $c_n = a_n - a_{n-1}$ もたしかに数列 $\{a_n\}$ の隣り合う2つの項の差ですが、これは階差数列そのものではありません。この場合は数列 $\{c_{n+1}\}$ が数列 $\{a_n\}$ の階差数列になります。階差数列の公式を安易にあてはめて用いると大きなミスにつながるので十分注意しましょう。

問題 166 難易度 ★☆☆ ▶▶▶ 解答 P141

次の問いに答えよ.

(1) 次の和を $\sum$ を用いない式で表し，その和を求めよ.

 (i) $\displaystyle\sum_{k=1}^{5} 3k$ (ii) $\displaystyle\sum_{k=1}^{4} k^4$ (iii) $\displaystyle\sum_{k=1}^{n-1} \left(-\frac{1}{2}\right)^k$

(2) 次の和を記号 $\sum$ を用いて表せ.

 (i) $1^3 + 2^3 + 3^3 + \cdots + 100^3$

 (ii) $1 \cdot 2 + 2 \cdot 3 + 3 \cdot 4 + \cdots + 10 \cdot 11$

 (iii) $1 \cdot 1 + 2 \cdot 3 + 3 \cdot 9 + 4 \cdot 27 + 5 \cdot 81 + \cdots$ (第 n 項まで)

POINT シグマ記号を食わず嫌いせず1つずつ丁寧に追っていきましょう.

問題 167 難易度 ★☆☆ ▶▶▶ 解答 P142

次の和を求めよ.

(1) $\displaystyle\sum_{k=1}^{n} (k^2 - 4k)$ (2) $\displaystyle\sum_{k=1}^{n} (1+k)(2-3k)$

(3) $\displaystyle\sum_{k=4}^{19} \left(k - \frac{1}{2}\right)^2$

POINT シグマの公式は，$k=1$ から始まらないと利用することができません.
たとえば,
$$\sum_{k=1}^{n} k^2 = 1^2 + 2^2 + 3^2 + \cdots + n^2 = \frac{n(n+1)(2n+1)}{6}$$
を用いて，$\displaystyle\sum_{k=10}^{n} k^2 = 10^2 + 11^2 + 12^2 + \cdots + n^2$ を求めようとしても，

スタートが $k=1$ からではないので公式を使うことができないのです．
そこで，このような場合は，

$$\sum_{k=10}^{n} k^2 = 10^2 + 11^2 + 12^2 + \cdots + n^2$$
$$= (1^2 + 2^2 + \cdots + 9^2 + 10^2 + 11^2 + \cdots + n^2) - (1^2 + 2^2 + \cdots + 9^2)$$
$$= \sum_{k=1}^{n} k^2 - \sum_{k=1}^{9} k^2$$

とすれば，シグマ公式を使うことが可能になるわけです．

問題 168　難易度 ★★☆　　▶▶▶ 解答 P143　　再確認 CHECK ☑☑☑

次の和を求めよ．

(1) $\displaystyle\sum_{k=1}^{n} \frac{1}{k(k+1)}$

(2) $\displaystyle\sum_{k=1}^{n} \frac{1}{k(k+1)(k+2)}$

(3) $\displaystyle\frac{1}{1\cdot 3\cdot 5} + \frac{1}{3\cdot 5\cdot 7} + \frac{1}{5\cdot 7\cdot 9} + \cdots + \frac{1}{101\cdot 103\cdot 105}$

POINT　シグマ内を差の形に変形し，打ち消し合う項をつくることが目標となります．部分分数分解の方法を確認しましょう．
(3) は第 k 項を k で表すと，$a_k = \dfrac{1}{(2k-1)(2k+1)(2k+3)}$ となります．

問題 169　難易度 ★★☆

次の和を求めよ．

(1) $P_n = \sum_{k=1}^{n} \dfrac{k}{1^2 + 3^2 + 5^2 + \cdots + (2k-1)^2}$

(2) $Q_n = \sum_{k=1}^{n} \dfrac{1}{\sqrt{k+2} + \sqrt{k+1}}$

(3) $R_n = \sum_{k=1}^{n} k \cdot k!$

(4) $S_n = \sum_{k=1}^{n} \dfrac{k}{(k+1)!}$

POINT どれも与えられた形のままでは公式を当てはめて求めることはできません．そこで，シグマ内を差の形に変形し，打ち消し合う項を作ることを目標とします．

問題 170　難易度 ★★☆

次の和を求めよ．　$1 + \dfrac{2}{2} + \dfrac{3}{2^2} + \dfrac{4}{2^3} + \cdots + \dfrac{n}{2^{n-1}}$

POINT 与式を $1 \cdot \dfrac{1}{2^0} + 2 \cdot \dfrac{1}{2^1} + 3 \cdot \dfrac{1}{2^2} + 4 \cdot \dfrac{1}{2^3} + \cdots + n \cdot \dfrac{1}{2^{n-1}}$ と書き直すと，等差等比複合形であることがわかります．

問題 171　難易度 ★★★　　▶▶▶ 解答 P147

$n \geqq 2$ とする．n 個の自然数 $1, 2, 3, \cdots, n$ の中から異なる 2 個の自然数を取り出して作った積の総和 S を求めよ．

POINT

$n = 2$ のとき　　$S = 1 \cdot 2$

$n = 3$ のとき　　$S = 1 \cdot 2 + 1 \cdot 3 + 2 \cdot 3$

$n = 4$ のとき　　$S = 1 \cdot 2 + 1 \cdot 3 + 1 \cdot 4 + 2 \cdot 3 + 2 \cdot 4 + 3 \cdot 4$

　　　　　　　　　$\vdots$

です．右の表からわかるように $(1+2+3+\cdots\cdots+n)^2$ の展開をすると異なる 2 数の積の総和が現れます．

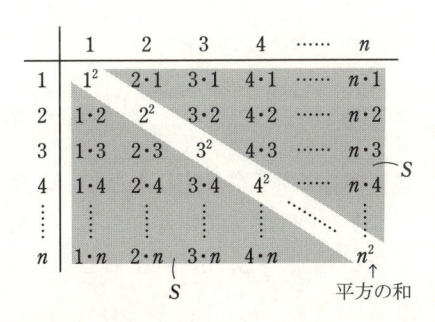

	1	2	3	4	……	n
1	1^2	$2 \cdot 1$	$3 \cdot 1$	$4 \cdot 1$	……	$n \cdot 1$
2	$1 \cdot 2$	2^2	$3 \cdot 2$	$4 \cdot 2$	……	$n \cdot 2$
3	$1 \cdot 3$	$2 \cdot 3$	3^2	$4 \cdot 3$	……	$n \cdot 3$
4	$1 \cdot 4$	$2 \cdot 4$	$3 \cdot 4$	4^2	……	$n \cdot 4$
$\vdots$						
n	$1 \cdot n$	$2 \cdot n$	$3 \cdot n$	$4 \cdot n$	……	n^2

S（右上三角）　S（左下三角）　平方の和

問題 172　難易度 ★☆☆　　▶▶▶ 解答 P147

次の数列の一般項 a_n を求めよ．
(1) 1, 3, 7, 13, 21, ……
(2) 2, 3, 5, 9, 17, ……

POINT 与えられた数列を見ただけでは一般項を求めることはできません．そこで，与えられた数列の階差数列を考えてみましょう．

4 数列の和の応用

第8章 数列

■重要テーマを3つ扱います

4-1 和と一般項の関係

数列 $\{a_n\}$ の初項から第 n 項までの和 S_n が与えられたとき，
$$S_n = a_1 + a_2 + a_3 + \cdots + a_{n-1} + a_n \quad \cdots\cdots ①$$
です．また，
$$S_{n-1} = a_1 + a_2 + a_3 + \cdots + a_{n-1} \quad \cdots\cdots ②$$
ですから，①－②から

$$S_n - S_{n-1} = a_n$$

と表すことができます．ただし，この式は $n=1$ のときは定義されない（S_0 は存在しない！）ので，$n \geqq 2$ という制限がかかります．

たとえば，$S_n = n^2 - n$ のとき，$a_1 = S_1 = 1^2 - 1 = 0$ です．$n \geqq 2$ のとき
$$a_n = (n^2 - n) - \{(n-1)^2 - (n-1)\} = 2n - 2$$
で，これは $n=1$ のときも成立するので $a_n = 2n - 2$ となります．

また，$S_n = 5^n + 1$ のとき，$a_1 = S_1 = 5^1 + 1 = 6$ です．$n \geqq 2$ のとき
$$\begin{aligned} a_n &= (5^n + 1) - (5^{n-1} + 1) \\ &= 5^{n-1}(5 - 1) = 4 \cdot 5^{n-1} \end{aligned}$$
で，これは $n=1$ のときは成立しないので
$$a_n = \begin{cases} 6 & (n = 1 \text{ のとき}) \\ 4 \cdot 5^{n-1} & (n \geqq 2 \text{ のとき}) \end{cases}$$
となります．

問題 173 難易度 ★★☆

数列 $\{a_n\}$ の初項から第 n 項までの和 S_n が $S_n = n^3 - 21n^2 + 110n$ であるとき，次の問いに答えよ．

(1) 一般項 a_n を求めよ．
(2) a_n が負となるのは第何項から第何項までか．
(3) a_n が負となる項すべての和を求めよ．

POINT (3) 第 5 項から第 10 項までの和を求める際には
$$a_5 + a_6 + \cdots + a_{10}$$
$$= (a_1 + a_2 + a_3 + a_4 + a_5 + \cdots + a_{10}) - (a_1 + a_2 + a_3 + a_4)$$
$$= S_{10} - S_4$$
と考えればよいでしょう．

問題 174 難易度 ★★☆

数列 $\{a_n\}$ が $\sum_{k=1}^{n} \dfrac{1}{a_k} = n(n^2 - 1) + 1$ を満たすとき，次の問いに答えよ．

(1) 一般項 a_n を求めよ．
(2) $S_n = \sum_{k=1}^{n} a_k$ を求めよ．

POINT (1) の結果から，$n = 1$ のときと，$n \geq 2$ のときで，数列 $\{a_n\}$ の一般項が異なることがわかります．ですから，(2) で S_n を求めるにあたり，$n \geq 2$ のとき
$$S_n = a_1 + \sum_{k=2}^{n} \dfrac{1}{3k(k-1)}$$
であって，$S_n = \sum_{k=1}^{n} \dfrac{1}{3k(k-1)}$ としないように注意しましょう．

4-2 群数列

問題 175 難易度 ★★☆ ▶▶▶ 解答 P149

1から順に並べた自然数を

$$1 \mid 2,3 \mid 4,5,6,7 \mid 8,9,10,11,12,13,14,15 \mid 16,\cdots$$

のように第 n 群 ($n = 1, 2, 3, \cdots$) が 2^{n-1} 個の数を含むように分ける．このとき，次の問いに答えよ．

(1) 第 n 群の最初の数を n を用いて表せ．
(2) 第 n 群に含まれる数の総和を求めよ．
(3) 3000 は第何群の何項目にあるかを求めよ．

POINT

左から	1	2 3	4 5 6 7	8 9 10 11 12 13 14 15	...	▲	■	●
数	1	2 3	4 5 6 7	8 9 10 11 12 13 14 15	...	Ⓑ	Ⓐ	Ⓒ
群	1	2	3	4	...	$n-1$	n	
個数	1	2	4	8	...	2^{n-2}	2^{n-1}	

　群数列の問題は表に整理して情報を正確に認識した上で，各群の末項が左から何項目にあるかを考えればほぼ解決します．たとえば第1群に1個，第2群に2個，第3群に4個の数があるので，第3群の末項は左から $1+2+4 = 7$ 項目になります．同様に考えると第4群の末項は左から $1+2+4+8 = 15$ 項目になります．

　さて，本問では (1) で，上表のⒶが要求されています．数列のつくり方からⒶと■は一致します．この■を「第 n 群の最初」ではなく，「第 $n-1$ 群の末項の次」と認識することがポイントです．つまりⒶ = Ⓑ + 1 と考えるのです．Ⓑと▲は一致するので，結局Ⓐ = ■ = ▲ + 1 となります．

　▲は第 $n-1$ 群までの個数の総和なので，$1+2+4+8+\cdots+2^{n-2}$ という等比数列の和になります．

　(2) では等差数列の和の公式 = $\dfrac{初項 + 末項}{2} \times$ 項数 を利用します．第 n 群の初項はⒶ，項数は 2^{n-1} なので，末項Ⓒを求めればよいわけです．Ⓒ = $1+2+4+8+\cdots+2^{n-1}$ より，答えは簡単に求まります．

(3) では 3000 が第 n 群の何項目なのかをピンポイントで求めることはできないので，3000 が第何群に存在するかを求めることから始めます．3000 が第 n 群に存在するとき ▲ $< 3000 \leqq$ ● が成立するので，これを満たす n がわかれば，その群の何項目にあるかを求めることが可能になります．

問題 176　難易度 ★★★　▶▶▶解答 P150　再確認 CHECK ✓✓✓

数列 $\dfrac{1}{1}, \dfrac{1}{2}, \dfrac{3}{2}, \dfrac{1}{3}, \dfrac{3}{3}, \dfrac{5}{3}, \dfrac{1}{4}, \dfrac{3}{4}, \dfrac{5}{4}, \dfrac{7}{4}, \dfrac{1}{5}, \cdots$ について，次の問に答えよ．

(1) この数列の第 800 項を求めよ．
(2) この数列の初項から第 800 項までの和を求めよ．

POINT

左から	1	2	3	4	5	6	7	8	9	10	…	▲	■	●
数	$\dfrac{1}{1}$	$\dfrac{1}{2}$	$\dfrac{3}{2}$	$\dfrac{1}{3}$	$\dfrac{3}{3}$	$\dfrac{5}{3}$	$\dfrac{1}{4}$	$\dfrac{3}{4}$	$\dfrac{5}{4}$	$\dfrac{7}{5}$	…	Ⓐ	Ⓑ	Ⓒ
群	1	2		3			4				…	$n-1$	n	
個数	1	2		3			4				…	$n-1$	n	

上表のように分母が等しいものを群でまとめていくと

- 第 n 群は分母がすべて n で，n 個の項が存在する．
- 第 n 群の分子は 1 から順に奇数が並ぶ．

ことがわかります．あとは問題 175 と同じように，各群の末項が左から何項目にあるかを中心に立式していくことになります．たとえば，

$▲ = 1 + 2 + 3 + \cdots + (n-1) = \dfrac{1+(n-1)}{2} \times (n-1) = \dfrac{1}{2}n(n-1)$

$● = 1 + 2 + 3 + \cdots + n = \dfrac{1+n}{2} \times n = \dfrac{1}{2}n(n+1)$

となります．

4-3 格子点

問題 177　難易度 ★★☆

座標平面上の点 (x, y) の両座標とも整数のとき，その点を格子点という．n を自然数とするとき，次の領域に含まれる格子点の個数を求めよ．

(1) $x \geqq 0$, $y \geqq 0$, $y \leqq (n-x)^2$, $x \leqq n$ を満たす領域
(2) $y = 2^x$, $y = 3^x$, $x = n$ で囲まれる領域
(3) $1 < x < 2^{n+1}$, $0 < y \leqq \log_2 x$ を満たす領域
(4) $x + 2y = 2n$, $x = 0$, $y = 0$ で囲まれる領域

POINT　格子点の個数の求め方は「x 軸に垂直な直線上ごとに格子点の個数を数えあげて，それらを足す」または「y 軸に垂直な直線上ごとに格子点の個数を数えあげて，それらを足す」のいずれかです．どちらを採用すると場合分けが少なくなるのかを考えることが重要です．

(3) では x 軸に垂直な直線 $x = k$ 上の格子点の個数を数えることは難しいです．というのは，k の値によって，$x = k$ と境界線との交点が格子点になる場合と格子点にならない場合があるからです．そこで，y 軸に垂直な直線 $y = k$ 上の格子点の個数を数えることになります．

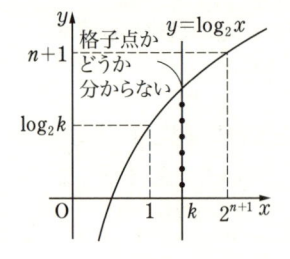

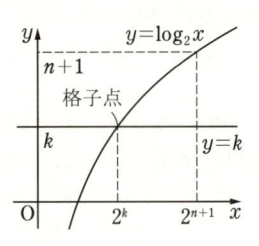

5 漸化式

第8章 数列

■等差型・等比型・階差型への帰着を目指します

5-1 漸化式とは

　数列のいくつかの項の間に常に成立する関係を示す等式を **漸化式** といいます．この分野をマスターするには，まずは漸化式を日本語に翻訳できるかが重要です．たとえば，$a_{n+1} = a_n + 3$, $a_1 = 2$ を日本語に直すと「初項が2，ある項に3を足すと次の項になる」ということなので，数列 $\{a_n\}$ は初項2，公差3の等差数列であることがわかります．

　$a_{n+1} = 2a_n$, $a_1 = 5$ を日本語に直すと「初項が5，ある項に2をかけると次の項になる」ということなので，数列 $\{a_n\}$ は初項5，公比2の等比数列であることがわかります．

　最後に，$a_{n+1} = a_n + n^2$, $a_1 = 1$ は $a_{n+1} - a_n = n^2$ とすると「数列 $\{a_n\}$ の階差数列が n^2」であることがわかります．

---

① $a_{n+1} = a_n + d$ 　（公差 d の等差数列）　→ $a_n = a_1 + (n-1)d$

② $a_{n+1} = ra_n$ 　（公比 r の等比数列）　→ $a_n = a_1 \cdot r^{n-1}$

③ $a_{n+1} = a_n + b_n$ 　（階差数列が b_n）　→ $a_n = a_1 + \sum_{k=1}^{n-1} b_k \ (n \geq 2)$

となります．この3つは瞬間的に頭に浮かぶようになってください．

5-2 2項間漸化式

問題 178 難易度 ★☆☆ ▶▶▶ 解答 P154 　再確認 CHECK ✓✓✓

　n は自然数とする．このとき，次の条件によって定められる数列 $\{a_n\}$ の一般項を求めよ．

(1) $a_1 = 4, \ a_{n+1} = a_n - 2$ 　　(2) $a_1 = 7, \ a_{n+1} = 3a_n$

(3) $a_1 = 2, \ a_{n+1} - a_n = 3n^2 + n$ 　　(4) $a_1 = 1, \ a_{n+1} = a_n + 4^n$

POINT 漸化式のすべての基本です．それぞれの漸化式が表すことを日本語で説

明できるかがすべてです．

問題 179　難易度 ★☆☆　解答 P155

$a_1 = 1$, $a_{n+1} = 2a_n - 3$ $(n = 1, 2, 3, \cdots)$ で定まる数列 $\{a_n\}$ の一般項 a_n を求めよ．

POINT　2項間漸化式 $a_{n+1} = pa_n + q$ $(p \neq 1, q \neq 0)$ の一般項を求めるには，a_{n+1}, a_n をともに α と置き換えた1次方程式 $\alpha = p\alpha + q$ との差を作り，$a_{n+1} - \alpha = p(a_n - \alpha)$ と変形します．

　ただし，この理由を理解せずに丸暗記しても意味がありません．解答の解説を参照し，理解したうえで正しく計算できるようになりましょう．

問題 180　難易度 ★★☆　解答 P156

数列 $\{a_n\}$ は $a_1 = 1$, $a_{n+1} = 2a_n - n + 2$ $(n = 1, 2, 3, \cdots)$ によって定められている．$b_n = a_n - n + 1$ とおくとき，次の問いに答えよ．

(1) 数列 $\{b_n\}$ の一般項を求めよ．
(2) 数列 $\{a_n\}$ の一般項を求めよ．

POINT　$a_{n+1} = pa_n + f(n)$ 型でも等比数列の形に帰着させることが目標です．誘導に従って一般項を求めますが，大学入試ではノーヒントで出題されることもあります．そのため，解答を読んで理解し，ノーヒントで解けるようになっておきましょう．

問題 181　難易度 ★★☆

$a_1 = 1$, $a_{n+1} = 2a_n + 3^n$ $(n = 1, 2, 3, \cdots)$ で定まる数列 $\{a_n\}$ の一般項 a_n を求めよ.

POINT　$a_{n+1} = pa_n + q^n$ のタイプの漸化式は両辺を p^{n+1} または q^{n+1} で割り, 既知のタイプへ帰着させます.

問題 182　難易度 ★★☆

$a_1 = 1$, $a_{n+1} = \dfrac{a_n}{2a_n + 3}$ $(n = 1, 2, 3, \cdots)$ で定まる数列 $\{a_n\}$ の一般項 a_n を求めよ.

POINT　$a_{n+1} = \dfrac{pa_n}{qa_n + r}$ 型は両辺の逆数をとり, 分解して置換すると既知のタイプに帰着されます. ただし, 逆数をとるには $a_n \neq 0$ であることを確認してからでないといけません. 背理法を用いるとよいでしょう.

5-3　3項間漸化式

問題 183　難易度 ★★☆

(1) $a_1 = 1$, $a_2 = 6$, $a_{n+2} = 2a_{n+1} + 3a_n$ $(n = 1, 2, 3, \cdots)$ で定まる数列 $\{a_n\}$ の一般項 a_n を求めよ.

(2) $a_1 = 0$, $a_2 = 1$, $a_{n+2} = 4a_{n+1} - 4a_n$ $(n = 1, 2, 3, \cdots)$ で定まる数列 $\{a_n\}$ の一般項を求めよ.

POINT　$a_{n+2} = pa_{n+1} + qa_n$ 型は 2 次方程式 $x^2 = px + q$ の解 α, β を用いて
$$a_{n+2} - \alpha a_{n+1} = \beta(a_{n+1} - \alpha a_n)$$
$$a_{n+2} - \beta a_{n+1} = \alpha(a_{n+1} - \beta a_n)$$

と変形することで等比数列の形に帰着させることができます．ただし，この理由を理解せずに丸暗記しても意味がありません．解答の補足を参照し，理解したうえで正しく計算できるようになりましょう．

5-4 連立漸化式

問題 184　難易度 ★★☆　解答 P161

次の式を満たす数列 $\{a_n\}$, $\{b_n\}$ がある．

$$a_1 = 2,\ b_1 = 1,\ a_{n+1} = 2a_n + 3b_n,\ b_{n+1} = a_n + 2b_n$$

(1) $c_n = a_n + kb_n$ とする．数列 $\{c_n\}$ が等比数列となる定数 k を求めよ．
(2) 一般項 a_n, b_n を求めよ．

POINT　連立型の漸化式になっても等比数列の形をつくることが目標であることは同じです．数列 $\{c_n\}$ が等比数列となるとは，r を定数として $c_{n+1} = rc_n$ と表すことができるということです．

問題 185　難易度 ★★☆　解答 P162

数列 $\{a_n\}$, $\{b_n\}$ は次の条件をみたしている．

$$\begin{cases} a_1 = 1 \\ b_1 = 0 \end{cases} \quad \begin{cases} a_{n+1} = \dfrac{5}{4}a_n - \dfrac{3}{4}b_n + 1 \\ b_{n+1} = -\dfrac{3}{4}a_n + \dfrac{5}{4}b_n + 1 \end{cases}$$

このとき，一般項 a_n, b_n を求めよ．

POINT　係数が対称的な連立型の漸化式では，両辺の和，両辺の差をつくります．係数が対称的であるとき，和と差をとったときの係数部分が同じ数になるので等比型に帰着させることができるからです．

5-5 対数型

問題 186　難易度 ★★☆　解答 P163

$a_1 = 1$, $a_{n+1}^3 = 2a_n^2$ $(n = 1, 2, 3, \cdots)$ で定まる実数からなる数列 $\{a_n\}$ について，次の問いに答えよ．

(1) $b_n = \log_2 a_n$ $(n = 1, 2, 3, \cdots)$ とするとき，b_n の満たす漸化式を求めよ．

(2) b_n を n の式で表せ．また，a_n を n の式で表せ．

POINT　指数が扱いにくいときは対数をとるのが原則です．対数をとったあとは既知のタイプの漸化式に帰着されるので，それを解けばよいでしょう．

5-6 非定型タイプの漸化式

問題 187　難易度 ★★★　解答 P164

n は自然数とする．このとき，次の条件によって定められる数列 $\{a_n\}$ の一般項を求めよ．

(1) $a_1 = 1$, $na_{n+1} = 2(n+1)a_n$
(2) $a_1 = 1$, $na_{n+1} = (n+2)a_n$
(3) $a_1 = 1$, $na_{n+1} = (n+1)a_n + 1$

POINT　未知のタイプの漸化式を見たときに考えることは次の3つです．

① 式変形をして既知のタイプに帰着させる．
② 漸化式を繰り返し用いる．
③ 一般項を推定し，数学的帰納法で証明する．

POINT　(1) では，与式が $(n+1)a_{n+1} = 2na_n$ となっていたら扱いやすいです

ね．というのは，$na_n = x_n$ とすると $x_{n+1} = 2x_n$ $(x_1 = 1 \cdot a_1 = 1)$ となり，公比が 2 である等比数列となります．そこで a_{n+1} に $n+1$ を，a_n に n をペアリングすると考えて，両辺を $n(n+1)$ で割ると $\dfrac{a_{n+1}}{n+1} = 2\dfrac{a_n}{n}$ となるので，既知のタイプに帰着できました．次に ② を用いて解く方法を紹介します．与式を変形して，$a_{n+1} = 2 \cdot \dfrac{n+1}{n} a_n$ ですから

$$a_1 = 1$$
$$a_2 = 2 \cdot \frac{2}{1} a_1 = 2 \cdot \frac{2}{1}$$
$$a_3 = 2 \cdot \frac{3}{2} a_2 = 2 \cdot \frac{3}{2} \cdot 2 \cdot \frac{2}{1} = 2^2 \cdot \frac{3}{1}$$
$$a_4 = 2 \cdot \frac{4}{3} a_3 = 2 \cdot \frac{4}{3} \cdot 2^2 \cdot \frac{3}{1} = 2^3 \cdot \frac{4}{1}$$

このように具体的に書いていくと，何が残り，何が約分されるかがわかるでしょう．一般化すると，下のようになります．

$$a_n = 2 \frac{n}{n-1} a_{n-1}$$
$$= 2 \cdot \frac{n}{n-1} \cdot 2 \cdot \frac{n-1}{n-2} a_{n-2}$$
$$= 2 \cdot \frac{n}{n-1} \cdot 2 \cdot \frac{n-1}{n-2} \cdot \cdots \cdot 2 \cdot \frac{2}{1} \cdot 1$$
$$= 2^{n-1} \cdot \frac{n}{n-1} \cdot \frac{n-1}{n-2} \cdot \cdots \cdot \frac{3}{2} \cdot \frac{2}{1} \cdot 1 = 2^{n-1} \cdot n$$

最後に ③ ですが，本問の場合，$a_n = n \cdot 2^{n-1}$ となることを初めの数項から推定することは難しいことがわかるでしょう．

6 漸化式の応用

第8章 数列

■自分で漸化式を立式するタイプの問題です

問題 188　難易度 ★★☆　▶▶▶ 解答 P165

n 段の階段を上るのに，1歩で1段，2段，または3段を上ることができるとする．この階段の上り方の総数を a_n とおく．たとえば，$a_1 = 1, a_2 = 2, a_3 = 4$ である．

(1) a_4, a_5 の値を求めよ．
(2) $a_n, a_{n+1}, a_{n+2}, a_{n+3}$ ($n \geq 1$) の間に成り立つ関係式を求めよ．
(3) a_8 の値を求めよ．

POINT　場合の数で漸化式を作る際には

- 最初の手段で場合分けを行う
- 最後の手段で場合分けを行う

のいずれかを考えることが基本です．本問では最初の手段で場合分けをしても，最後の手段で場合分けをしても漸化式を立式できます．

問題 189　難易度 ★★★　▶▶▶ 解答 P166

平面上に n 本の直線があって，どの2本も平行でなく，またどの3本も1点で交わらないとする．直線を n 本まで引いたときのすべての交点の個数を a_n と表す．このとき，

(1) a_{n+1} を a_n と n の式で表せ．
(2) 一般項 a_n を求めよ．

POINT　$n = 1, 2, 3, 4$ といった場合を調べ，交点の個数の増え方の構造を見つけることから始めます．

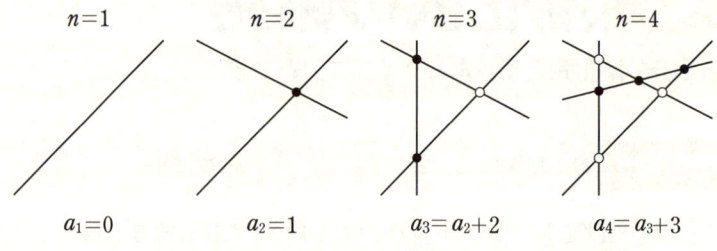

まず，$n=1$ のときは明らかに交点はないので，$a_1=0$ です．$n=2$ のとき，2本目の直線はすでに引いてある1本目の直線と1点で交わるので，$a_2=1$ です．$n=3$ のとき，3本目の直線はすでに引いてある2本の直線と新たに2点で交わり，その結果，交点の個数は2個増えることになるので，$a_3=a_2+2=1+2=3$

最後に $n=4$ のとき，4本目の直線はすでに引いてある3本の直線と新たに3点で交わり，その結果，交点の個数は3個増えることになるので，$a_4=a_3+3=3+3=6$ となります．

ここからわかることを一般化すればおしまいです．

問題 190　難易度 ★★☆　解答 P167

袋の中に赤球3個と白球6球が入っている．袋から球を1個取り出し，取り出された赤球の個数を記録してから袋に戻す．この試行を n 回繰り返したとき，記録された赤球の個数の合計が奇数である確率を p_n とする．このとき，次の問いに答えよ．

(1) p_1 を求めよ．
(2) p_{n+1} を p_n で表せ．
(3) p_n を求めよ．

POINT　p_n と p_{n+1} の関係式を作るので，n 回終了時を基準にして，そこからあと1回の操作で何が起きれば条件を満たすのかを考えることになります．その際，排反でかつすべてを網羅しているかを注意することが重要です．

問題 191　難易度 ★★★　▶▶▶解答 P168

四辺形 ABCD と頂点 O からなる四角錐を考える．5点 A, B, C, D, O の中の2点は，ある辺の両端にあるとき，互いに隣接点であるという．

今，O から出発し，その隣接点の中から1点を等確率で選んでその点を X_1 とする．次に X_1 の隣接点の中から1点を等確率で選びその点を X_2 とする．この様にして順次 X_1, X_2, X_3, $\cdots$, X_n を定めるとき，X_n が O に一致する確率 p_n を求めよ．

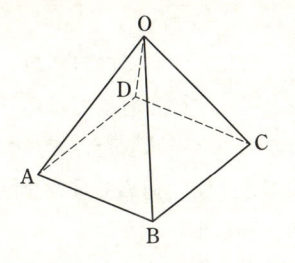

POINT　直接求めることができない確率には漸化式が効果的です．たとえば，X_n が点 A と一致するとき，次に選ぶ点は O, A, D のいずれかになります．それぞれの点を選ぶ確率は $\dfrac{1}{3}$ です．

これを一般化して p_n と p_{n+1} の間に成立する関係式を立式しましょう．

7 数学的帰納法

第 8 章 数列

■帰納法の構造を納得することが重要です

　一般に，すべての自然数 n に対して何かしらの等式，不等式などが成立することを示すのは容易ではありません．ところが，数学的帰納法を用いればいくつかのことを示すだけで，すべての自然数 n に対して成立することを示すことができます．極めて重要な証明方法ですから，構造をしっかり理解した上でマスターしましょう．

　数学的帰納法のうち最も基本的なものは，自然数 n に関する命題 $P(n)$ を証明するのに，次の 2 つのステップを実行するものです．

> ① 命題 $P(1)$ の成立を示す．
> ② 命題 $P(k)$ の成立を仮定して命題 $P(k+1)$ の成立を示す．

　これによって，推論のクサリ

$$P(1) \to P(2) \to P(3) \to \cdots\cdots$$

が可能になって，すべての n について $P(n)$ の成立を示すことができます．イメージが掴みにくいので，具体例を考えてみます．たとえば，ある国で次の 2 つの法律

- （第一条）1 月 1 日は休日とする．
- （第二条）休日の次の日は休日とする．

が制定されたとしましょう．このとき，その国では一年中休みになることがわかります．これが数学的帰納法の原理です．

問題 192　難易度 ★★☆

次の問いに答えよ．

(1) n を自然数とするとき，$5^n - 1$ は 4 の倍数であることを，数学的帰納法によって証明せよ．

(2) n は 2 以上の自然数とする．$2^{3n} - 7n - 1$ は 49 で割り切れることを数学的帰納法を用いて証明せよ．

POINT　$n = k$ のとき成立を仮定した式から，$n = k+1$ のときに成立することを示すためにどのような作業を行えばよいのかを考えましょう．

問題 193　難易度 ★★☆

n は自然数とする．
$$(n+1)(n+2)(n+3) \cdot \cdots \cdot (2n) = 2^n \cdot 1 \cdot 3 \cdot 5 \cdot \cdots \cdot (2n-1)$$
が成立することを数学的帰納法を用いて証明せよ．

POINT　左辺は $(n+1)(n+2)(n+3)\cdot\cdots\cdot(n+n)$ と見ると「$n+1$ から始まる連続する n 個の整数の積」であることがわかります．そこで，与式を
$$(n+1)(n+2)(n+3) \cdot \cdots \cdot (n+n) = 2^n \cdot 1 \cdot 3 \cdot 5 \cdot \cdots \cdot (2n-1)$$
とみましょう．さて，$n = k$ のとき
　①：$(k+1)(k+2)(k+3) \cdot \cdots \cdot (k+k) = 2^k \cdot 1 \cdot 3 \cdot 5 \cdot \cdots \cdot (2k-1)$
が成立すると仮定し，$n = k+1$ のときに成立すること，つまり
　②：$(k+2)(k+3) \cdot \cdots \cdot (2k)(2k+1)(2k+2)$
　　　$= 2^{k+1} \cdot 1 \cdot 3 \cdot 5 \cdot \cdots \cdot (2k-1)(2k+1)$
の成立を示すことを考えます．① と ② の左辺をよく見ると $(k+2)(k+3) \cdot \cdots \cdot (2k)$ の部分が共通なので，そこに着目して目標の式をつくり上げていけばいいことがわかります．

問題 194 難易度 ★★☆

すべての自然数 n に対して，次の不等式が成り立つことを証明せよ．
$$1 + \frac{1}{2} + \frac{1}{3} + \cdots + \frac{1}{n} \geq \frac{2n}{n+1} \quad \cdots\cdots (※)$$

POINT 数学的帰納法を用いて不等式を証明する問題です．基本的な考え方は等式の証明のときと同じです．具体的には $n = k$ のとき，
$$1 + \frac{1}{2} + \frac{1}{3} + \cdots + \frac{1}{k} \geq \frac{2k}{k+1} \quad \cdots\cdots ①$$
が成立すると仮定したとき，$n = k + 1$ のときの式
$$1 + \frac{1}{2} + \frac{1}{3} + \cdots + \frac{1}{k} + \frac{1}{k+1} \geq \frac{2(k+1)}{k+2} \quad \cdots\cdots ②$$
を証明するわけです．ただし，① から ② を作り上げるというよりは ② を証明する，つまり，(左辺) − (右辺) ≥ 0 を証明する過程で ① を使うという流れです．

問題 195 難易度 ★★☆

$a_1 = \dfrac{1}{4}$, $a_{n+1} = \dfrac{3n+2}{n+2} \cdot \dfrac{1}{4-a_n}$ ($n = 1, 2, 3, \cdots$) で定義される数列 $\{a_n\}$ について，次の問いに答えよ．

(1) a_2, a_3, a_4 を求めよ．
(2) 一般項 a_n を推定し，それが正しいことを数学的帰納法を用いて証明せよ．

POINT 解けない漸化式では，$a_1, a_2, a_3, a_4, \cdots$ を計算して，その結果から a_n の形を予想し，数学的帰納法で証明します．

問題 196　難易度 ★★★

実数 x, y について，$x+y, xy$ がともに偶数とする．自然数 n に対して $x^n + y^n$ は偶数となることを数学的帰納法を用いて示せ．

POINT 数学的帰納法の問題を解く際には，どのような構造になっているかを考えることが重要です．$x^k + y^k$ が偶数 → $x^{k+1} + y^{k+1}$ が偶数 を示すことを考えてもうまくいきません．そこで様々な実験をすると，

$$x^7 + y^7 = (x^6 + y^6)(x+y) - xy(x^5 + y^5)$$
$$x^8 + y^8 = (x^7 + y^7)(x+y) - xy(x^6 + y^6)$$
$$\vdots$$
$$x^{k+2} + y^{k+2} = (x^{k+1} + y^{k+1})(x+y) - xy(x^k + y^k)$$

という関係式が得られます．$x^{k+2} + y^{k+2}$ は $x^{k+1} + y^{k+1}$ と $x^k + y^k$ の2つを用いて表されるのです．すると，$n = k, k+1$ で仮定して，$n = k+2$ で成立することを示すという構造になっていることがわかるでしょう．

問題 197　難易度 ★★★

次の条件で定められた数列 $\{a_n\}$ を考える．

$$a_1 = 1, \quad a_{n+1} = \frac{3}{n}(a_1 + a_2 + \cdots + a_n) \quad (n = 1, 2, 3, \cdots)$$

(1) a_2, a_3, a_4, a_5, a_6 を求めて，一般項 a_n を推定せよ．
(2) (1) で求めた一般項 a_n が正しいことを数学的帰納法を用いて示せ．

POINT (1) の計算をする過程で，

a_1 を用いて a_2 を求める
a_1, a_2 を用いて a_3 を求める
a_1, a_2, a_3 を用いて a_4 を求める
$\vdots$

となっているので，a_{k+1} を求めるには $a_1, a_2, a_3, \cdots, a_k$ のすべてが決定されることが必要であることがわかるでしょう．

1 ベクトルとは

■ つないでのばして図形を表します

1-1 ベクトルの相等と実数倍

一般に，向きと大きさだけを考えて「どの向きにどれだけ移動すればよいか」を表す量を **ベクトル** といい，これを見やすくするために，有向線分を用います．

図 1 で点 A から点 B までの移動量を $\overrightarrow{AB}$ と書いて「ベクトル AB」と読み，出発する点 A を **始点**，到着する点 B を **終点** といいます．

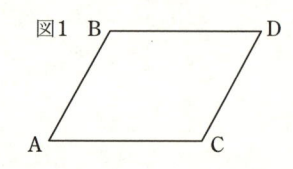

ベクトルは「向きと大きさ」で決まる量ですから，2 つの矢線が平行移動で重なるときこの 2 つのベクトルは等しいといい，$\overrightarrow{AB} = \overrightarrow{CD}$ と表します．このような性質があるので，たとえば $\overrightarrow{AB} = \overrightarrow{CD} = \vec{a}$ などのように 1 つの文字で表すことができるのです．また，2 つの矢線が平行移動で反対向きに重なるとき，2 つのベクトル $\overrightarrow{AB}$ と $\overrightarrow{DC}$ について $\overrightarrow{AB} = -\overrightarrow{DC}$ と表します．

ベクトル $\overrightarrow{AB}$ と平行なベクトルは (実数)$\times \overrightarrow{AB}$ のように表すことができます．図 2 でベクトル $\overrightarrow{AB}$ の向きはそのままにして，大きさだけを 3 倍したベクトルを $3\overrightarrow{AB}$，また，ベクトル $\overrightarrow{AB}$ の向きを反対にして，大きさを 2 倍したベクトルを $-2\overrightarrow{AB}$ と表します．右図では C から D までの移動量 $\overrightarrow{CD}$ は A から B までの移動量 $\overrightarrow{AB}$ の 3 倍，また，E から F までの移動量 $\overrightarrow{EF}$ は，B から A までの移動量 $\overrightarrow{BA}$ の 2 倍ですから，それぞれ $\overrightarrow{CD} = 3\overrightarrow{AB}$，$\overrightarrow{EF} = 2\overrightarrow{BA} = -2\overrightarrow{AB}$ と表します．

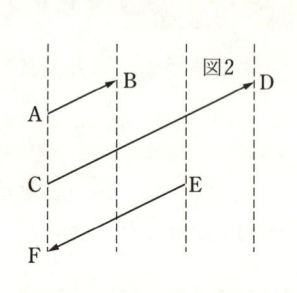

1-2 ベクトルの合成と分解

点 P が点 A から点 B まで移動し，続けて点 B から点 C まで移動すると，結局点 A から点 C まで移動したことになります．この 2 つの移動をあわせたも

のを **ベクトルの合成** といい，

$$\overrightarrow{AB} + \overrightarrow{BC} = \overrightarrow{AC} \quad \cdots\cdots ①$$

と表します．一方，①を逆に読むと，

$$\overrightarrow{AC} = \overrightarrow{AB} + \overrightarrow{BC} \quad \cdots\cdots ②$$

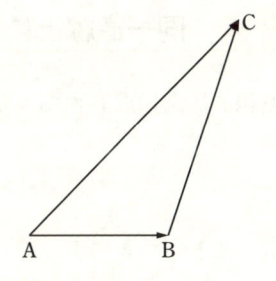

となります．これを **ベクトルの分解** といいます．ベクトルでは2つ以上のベクトルをつないで1つのベクトルに合成することもできるし，1つのベクトルを2つ以上のベクトルに分解することができます．さらに，②は

$$\overrightarrow{BC} = \overrightarrow{AC} - \overrightarrow{AB} \quad \cdots\cdots ③$$

と差の形にすることができます．あるベクトルを差の形にする作業に時間がかかると時間内に問題を解くことが困難になります．最終的には機械的にできるようになりましょう．

1-3 単位ベクトルと零ベクトル

　大きさが1のベクトルを単位ベクトルといいます．

　図1のようにいろいろな方向の単位ベクトルが存在します．ただし向きを指定すれば，単位ベクトルは1つに定まります．

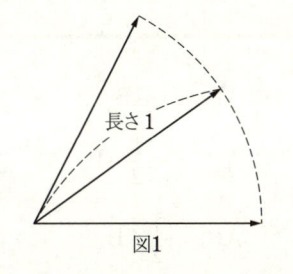

　さて，$\overrightarrow{OA}$ と同じ方向の単位ベクトルを $\overrightarrow{OA'}$，$\overrightarrow{OB}$ と同じ方向の単位ベクトルを $\overrightarrow{OB'}$，$\overrightarrow{OP'} = \overrightarrow{OA'} + \overrightarrow{OB'}$ で決まる点を P′ とした図2で四角形 OA′P′B′ はひし形となるから，∠A′OP′ = ∠B′OP′ より，OP′ は ∠AOB の二等分線となります．角の二等分線をベクトルを使って考えることができることが，単位ベクトルを利用する大きなメリットの一つです．

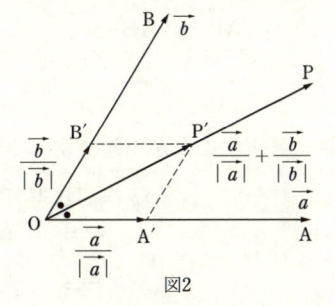

　また，始点と終点とが一致した有向線分 $\overrightarrow{AA}$ の定めるベクトルは向きをもちませんが，これもベクトルの特別なものと見て零ベクトルと呼び，$\vec{0}$ で表します．

1-4 同一直線上にあるための条件

直線 AB 上に点 P があるとき，$\vec{AB}$ を伸ばすことにより，A から P までの移動量 $\vec{AP}$ を

$$\vec{AP} = (実数) \times \vec{AB}$$

と表すことができます．

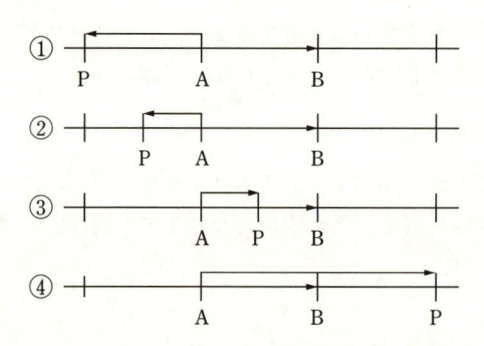

```
①  ←――――――
    P     A     B

②      ←――
        P A     B

③         ――→
           A  P  B

④         ――――――→
           A     B     P
```

たとえば，上図の①〜④の点 P は，

① $\vec{AP} = -\vec{AB}$

② $\vec{AP} = -\dfrac{1}{2}\vec{AB}$

③ $\vec{AP} = \dfrac{1}{2}\vec{AB}$

④ $\vec{AP} = 2\vec{AB}$

と表すことができます．このように考えると，

3 点 A, B, P が同一直線上にある
$\iff$ 直線 AB 上に点 P がある
$\iff$ $\vec{AP} = k\vec{AB}$ となる実数 k が存在する

と言い換えることができます．

1-5 ベクトルの成分表示

xy 平面上で，原点 O から x 軸方向に 1，y 軸方向に 2 だけ移動すると点 P(1, 2) に到着します．つまり，O から P までの移動量 $\overrightarrow{OP}$ は x 軸方向に 1，y 軸方向に 2 と考えられるので，これを，

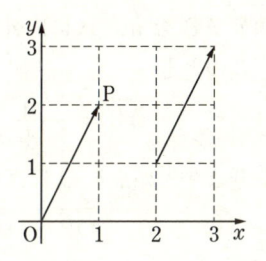

$$\overrightarrow{OP} = (1,\ 2)$$

と表します．一般に，$\overrightarrow{OP}$ に (a, b) において，a を **x 成分**，b を **y 成分** といいます．

また，矢線 $\overrightarrow{OP}$ の長さをベクトル $\overrightarrow{OP}$ の **大きさ** といいます．この場合は，

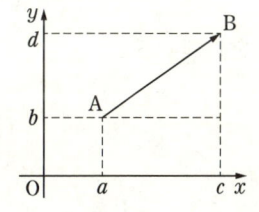

$$|\overrightarrow{OP}| = \sqrt{1^2 + 2^2} = \sqrt{5}$$

となります．

ベクトル $\overrightarrow{AB}$ のように，O が始点でないときも同様に，A から B までの移動量を考えます．たとえば，A(2, 1)，B(3, 3) のときには，A から x 軸方向に 1，y 軸方向に 2 だけ移動すると B に到着するので，$\overrightarrow{AB} = (1,\ 2)$ と表します．このとき，$\overrightarrow{AB}$ と $\overrightarrow{OP}$ とは移動量が同じなので，$\overrightarrow{OP} = \overrightarrow{AB}$ となります．

一般に，2 点 A(a, b)，B(c, d) について，

$$\overrightarrow{AB} = (\text{B の座標}) - (\text{A の座標}) = (c - a,\ d - b)$$
$$|\overrightarrow{AB}| = \sqrt{(c-a)^2 + (d-b)^2}$$

となります．

1-6 分点公式

線分 AB を $m:n$ に内分する点を P とします．このとき，

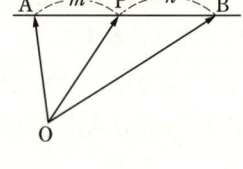

$$\overrightarrow{AP} = \frac{m}{m+n}\overrightarrow{AB}$$

となります．始点を O に直すと，

$$\overrightarrow{OP} - \overrightarrow{OA} = \frac{m}{m+n}\left(\overrightarrow{OB} - \overrightarrow{OA}\right)$$

$$\overrightarrow{OP} = \left(1 - \frac{m}{m+n}\right)\overrightarrow{OA} + \frac{m}{m+n}\overrightarrow{OB}$$

これを整理すると，

$$\overrightarrow{OP} = \frac{n\overrightarrow{OA} + m\overrightarrow{OB}}{m+n}$$

となります．これをベクトルの **分点公式** といいます．

この公式を利用して三角形 ABC の重心 G の位置ベクトルを求めてみます．BC の中点を M とすると，G は AM を $2:1$ に内分する点であるから，始点を O とすると，

$$\overrightarrow{OM} = \frac{1}{2}(\overrightarrow{OB} + \overrightarrow{OC})$$

$$\therefore \quad \overrightarrow{OG} = \frac{\overrightarrow{OA} + 2\overrightarrow{OM}}{3} = \frac{\overrightarrow{OA} + \overrightarrow{OB} + \overrightarrow{OC}}{3}$$

となります．

1-7 1次独立

x, y を実数とするとき，$x\vec{a} + y\vec{b} = 2\vec{a} + 3\vec{b}$ を満たす x, y といえば，「$x=2, y=3$」と思うかもしれません．間違いではありませんが，それはつねに成立するわけではありません．
たとえば，$\vec{a} = (1, 3)$，$\vec{b} = (2, 6)$ のとき，

$$2\vec{a} + 3\vec{b} = 2(1, 3) + 3(2, 6) = (8, 24)$$

となりますが，これは $(x, y) = (8, 0), (0, 12), (4, 2)$ などとしてもつくるこ

とができます．2つのベクトル $\vec{a}$, $\vec{b}$ について，

$\vec{a} \neq \vec{0}$, $\vec{b} \neq \vec{0}$, $\vec{a} \not\parallel \vec{b}$ のとき，$\vec{a}$ と $\vec{b}$ は **1次独立** である

といいます．このとき，以下の事実が成立します．

$\vec{a}$, $\vec{b}$ が1次独立であるとき
① $l\vec{a} + m\vec{b} = \vec{0}$ ならば $l = m = 0$
② $x\vec{a} + y\vec{b} = x'\vec{a} + y'\vec{b}$ ならば $x = x'$, $y = y'$

まず，背理法を利用して①を証明します．$l \neq 0$ とすると，

$$\vec{a} = -\frac{m}{l}\vec{b}$$

これは，$\vec{a} \parallel \vec{b}$ または $\vec{a} = \vec{0}$ ($m = 0$ のとき) であることを意味するので，$\vec{a}$, $\vec{b}$ が1次独立であることに反するので不適．よって，$l = 0$ このとき，$m\vec{b} = \vec{0}$ で $\vec{b} \neq \vec{0}$ だから $m = 0$ となります．
次に②を証明します．条件式から，

$$x\vec{a} + y\vec{b} = x'\vec{a} + y'\vec{b}$$
$$\therefore (x - x')\vec{a} + (y - y')\vec{b} = \vec{0}$$

①より

$$x - x' = 0, \ y - y' = 0 \quad \therefore \ x = x', \ y = y'$$

となります．ベクトルの問題を解くにあたり，②は決定的に重要です．というのは，②は

2つのベクトルが1次独立なら係数を比較できる

ということを意味しているからです．ベクトルの1次独立性は，直線と直線の交点，直線と平面の交点などを係数比較によって求めるときの理論的根拠になっているのです．

問題 198　難易度 ★☆☆　▶▶▶ 解答 P174

正六角形 ABCDEF において，BC の中点を L，DE の中点 M，AM の中点を N とする．

(1) $\overrightarrow{AM}$ を $\overrightarrow{AB}$ と $\overrightarrow{AF}$ で表せ．
(2) $\overrightarrow{NL}$ を $\overrightarrow{AB}$ と $\overrightarrow{AF}$ で表せ．

POINT (2) では $\overrightarrow{NL}$ の始点を A に直すところから始めましょう．

問題 199　難易度 ★★☆　▶▶▶ 解答 P175

座標平面上の三角形 ABC において，辺 BC を $1:2$ に内分する点を P，辺 AC を $3:1$ に内分する点を Q，辺 AB を $6:1$ に外分する点を R とする．このとき 3 点 P，Q，R が一直線上にあることを示せ．

POINT 点 R が直線 PQ 上にある $\iff \overrightarrow{QR} = k\overrightarrow{QP}$ （k は実数）となるので，$\overrightarrow{QP}$，$\overrightarrow{QR}$ を求めることを目標にします．始点を A にして計算しましょう．

問題 200　難易度 ★★☆　▶▶▶ 解答 P176

1 辺の長さが 1 の正三角形 OAB において，$\vec{a} = \overrightarrow{OA}$，$\vec{b} = \overrightarrow{OB}$ とする．C と D は $\overrightarrow{OC} = \dfrac{1}{3}\vec{a}$，$\overrightarrow{OD} = \dfrac{2}{3}\vec{b}$ を満たす点とし，AD と BC の交点を E とするとき，$\overrightarrow{OE}$ を $\vec{a}$ と $\vec{b}$ で表せ．

POINT 交点の位置ベクトルを求める問題はベクトルの最重要問題の 1 つです．
AD と BC の交点が E ということは，E は AD 上かつ BC 上の点であるということです．
点 E が直線 AD 上にあるとき，t を実数として，

$$\overrightarrow{AE} = t\overrightarrow{AD}$$
$$\overrightarrow{OE} - \overrightarrow{OA} = t(\overrightarrow{OD} - \overrightarrow{OA})$$
$$\overrightarrow{OE} = (1-t)\overrightarrow{OA} + t\overrightarrow{OD} \quad \cdots\cdots (*)$$

と表すことができます．また，点 E が直線 CB 上にあるとき，s を実数として，

$$\overrightarrow{CE} = s\overrightarrow{CB}$$
$$\overrightarrow{OE} - \overrightarrow{OC} = s(\overrightarrow{OB} - \overrightarrow{OC})$$
$$\overrightarrow{OE} = (1-s)\overrightarrow{OC} + s\overrightarrow{OB} \quad \cdots\cdots (*')$$

と表すことができます．$(*), (*')$ は特に説明なく利用して構いませんが，丸暗記するするのではなく自ら導けるようになりましょう．

問題 201　難易度 ★★☆　▶▶▶解答 P177

△ABC において，AB $= 8$, AC $= 5$, BC $= 7$ とする．△ABC の内心を I とするとき，$\overrightarrow{AI}$ を $\overrightarrow{AB}$, $\overrightarrow{AC}$ を用いて表せ．

POINT 内心は三角形の 3 つの内角の二等分線の交点です．内心の位置は，角の二等分線定理を 2 回とメネラウスの定理を利用すれば求められます．単位ベクトルを利用した解法も記憶しておくと有用でしょう．

問題 202　難易度 ★★☆　▶▶▶解答 P179

△ABC とその内部にある点 P が，$7\overrightarrow{PA} + 2\overrightarrow{PB} + 3\overrightarrow{PC} = \overrightarrow{0}$ を満たしている．このとき，次の問いに答えよ．

(1) $\overrightarrow{AP}$ を $\overrightarrow{AB}$, $\overrightarrow{AC}$ を用いて表せ．
(2) △PAB, △PBC, △PCA の面積をそれぞれ S_1, S_2, S_3 とするとき，$S_1 : S_2 : S_3$ を求めよ．

POINT 頻出問題の 1 つです．分点公式の形を強引に作り出すという変形は一回は経験が必要でしょう．

たとえば，$\vec{AP} = \dfrac{4\vec{AB} + 5\vec{AC}}{15}$ を満たす点 P の位置を作図してみましょう．

まず，分子 $4\vec{AB} + 5\vec{AC}$ の係数和 $= 9$ に着目し，

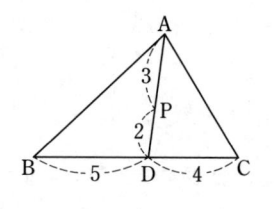

$$4\vec{AB} + 5\vec{AC} = \dfrac{4\vec{AB} + 5\vec{AC}}{9} \times 9$$
$$= \dfrac{4\vec{AB} + 5\vec{AC}}{5 + 4} \times 9$$

とします．BC を $5:4$ に内分する点を D とすると，$\dfrac{4\vec{AB} + 5\vec{AC}}{5 + 4}$ は $\vec{AD}$ を表すので，$\vec{AP} = \dfrac{9}{15}\vec{AD} = \dfrac{3}{5}\vec{AD}$ となり，点 P は上図を満たします．

2 ベクトルと図形（1）

第9章　ベクトル

■内積を利用して，長さや角度を求めます

2-1 内積の定義

$\vec{0}$ でない2つのベクトル $\vec{a}$, $\vec{b}$ に対し，$\vec{a} = \overrightarrow{OA}$, $\vec{b} = \overrightarrow{OB}$ となるように点 O, A, B をとるとき，$\angle AOB = \theta$ を2つのベクトル $\vec{a}$, $\vec{b}$ のなす角といいます．

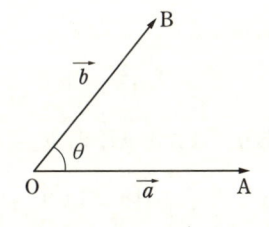

このとき，定義から
　$\theta = 0$ のとき $\vec{a}$ と $\vec{b}$ は同じ向きに平行
　$\theta = \pi$ のとき $\vec{a}$ と $\vec{b}$ は逆向きに平行
　$\theta = \dfrac{\pi}{2}$ のとき $\vec{a}$ と $\vec{b}$ は垂直
となります．$\vec{a}$, $\vec{b}$ のなす角が θ のとき
$$|\vec{a}||\vec{b}|\cos\theta$$
で定められる実数を $\vec{a}$, $\vec{b}$ の **内積** といい，$\vec{a} \cdot \vec{b}$ と表します．つまり，

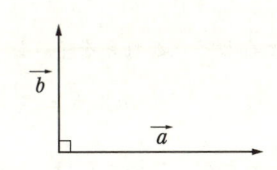

$$\vec{a} \cdot \vec{b} = |\vec{a}||\vec{b}|\cos\theta$$

ということです．$\vec{a} = \vec{0}$ または $\vec{b} = \vec{0}$ のときは $\vec{a} \cdot \vec{b} = 0$ と定めます． 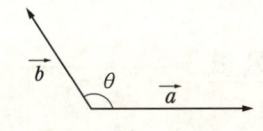
　$\theta = 0$ で　$|\vec{a}||\vec{b}|\cos 0 = |\vec{a}||\vec{b}|$
　$\theta = \dfrac{\pi}{2}$ で　$|\vec{a}||\vec{b}|\cos\dfrac{\pi}{2} = 0$
　$\theta = \pi$ で　$|\vec{a}||\vec{b}|\cos\pi = -|\vec{a}||\vec{b}|$
のようになります．特に $\theta = \dfrac{\pi}{2}$ のときは

　　　ベクトルが垂直　⟺　内積 = 0

の意味があり入試問題を解く上で非常に重要です．ちなみに，$\vec{a} \cdot \vec{b}$ の間の「$\cdot$」は省略不可能です．また，$\vec{a} \times \vec{b}$ は「外積」というまったく別のものを表すので注意してください．

2-2 内積の成分表示

$\vec{a} = (a_1, a_2)$, $\vec{b} = (b_1, b_2)$ が1次独立であるとします。$\overrightarrow{OA} = \vec{a}$, $\overrightarrow{OB} = \vec{b}$ となるように3点 O, A, B をとり，$\angle AOB = \theta$ とおくと，余弦定理より

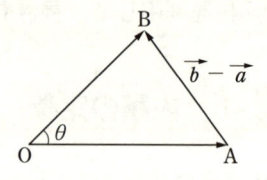

$$|\overrightarrow{AB}|^2 = |\overrightarrow{OA}|^2 + |\overrightarrow{OB}|^2 - 2|\overrightarrow{OA}||\overrightarrow{OB}|\cos\theta$$
$$= |\overrightarrow{OA}|^2 + |\overrightarrow{OB}|^2 - 2\vec{a}\cdot\vec{b}$$
$$\therefore \quad \vec{a}\cdot\vec{b} = \frac{1}{2}(|\overrightarrow{OA}|^2 + |\overrightarrow{OB}|^2 - |\overrightarrow{AB}|^2) \quad \cdots\cdots (*)$$

が成立します。ここで，

$$|\overrightarrow{OA}|^2 = |\vec{a}|^2 = a_1{}^2 + a_2{}^2, \quad |\overrightarrow{OB}|^2 = |\vec{b}|^2 = b_1{}^2 + b_2{}^2$$

であり，また，$\overrightarrow{AB} = \vec{b} - \vec{a} = (b_1 - a_1, b_2 - a_2)$ より，

$$|\overrightarrow{AB}|^2 = (b_1 - a_1)^2 + (b_2 - a_2)^2$$
$$= (a_1{}^2 + a_2{}^2) + (b_1{}^2 + b_2{}^2) - 2(a_1 b_1 + a_2 b_2)$$

となるので，これらを $(*)$ に用いて，

$$\vec{a}\cdot\vec{b} = \frac{1}{2}\{2(a_1 b_1 + a_2 b_2)\} = a_1 b_1 + a_2 b_2$$

となります。この結果は，$\vec{a} = \vec{0}$ または $\vec{b} = \vec{0}$ のときや $\vec{a} \parallel \vec{b}$ のときも成立します。

▶▶▶ 公式

$\vec{a} = (a_1, a_2)$, $\vec{b} = (b_1, b_2)$ のとき
$$\vec{a} \cdot \vec{b} = a_1 b_1 + a_2 b_2$$

2-3 内積の計算

ベクトルの内積の計算には，次のような性質があります．

内積の性質

① $\vec{a} \cdot \vec{b} = \vec{b} \cdot \vec{a}$

② $(\vec{a} + \vec{b}) \cdot \vec{c} = \vec{a} \cdot \vec{c} + \vec{b} \cdot \vec{c}$

③ $\vec{c} \cdot (\vec{a} + \vec{b}) = \vec{c} \cdot \vec{a} + \vec{c} \cdot \vec{b}$

④ $k\vec{a} \cdot l\vec{b} = kl\vec{a} \cdot \vec{b}$ 　　(k, l は実数)

これらと，
$$\vec{a} \cdot \vec{a} = |\vec{a}||\vec{a}|\cos 0 = |\vec{a}|^2$$
を用いると，たとえば
$$(\vec{a} + 2\vec{b}) \cdot (\vec{a} + 3\vec{b})$$
$$= \vec{a} \cdot \vec{a} + 2\vec{b} \cdot \vec{a} + 3\vec{a} \cdot \vec{b} + 2 \cdot 3\vec{b} \cdot \vec{b}$$
$$= \vec{a} \cdot \vec{a} + (2+3)\vec{a} \cdot \vec{b} + 2 \cdot 3\vec{b} \cdot \vec{b}$$
$$= |\vec{a}|^2 + 5\vec{a} \cdot \vec{b} + 6|\vec{b}|^2$$
と計算できますが，この内積計算は，
$$(a + 2b)(a + 3b) = a^2 + 5ab + 6b^2$$
という数式の計算と同じようになっていることがわかります．つまり，内積の計算は数式と同じように処理できるのです．このことから，展開公式
$$(a+b)^2 = a^2 + 2ab + b^2$$
$$(a-b)^2 = a^2 - 2ab + b^2$$
$$(a+b)(a-b) = a^2 - b^2$$
に対応して，
$$|\vec{a} + \vec{b}|^2 = (\vec{a} + \vec{b}) \cdot (\vec{a} + \vec{b})$$
$$= \vec{a} \cdot \vec{a} + 2\vec{a} \cdot \vec{b} + \vec{b} \cdot \vec{b}$$
$$= |\vec{a}|^2 + 2\vec{a} \cdot \vec{b} + |\vec{b}|^2$$

$$|\vec{a} - \vec{b}|^2 = (\vec{a} - \vec{b}) \cdot (\vec{a} - \vec{b})$$
$$= \vec{a} \cdot \vec{a} - 2\vec{a} \cdot \vec{b} + \vec{b} \cdot \vec{b}$$
$$= |\vec{a}|^2 - 2\vec{a} \cdot \vec{b} + |\vec{b}|^2$$
$$(\vec{a} + \vec{b}) \cdot (\vec{a} - \vec{b}) = \vec{a} \cdot \vec{a} - \vec{b} \cdot \vec{b}$$
$$= |\vec{a}|^2 - |\vec{b}|^2$$

などと計算できます．この程度の計算は暗算でできるようになりましょう．

2-4 正射影ベクトル

　右図のように3点O, A, Bをとり，点Bから直線OAに下ろした垂線の足をHとします．このとき，$\overrightarrow{OH}$を「$\overrightarrow{OB}$の$\overrightarrow{OA}$上への正射影ベクトル」といいます．

　$\overrightarrow{OH}$を$\overrightarrow{OA}$と$\overrightarrow{OB}$で表してみます．右図でθは鋭角とします．このとき

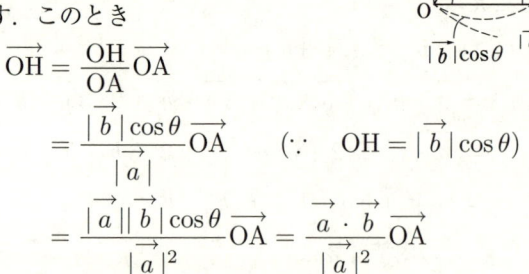

$$\overrightarrow{OH} = \frac{OH}{OA}\overrightarrow{OA}$$
$$= \frac{|\vec{b}|\cos\theta}{|\vec{a}|}\overrightarrow{OA} \quad (\because \quad OH = |\vec{b}|\cos\theta)$$
$$= \frac{|\vec{a}||\vec{b}|\cos\theta}{|\vec{a}|^2}\overrightarrow{OA} = \frac{\vec{a} \cdot \vec{b}}{|\vec{a}|^2}\overrightarrow{OA}$$

つまり，

$$\overrightarrow{OH} = \frac{\vec{a} \cdot \vec{b}}{|\vec{a}|^2}\vec{a}$$

となります．これはθが直角のとき，θが鈍角のときも成立します．

　使いこなすことができるようになると強力な武器になります．頑張ってマスターしましょう．

問題 203　難易度 ★☆☆　　解答 P179

次の問いに答えよ.

(1) $|\vec{a}| = 1$, $|\vec{b}| = 2$, $|3\vec{a} + 2\vec{b}| = \sqrt{13}$ のとき, $\vec{a} \cdot \vec{b}$, $|\vec{a} + \vec{b}|$ の値を求めよ.

(2) 平面上の2つのベクトル $\vec{a}$, $\vec{b}$ が $|\vec{a}| = 3$, $|\vec{b}| = 1$, $|\vec{a} + \vec{b}| = \sqrt{13}$ を満たしているとする. このとき, $\vec{a}$, $\vec{b}$ のなす角の大きさと, $|\vec{a} - \vec{b}|$ の値を求めよ.

POINT 内積の計算は数式と同じ, ベクトルの大きさは2乗して扱うという原則に従いましょう.

問題 204　難易度 ★☆☆　　解答 P180

2つのベクトル $\vec{a} = (11, -2)$ と $\vec{b} = (-4, 3)$ に対して $\vec{c} = \vec{a} + t\vec{b}$ とおく. 実数 t が変化するとき, $|\vec{c}|$ の最小値と, そのときの t の値を求めよ.

POINT $|\vec{c}| = |\vec{a} + t\vec{b}|$ の両辺を2乗して, 成分を代入します. なお, $|\vec{c}|$ が最小となるのはどのようなときに起きるかを図形的に考察することもできるので, そちらも考えてみましょう.

問題 205　難易度 ★★☆　▶▶▶ 解答 P181

1辺の長さが1の正六角形 ABCDEF の辺 BC の中点を M とする．辺 DE 上に $\angle AMP = \dfrac{\pi}{2}$ となる点 P をとり，線分 AP と線分 MF の交点を Q とする．$\overrightarrow{AB} = \vec{a}$，$\overrightarrow{AF} = \vec{b}$ とおいて，次の問いに答えよ．

(1) $\overrightarrow{AM}$ を $\vec{a}$, $\vec{b}$ を用いて表せ．
(2) $\overrightarrow{AP}$ を $\vec{a}$, $\vec{b}$ を用いて表せ．
(3) 線分 AQ と線分 QP の長さの比を求めよ．

POINT (2) 点 P は線分 DE 上の点より，s を実数として，$\overrightarrow{AP} = s\overrightarrow{AD} + (1-s)\overrightarrow{AE}$ とかけます．条件から $\angle AMP = \dfrac{\pi}{2}$ ですから，$\overrightarrow{MP} \cdot \overrightarrow{AM} = 0$ を用いれば s を求めることができます．

(3) 3 点 A, Q, P は同一直線上に存在するので，線分 AQ と線分 QP の長さの比を求めるには，$\overrightarrow{AQ} = t\overrightarrow{AP}$ としたときの実数 t の値を求めればよいということがわかります．Q は線分 AP と線分 MF の交点ですから，ベクトルを 2 通りで表して係数を比較することになります．

問題 206　難易度 ★★☆　▶▶▶ 解答 P183

三角形 ABC において，$AB = \sqrt{2}$, $BC = 2$, $CA = \sqrt{3}$ とし，外心を O とする．このとき，$\overrightarrow{AO} = s\overrightarrow{AB} + t\overrightarrow{AC}$ を満たす実数 s, t の値を求めよ．

POINT 外心は三角形の 3 辺の垂直二等分線の交点です．垂直条件に持ち込むか，正射影ベクトルを利用するかの 2 通りの解法が考えられます．いずれにしても，内積の値が必要になるので，先に内積の値を求めましょう．

問題 207　難易度 ★★☆

△ABC の外心 O から直線 BC, CA, AB におろした垂線の足をそれぞれ P, Q, R とするとき，$\overrightarrow{OP} + 2\overrightarrow{OQ} + 3\overrightarrow{OR} = \vec{0}$ が成立している．

(1) $\overrightarrow{OA}$, $\overrightarrow{OB}$, $\overrightarrow{OC}$ の関係式を求めよ．

(2) ∠A の大きさを求めよ．

POINT　外心は三角形の 3 辺の垂直二等分線の交点ですから，O から 3 辺 BC, CA, AB におろした垂線の足は線分 BC，線分 CA，線分 AB の中点になります．

(2) では中心角 ＝ 円周角の 2 倍 を利用します．すると，∠A を求めるには ∠BOC を求めればよい，ということがわかるでしょう．（計算の結果）∠BOC ＝ $\dfrac{\pi}{2}$ となりますが，そこから安易に ∠A ＝ $\dfrac{\pi}{4}$ と決めつけないようにしましょう．∠BOC ＝ $\dfrac{\pi}{2}$ を満たすものには下右図のような場合もあります．

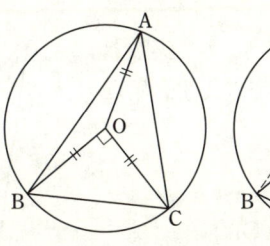

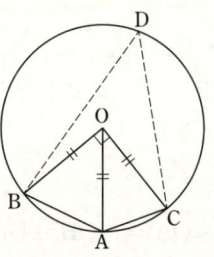

3 ベクトルと図形（2）

■様々な応用問題を扱います

3-1 三角形の周および内部

s, t を実数とするとき，$\overrightarrow{OP} = s\overrightarrow{OA} + t\overrightarrow{OB}$ と表されるときの P の軌跡について，以下の3つが成立します．

▶▶公式

$\overrightarrow{OP} = s\overrightarrow{OA} + t\overrightarrow{OB}$, s, t は実数のとき，

①：$s + t = 1 \iff$ 直線 AB 上

②：$s + t = 1, s \geqq 0, t \geqq 0 \iff$ 線分 AB 上

③：$s + t \leqq 1, s \geqq 0, t \geqq 0 \iff \triangle OAB$ の周上及び内部

これは結論が重要ですが，理解せずに丸暗記しても役に立たないので下記の説明を理解してから正しく使えるようになりましょう．

P が直線 AB 上に存在するとき，t を実数として $\overrightarrow{AP} = t\overrightarrow{AB}$ と表すことができます．始点を O に書き換えると，

$$\overrightarrow{AP} = t\overrightarrow{AB}$$
$$\overrightarrow{OP} - \overrightarrow{OA} = t(\overrightarrow{OB} - \overrightarrow{OA})$$
$$\overrightarrow{OP} = (1-t)\overrightarrow{OA} + t\overrightarrow{OB}$$

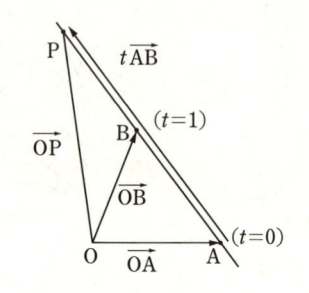

となります．ここで，$1 - t = s$ とすると

$$\overrightarrow{OP} = s\overrightarrow{OA} + t\overrightarrow{OB} \quad (s + t = (1-t) + t = 1)$$

となります．逆に $s + t = 1$ のとき，$s = 1 - t$ より

$$\overrightarrow{OP} = s\overrightarrow{OA} + t\overrightarrow{OB}$$
$$\overrightarrow{OP} = (1-t)\overrightarrow{OA} + t\overrightarrow{OB}$$
$$\overrightarrow{OP} = \overrightarrow{OA} + t(\overrightarrow{OB} - \overrightarrow{OA})$$
$$\overrightarrow{OP} - \overrightarrow{OA} = t(\overrightarrow{OB} - \overrightarrow{OA})$$

$$\overrightarrow{\mathrm{AP}} = t\overrightarrow{\mathrm{AB}}$$

となるので，たしかに P は直線 AB 上に存在します．これで①が証明されました．

次に，②，③の説明にいきます（ただし，上記公式を納得することが目的なので②，③については逆の証明は省略します）．

P が線分 AB 上を動くときは，図 1 より $0 \leqq t \leqq 1$ という制限が加わります．このとき，$0 \leqq s = 1-t \leqq 1$ ですから，②が成立します．

最後に③の証明をします．三角形 OAB の周上または内部の点 P に対して，図 2 のように OP の延長と辺 AB との交点を Q とすると，Q は線分 AB 上にあることから

$$\overrightarrow{\mathrm{OQ}} = \alpha\overrightarrow{\mathrm{OA}} + \beta\overrightarrow{\mathrm{OB}}$$
$$(\alpha + \beta = 1,\ \alpha \geqq 0,\ \beta \geqq 0)$$

とおくことができます．また $\overrightarrow{\mathrm{OP}}$ は $\overrightarrow{\mathrm{OQ}}$ を縮小したベクトルなので，k を実数として，

$$\overrightarrow{\mathrm{OP}} = k\overrightarrow{\mathrm{OQ}} \quad (0 \leqq k \leqq 1)$$

とおくことができます．すると，

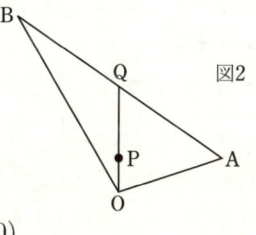

$$\begin{aligned}
\overrightarrow{\mathrm{OP}} &= k\overrightarrow{\mathrm{OQ}} = k(\alpha\overrightarrow{\mathrm{OA}} + \beta\overrightarrow{\mathrm{OB}}) \\
&= k\alpha\overrightarrow{\mathrm{OA}} + k\beta\overrightarrow{\mathrm{OB}} \\
&= s\overrightarrow{\mathrm{OA}} + t\overrightarrow{\mathrm{OB}} \quad (k\alpha = s,\ k\beta = t \text{ とする})
\end{aligned}$$

を得ます．$\alpha \geqq 0,\ \beta \geqq 0,\ \alpha + \beta = 1,\ 0 \leqq k \leqq 1$ より，$s \geqq 0,\ t \geqq 0,\ s + t \leqq 1$ となるので，③が証明されました．

3-2 三角形の面積公式

三角形 ABC の面積を S とすると,

$$S = \frac{1}{2}|\overrightarrow{AB}||\overrightarrow{AC}|\sin \angle BAC$$
$$= \frac{1}{2}|\overrightarrow{AB}||\overrightarrow{AC}|\sqrt{1-\cos^2 \angle BAC}$$
$$= \frac{1}{2}\sqrt{|\overrightarrow{AB}|^2|\overrightarrow{AC}|^2 - (|\overrightarrow{AB}||\overrightarrow{AC}|\cos \angle BAC)^2}$$
$$= \frac{1}{2}\sqrt{|\overrightarrow{AB}|^2|\overrightarrow{AC}|^2 - (\overrightarrow{AB} \cdot \overrightarrow{AC})^2}$$

となります.

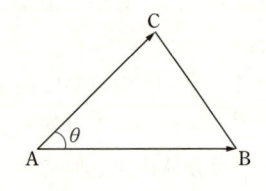

証明の過程からも明らかなように, 平面でも空間でも利用可能な重要公式です. ここで, 特に $\overrightarrow{AB} = (a, b)$, $\overrightarrow{AC} = (c, d)$ のとき

$$|\overrightarrow{AB}|^2|\overrightarrow{AC}|^2 - (\overrightarrow{AB} \cdot \overrightarrow{AC})^2$$
$$= (a^2 + b^2)(c^2 + d^2) - (ac + bd)^2$$
$$= a^2d^2 - 2adbc + b^2c^2 = (ad - bc)^2$$

ですから

$$S = \frac{1}{2}\sqrt{(ad-bc)^2} = \frac{1}{2}|ad - bc|$$

となります.

▶▶▶ 公式

三角形の面積公式

① $S = \dfrac{1}{2}\sqrt{|\overrightarrow{AB}|^2|\overrightarrow{AC}|^2 - (\overrightarrow{AB} \cdot \overrightarrow{AC})^2}$

② $\overrightarrow{AB} = (a, b)$, $\overrightarrow{AC} = (c, d)$ ならば $S = \dfrac{1}{2}|ad - bc|$

3-3 円のベクトル方程式

ここでは円のベクトル方程式を考えます. 円のベクトル方程式については 2 つの表現方法をマスターしてください.

① 中心 A から円周上の任意の点 P に至る距離が一定 $(=r)$ である．

$$|\overrightarrow{AP}| = r \iff |\overrightarrow{OP} - \overrightarrow{OA}| = r$$

② 直径 AB に対する円周角が $\dfrac{\pi}{2}$ である．

AP⊥BP より円周上の任意の点 P は $\overrightarrow{AP} \cdot \overrightarrow{BP} = 0$ を満たします．これは，P が A, B と一致する $\overrightarrow{AP} = \overrightarrow{0}, \overrightarrow{BP} = \overrightarrow{0}$ の場合も含みます．つまり

$$(\overrightarrow{OP} - \overrightarrow{OA}) \cdot (\overrightarrow{OP} - \overrightarrow{OB}) = 0$$

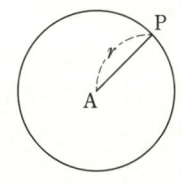

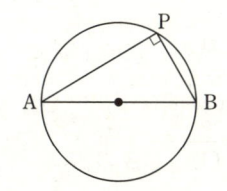

問題 208　難易度 ★★☆　解答 P186

△OAB があり，OA = 2, OB = 3, 内積 $\overrightarrow{OA} \cdot \overrightarrow{OB} = 4$ である．$\overrightarrow{OP} = s\overrightarrow{OA} + t\overrightarrow{OB}$ の実数 s, t が $s \geqq 0, t \geqq 0, 0 \leqq s+t \leqq 1$ を満たしながら変化するとき，P が動く領域の面積を求めよ．

POINT 点 P が $\overrightarrow{OP} = s\overrightarrow{OA} + t\overrightarrow{OB}$ $(s \geqq 0, t \geqq 0, 0 \leqq s+t \leqq 1)$ を満たすとき，点 P は，△OAB の周および内部にあることを利用します．

問題 209　難易度 ★★☆　解答 P186

△ABC に対し，点 P は $3\overrightarrow{PA} + 2\overrightarrow{PB} + \overrightarrow{PC} = k\overrightarrow{BC}$ を満たしている．k は実数とする．このとき，点 P が△ABC の内部にあるように k の範囲を定めよ．

POINT まず，未知の点 P が始点のままでは扱いにくいので，始点を定点 A に直しましょう．その後は，P212 の公式を利用するのみです．

問題 210　難易度 ★★☆

次の問いに答えよ．

(1) A(1, 2), B(5, 3) のとき，三角形 OAB の面積 S_1 を求めよ．
(2) A(1, 3), B(−2, −5), C(6, −1) のとき，三角形 ABC の面積 S_2 を求めよ．
(3) $|\overrightarrow{OA}| = |\overrightarrow{OA} + \overrightarrow{OB}| = |2\overrightarrow{OA} + \overrightarrow{OB}| = 1$ のとき，三角形 OAB の面積 S_3 を求めよ．

POINT　三角形の面積の公式の確認です．(3) では，
$S_3 = \dfrac{1}{2}\sqrt{|\overrightarrow{OA}|^2|\overrightarrow{OB}|^2 - (\overrightarrow{OA} \cdot \overrightarrow{OB})^2}$ となりますが，$|\overrightarrow{OA}| = 1$ はわかっても $|\overrightarrow{OB}|$，$\overrightarrow{OA} \cdot \overrightarrow{OB}$ の値はわかりません．そこで，$|\overrightarrow{OA}+\overrightarrow{OB}| = 1$，$|2\overrightarrow{OA}+\overrightarrow{OB}| = 1$ の両辺を2乗することで $|\overrightarrow{OB}|$，$\overrightarrow{OA}\cdot\overrightarrow{OB}$ を求めます．

問題 211　難易度 ★★★

平面上において，どの3点も同一直線上にない4つの点 O，A，B，C がある．点Pがそれぞれの式を満たすように動くとき，点Pの軌跡を求めよ．

(1) $\overrightarrow{OA} \cdot \overrightarrow{OP} = \overrightarrow{OA} \cdot \overrightarrow{OA}$
(2) $|\overrightarrow{AP} + \overrightarrow{BP} + \overrightarrow{CP}| = 3$
(3) $\overrightarrow{OA} \cdot \overrightarrow{OB} + \overrightarrow{OP} \cdot \overrightarrow{OP} = \overrightarrow{OA} \cdot \overrightarrow{OP} + \overrightarrow{OB} \cdot \overrightarrow{OP}$

POINT　与えられた式を因数分解，平方完成をすることで，いかに簡単な形に変形するかがポイントです．このタイプの問題は答えが円，直線になることが大半なので，ある程度慣れてくると式変形が見えてくると思います．

4 空間ベクトル（1）

第9章　ベクトル

■ここでは様々な空間の問題を扱います

4-1　空間座標

空間内に1つの平面を考え，その平面上に原点Oおよび互いに直交する x 軸，y 軸をとるとき，この x 軸，y 軸を含む平面を **xy 平面** といいます．xy 平面上の各点でその平面に垂直な直線があり，その中で原点Oを通るものを z 軸とするとき，y 軸，z 軸を含む平面を **yz 平面**，z 軸，x 軸を含む平面を **zx 平面** といいます．

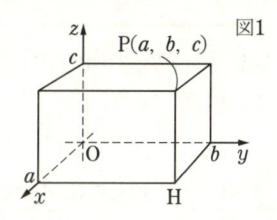

空間内の点Pの座標は，たとえば，図1においてはP(a, b, c) のように表します．また，Pから xy 平面におろした垂線の足をHとすると，点Pと原点Oとの距離OPは

$$\mathrm{OP} = \sqrt{\mathrm{OH}^2 + \mathrm{HP}^2} = \sqrt{a^2 + b^2 + c^2}$$

となります．

4-2　1次独立・分点公式・内積

s, t, u を実数とします．3つのベクトル $\vec{a}$, $\vec{b}$, $\vec{c}$ が1次独立であるとは，

$$s\vec{a} + t\vec{b} + u\vec{c} = \vec{0} \text{ ならば } s = t = u = 0$$

が成立することを表します．これを用いると

$$s\vec{a} + t\vec{b} + u\vec{c} = s'\vec{a} + t'\vec{b} + u'\vec{c} \text{ ならば } s = s' \text{ かつ } t = t' \text{ かつ } u = u'$$

が得られます．平面と同様に，様々な図形問題を解く理論的根拠になっています．

分点公式，内積の計算については平面の場合と同じように処理できます．

▶▶▶ 公式

$$\vec{a} = (a_1, a_2, a_3), \vec{b} = (b_1, b_2, b_3) \text{ のとき}$$
$$\vec{a} \cdot \vec{b} = a_1 b_1 + a_2 b_2 + a_3 b_3$$

となりますが，平面ベクトルの内積に z 成分が付け加わっただけ，と覚えておけばよいでしょう．

4-3 平面上にあるための条件

点 H が平面 ABC 上に存在するとき，s, t を実数とすると

$$\overrightarrow{AH} = s\overrightarrow{AB} + t\overrightarrow{AC} \quad \cdots\cdots (*)$$

と表すことができます．これは UFO キャッチャーをイメージするとわかりやすいでしょう．
A がスタート地点，H がぬいぐるみのとき，B 方向と C 方向の 2 つの方向に動かせるボタンがあれば，それをうまく押すことで H にあるぬいぐるみに到達することができます．

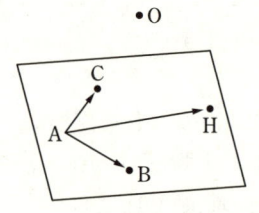

$(*)$ を平面外の適当な点 O を始点に変更すると，

$$\overrightarrow{OH} - \overrightarrow{OA} = s(\overrightarrow{OB} - \overrightarrow{OA}) + t(\overrightarrow{OC} - \overrightarrow{OA})$$
$$\iff \overrightarrow{OH} = \overrightarrow{OA} + s\overrightarrow{OB} - s\overrightarrow{OA} + t\overrightarrow{OC} - t\overrightarrow{OA}$$
$$\iff \overrightarrow{OH} = (1 - s - t)\overrightarrow{OA} + s\overrightarrow{OB} + t\overrightarrow{OC} \quad \cdots\cdots (*)'$$

となります．ここで，

$$\boxed{\overrightarrow{OA}, \overrightarrow{OB}, \overrightarrow{OC} \text{ の係数の和が } 1}$$

になっているということが重要です．ただし，$(*)$ を利用したほうが早く解ける場合もあれば $(*)'$ を利用したほうが早く解ける場合もあるので，両方を自由自在に使いこなせるようになることがベストです．

問題 212 難易度 ★☆☆　▶▶▶ 解答 P189

2点 A(4, −1, 2), B(1, 1, 3), C(1, 0, 1) について, 次の点の座標を求めよ.

(1) 線分 AB を 2 : 1 に内分する点
(2) 線分 AB を 2 : 1 に外分する点
(3) △ABC の重心

POINT 空間座標を求める際には, 平面座標の公式に z 座標を付け加えればよいだけです.

問題 213 難易度 ★☆☆　▶▶▶ 解答 P189

$\vec{a} = (1, -2, 2)$, $\vec{b} = (2, 3, -10)$ について, 次の問いに答えよ.

(1) $\vec{c} = (x, y, 1)$ が, $\vec{a}$, $\vec{b}$ の両方に直交するとき, x, y の値を求めよ.
(2) $\vec{a}$, $\vec{b}$ の両方に垂直な単位ベクトルを求めよ.

POINT 空間ベクトルの成分計算, 内積計算をする際には, 平面ベクトルと同じように処理します. z 成分を付け加えればよいだけです.

問題 214 難易度 ★★☆　▶▶▶ 解答 P189

3つのベクトル $\vec{a} = (1, 0, 1)$, $\vec{b} = (2, 2, 1)$, $\vec{c} = (3, 4, -2)$ について, 次の問いに答えよ.

(1) $\vec{a}$ と $\vec{b}$ のなす角 θ を求めよ.
(2) $|t\vec{a} + 2\vec{c}|$ の最小値と, それを与える t の値を求めよ.

POINT 前問同様, 平面ベクトルと同じように処理します. z 成分が付け加わっただけです.

問題 215　難易度 ★

座標空間に 3 点 $A(1, 0, 0)$, $P(\cos\theta, \sin\theta, 0)$, $Q(\cos\theta, 0, \sin\theta)$ をとり，△APQ の面積を S とする．$0 < \theta < \pi$ とするとき，次の問いに答えよ．

(1) $(1-\cos\theta)^2 = x$ とする．S を x を用いて表せ．
(2) θ の値が変化するとき，S の最大値を求めよ．

POINT　P214 の三角形の面積公式の空間バージョンです．その証明からもわかるように，平面でも空間でも成立します．

4-4　四面体・平行六面体

問題 216　難易度 ★★☆

四面体 OABC において，辺 OA を $2:1$ に内分する点を D, 辺 OB の中点を E, 線分 DE を $t:1-t\,(0<t<1)$ に内分する点を F とする．O と三角形 ABC の重心 G を結ぶ線分が線分 CF と交わるとき，t の値を求めよ．

POINT　空間における 2 直線の交点を考える場合でも，考え方は平面のときと同じです．O と三角形 ABC の重心 G を結ぶ線分 OG と線分 CF の交点を P とすると，P は OG 上かつ CF 上の点です．

問題 217　難易度 ★★☆　解答 P192

四面体 OABC において，辺 OA を $1:1$ に内分する点を D，線分 BD を $3:2$ に内分する点を E，線分 CE を $3:1$ に内分する点を F，直線 OF と平面 ABC の交点を P とする。
$\overrightarrow{OA} = \vec{a}$, $\overrightarrow{OB} = \vec{b}$, $\overrightarrow{OC} = \vec{c}$ とするとき，$\overrightarrow{OP}$ を $\vec{a}$, $\vec{b}$, $\vec{c}$ で表せ。

POINT　点 P は直線 OF 上の点より実数 k を用いて $\overrightarrow{OP} = k\overrightarrow{OF}$ と表されます。P は平面 ABC 上の点でもあるから，$\overrightarrow{OP}$ を $\overrightarrow{OA}$, $\overrightarrow{OB}$, $\overrightarrow{OC}$ で表したときに「係数の和=1」が成立します。

問題 218　難易度 ★★☆　解答 P192

四面体 ABCD において，線分 BD を $3:1$ に内分する点を E，線分 CE を $2:3$ に内分する点を F，線分 AF を $1:2$ に内分する点を G，直線 DG が 3 点 A, B, C を含む平面と交わる点を H とする。$\vec{b} = \overrightarrow{AB}$, $\vec{c} = \overrightarrow{AC}$, $\vec{d} = \overrightarrow{AD}$ とおくとき，次の問いに答えよ。

(1) $\overrightarrow{AF}$ を $\vec{b}, \vec{c}, \vec{d}$ を用いて表せ。
(2) 比 DG : GH を求めよ。

POINT　(1) 分点公式を利用します。
(2) 問題で設定されているベクトルの始点がすべて A であるから，$\overrightarrow{DH} = \overrightarrow{AH} - \overrightarrow{AD}$ と考えればよいでしょう。すると，$\overrightarrow{AH}$ を求めることになります。H は直線 DG 上であり，平面 ABC 上の点ですから，これらを立式していけばよいでしょう。

問題 219　難易度 ★★☆

四面体 OABC において，OA = OB = OC = 1 とする．∠AOB = 60°，∠BOC = 45°，∠COA = 45° とし，$\vec{a} = \overrightarrow{OA}$，$\vec{b} = \overrightarrow{OB}$，$\vec{c} = \overrightarrow{OC}$ とおく．点 C から平面 OAB に垂線を引き，その交点を H とする．

(1) ベクトル $\overrightarrow{OH}$ を $\vec{a}$ と $\vec{b}$ を用いて表せ．
(2) CH の長さを求めよ．
(3) 四面体 OABC の体積を求めよ．

POINT
(1) H は平面 OAB 上の点より，s, t を実数とすると $\overrightarrow{OH} = s\vec{a} + t\vec{b}$ とおくことができます．条件から，CH ⊥ $\vec{a}$，CH ⊥ $\vec{b}$ なので，内積の計算を行えばよいでしょう．
(2) ベクトルの大きさは 2 乗して扱います．
(3) (2) から，どこを底面積，高さと考えるかわかるでしょう．

問題 220　難易度 ★★★

OA = 3，OB = 2，OC = 3，AC = 4，BC = 2，∠AOB = $\dfrac{\pi}{2}$ を満たす．

四面体 OABC において，3 点 O, A, B を含む平面を P，C から平面 P に下ろした垂線の足を H とする．$\overrightarrow{OA} = \vec{a}$，$\overrightarrow{OB} = \vec{b}$，$\overrightarrow{OC} = \vec{c}$ とするとき，次の問いに答えよ．

(1) $\vec{a} \cdot \vec{c}$，$\vec{b} \cdot \vec{c}$ の値を求めよ．
(2) $\overrightarrow{OH} = s\vec{a} + t\vec{b}$ を満たす実数 s, t の値を求めよ．
(3) 点 C の平面 P に関する対称点を D とするとき，$\overrightarrow{OD}$ を $\vec{a}, \vec{b}, \vec{c}$ で表せ．

POINT
(2) CH ⊥ 平面 OAB より $\overrightarrow{CH} \perp \vec{a}$，$\overrightarrow{CH} \perp \vec{b}$ です．

(3) $\overrightarrow{CD} = 2\overrightarrow{CH}$ となることを利用します．

問題 221　難易度 ★★☆

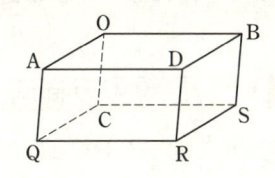

2つずつ平行な3組の平面で囲まれた立体を平行六面体という．右図のような平行六面体 OADB–CQRS において，△ABC の重心を F，△DQS の重心を G とする．また，$\vec{OA} = \vec{a}$，$\vec{OB} = \vec{b}$，$\vec{OC} = \vec{c}$ とおく．このとき，次の問いに答えよ．

(1) $\vec{OG}$ を $\vec{a}$, $\vec{b}$, $\vec{c}$ で表せ．
(2) 4点 O, F, G, R は同一直線上にあることを示せ．

POINT 4点 O, F, G, R が同一直線上に存在することを証明することは難しいです．そこで，「3点 O, F, R が同一直線上に存在する」かつ「3点 O, G, R が同一直線上に存在する」と考えればよいでしょう．

5 空間ベクトル（2）

第9章 ベクトル

■少々手薄になりがちな空間の問題を扱います

5-1 直線の方程式

　直線の方向ベクトルとは，その直線に平行な $\vec{0}$ でないベクトルのことをいいます．たとえば直線 $3x - 4y + 1 = 0$ は $y = \dfrac{3}{4}x + \dfrac{1}{4}$ より，傾きが $\dfrac{3}{4}$ の直線です．このとき x が 4 増加すると y は 3 増加するので，方向ベクトルの 1 つとして，$\vec{d} = (4, 3)$ をとることができます．

　点 A を通り $\vec{d}$ を方向ベクトルにもつ直線 l 上の任意の点を P とすると，t を実数として

$$\overrightarrow{AP} = t\vec{d}$$
$$\iff \overrightarrow{OP} - \overrightarrow{OA} = t\vec{d}$$
$$\iff \overrightarrow{OP} = \overrightarrow{OA} + t\vec{d} \quad \cdots\cdots (*)$$

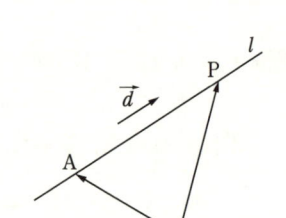

となります．これは平面の場合でも空間の場合でも成立します．

特に $A(a, b, c)$, $\vec{d} = (l, m, n)$, $P(x, y, z)$ のとき $(*)$ は

$$(x, y, z) = (a, b, c) + t(l, m, n)$$
$$\therefore \begin{cases} x = a + tl \\ y = b + tm \\ z = c + tn \end{cases} \quad \cdots\cdots ①$$

となります．これを t について解くと，

$$\dfrac{x-a}{l} = \dfrac{y-b}{m} = \dfrac{z-c}{n} \quad (= t) \quad \cdots\cdots ②$$

となります．これが空間における直線の方程式です．

　平面における直線の方程式，すなわち，点 (a, b) を通り傾きが m である直線の方程式 $y = m(x-a) + b$ も

$$\dfrac{x-a}{1} = \dfrac{y-b}{m}$$

と書き直すと，②とそっくりであることが感じられるでしょう．ちなみに，②において，分母に方向ベクトルの成分があるので，たとえば方向ベクトルが $(l, m, 0)$ のように 0 を含んでいると不適です．そのときは ① に戻ればよく

$$\frac{x-a}{l} = \frac{y-b}{m}, z = c$$

となるわけです．必要に応じて ①, ② を使い分ければよいでしょう．

5-2 平面の方程式

平面 α 上のすべての点を平面上の定点 A と，1 つのベクトルで表すことを考えます．平面 α 上に定点 A と，任意の点 P をとります．このとき点 A を基準に考えてもうまくいきません．左図で $\overrightarrow{AP_1}, \overrightarrow{AP_2}, \overrightarrow{AP_3}$ はすべて異なる方向を向いてしまっているからです．

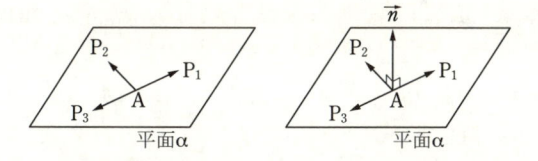

しかし，平面 α に垂直なベクトル $\vec{n}$ を考えるとうまく処理できます．というのは，右図で $\overrightarrow{AP_1}, \overrightarrow{AP_2}, \overrightarrow{AP_3}$ はすべて $\vec{n}$ と垂直であるため，一般化すると

$$\vec{n} \perp \overrightarrow{AP} \quad \therefore \quad \vec{n} \cdot \overrightarrow{AP} = 0 \quad \cdots\cdots ①$$

が成立するのです．

$\vec{n} = (a, b, c), A(x_1, y_1, z_1), P(x, y, z)$
とすると
$$\overrightarrow{AP} = (x - x_1, y - y_1, z - z_1)$$ 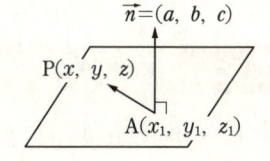
より，①に代入すると，
$$(a, b, c) \cdot (x - x_1, y - y_1, z - z_1) = 0$$
$$a(x - x_1) + b(y - y_1) + c(z - z_1) = 0$$

を得ます．

定数項にあたる $-ax_1 - by_1 - cz_1 = d$ とすると

$$\boxed{ax + by + cz + d = 0}$$

となります．これが平面の方程式です．

5-3 球面の方程式

点 $A(a, b, c)$ を中心とし，半径 r の球面上の点を $P(x, y, z)$ とします．このとき，$|\overrightarrow{AP}| = r$ より，

$$\sqrt{(x-a)^2 + (y-b)^2 + (z-c)^2} = r$$

$$\therefore \ (x-a)^2 + (y-b)^2 + (z-c)^2 = r^2$$

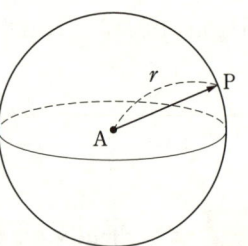

と表されます．球に苦手意識を持つ人もいるようですが，円の方程式とほとんど同じですね．慣れれば特に問題はないと思います．

問題 222　難易度 ★☆☆　解答 P196

座標空間内の 3 点 $A(a, -1, 5)$, $B(3, b, -1)$, $C(4, 3, -7)$ が一直線上にあるとき，a, b の値を求めよ．

POINT 3 点 A, B, C が一直線上にあるための条件は，$\overrightarrow{CA} = k\overrightarrow{CB}$ となる実数 k が存在することです．

問題 223　難易度 ★★☆　解答 P196

座標空間内の直線 l_1 は 2 点 $A(2, 0, 0)$ と $B(0, 1, 1)$ を通る．直線 l_2 は 2 点 $C(3, 3, 0)$ と $D(0, 0, a)$ を通り，l_1 と交わっている．a の値はいくらか．

POINT l_1, l_2 の交点を P とすると，P は l_1 上であり，かつ，l_2 上です．よって，それぞれの直線のベクトル方程式を求めればよいでしょう．

問題 224　難易度 ★★☆　解答 P197

座標空間内の 2 点 $A(-3, -1, 1)$, $B(-1, 0, 0)$ を通る直線 l に点 $C(2, 3, 3)$ から下ろした垂線の足 H の座標を求めよ．

POINT　まず，H は直線 AB 上に存在するので，$\overrightarrow{AH} = t\overrightarrow{AB}$ を満たす実数 t が存在します．つまり，

$$\begin{aligned}\overrightarrow{OH} &= \overrightarrow{OA} + t\overrightarrow{AB} \\ &= (-3, -1, 1) + t(2, 1, -1) \\ &= (2t - 3, t - 1, -t + 1)\end{aligned}$$

と表せます．このとき，$\overrightarrow{CH} = (2t - 5, t - 4, -t - 2)$ となります．
$CH \perp AB$ より $\overrightarrow{CH} \cdot \overrightarrow{AB} = 0$ が成立するので，代入すれば t の値が求まります．別解として正射影ベクトルを利用することも可能です．

問題 225　難易度 ★★☆　解答 P198

座標空間で点 $(3, 4, 0)$ を通りベクトル $\vec{a} = (1, 1, 1)$ に平行な直線を l, 点 $(2, -1, 0)$ を通りベクトル $\vec{b} = (1, -2, 0)$ に平行な直線を m とする．点 P は直線 l 上を，点 Q は直線 m 上をそれぞれ勝手に動くとき，線分 PQ の長さの最小値を求めよ．

POINT　直線上を独立に動く 2 点間の距離の最小値を求める問題です．2 点 P, Q はそれぞれ l, m 上を動くので，媒介変数を用いて表すことができます．そこから $|\overrightarrow{PQ}|^2$ を計算することで最小値を求めることも可能ですが，線分 PQ の長さが最小になるのがどういうときなのかを図形的に考えると計算は少し簡単になります．

問題 226　難易度 ★★☆　▶▶▶解答 P199

4点 A$(1, 0, -1)$, B$(3, 1, 0)$, C$(2, 4, 1)$, P$(x, 8, 1)$ が同一平面上にあるとき，定数 x の値を求めよ．

POINT　P は平面 ABC 上に存在するので，s, t, u を実数として
$$\overrightarrow{OP} = s\overrightarrow{OA} + t\overrightarrow{OB} + u\overrightarrow{OC} \quad (s + t + u = 1)$$
と表されることを利用します．もちろん，s, t を実数として，
$$\overrightarrow{AP} = s\overrightarrow{AB} + t\overrightarrow{AC}$$
と表されることを利用することも可能です．

問題 227　難易度 ★★☆　▶▶▶解答 P200

空間に 5 点 O$(0, 0, 0)$, A$(-2, 0, 0)$, B$(0, 2, 0)$, C$(0, 0, 2)$, D$(2, -1, 0)$ がある．点 D から平面 ABC に下ろした垂線の足 H の座標を求めよ．

POINT　H(a, b, c) と文字を 3 つ用いる人がいますが，入試問題を解く上ではそれは最終手段だと考えてください．

H は平面 ABC 上にあるから，s, t を実数として $\overrightarrow{OH} = \overrightarrow{OA} + s\overrightarrow{AB} + t\overrightarrow{AC}$ と表すことができます．条件から DH ⊥ 平面 ABC より，$\overrightarrow{DH} \perp \overrightarrow{AB}$, $\overrightarrow{DH} \perp \overrightarrow{AC}$ です．よって，$\overrightarrow{DH} \cdot \overrightarrow{AB} = 0$, $\overrightarrow{DH} \cdot \overrightarrow{AC} = 0$ となるので，あとは成分計算を行えばよいでしょう．

問題 228　難易度 ★★★　▶▶▶解答 P201

座標空間内に 3 点 A$(-1, 1, 1)$, B$(-1, 2, 2)$, C$(1, 2, 0)$ がある．yz 平面上の点 P を $\overrightarrow{AP}$ が $\overrightarrow{AB}$ と $\overrightarrow{AC}$ に垂直となるようにとるとき，次の問いに答えよ．

(1) P の座標を求めよ．
(2) P を頂点とし，A, B, C を通る円を底面とする円錐の体積を求めよ．

POINT　平面の場合は円の方程式を立式することができますが，残念ながら空間では平面と同じよう処理することはできません．円錐の底面の円は 3 点

A, B, C を通るということから，とりあえず，△ABC の形状を調べます．以下の 2 つがよくあるパターンです．

① 直角 → 直径に対する円周角 $\frac{\pi}{2}$ の利用

② 円周上の 3 点でできる三角形が正三角形 → 重心 = 外心

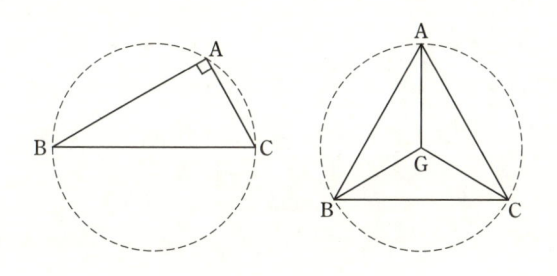

問題 229　難易度 ★★★　▶▶▶ 解答 P202

座標空間の点 $(10, 0, 0)$ を中心とする半径 9 の球面を S_1 とし，点 $(0, 10, 0)$ を中心とする半径 8 の球面を S_2 とする．S_1 と S_2 に接し，原点を通る直線の長さ 1 の方向ベクトル (a, b, c) $(c \geqq 0)$ をすべて求めよ．

POINT 球面と直線の共有点の個数は，球面の方程式と直線の媒介変数表示を連立したときの実数解の個数に対応します．

ISBN978-4-491-03254-2

解答編

数学II+B 入試問題集

SURE STUDY シュアスタ!

[問題no.]	[ページ]	[問題no.]	[ページ]	[問題no.]	[ページ]
■ 1〜 5	001 - 003	■ 81〜 85	065 - 068	■ 161〜165	137 - 141
■ 6〜 10	003 - 007	■ 86〜 90	069 - 072	■ 166〜170	141 - 146
■ 11〜 15	007 - 009	■ 91〜 95	073 - 075	■ 171〜175	147 - 149
■ 16〜 20	009 - 012	■ 96〜100	077 - 080	■ 176〜180	150 - 156
■ 21〜 25	013 - 017	■101〜105	081 - 083	■ 181〜185	157 - 162
■ 26〜 30	018 - 020	■106〜110	084 - 087	■ 186〜190	163 - 167
■ 31〜 35	021 - 024	■111〜115	087 - 090	■ 191〜195	168 - 172
■ 36〜 40	025 - 028	■116〜120	091 - 095	■ 196〜200	173 - 176
■ 41〜 45	028 - 031	■121〜125	096 - 100	■ 201〜205	177 - 181
■ 46〜 50	032 - 035	■126〜130	101 - 105	■ 206〜210	183 - 186
■ 51〜 55	036 - 040	■131〜135	105 - 108	■ 211〜215	188 - 190
■ 56〜 60	041 - 045	■136〜140	109 - 112	■ 216〜220	191 - 194
■ 61〜 65	046 - 049	■141〜145	114 - 120	■ 221〜226	196 - 198
■ 66〜 70	050 - 056	■146〜150	121 - 124	■ 226〜229	199 - 202
■ 71〜 75	058 - 061	■151〜155	125 - 130		
■ 76〜 80	061 - 065	■156〜160	131 - 137		

東洋館出版社

PDFダウンロード

無料

PC、タブレット、スマートフォンにて、解答編を閲覧することができます。
ぜひご活用ください！

ID studybook
PASS ty5524yk

http://www.toyokan-publishing.jp/study-book/math/math2B.pdf

問題 1 　　　　　　　　　　　　　　　▶▶▶設問 P2

(1) （与式）$= \{(x+2)(x-2)\}^3$

　　　　$= (x^2-4)^3$

　　　　$= (x^2)^3 - 3(x^2)^2 \cdot 4 + 3x^2 \cdot 4^2 - 4^3$

　　　　$= \boldsymbol{x^6 - 12x^4 + 48x^2 - 64}$

(2) （与式）$= (x-2y)\{x^2 + x \cdot 2y + (2y)^2\} \times (x+2y)\{x^2 - x \cdot 2y + (2y)^2\}$

　　　　$= \{x^3 - (2y)^3\}\{x^3 + (2y)^3\}$

　　　　$= (x^3 - 8y^3)(x^3 + 8y^3)$

　　　　$= \boldsymbol{x^6 - 64y^6}$

(3) （与式）$= (x-y)(x^2+xy+y^2)(x^2+y^2)(x-y)(x+y)$

　　　　$= (x^3-y^3)(x^2+y^2)(x^2-y^2)$

　　　　$= (x^3-y^3)(x^4-y^4)$

　　　　$= \boldsymbol{x^7 - x^4y^3 - x^3y^4 + y^7}$

問題 2 　　　　　　　　　　　　　　　▶▶▶設問 P2

(1) （与式）$= x^3 + 3x^2 + 2x - (y^3 + 3y^2 + 2y) + xy(x-y)$

　　　　$= x^3 - y^3 + 3(x^2 - y^2) + 2(x-y) + xy(x-y)$

　　　　$= (x-y)(x^2+xy+y^2) + 3(x-y)(x+y) + (x-y)(2+xy)$

　　　　$= (x-y)\{(x^2+xy+y^2) + 3(x+y) + xy + 2\}$

　　　　$= (x-y)\{x^2 + (2y+3)x + y^2 + 3y + 2\}$

　　　　$= (x-y)\{x^2 + (2y+3)x + (y+1)(y+2)\}$

　　　　$= \boldsymbol{(x-y)(x+y+1)(x+y+2)}$

(2) （与式）$= x(125x^3 + 8y^3)$
$= x\{(5x)^3 + (2y)^3\}$
$= x(5x+2y)\{(5x)^2 - 5x\cdot 2y + (2y)^2\}$
$= \boldsymbol{x(5x+2y)(25x^2 - 10xy + 4y^2)}$

(3) （与式）$= (a^3)^2 - 1^2$
$= (a^3 - 1)(a^3 + 1)$
$= (a-1)(a^2+a+1)(a+1)(a^2-a+1)$
$= \boldsymbol{(a-1)(a+1)(a^2+a+1)(a^2-a+1)}$

(4) （与式）$= (a+b)^3 - 3ab(a+b) + c^3 - 3abc$
$= (a+b)^3 + c^3 - 3ab(a+b+c)$
$= (a+b+c)\{(a+b)^2 - (a+b)c + c^2\} - 3ab(a+b+c)$
$= (a+b+c)(a^2+b^2+c^2+2ab-ac-bc-3ab)$
$= \boldsymbol{(a+b+c)(a^2+b^2+c^2-ab-bc-ca)}$

問題 3　　　　　　　　　　　　　▶▶▶ 設問 P3

条件より，
$3x^3 - 2x^2 + 1 = f(x)(x+1) + x - 3$
$\iff f(x)(x+1) = 3x^3 - 2x^2 - x + 4$
よって，$\boldsymbol{f(x) = 3x^2 - 5x + 4}$

```
             3x² − 5x + 4
       ┌─────────────────
x + 1 )  3x³ − 2x² − x + 4
         3x³ + 3x²
         ─────────
              −5x² − x + 4
              −5x² − 5x
              ─────────
                    4x + 4
                    4x + 4
                    ──────
                         0
```

問題 4　　　　　　　　　　　　　▶▶▶ 設問 P3

$x = 2 + \sqrt{3}$ より $x - 2 = \sqrt{3}$
両辺を 2 乗すると，
$$(x-2)^2 = 3$$
$$x^2 - 4x + 1 = 0 \cdots\cdots ①$$

となる．ここで，$x^5 - 5x^4 + 6x^3 - 6x^2 + 6x - 2$ を $x^2 - 4x + 1$ で割ると商が $x^3 - x^2 + x - 1$，余りが $x - 1$ より，

$$x^5 - 5x^4 + 6x^3 - 6x^2 + 6x - 2$$
$$= (x^2 - 4x + 1)(x^3 - x^2 + x - 1) + x - 1 \cdots\cdots ②$$

が成立する．$x = 2 + \sqrt{3}$ のとき，①より $x^2 - 4x + 1 = 0$ となるから，②より

$$x^5 - 5x^4 + 6x^3 - 6x^2 + 6x - 2 = 0 \cdot (x^3 - x^2 + x - 1) + x - 1$$
$$= x - 1$$
$$= (2 + \sqrt{3}) - 1 = \mathbf{1 + \sqrt{3}}$$

問題 5 ▶▶▶ 設問 P6

(1) $(x + y)^9$ の展開式の一般項は，${}_9\mathrm{C}_k x^{9-k} y^k$ である．これが $x^7 y^2$ の項になるのは $k = 2$ のときである．よって，求める係数は ${}_9\mathrm{C}_2 = \mathbf{36}$

(2) $(2x - y)^6$ の展開式の一般項は，${}_6\mathrm{C}_k (2x)^{6-k} (-y)^k = {}_6\mathrm{C}_k 2^{6-k} (-1)^k x^{6-k} y^k$ である．これが $x^2 y^4$ の項になるのは $k = 4$ のときである．よって，求める係数は ${}_6\mathrm{C}_4 2^2 (-1)^4 = \mathbf{60}$

(3) $\left(x^3 - \dfrac{1}{x^2}\right)^{10}$ の展開式の一般項は

$${}_{10}\mathrm{C}_k (x^3)^{10-k} \left(-\dfrac{1}{x^2}\right)^k = {}_{10}\mathrm{C}_k (-1)^k x^{30-3k-2k}$$
$$= {}_{10}\mathrm{C}_k (-1)^k x^{30-5k}$$

これが定数項となるのは，$30 - 5k = 0$ ∴ $k = 6$ のときである．
よって，定数項は ${}_{10}\mathrm{C}_6 (-1)^6 = \mathbf{210}$

問題 6 ▶▶▶ 設問 P6

(1) $(x + y + z)^6$ の展開式における $x^2 y^3 z$ の項は

$$\frac{6!}{2!3!1!}x^2y^3z = 60x^2y^3z$$

よって，求める係数は **60**

(2) l, m, n を 0 以上 4 以下の整数で，$l+m+n=4$ を満たすとする．このとき，$(x^2-2x+3)^4$ の展開式における一般項は
$$\frac{4!}{l!m!n!}(x^2)^l(-2x)^m \cdot 3^n = \frac{4!}{l!m!n!}(-2)^m 3^n x^{2l+m}$$
これが x^5 の項となればよいから，
$$\begin{cases} l+m+n=4 \cdots\cdots ① \\ 2l+m=5 \cdots\cdots ② \end{cases}$$
を満たす l, m, n の組合せを求めればよい．②より，$l=0, 1, 2$ に限られることに注意すると，$(l, m, n) = (1, 3, 0), (2, 1, 1)$

よって，求める係数は
$$\frac{4!}{1!3!0!}(-2)^3 \cdot 3^0 + \frac{4!}{2!1!1!}(-2)^1 \cdot 3^1 = \mathbf{-104}$$

(3) $x+y=t$ とおくと，
$$\begin{aligned}
(与式) &= t^6(t+2)^5 \\
&= t^6({}_5C_0 t^5 + {}_5C_1 t^4 \cdot 2^1 + {}_5C_2 t^3 \cdot 2^2 + \cdots + {}_5C_5 2^5) \\
&= {}_5C_0 t^{11} + {}_5C_1 t^{10} \cdot 2^1 + {}_5C_2 t^9 \cdot 2^2 + \cdots + {}_5C_5 2^5 t^6
\end{aligned}$$

ここで，x^6y^3 は 9 次の項だから，${}_5C_2 t^9 \cdot 2^2 = 40(x+y)^9$ の展開式に含まれる．$(x+y)^9$ の展開式における x^6y^3 の係数は ${}_9C_3 = 84$ である．

よって，求める係数は，$40 \cdot 84 = \mathbf{3360}$

問題 7 ▶▶▶ 設問 P7

$(a+b)^n = {}_nC_0 a^n + {}_nC_1 a^{n-1}b^1 + {}_nC_2 a^{n-2}b^2 + \cdots + {}_nC_k a^{n-k}b^r + \cdots + {}_nC_n b^n \cdots\cdots ①$

(1) ①において，$a=1, b=2$ とすると
$${}_nC_0 + 2{}_nC_1 + 2^2{}_nC_2 + \cdots + 2^k{}_nC_k + \cdots + 2^n{}_nC_n = \mathbf{3^n}$$

(2) ①において，$a=1, b=1$ とすると
$${}_nC_0 + {}_nC_1 + {}_nC_2 + \cdots + {}_nC_n = \mathbf{2^n}$$

(3) ①において，$a=1, b=-1$ とすると
$${}_nC_0 - {}_nC_1 + {}_nC_2 - {}_nC_3 + \cdots + (-1)^n {}_nC_n = \mathbf{0}$$

問題 8　　　▶▶▶設問 P7

$$21^{21} = (20+1)^{21}$$
$$= {}_{21}C_0 \cdot 20^{21} + {}_{21}C_1 \cdot 20^{20} + {}_{21}C_2 \cdot 20^{19} + \cdots + {}_{21}C_{19} \cdot 20^2$$
$$\quad + {}_{21}C_{20} \cdot 20^1 + {}_{21}C_{21} \cdot 20^0$$
$$= 20^2(20^{19} + {}_{21}C_1 \cdot 20^{18} + \cdots + {}_{21}C_{19}) + 420 + 1$$
$$= 400k + 421 \quad (k = 20^{19} + {}_{21}C_1 \cdot 20^{18} + \cdots + {}_{21}C_{19} とする)$$
$$= 400(k+1) + 21$$

となる．k は整数より，求める余りは **21**

問題 9　　　▶▶▶設問 P9

(1) $x^3 + (x+1)^3 + (x+2)^3 = ax(x-1)(x+1) + bx(x-1) + cx + d$ ……①

が x についての恒等式であるとき，①は x がどのような値でも成立する．

$x = 0$ を代入すると $1^3 + 2^3 = d$　　　　　$\iff d = 9$
$x = 1$ を代入すると $1^3 + 2^3 + 3^3 = c + d$　　$\iff c + d = 36$
$x = -1$ を代入すると $(-1)^3 + 1^3 = 2b - c + d$　$\iff 2b - c + d = 0$
$x = -2$ を代入すると $(-2)^3 + (-1)^3 = -6a + 6b - 2c + d$
$$\iff -6a + 6b - 2c + d = -9$$

これを解くと $a = 3, b = 9, c = 27, d = 9$

このとき①の右辺は
$$3x(x-1)(x+1) + 9x(x-1) + 27x + 9$$
$$= 3(x^3 - x) + 9(x^2 - x) + 27x + 9$$
$$= 3x^3 + 9x^2 + 15x + 9$$

一方，①の左辺は
$$x^3 + (x+1)^3 + (x+2)^3 = x^3 + (x^3 + 3x^2 + 3x + 1)$$
$$+ (x^3 + 6x^2 + 12x + 8)$$
$$= 3x^3 + 9x^2 + 15x + 9$$

①の両辺は一致するので，たしかに恒等式となる．
以上から **$a = 3, b = 9, c = 27, d = 9$**

別解

①の両辺を展開して整理すると
$$3x^3 + 9x^2 + 15x + 9 = ax^3 + bx^2 + (-a-b+c)x + d$$
両辺の係数を比較して $a = 3$, $b = 9$, $-a - b + c = 15$, $d = 9$

これを解いて $\boldsymbol{a = 3, b = 9, c = 27, d = 9}$

(2) 与式の両辺に $(x+2)(x+1)^2$ をかけて,
$$x^2 + 3x + 5 = p(x+1)^2 - (x+2)(qx - r) \cdots\cdots ①$$
①の右辺を展開して整理すると
$$x^2 + 3x + 5 = (p-q)x^2 + (2p - 2q + r)x + p + 2r$$
両辺の係数を比較して,
$$1 = p - q, \ 3 = 2p - 2q + r, \ 5 = p + 2r$$
これを解くと $\boldsymbol{p = 3, q = 2, r = 1}$

別解

①の両辺に

$x = -2$ を代入すると $3 = p$

$x = -1$ を代入すると $3 = q + r$

$x = 0$ を代入すると $5 = p + 2r$

これを解くと $p = 3$, $q = 2$, $r = 1$

このとき, ①の右辺は
$$\begin{aligned}3(x+1)^2 - (x+2)(2x-1) &= 3(x^2 + 2x + 1) - (2x^2 + 3x - 2) \\ &= x^2 + 3x + 5 = (①の左辺)\end{aligned}$$
となるので, 条件を満たす. 以上から $\boldsymbol{p = 3, q = 2, r = 1}$

問題 10 ▶▶▶ 設問 P9

右辺を展開すると，
$$x^2 + xy - 12y^2 - 3x + 23y + a$$
$$= x^2 + xy - 12y^2 + (b+c)x + (4b-3c)y + bc$$

各項の係数を比較して，
$$\begin{cases} b + c = -3 \\ 4b - 3c = 23 \\ a = bc \end{cases}$$

これを解いて，$a = -10, \ b = 2, \ c = -5$

問題 11 ▶▶▶ 設問 P10

(1) $x^2 + y^2 = (x+y)^2 - 2xy = 1^2 - 2 \cdot 2 = \mathbf{-3}$

$x^3 + y^3 = (x+y)^3 - 3xy(x+y) = 1^3 - 3 \cdot 2 \cdot 1 = \mathbf{-5}$

(2) $\alpha + \beta = \dfrac{2+\sqrt{3}}{2-\sqrt{3}} + \dfrac{2-\sqrt{3}}{2+\sqrt{3}} = \dfrac{(2+\sqrt{3})^2 + (2-\sqrt{3})^2}{(2-\sqrt{3})(2+\sqrt{3})}$

$= \dfrac{(7 + 4\sqrt{3}) + (7 - 4\sqrt{3})}{4 - 3} = \mathbf{14}$

また，$\alpha\beta = \dfrac{2+\sqrt{3}}{2-\sqrt{3}} \cdot \dfrac{2-\sqrt{3}}{2+\sqrt{3}} = 1$ であるから，

$$\alpha^2 + \beta^2 = (\alpha + \beta)^2 - 2\alpha\beta = 14^2 - 2 \cdot 1 = \mathbf{194}$$

問題 12 ▶▶▶ 設問 P11

(1) $\left(x + \dfrac{1}{x}\right)^2 = x^2 + \dfrac{1}{x^2} + 2$ より

$$x^2 + \dfrac{1}{x^2} = \left(x + \dfrac{1}{x}\right)^2 - 2 = \boldsymbol{a^2 - 2}$$

(2) $\left(x^2 + \dfrac{1}{x^2}\right)^2 = x^4 + \dfrac{1}{x^4} + 2$ より

$$x^4 + \frac{1}{x^4} = \left(x^2 + \frac{1}{x^2}\right)^2 - 2 = (a^2-2)^2 - 2 = \boldsymbol{a^4 - 4a^2 + 2}$$

(3) $\left(x^2 + \dfrac{1}{x^2}\right)^3 = x^6 + \dfrac{1}{x^6} + 3\left(x^2 + \dfrac{1}{x^2}\right)$ より

$$\begin{aligned}x^6 + \frac{1}{x^6} &= \left(x^2 + \frac{1}{x^2}\right)^3 - 3\left(x^2 + \frac{1}{x^2}\right) \\ &= (a^2-2)^3 - 3(a^2-2) \\ &= (a^2-2)(a^4 - 4a^2 + 1) = \boldsymbol{a^6 - 6a^4 + 9a^2 - 2}\end{aligned}$$

問題 13 ▶▶▶ 設問 P11

(1) $(x+y+z)^2 = x^2+y^2+z^2+2(xy+yz+zx)$ であるから,

$$xy+yz+zx = \frac{1}{2}\{(x+y+z)^2 - (x^2+y^2+z^2)\} = \frac{1}{2}(3^2-1) = \boldsymbol{4}$$

(2) $x(y^3+z^3) + y(z^3+x^3) + z(x^3+y^3)$

$$\begin{aligned}&= xy^3 + z^3x + yz^3 + x^3y + zx^3 + y^3z \\ &= xy(x^2+y^2) + yz(y^2+z^2) + zx(z^2+x^2) \\ &= xy(x^2+y^2+z^2) + yz(x^2+y^2+z^2) \\ &\qquad + zx(x^2+y^2+z^2) - (xyz^2 + yzx^2 + zxy^2) \\ &= (xy+yz+zx)(x^2+y^2+z^2) - xyz(x+y+z) \\ &= 4\cdot 1 - 2\cdot 3 = \boldsymbol{-2}\end{aligned}$$

問題 14 ▶▶▶ 設問 P11

(1) $(a+b+c)^2 = a^2+b^2+c^2+2(ab+bc+ca)$ より

$$2^2 = 2 + 2(ab+bc+ca) \qquad \therefore \quad ab+bc+ca = \boldsymbol{1}$$

(2) $\dfrac{1}{a} + \dfrac{1}{b} + \dfrac{1}{c} = \dfrac{ab+bc+ca}{abc}$ より

$$-1 = \frac{ab+bc+ca}{abc}$$

(1) の結果を用いて, $abc = \boldsymbol{-1}$

(3) $a^2b^2 + b^2c^2 + c^2a^2$
$= (ab + bc + ca)^2 - 2(ab \cdot bc + bc \cdot ca + ca \cdot ab)$
$= (ab + bc + ca)^2 - 2abc(a + b + c) = 1^2 - 2 \cdot (-1) \cdot 2 = \mathbf{5}$

(4) $a^4 + b^4 + c^4 = (a^2 + b^2 + c^2)^2 - 2(a^2b^2 + b^2c^2 + c^2a^2) = 2^2 - 2 \cdot 5 = \mathbf{-6}$

問題 15 ▶▶▶ 設問 P13

(1) (左辺) $= a^2b^2 - a^2 - b^2 + 1$
(右辺) $= (a^2b^2 + 2ab + 1) - (a^2 + 2ab + b^2) = a^2b^2 - a^2 - b^2 + 1$
であるから，$(a^2 - 1)(b^2 - 1) = (ab + 1)^2 - (a + b)^2$ の成立が示された．

(2) $a + b + c = 0$ から $c = -a - b$ であるから
$$(左辺) = ab(a+b)^2 + b(-a-b)\{b + (-a-b)\}^2$$
$$+ (-a-b)a\{(-a-b) + a\}^2$$
$$= ab(a+b)^2 - a^2b(a+b) - ab^2(a+b)$$
$$= ab(a+b)\{(a+b) - a - b\} = 0$$
よって，$ab(a+b)^2 + bc(b+c)^2 + ca(c+a)^2 = 0$ の成立が示された．

別解 ••

$a + b + c = 0$ から $a + b = -c$, $b + c = -a$, $c + a = -b$ であるから
(左辺) $= ab(-c)^2 + bc(-a)^2 + ca(-b)^2 = abc^2 + a^2bc + ab^2c$
$= abc(a + b + c) = 0$
よって，$ab(a+b)^2 + bc(b+c)^2 + ca(c+a)^2 = 0$ の成立が示された．

問題 16 ▶▶▶ 設問 P13

(1) $(x-1)^2 + (y-1)^2 + (z-1)^2$
$= x^2 + y^2 + z^2 - 2(x + y + z) + 3$
$= (x + y + z)^2 - 2(xy + yz + zx) - 2 \cdot 3 + 3$
$= 3^2 - 2 \cdot 3 - 3 = 0$

x, y, z は実数より，$x-1=0$ かつ $y-1=0$ かつ $z-1=0$ すなわち，x, y, z はすべて 1 であることが示された.

(2) $x-1=X, y-1=Y, z-1=Z$ とおくと,
$$(x-1)^3+(y-1)^3+(z-1)^3=X^3+Y^3+Z^3=0 \cdots\cdots ①$$
である．また,
$$\begin{aligned}x+y+z&=X+1+Y+1+Z+1\\&=X+Y+Z+3=3\end{aligned}$$
より，$X+Y+Z=0 \cdots\cdots ②$ である.

ここで, 恒等式
$$\begin{aligned}&X^3+Y^3+Z^3-3XYZ\\&=(X+Y+Z)(X^2+Y^2+Z^2-XY-YZ-ZX)\end{aligned}$$
に ①, ② を用いると
$$XYZ=0 \quad \therefore \quad (x-1)(y-1)(z-1)=0$$
よって，x, y, z のうち少なくとも 1 つは 1 であることが示された．

問題 17　　　　　　　　　　　　　　▶▶▶ 設問 P16

(1) (右辺) $-$ (左辺) $= 3(ax+2by)-(a+2b)(x+2y)$
$$\begin{aligned}&=3ax+6by-(ax+2ay+2bx+4by)\\&=2(ax-ay-bx+by)=2(a-b)(x-y)\end{aligned}$$
ここで $a \geqq b, x \geqq y$ より $a-b \geqq 0, x-y \geqq 0$ であるから，
$2(a-b)(x-y) \geqq 0$
よって，$(a+2b)(x+2y) \leqq 3(ax+2by)$ の成立が示された．

(2) (左辺) $-$ (右辺) $= x^4+y^4-(x^3y+xy^3)=x^3(x-y)-y^3(x-y)$
$$\begin{aligned}&=(x-y)(x^3-y^3)=(x-y)^2(x^2+xy+y^2)\\&=(x-y)^2\left\{\left(x+\frac{y}{2}\right)^2+\frac{3}{4}y^2\right\}\end{aligned}$$
ここで x, y は実数より，$(x-y)^2 \geqq 0, \left(x+\dfrac{y}{2}\right)^2+\dfrac{3}{4}y^2 \geqq 0$ であるから

$$(x-y)^2(x^2+xy+y^2) \geqq 0$$

よって，$x^4+y^4 \geqq x^3y+xy^3$ の成立が示された．

問題 18 　　　　　　　　　　　　　　　▶▶▶ 設問 P16

(1) (左辺) $-$ (右辺) $= \dfrac{1}{2}(2a^2+2b^2+2c^2-2ab-2bc-2ca)$

$= \dfrac{1}{2}\{(a^2-2ab+b^2)+(b^2-2bc+c^2)$
$\qquad\qquad +(c^2-2ca+a^2)\}$

$= \dfrac{1}{2}\{(a-b)^2+(b-c)^2+(c-a)^2\}$

$\geqq 0 \quad (\because \quad a,\ b,\ c\ は実数)$

より，$a^2+b^2+c^2 \geqq ab+bc+ca$ が成立する．

(2) (1) において，$a=A^2,\ b=B^2,\ c=C^2$ とおくと，

$$A^4+B^4+C^4 \geqq A^2B^2+B^2C^2+C^2A^2 \cdots\cdots ①$$

が成立する．さらに，(1) の式で $a=AB,\ b=BC,\ c=CA$ とおけば，

$A^2B^2+B^2C^2+C^2A^2 \geqq AB^2C+BC^2A+CA^2B$
$\qquad\qquad\qquad\qquad = ABC(A+B+C) \cdots\cdots ②$

が成立する．以上，①，② から

$A^4+B^4+C^4 \geqq A^2B^2+B^2C^2+C^2A^2$
$\qquad\qquad\quad \geqq ABC(A+B+C)$

すなわち，$a^4+b^4+c^4 \geqq abc(a+b+c)$ が成立する．

(3) (左辺) $-$ (右辺) $= a^3+b^3+(-c)^3-3ab(-c)$

$= \{a+b+(-c)\}\{a^2+b^2+(-c)^2$
$\qquad\qquad -ab-b(-c)-(-c)a\}$

$= (a+b-c)(a^2+b^2+c^2-ab+bc+ca)$

$= (a+b-c)\cdot\dfrac{1}{2}\{(a-b)^2+(b+c)^2+(c+a)^2\}$

ここで，$a+b \geqq c$ より $a+b-c \geqq 0$ であり，また，$a,\ b,\ c$ は実数より

$(a-b)^2 + (b+c)^2 + (c+a)^2 \geqq 0$ であるから，(左辺) − (右辺) $\geqq 0$
すなわち，$a^3 + b^3 + 3abc \geqq c^3$ が成立する．

問題 19 ▶▶▶ 設問 P17

(左辺) $\geqq 0$, (右辺) $\geqq 0$ であるから，両辺を 2 乗しても大小関係は不変である．
$$\begin{aligned}(左辺)^2 &= (a^2 + b^2 + c^2)(x^2 + y^2 + z^2) \\ &= a^2x^2 + a^2y^2 + a^2z^2 + b^2x^2 + b^2y^2 + b^2z^2 + c^2x^2 + c^2y^2 + c^2z^2 \\ (右辺)^2 &= (ax + by + cz)^2 \\ &= a^2x^2 + b^2y^2 + c^2z^2 + 2abxy + 2bcyz + 2cazx\end{aligned}$$
であるから，
$$\begin{aligned}(左辺)^2 &- (右辺)^2 \\ &= a^2y^2 + a^2z^2 + b^2x^2 + b^2z^2 + c^2x^2 + c^2y^2 - 2abxy - 2bcyz - 2cazx \\ &= (ay - bx)^2 + (bz - cy)^2 + (cx - az)^2 \geqq 0 \quad (\because \quad 文字は全て実数)\end{aligned}$$
より，(左辺)$^2 \geqq$ (右辺)^2 が成立する．(左辺) $\geqq 0$, (右辺) $\geqq 0$ であるから，$\sqrt{a^2 + b^2 + c^2}\sqrt{x^2 + y^2 + z^2} \geqq |ax + by + cz|$ が成立することが示された．

なお，等号が成立するのは，$(ay - bx)^2 = 0$, $(bz - cy)^2$, $(cx - az)^2 = 0$ つまり，
$$ay = bx \text{ かつ } bz = cy \text{ かつ } cx = az$$
のときである．

問題 20 ▶▶▶ 設問 P17

$$\begin{aligned}(a - \sqrt{2})\left(\frac{a+2}{a+1} - \sqrt{2}\right) &= (a - \sqrt{2}) \cdot \frac{a + 2 - \sqrt{2}(a+1)}{a+1} \\ &= (a - \sqrt{2}) \cdot \frac{(1 - \sqrt{2})a - \sqrt{2}(1 - \sqrt{2})}{a+1} \\ &= (a - \sqrt{2}) \cdot \frac{(1 - \sqrt{2})(a - \sqrt{2})}{a+1} \\ &= \frac{(1 - \sqrt{2})(a - \sqrt{2})^2}{a+1} < 0 \quad (\because \quad a \text{ は } a \neq \sqrt{2} \text{ と} \\ &\quad \text{なる正の実数})\end{aligned}$$

より題意は示された．

問題 21 　　　　　　　　　　　　▶▶▶ 設問 P18

(1) $a > 0$, $b > 0$ であるから，相加平均・相乗平均の不等式により，
$$\left(a + \frac{1}{b}\right)\left(b + \frac{4}{a}\right) = \left(ab + \frac{4}{ab}\right) + 5$$
$$\geqq 2\sqrt{ab \cdot \frac{4}{ab}} + 5 = 2 \cdot 2 + 5 = 9$$

等号は $ab = \dfrac{4}{ab}$, すなわち, $\boldsymbol{ab = 2}$ のとき成立．

(2) $a > 0$, $b > 0$ であるから，相加平均・相乗平均の不等式より，
$$(a + b)\left(\frac{1}{a} + \frac{1}{b}\right) = \left(\frac{a}{b} + \frac{b}{a}\right) + 2$$
$$\geqq 2\sqrt{\frac{a}{b} \cdot \frac{b}{a}} + 2 = 2 \cdot 1 + 2 = 4$$

等号は $\dfrac{a}{b} = \dfrac{b}{a}$, すなわち, $\boldsymbol{a = b}$ のとき成立．

(3) $a > 0$, $b > 0$, $c > 0$ であるから，相加平均・相乗平均の不等式により，
$$\left(a + \frac{1}{b}\right)\left(b + \frac{1}{c}\right)\left(c + \frac{1}{a}\right)$$
$$= abc + \frac{1}{abc} + a + \frac{1}{a} + b + \frac{1}{b} + c + \frac{1}{c}$$
$$\geqq 2\sqrt{abc \cdot \frac{1}{abc}} + 2\sqrt{a \cdot \frac{1}{a}} + 2\sqrt{b \cdot \frac{1}{b}} + 2\sqrt{c \cdot \frac{1}{c}}$$
$$= 2 \cdot 1 + 2 \cdot 1 + 2 \cdot 1 + 2 \cdot 1 = 8$$

等号は $abc = \dfrac{1}{abc}$, $a = \dfrac{1}{a}$, $b = \dfrac{1}{b}$, $c = \dfrac{1}{c}$, すなわち, $\boldsymbol{a = b = c = 1}$ のとき成立．

別解

(2) 相加平均・相乗平均の不等式より
$$a + b \geqq 2\sqrt{ab} \quad (\text{等号は } a = b \text{ のとき})$$
$$\frac{1}{a} + \frac{1}{b} \geqq 2\sqrt{\frac{1}{ab}} \quad \left(\text{等号は}\frac{1}{a} = \frac{1}{b}\text{つまり } a = b \text{ のとき成立}\right)$$

が成立するから，辺々かけると

$$(a+b)\left(\frac{1}{a}+\frac{1}{b}\right) \geqq 4\sqrt{\frac{ab}{ab}} = 4 \quad (等号は \boldsymbol{a=b} のとき成立)$$

(3) 相加平均・相乗平均の不等式より

$$a + \frac{1}{b} \geqq 2\sqrt{\frac{a}{b}} \quad \left(等号は a = \frac{1}{b} つまり ab = 1 のとき成立\right)$$

$$b + \frac{1}{c} \geqq 2\sqrt{\frac{b}{c}} \quad \left(等号は b = \frac{1}{c} つまり bc = 1 のとき成立\right)$$

$$c + \frac{1}{a} \geqq 2\sqrt{\frac{c}{a}} \quad \left(等号は c = \frac{1}{a} つまり ca = 1 のとき成立\right)$$

が成立するから，辺々かけると

$$\left(a+\frac{1}{b}\right)\left(b+\frac{1}{c}\right)\left(c+\frac{1}{a}\right) \geqq 8\sqrt{\frac{abc}{bca}} = 8$$

が成立する．

等号は $ab=1$, $bc=1$, $ca=1$ のとき，つまり $\boldsymbol{a=b=c=1}$ のとき成立する．

> 注意

(1)において，相加平均・相乗平均の不等式より，

$$a + \frac{1}{b} \geqq 2\sqrt{\frac{a}{b}} \quad \cdots\cdots ①$$

$$b + \frac{4}{a} \geqq 2\sqrt{\frac{4b}{a}} = 4\sqrt{\frac{b}{a}} \quad \cdots\cdots ②$$

が成立する．①，②を辺々かけて，

$$\left(a+\frac{1}{b}\right)\left(b+\frac{4}{a}\right) \geqq 2\sqrt{\frac{a}{b}} \cdot 4\sqrt{\frac{b}{a}} = 8 \quad \cdots\cdots ③$$

とする人が多く見受けられます．③は数学的には真ですが，評価の甘い不等式になっています．というのは，③の等号が成立するのは，①の等号が成立し，かつ，②の等号が成立するときですが，

①の等号が成立するのは，$a = \frac{1}{b}$ つまり $ab = 1$ のとき

②の等号が成立するのは，$b = \frac{4}{a}$ つまり $ab = 4$ のとき

となるので，実は③の等号が成立することはないのです．

問題 22

(1) $x - 1 = t$ とおくと，
$$x + \frac{2}{x-1} = (t+1) + \frac{2}{t} = t + \frac{2}{t} + 1$$

ここで，$x > 1$ より $t = x - 1 > 0$ であるから，相加平均・相乗平均の不等式より，
$$t + \frac{2}{t} + 1 \geqq 2\sqrt{t \cdot \frac{2}{t}} + 1 = 2\sqrt{2} + 1$$

が成立する．等号は，
$$t = \frac{2}{t}$$
$$x - 1 = \frac{2}{x-1}$$
$$(x-1)^2 = 2 \quad \therefore \quad x = 1 + \sqrt{2} \quad (\because \quad x > 1)$$

のとき成立する．以上から，$x = 1 + \sqrt{2}$ のとき最小値 $\mathbf{2\sqrt{2} + 1}$

別解 ••

慣れてきたら置き換えをせずに解いてしまって構いません．

$x > 1$ より $x - 1 > 0$ であるから，
$$\begin{aligned}
x + \frac{2}{x-1} &= (x-1) + \frac{2}{x-1} + 1 \\
&\geqq 2\sqrt{(x-1) \cdot \frac{2}{x-1}} + 1 \quad (\because \text{ 相加平均・相乗平均の不等式}) \\
&= 2\sqrt{2} + 1
\end{aligned}$$

等号は $x - 1 = \dfrac{2}{x-1}$ のとき成立する (以下略)．

(2) $\dfrac{x}{x^2+1} = \dfrac{1}{x + \dfrac{1}{x}}$ より，分母が最小になるときを考えればよい．$x > 0$ であるから，相加平均・相乗平均の不等式より，
$$x + \frac{1}{x} \geqq 2\sqrt{x \cdot \frac{1}{x}} = 2$$

が成立する．等号は，
$$x = \frac{1}{x} \quad \therefore \quad x = 1 \quad (\because \quad x > 0)$$

のときのとき成立する．以上から，$x = 1$ のとき最大値 $\dfrac{\mathbf{1}}{\mathbf{2}}$

(3) $x^2 > 0$ かつ $2y^2 > 0$ であるから，相加平均・相乗平均の不等式より，
$$4 = x^2 + 2y^2 \geqq 2\sqrt{x^2 \cdot 2y^2} = 2\sqrt{2}xy$$
$$\therefore \quad xy \leqq \frac{4}{2\sqrt{2}} = \sqrt{2}$$
が成立する．等号は，
$$x^2 = 2y^2 \text{ かつ } x^2 + 2y^2 = 4$$
$$x^2 = 2y^2 = 2 \quad \therefore \quad x = \sqrt{2}, y = 1$$
のとき成立する．以上から，$x = \sqrt{2}, y = 1$ のとき，最大値 $\sqrt{2}$

問題 23 ▶▶▶ 設問 P22

(1) $\sqrt{-24}\sqrt{-6} = \sqrt{24}i \times \sqrt{6}i = 2\sqrt{6} \times \sqrt{6}i^2 = \boldsymbol{-12}$

(2) $(\sqrt{3} + \sqrt{-2})(\sqrt{3} - 2\sqrt{-8}) = (\sqrt{3} + \sqrt{2}i)(\sqrt{3} - 4\sqrt{2}i)$
$$= 3 - 4\sqrt{6}i + \sqrt{6}i - 8i^2$$
$$= \boldsymbol{11 - 3\sqrt{6}i}$$

(3) $\dfrac{3+i}{2-i} + \dfrac{2-i}{3+i} = \dfrac{(3+i)(2+i)}{(2-i)(2+i)} + \dfrac{(2-i)(3-i)}{(3+i)(3-i)}$
$$= \dfrac{6 + 5i + i^2}{2^2 - i^2} + \dfrac{6 - 5i + i^2}{3^2 - i^2}$$
$$= \dfrac{5 + 5i}{5} + \dfrac{5 - 5i}{10}$$
$$= 1 + i + \dfrac{1-i}{2} = \boldsymbol{\dfrac{3}{2} + \dfrac{1}{2}i}$$

(4) $\dfrac{(2+i)^2}{2-i} = \dfrac{(2+i)^3}{(2-i)(2+i)} = \dfrac{2^3 + 3 \cdot 2^2 i + 3 \cdot 2i^2 + i^3}{2^2 - i^2} = \boldsymbol{\dfrac{2 + 11i}{5}}$

問題 24 ▶▶▶ 設問 P22

(1) $2x - y, 6x + 2y$ は実数より，両辺の実部と虚部を比較して，
$$\begin{cases} 2x - y = 1 \\ 6x + 2y = 8 \end{cases}$$

これを解いて，$x=1, y=1$

(2) $x+2y, 3x-y$ は実数より，両辺の実部と虚部を比較して，
$$\begin{cases} x+2y=0 \\ 3x-y=0 \end{cases}$$

これを解いて，$x=0, y=0$

(3) 与式を展開整理して，$(3x+4y)+(-4x+3y)i=5+10i$

$3x+4y, -4x+3y$ は実数より，両辺の実部と虚部を比較して，
$$\begin{cases} 3x+4y=5 \\ -4x+3y=10 \end{cases}$$

これを解いて，$x=-1, y=2$

問題 25　　　　　　　　　　　　　　▶▶▶ 設問 P23

(1) (左辺) $= a^2 + 2abi + b^2 i^2 = (a^2 - b^2) + 2abi$

これが，$\dfrac{1}{2} + \dfrac{\sqrt{3}}{2}i$ と等しいから，
$$a^2 - b^2 = \dfrac{1}{2} \cdots\cdots ①$$
$$2ab = \dfrac{\sqrt{3}}{2} \cdots\cdots ②$$

②より $b = \dfrac{\sqrt{3}}{4a}$ となるから，これを①に代入して，
$$a^2 - \left(\dfrac{\sqrt{3}}{4a}\right)^2 = \dfrac{1}{2}$$
$$16a^4 - 8a^2 - 3 = 0$$
$$(4a^2 + 1)(4a^2 - 3) = 0$$

$a>0, b>0$ より，$a = \dfrac{\sqrt{3}}{2}, b = \dfrac{1}{2}$

(2) (左辺) $= ab + a^2 i + b^2 i + abi^2 = (a^2 + b^2)i$

これが $12i$ と等しいから，$a^2 + b^2 = 12 \cdots\cdots ③$ となる．ここで，

$$\frac{a+bi}{ab^2+a^2bi} = \frac{a+bi}{ab(b+ai)}$$
$$= \frac{(a+bi)(b-ai)}{ab(b+ai)(b-ai)}$$
$$= \frac{2ab+(-a^2+b^2)i}{ab(b^2+a^2)}$$

に③を用いると，実部は，
$$\frac{2ab}{ab(a^2+b^2)} = \frac{2}{a^2+b^2} = \frac{2}{12} = \frac{1}{6}$$

問題 26 ▶▶▶ 設問 P25

(1) $x^2 = -2$ より $x = \pm\sqrt{2}i$

(2) 解の公式より，
$$x = \frac{-1 \pm \sqrt{1^2 - 3\cdot 7}}{3} = \frac{-1 \pm \sqrt{-20}}{3}$$
$$= \frac{-1 \pm \sqrt{20}i}{3} = \frac{-1 \pm 2\sqrt{5}i}{3}$$

(3) 解の公式より，
$$x = \frac{1 \pm \sqrt{(-1)^2 - 3\cdot 2}}{3}$$
$$= \frac{1 \pm \sqrt{-5}}{3} = \frac{1 \pm \sqrt{5}i}{3}$$

(4) 解の公式より，
$$x = 1 \pm \sqrt{1^2 - 4} = 1 \pm \sqrt{-3} = 1 \pm \sqrt{3}i$$

(5) 与式の両辺を $\sqrt{2}$ で割ると，$x^2 + 2\sqrt{2}x + 3 = 0$

解の公式より，
$$x = -\sqrt{2} \pm \sqrt{(\sqrt{2})^2 - 3} = -\sqrt{2} \pm i$$

(6) $(x+1)^2 + 2 = 0$ より $(x+1)^2 = -2$

よって，$x+1 = \pm\sqrt{2}i$ となるから，$x = -1 \pm \sqrt{2}i$

問題 27 ▶▶▶ 設問 P25

第1式, 第2式の判別式をそれぞれ D_1, D_2 とすると

$$\begin{cases} D_1 = a^2 - 12a = a(a-12) \cdots\cdots ① \\ D_2 = a^2 - 4(a^2 - 1) = -3a^2 + 4 \cdots\cdots ② \end{cases}$$

$D_1 \geqq 0$ を解くと, $a \leqq 0$, $12 \leqq a$

$D_2 \geqq 0$ を解くと, $-\dfrac{2\sqrt{3}}{3} \leqq a \leqq \dfrac{2\sqrt{3}}{3}$

これらの共通部分をとって, $\boldsymbol{-\dfrac{2\sqrt{3}}{3} \leqq a \leqq 0}$

問題 28 ▶▶▶ 設問 P25

与式を y で整理すると,

$$3y^2 + (4x+5)y + 2x^2 + 4x - 4 = 0$$

これを満たす実数 y が存在すればよいから, 判別式を D とすると,

$$\begin{aligned} D &= (4x+5)^2 - 4 \cdot 3(2x^2 + 4x - 4) \\ &= 16x^2 + 40x + 25 - 24x^2 - 48x + 48 \\ &= -8x^2 - 8x + 73 \geqq 0 \end{aligned}$$

これを解いて, $\boldsymbol{\dfrac{-2-5\sqrt{6}}{4} \leqq x \leqq \dfrac{-2+5\sqrt{6}}{4}}$

問題 29 ▶▶▶ 設問 P26

(1) 条件式より,

$$(x+y)^2 - xy = x + y$$
$$s^2 - xy = s$$
$$\therefore \quad xy = s^2 - s$$

ここで, x, y を解にもつ X の2次方程式を考えると,

$$(X-x)(X-y) = 0$$
$$X^2 - (x+y)X + xy = 0$$
$$\therefore \quad X^2 - sX + (s^2 - s) = 0 \cdots (*)$$

x, y は実数より，判別式を D とすると，
$$D = s^2 - 4(s^2 - s)$$
$$= s(-3s + 4) \geqq 0$$

これを解いて，$0 \leqq s \leqq \dfrac{4}{3}$

別解

$y = s - x$ を条件式に代入して，
$$x^2 + x(s - x) + (s - x)^2 = s$$
$$\therefore \quad x^2 - sx + (s^2 - s) = 0$$

x は実数より判別式を D とすると，
$$D = s^2 - 4(s^2 - s)$$
$$= s(-3s + 4) \geqq 0$$

これを解いて，$\boldsymbol{0 \leqq s \leqq \dfrac{4}{3}}$

(2) u を s で表すと，
$$u = (x + y)^2 - 2xy$$
$$= s^2 - 2(s^2 - s)$$
$$= -s^2 + 2s$$
$$= -(s - 1)^2 + 1$$

(1) より，$0 \leqq s \leqq \dfrac{4}{3}$ であるから，$s = 1$ のとき最大値 **1** をとる．このとき，(∗) より，
$$X^2 - X = 0$$
$$X(X - 1) = 0$$
$$\therefore \quad X = 0, 1$$

よって，$\boldsymbol{(x, y) = (1, 0), (0, 1)}$

問題 30　　　　　　　　　　　　　　　▶▶▶ 設問 P28

(1) 整式 $P(x)$ を $x^2 - 1$ で割ったときの商を $Q(x)$ とおく．余りは 1 次以下より，それを $ax + b$ (a, b は定数) とすると，

$$P(x) = x^{101} + x^{100} + x^{99} + 1$$
$$= (x^2 - 1)Q(x) + ax + b$$
$$= (x-1)(x+1)Q(x) + ax + b$$

とおける．両辺に $x = 1, -1$ を代入して，
$$\begin{cases} P(1) = a + b = 4 \cdots\cdots ① \\ P(-1) = -a + b = 0 \cdots\cdots ② \end{cases}$$

①，② を連立して $a = 2, b = 2$ となるから，求める余りは $\boldsymbol{2x + 2}$

(2) 整式 $P(x)$ を $x^2 - 3x + 2$ と $x^2 - 5x + 6$ で割ったときの商をそれぞれ $Q_1(x), Q_2(x)$ とおく．このとき，
$$P(x) = \begin{cases} (x^2 - 3x + 2)Q_1(x) = (x-1)(x-2)Q_1(x) \\ (x^2 - 5x + 6)Q_2(x) = (x-2)(x-3)Q_2(x) \end{cases}$$

とおける．$x = 1, 2, 3$ を代入して，
$$\begin{cases} P(1) = 1 + p + q + r = 0 \\ P(2) = 8 + 4p + 2q + r = 0 \\ P(3) = 27 + 9p + 3q + r = 0 \end{cases}$$

これを解いて，$\boldsymbol{p = -6, \ q = 11, \ r = -6}$

問題 31

▶▶▶ 設問 P28

整式 $P(x)$ を $(x-1)^2$ で割ったときの商を $Q_1(x)$ とおくと，余りが $4x - 5$ であるから，
$$P(x) = (x-1)^2 Q_1(x) + 4x - 5 \qquad \cdots\cdots ①$$

とおける．また，整式 $P(x)$ を $x + 2$ で割ったときの商を $Q_2(x)$ とおくと，余りが -4 であるから，
$$P(x) = (x+2)Q_2(x) - 4 \qquad \cdots\cdots ②$$

とおける．

(1) 整式 $P(x)$ を $x - 1$ で割ったときの商を $S_1(x)$，余りを r とおくと，
$$P(x) = (x-1)S_1(x) + r \qquad \cdots\cdots ③$$

となる．①，③ より
$$r = P(1) = 4 \cdot 1 - 5 = \boldsymbol{-1}$$

(2) 整式 $P(x)$ を $(x-1)(x+2)$ で割ったときの商を $S_2(x)$, 余りを $ax+b$ (a, b は定数) とおくと,
$$P(x) = (x-1)(x+2)S_2(x) + ax + b \quad \cdots\cdots ④$$
となる. ②, ④ より
$$P(-2) = -2a + b = -4 \quad \cdots\cdots ⑤$$
(1) の結果と, ④ より
$$P(1) = a + b = -1 \quad \cdots\cdots ⑥$$
⑤, ⑥ を連立して $a = 1$, $b = -2$

以上から, 求める余りは $\boldsymbol{x - 2}$

(3) ① より $P(x)$ を $(x-1)^2(x+2)$ で割ったときの商を $S_3(x)$, 余りを $c(x-1)^2 + 4x + 5$ (c は定数) とおくと,
$$P(x) = (x-1)^2(x+2)S_3(x) + c(x-1)^2 + 4x - 5 \quad \cdots\cdots ⑦$$
となる. ②, ⑦ より
$$9c - 13 = -4 \quad \therefore \quad c = 1$$
以上から, 求める余りは $(x-1)^2 + 4x - 5 = \boldsymbol{x^2 + 2x - 4}$

問題 32 ▶▶▶ 設問 P31

(1) $P(x) = x^3 - 4x^2 - 11x + 30$ とおくと $P(2) = 0$ より, $P(x)$ は $x - 2$ を因数にもつから,
$$\begin{aligned} P(x) &= (x-2)(x^2 - 2x - 15) \\ &= (x-2)(x-5)(x+3) \end{aligned}$$
となる. $P(x) = 0$ より
$$x - 2 = 0 \text{ または } x - 5 = 0 \text{ または } x + 3 = 0$$
これを解いて, $\boldsymbol{x = 2, 5, -3}$

(2) $P(x) = x^4 + 2x^3 + 4x^2 - 2x - 5$ とおくと $P(\pm 1) = 0$ より, $P(x)$ は $(x-1)(x+1)$ を因数にもつから,
$$P(x) = (x-1)(x+1)(x^2 + 2x + 5)$$

となる．$P(x) = 0$ より
$$x - 1 = 0 \text{ または } x + 1 = 0 \text{ または } x^2 + 2x + 5 = 0$$
これを解いて，$\boldsymbol{x = \pm 1, -1 \pm 2i}$

問題 33 ▶▶▶ 設問 P31

(1) 与えられた方程式は $x = 0$ を解にもたないから $x \neq 0$ としてよい．このとき，両辺を x^2 で割って，
$$2x^2 - 9x - 1 - \frac{9}{x} + \frac{2}{x^2} = 0$$
$$2\left(x^2 + \frac{1}{x^2}\right) - 9\left(x + \frac{1}{x}\right) - 1 = 0$$

ここで $x^2 + \dfrac{1}{x^2} = \left(x + \dfrac{1}{x}\right)^2 - 2 = y^2 - 2$ であるから，
$$2(y^2 - 2) - 9y - 1 = 0 \qquad \therefore \quad \boldsymbol{2y^2 - 9y - 5 = 0}$$

(2) (1) の y の方程式を解くと，
$$(y - 5)(2y + 1) = 0 \qquad \therefore \quad y = 5, -\frac{1}{2}$$

$y = x + \dfrac{1}{x}$ より $yx = x^2 + 1 \iff x^2 - yx + 1 = 0$ であるから，

(i) $y = 5$ のとき
$$5 = x + \frac{1}{x} \iff x^2 - 5x + 1 = 0$$
となるから，これを解いて，$x = \dfrac{5 \pm \sqrt{21}}{2}$

(ii) $y = -\dfrac{1}{2}$ のとき
$$-\frac{1}{2} = x + \frac{1}{x} \iff x^2 + \frac{1}{2}x + 1 = 0$$
$$\iff 2x^2 + x + 2 = 0$$
となるから，これを解いて，$x = \dfrac{-1 \pm \sqrt{15}i}{4}$

問題 34　　　　　　　　　　　　　　　　　　　　▶▶▶ 設問 P34

(1) 解と係数の関係より
$$\begin{cases} t + \dfrac{1}{t} = a + 1 \cdots\cdots ① \\ t \cdot \dfrac{1}{t} = a \cdots\cdots ② \end{cases}$$
が成立する．②より $a = 1$ となるから，これを①に用いて
$$t^2 - 2t + 1 = 0 \quad \therefore \quad \boldsymbol{t = 1}$$

(2) $x^2 + 3x + 1 = 0$ の解が α, β であるから，
$$\begin{cases} \alpha^2 + 3\alpha + 1 = 0 \\ \beta^2 + 3\beta + 1 = 0 \end{cases}$$
が成立する．このとき，
$$\alpha^2 + 5\alpha + 1 = (\alpha^2 + 3\alpha + 1) + 2\alpha = 2\alpha$$
$$\beta^2 - 4\beta + 1 = (\beta^2 + 3\beta + 1) - 7\beta = -7\beta$$
解と係数の関係より $\alpha\beta = 1$ となるから，
$$(\alpha^2 + 5\alpha + 1)(\beta^2 - 4\beta + 1) = 2\alpha \cdot (-7\beta)$$
$$= -14\alpha\beta = \boldsymbol{-14}$$

問題 35　　　　　　　　　　　　　　　　　　　　▶▶▶ 設問 P35

2つの正の整数解を α, β $(1 \leqq \alpha \leqq \beta)$ とおくと，解と係数の関係より，
$$\begin{cases} \alpha + \beta = a - 4 \cdots\cdots ① \\ \alpha\beta = 3a - 9 \cdots\cdots ② \end{cases}$$
が成立する．①より，$a = \alpha + \beta + 4$ となるから，これを②に代入して，
$$\alpha\beta = 3(\alpha + \beta + 4) - 9$$
$$\alpha\beta - 3\alpha - 3\beta = 3 \quad \therefore \quad (\alpha - 3)(\beta - 3) = 12$$
ここで，α, β は整数だから $\alpha - 3, \beta - 3$ も整数で，$1 \leqq \alpha \leqq \beta$ のとき，$-2 \leqq \alpha - 3 \leqq \beta - 3$ であるから，
$$(\alpha - 3, \beta - 3) = (1, 12), (2, 6), (3, 4)$$
$$\therefore \quad (\alpha, \beta) = (4, 15), (5, 9), (6, 7)$$
①より，$a = \alpha + \beta + 4$ であるから，
$$\boldsymbol{a = 23, \ 18, \ 17}$$

問題 36 ▶▶▶設問 P35

実数係数の方程式で $x = 1 + \sqrt{2}i$ が解より，$x = 1 - \sqrt{2}i$ も解にもつ．$\alpha = 1 + \sqrt{2}i$，$\beta = 1 - \sqrt{2}i$ とし，残りの解を γ とすると 3 次方程式の解と係数の関係より

$$\begin{cases} \alpha + \beta + \gamma = -a \\ \alpha\beta + \beta\gamma + \gamma\alpha = b \\ \alpha\beta\gamma = -6 \end{cases}$$

$$\Longleftrightarrow \begin{cases} (1+\sqrt{2}i) + (1-\sqrt{2}i) + \gamma = -a \\ (1+\sqrt{2}i)(1-\sqrt{2}i) + \{(1+\sqrt{2}i) + (1-\sqrt{2}i)\}\gamma = b \\ (1+\sqrt{2}i)(1-\sqrt{2}i)\gamma = -6 \end{cases}$$

$$\Longleftrightarrow \begin{cases} 2 + \gamma = -a \\ 3 + 2\gamma = b \\ 3\gamma = -6 \end{cases}$$

これを解いて，$\gamma = -2$，$\boldsymbol{a = 0}$，$\boldsymbol{b = -1}$　他の解は $\boldsymbol{x = 1 - \sqrt{2}i,\ -2}$

別解

実数係数の方程式で $x = 1 + \sqrt{2}i$ が解より，$x = 1 - \sqrt{2}i$ も解にもつ．よって，$x^3 + ax^2 + bx + 6$ は

$$\{x - (1+\sqrt{2}i)\}\{x - (1-\sqrt{2}i)\} = x^2 - 2x + 3$$

で割り切れるから，

$$x^3 + ax^2 + bx + 6 = (x^2 - 2x + 3)(x + c)$$

とおける．右辺を展開して，

$$(x^2 - 2x + 3)(x + c) = x^3 + (-2 + c)x^2 + (3 - 2c)x + 3c$$

となるので，両辺の係数を比較すると，

$$\begin{cases} a = -2 + c \\ b = 3 - 2c \\ 6 = 3c \end{cases}$$

これを解いて，$c = 2$，$\boldsymbol{a = 0}$，$\boldsymbol{b = -1}$　他の解は $\boldsymbol{x = 1 - \sqrt{2}i,\ -2}$

問題 37 ▶▶▶設問 P35

解と係数の関係より，

$$a + b + c = 2,\ ab + bc + ca = 1,\ abc = -5$$

(1) $a^2 + b^2 + c^2 = (a+b+c)^2 - 2(ab+bc+ca)$
$= 2^2 - 2 \cdot 1 = \mathbf{2}$

(2) $a^3 + b^3 + c^3 = (a+b+c)(a^2+b^2+c^2-ab-bc-ca) + 3abc$
$= 2 \cdot (2-1) + 3 \cdot (-5) = \mathbf{-13}$

(3) $a^4 + b^4 + c^4 = (a^2+b^2+c^2)^2 - 2(a^2b^2+b^2c^2+c^2a^2)$ となる．ここで，
$a^2b^2 + b^2c^2 + c^2a^2 = (ab+bc+ca)^2 - 2abc(a+b+c)$
$= 1^2 - 2 \cdot (-5) \cdot 2 = 21$

であるから，
$$a^4 + b^4 + c^4 = 2^2 - 2 \cdot 21 = \mathbf{-38}$$

別解

(2) 解の定義より，
$$a^3 - 2a^2 + a + 5 = 0 \iff a^3 = 2a^2 - a - 5 \cdots\cdots ①$$
が成立する．同様に，
$$b^3 = 2b^2 - b - 5 \cdots\cdots ②$$
$$c^3 = 2c^2 - c - 5 \cdots\cdots ③$$
となるから，これらを加えると，
$a^3 + b^3 + c^3 = 2(a^2+b^2+c^2) - (a+b+c) - 15$
$= 2 \cdot 2 - 2 - 15 = \mathbf{-13}$

(3) ①～③の両辺にそれぞれ a, b, c をかけて，
$$a^4 = 2a^3 - a^2 - 5a$$
$$b^4 = 2b^3 - b^2 - 5b$$
$$c^4 = 2c^3 - c^2 - 5c$$
これらを辺々加えて，
$a^4 + b^4 + c^4 = 2(a^3+b^3+c^3) - (a^2+b^2+c^2) - 5(a+b+c)$
$= 2 \cdot (-13) - 2 - 5 \cdot 2 = \mathbf{-38}$

問題 38

▶▶▶ 設問 P36

$a = 1$ としても一般性を失わない.

$x^3 - 1 = (x-1)(x^2 + x + 1) = 0$ より, b, c は方程式 $x^2 + x + 1 = 0$ の解であるから, 解と係数の関係より,

$$\begin{cases} b + c = -1 \\ bc = 1 \end{cases}$$

が成立する. よって,

$$\begin{aligned} A^2 &= (a-b)^2(b-c)^2(c-a)^2 \\ &= \{(1-b)(c-1)\}^2(b-c)^2 \\ &= \{bc - (b+c) + 1\}^2(b-c)^2 \\ &= 3^2\{(b+c)^2 - 4bc\} \\ &= 9\{(-1)^2 - 4 \cdot 1\} = \boldsymbol{-27} \end{aligned}$$

問題 39

▶▶▶ 設問 P37

(1) $a = 0$ のとき, $x^3 + x = 0$ より $x(x^2 + 1) = 0$

$x = 0$ または $x^2 = -1$ より, $\boldsymbol{x = 0, \pm i}$

$a = 1$ のとき, $x^3 - 1 = 0$ より $(x-1)(x^2 + x + 1) = 0$

$x - 1 = 0$ または $x^2 + x + 1 = 0$ より, $\boldsymbol{x = 1, \dfrac{-1 \pm \sqrt{3}}{2} i}$

$a = 2$ のとき, $x^3 - 3x - 2 = 0$ より $(x+1)^2(x-2) = 0$

よって, $\boldsymbol{x = -1, 2}$

(2) $g(x) = x^3 + (1 - a^2)x$ とおくと $g(a) = 0$ より, $(*)$ は $x = a$ を解にもつから,

$$(x - a)(x^2 + ax + 1) = 0$$

条件より, $x^2 + ax + 1 = 0$ が $x = a$ 以外の異なる 2 つの実数解をもてばよいから, $f(x) = x^2 + ax + 1$, $f(x) = 0$ の判別式を D とすると,

$$f(a) = a^2 + a \cdot a + 1 \neq 0 \text{ かつ } D > 0$$
$$2a^2 + 1 \neq 0 \text{ かつ } a^2 - 4 > 0$$

これを解いて, $\boldsymbol{a < -2, 2 < a}$

(3) (1) より，ω は $x^3 - 1 = 0$ かつ $x^2 + x + 1 = 0$ の解であるから，
$$\omega^3 = 1 \text{ かつ } \omega^2 + \omega + 1 = 0$$

このとき，
$1 + \omega + \omega^2 + \cdots + \omega^{2010}$
$= 1 + \omega + \omega^2 + \cdots + \omega^{2007} + \omega^{2008} + \omega^{2009} + \omega^{2010}$
$= (1 + \omega + \omega^2) + \omega^3(1 + \omega + \omega^2) + \cdots + \omega^{2007}(1 + \omega + \omega^2) + (\omega^3)^{670}$
$= 0 + 1^{670} = \mathbf{1}$

別解 ・・

$1 + \omega + \omega^2 + \cdots\cdots + \omega^{2010}$ は初項 1，公比 ω の等比数列の和であるから，
$$1 + \omega + \omega^2 + \cdots\cdots + \omega^{2010} = \frac{1 \cdot (1 - \omega^{2011})}{1 - \omega}$$
$$= \frac{1 - (\omega^3)^{670}\omega}{1 - \omega}$$
$$= \frac{1 - \omega}{1 - \omega} = \mathbf{1}$$

問題 40　　　　　　　　　　　　　　　▶▶▶設問 P40

(1) (i) $C\left(\dfrac{1 \cdot 2 + 2 \cdot 4}{2 + 1}, \dfrac{1 \cdot 0 + 2 \cdot 2}{2 + 1}\right)$ すなわち，$C\left(\dfrac{\mathbf{10}}{\mathbf{3}}, \dfrac{\mathbf{4}}{\mathbf{3}}\right)$

(ii) $D\left(\dfrac{-1 \cdot 2 + 4 \cdot 4}{4 - 1}, \dfrac{-1 \cdot 0 + 4 \cdot 2}{4 - 1}\right)$ すなわち，$D\left(\dfrac{\mathbf{14}}{\mathbf{3}}, \dfrac{\mathbf{8}}{\mathbf{3}}\right)$

(2) $G\left(\dfrac{4 + (-4) + 2}{3}, \dfrac{5 + (-2) + (-5)}{3}\right)$ すなわち，$G\left(\dfrac{\mathbf{2}}{\mathbf{3}}, -\dfrac{\mathbf{2}}{\mathbf{3}}\right)$

問題 41　　　　　　　　　　　　　　　▶▶▶設問 P43

(1) $3x - 4y + 2 = 0 \iff y = \dfrac{3}{4}x + \dfrac{1}{2}$

平行な直線の傾きは $\dfrac{3}{4}$ であるから，求める方程式は
$$y = \dfrac{3}{4}(x - 2) + 1$$
$$\boldsymbol{y = \dfrac{3}{4}x - \dfrac{1}{2}}$$

次に，垂直な直線の傾きを k とすると，
$$\frac{3}{4}k = -1 \qquad \therefore \quad k = -\frac{4}{3}$$
であるから，求める方程式は
$$y = -\frac{4}{3}(x-2) + 1$$
$$\boldsymbol{y = -\frac{4}{3}x + \frac{11}{3}}$$

(2) 2直線 $(a-2)x + ay + 2 = 0$, $x + (a-2)y + 1 = 0$ が平行となるとき，
$$(a-2) : a = 1 : (a-2)$$
$$(a-2)^2 = a \cdot 1$$
$$a^2 - 5a + 4 = 0$$
$$(a-1)(a-4) = 0 \qquad \therefore \quad a = 1, 4$$

$a = 4$ のとき，
$$l : 2x + 4y + 2 = 0 \qquad \therefore \quad x + 2y + 1 = 0$$
$$m : x + 2y + 1 = 0$$
となり，2直線は一致するから不適．$a = 1$ のとき，
$$l : -x + y + 2 = 0 \qquad \therefore \quad x - y - 2 = 0$$
$$m : x - y + 1 = 0$$
となり，条件を満たす．以上から，平行になるとき $\boldsymbol{a = 1}$

次に，2直線が垂直になるとき，
$$(a-2) \cdot 1 + a(a-2) = 0$$
$$a^2 - a - 2 = 0$$
$$(a-2)(a+1) = 0$$
$$\therefore \quad \boldsymbol{a = 2, -1}$$

問題 42 ▶▶▶ 設問 P44

(1) 点 A を通り，直線 l に垂直な直線の方程式は，
$$y - 2 = -\frac{1}{2}(x - 5) \qquad \therefore \quad y = -\frac{1}{2}x + \frac{9}{2}$$
この直線と l との交点が垂線の足 H であるから，2式から y を消去して，
$$-\frac{1}{2}x + \frac{9}{2} = 2x - 3 \qquad \therefore \quad x = 3, y = 3$$

よって，**H(3, 3)**

(2) $A'(a, b)$ とおくと，A と A' の中点が (1) で求めた点 H であるから，
$$\frac{5+a}{2} = 3, \quad \frac{2+b}{2} = 3 \quad \therefore \quad a = 1, b = 4$$
よって，**$A'(1, 4)$**

(3) $\triangle APH \equiv \triangle A'PH$ より
$$AP + BP = A'P + BP \geq A'B$$
等号は A'，P，B が一直線上に存在するとき成立するので，$AP + BP$ の最小値は
$$A'B = \sqrt{(4-1)^2 + (0-4)^2} = \mathbf{5}$$

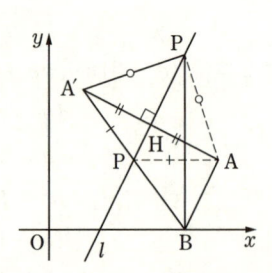

問題 43 ▶▶▶ 設問 P44

(1) ①，② の交点を P とすると，2式から y を消去して，
$$2x - 1 = 3x + m \quad \therefore \quad x = -m - 1$$
よって，$P(-m-1, -2m-3)$ となる．3直線が1点で交わるのは，P が③上にあるときであるから，
$$-2m - 3 = m(-m-1) + 9$$
$$m^2 - m - 12 = 0$$
$$(m+3)(m-4) = 0 \quad \therefore \quad \mathbf{m = -3, 4}$$

(2) 3直線によって三角形ができないのは，次の2つの場合がある．

(i) 3直線が1点で交わる

(ii) 3直線のうち2本 (以上) が平行になる

(i) のとき，(1) より，$m = -3, 4$
(ii) のとき，①と②が平行になることはないから，①と③が平行になるか，または，②と③が平行になるときを考えればよい．傾きを考えて $m = 2, 3$ 以上から，求める m の値は，
$$\mathbf{m = -3, 2, 3, 4}$$

問題 44

(1) $\dfrac{|3 \cdot (-4) - 4 \cdot (-4) - 2|}{\sqrt{3^2 + (-4)^2}} = \dfrac{|2|}{\sqrt{25}} = \dfrac{\mathbf{2}}{\mathbf{5}}$

(2) 直線の方程式は $4x + 3y - 5 = 0$ であるから，
$$\dfrac{|4 \cdot (-2) + 3 \cdot 1 - 5|}{\sqrt{4^2 + 3^2}} = \dfrac{|-10|}{\sqrt{25}} = \mathbf{2}$$

問題 45

(1) $P(t, -t+3)$ とする．これと直線 $3x + 4y + 5 = 0$ の距離が 3 であるから，
$$\dfrac{|3t + 4(-t+3) + 5|}{\sqrt{3^2 + 4^2}} = 3$$
$$|17 - t| = 15$$
$$17 - t = \pm 15 \quad \therefore \quad t = 2, \ 32$$

よって $\mathbf{P(2,\ 1),\ (32,\ -29)}$

(2) (i) $x = 2$ のとき
右図より，条件を満たす．

(ii) y 軸に平行でないとき
点 $(2, 1)$ を通る直線の方程式は
$$y = m(x - 2) + 1$$
$mx - y - 2m + 1 = 0$ とすると，点 $(5, 5)$ との距離が 3 であるから，
$$\dfrac{|5m - 5 - 2m + 1|}{\sqrt{m^2 + (-1)^2}} = 3$$
$$|3m - 4| = 3\sqrt{m^2 + 1}$$
両辺はともに 0 以上であるから，両辺を 2 乗して
$$9m^2 - 24m + 16 = 9(m^2 + 1)$$
$$-24m + 16 = 9 \quad \therefore \quad m = \dfrac{7}{24}$$

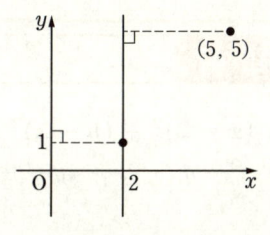

以上 (i), (ii) より，求める直線の方程式は $\mathbf{x = 2,\ 7x - 24y + 10 = 0}$

問題 46

放物線 $y = x^2 + 2x$ 上の点 $P(t, t^2 + 2t)$ における接線の傾きは，$y' = 2x + 2$ より $2t + 2$ である．
PQ の長さが最小となるのは，P における接線が l に平行で，かつ PQ $\perp l$ のときであるから

$$2t + 2 = 1 \quad \therefore \quad t = -\frac{1}{2}$$

このとき点 $P\left(-\frac{1}{2}, -\frac{3}{4}\right)$ と
直線 $y = x - 1 \iff x - y - 1 = 0$ との距離は

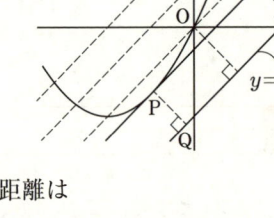

$$\frac{\left|-\frac{1}{2} - \left(-\frac{3}{4}\right) - 1\right|}{\sqrt{1^2 + (-1)^2}} = \frac{3}{4\sqrt{2}} = \frac{3\sqrt{2}}{8}$$

よって，求める最小値は $\dfrac{3\sqrt{2}}{8}$

問題 47

(1) $(x - 2)^2 + (y - 1)^2 = 9$

(2) $x^2 + y^2 - 2x + 4y + 1 = 0$ より，

$$(x^2 - 2x) + (y^2 + 4y) + 1 = 0$$
$$\{(x - 1)^2 - 1\} + \{(y + 2)^2 - 4\} + 1 = 0$$
$$\therefore \quad (x - 1)^2 + (y + 2)^2 = 4$$

よって，この円の中心は点 $(1, -2)$，半径は 2

(3) この円の半径は，中心 $(4, -3)$ と原点との距離であるから，

$$\sqrt{4^2 + (-3)^2} = 5$$

よって，求める方程式は，$(x - 4)^2 + (y + 3)^2 = 25$

(4) 中心は PQ の中点 $M(2, 0)$ である．このとき，半径は

$$MP = \sqrt{(2 - 1)^2 + (0 - 3)^2} = \sqrt{10}$$

よって，求める方程式は，$(x - 2)^2 + y^2 = 10$

別解

ベクトルを利用すると，以下のような別解も可能です．

円周上の P, Q 以外の任意の点を $R(x, y)$ とする．

$PR \perp QR$ より $\overrightarrow{PR} \cdot \overrightarrow{QR} = 0$

ここで

$$\overrightarrow{PR} = (x-1, y-3),$$
$$\overrightarrow{QR} = (x-3, y+3)$$

より

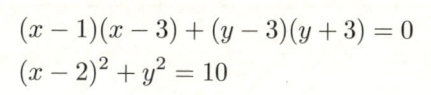

$$(x-1)(x-3) + (y-3)(y+3) = 0$$
$$(x-2)^2 + y^2 = 10$$

これは R が P, Q と一致するときも含む．

(5) 求める円の方程式を $x^2 + y^2 + lx + my + n = 0$ とおく．これが3点 $A(-2, 1)$, $B(1, -2)$, $C(4, 3)$ を通るので，

$$\begin{cases} (-2)^2 + 1^2 - 2l + m + n = 0 \\ 1^2 + (-2)^2 + l - 2m + n = 0 \\ 4^2 + 3^2 + 4l + 3m + n = 0 \end{cases} \therefore \begin{cases} -2l + m + n = -5 \\ l - 2m + n = -5 \\ 4l + 3m + n = -25 \end{cases}$$

これを解いて，$l = m = -\dfrac{5}{2}$, $n = -\dfrac{15}{2}$

よって，円の方程式は，

$$x^2 + y^2 - \dfrac{5}{2}x - \dfrac{5}{2}y - \dfrac{15}{2} = 0$$

$$\left(x - \dfrac{5}{4}\right)^2 + \left(y - \dfrac{5}{4}\right)^2 = \dfrac{85}{8}$$

となるから，中心の座標は $\left(\dfrac{5}{4}, \dfrac{5}{4}\right)$

別解

線分 AB，線分 AC それぞれの垂直二等分線を l_1, l_2 とする．

直線 AB の傾きは $\dfrac{-2-1}{1-(-2)} = -1$ より l_1 の傾きは 1 である．l_1 は AB の中点 $\left(-\dfrac{1}{2}, -\dfrac{1}{2}\right)$ を通るので

$l_1 : y = \left(x + \dfrac{1}{2}\right) - \dfrac{1}{2}$ $\therefore$ $y = x$

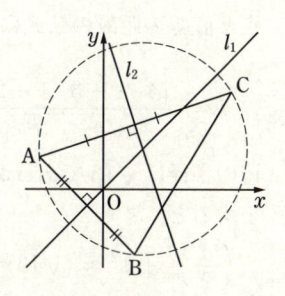

直線ACの傾きは $\dfrac{3-1}{4-(-2)} = \dfrac{1}{3}$ より，l_2 の傾きは -3 である．l_2 はACの中点 $(1, 2)$ を通るので $l_2 : y = -3(x-1) + 2$ $\therefore$ $y = -3x + 5$

求める中心は l_1，l_2 の交点より，連立して
$$x = -3x + 5 \quad \therefore \quad x = \dfrac{5}{4}$$

以上から，求める円の中心の座標は $\left(\dfrac{5}{4}, \dfrac{5}{4}\right)$

問題 48 ▶▶▶ 設問 P48

与式より，
$$(x+m)^2 - m^2 + \{y - (m+1)\}^2 - (m+1)^2 + 3m^2 - 3m + 5 = 0$$
$$(x+m)^2 + \{y - (m+1)\}^2 = -m^2 + 5m - 4$$

これが円を表すとき，
$$-m^2 + 5m - 4 > 0$$
$$(m-1)(m-4) < 0 \quad \therefore \quad \boldsymbol{1 < m < 4}$$

また，半径を r とすると，
$$r^2 = -m^2 + 5m - 4$$
$$= -\left(m - \dfrac{5}{2}\right)^2 + \dfrac{9}{4}$$

であるから，r が最大となるときの m は $\boldsymbol{m = \dfrac{5}{2}}$

問題 49 ▶▶▶ 設問 P48

(1) 円 C の中心 $A(1, 1)$ と直線 $l : 4x + 3y - 2 = 0$ との距離を h とすると，点と直線の距離の公式により，
$$h = \dfrac{|4 \cdot 1 + 3 \cdot 1 - 2|}{\sqrt{4^2 + 3^2}} = \dfrac{|5|}{5} = \boldsymbol{1}$$

円の半径は $\sqrt{13}$ であるから，弦の長さを d とすると，
$$\left(\dfrac{d}{2}\right)^2 + 1^2 = (\sqrt{13})^2$$

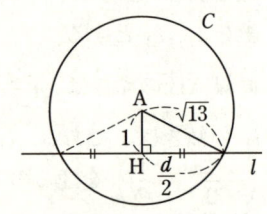

$$\therefore \quad d = 2\sqrt{(\sqrt{13})^2 - 1^2} = \mathbf{4\sqrt{3}}$$

(2) 円 C の中心 A(1, 1) と直線
$m : 3x + y - k = 0$ の距離を k とすると,
点と直線の距離の公式により,
$$j = \frac{|3 \cdot 1 + 1 - k|}{\sqrt{3^2 + 1^2}} = \frac{|4 - k|}{\sqrt{10}}$$

円 C が直線 m から (1) の半分の長さの弦
$\dfrac{d}{2} = 2\sqrt{3}$ を切りとるとき,

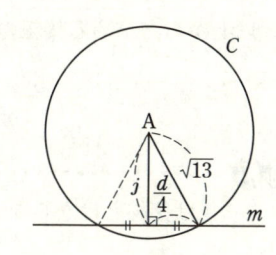

$$\left(\frac{d}{4}\right)^2 + j^2 = (\sqrt{13})^2$$
$$(\sqrt{3})^2 + \left(\frac{|4-k|}{\sqrt{10}}\right)^2 = (\sqrt{13})^2$$
$$3 + \frac{(4-k)^2}{10} = 13$$
$$(4-k)^2 = 100$$
$$4 - k = \pm 10 \quad \therefore \quad \mathbf{k = -6,\ 14}$$

問題 50 　　　　　　　　　　　　　　▶▶▶ 設問 P51

(1) $\mathbf{x + 2y = 5}$
(2) $(6-2)(x-2) + (4-1)(y-1) = 25$ より $\mathbf{4x + 3y = 36}$
(3) 接点の座標を (x_1, y_1) とすると円 C 上の点 (x_1, y_1) における接線の方程式は $x_1 x + y_1 y = 2$ となる. これが (3, 1) を通るから,
$$3x_1 + y_1 = 2 \quad \cdots\cdots ①$$
また, 点 (x_1, y_1) は円 C 上にあることより
$$x_1^2 + y_1^2 = 2 \quad \cdots\cdots ②$$

①より $y_1 = 2 - 3x_1$
これを②に代入して
$$x_1^2 + (2 - 3x_1)^2 = 2$$
$$10x_1^2 - 12x_1 + 2 = 0$$
$$5x_1^2 - 6x_1 + 1 = 0$$
$$(5x_1 - 1)(x_1 - 1) = 0 \quad \therefore \quad x_1 = \frac{1}{5},\ 1$$

これらを①に用いて
$$(x_1, y_1) = \left(\frac{1}{5}, \frac{7}{5}\right), (1, -1)$$
以上から，求める接線の方程式は
$$\frac{1}{5}x + \frac{7}{5}y = 2, \ 1 \cdot x + (-1)y = 2$$
$$\therefore \ \boldsymbol{x + 7y - 10 = 0, \ x - y - 2 = 0}$$

別解 ••

$x = 3$ は接線とはならないから，求める接線の方程式は傾きを m として，
$$y = m(x-3) + 1$$
$$mx - y - 3m + 1 = 0 \quad \cdots\cdots ①$$
とおける．円の中心と直線①の距離 d は円の半径 $\sqrt{2}$ に等しいから，
$$d = \frac{|-3m+1|}{\sqrt{m^2+1}} = \sqrt{2}$$
$$(3m-1)^2 = 2(m^2+1)$$
$$7m^2 - 6m - 1 = 0$$
$$(m-1)(7m+1) = 0 \quad \therefore \quad m = 1, \ -\frac{1}{7}$$

これを①に代入して，求める接線の方程式は
$$\boldsymbol{x - y - 2 = 0, \ x + 7y - 10 = 0}$$

(4) 円周上の点 (x_1, y_1) における接線の方程式は $x_1 x + y_1 y = 4$ となる．これが，点 $(12, 0)$ を通ることから
$$12x_1 = 4 \quad \therefore \quad x_1 = \frac{1}{3}$$
ゆえに，接点の x 座標は $\boldsymbol{\dfrac{1}{3}}$

問題 51 ▶▶▶ 設問 P51

$P(x_1, y_1), Q(x_2, y_2)$ とする．2 点 P, Q における接線の方程式は，それぞれ
$$x_1 x + y_1 y = 9, \ x_2 x + y_2 y = 9$$
となる．これが点 $A(4, 2)$ を通るから
$$4x_1 + 2y_1 = 9, \ 4x_2 + 2y_2 = 9$$
これが点 $P(x_1, y_1), Q(x_2, y_2)$ がともに直線 $4x + 2y = 9$ 上にあることを意味する．
(直線は 2 点で決定されるので) l の方程式は $\boldsymbol{4x + 2y = 9}$

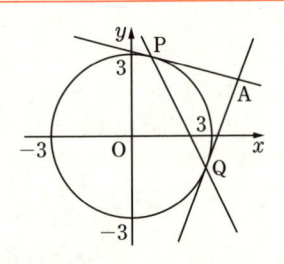

問題 52

C_1 の中心は点 $(0, 0)$ で，半径 1 である．また，
$$x^2 + y^2 - \frac{1}{2}x + y - \frac{a^2}{2} = 0$$
$$\left(x - \frac{1}{4}\right)^2 + \left(y + \frac{1}{2}\right)^2 = \frac{8a^2 + 5}{16}$$
であるから，C_2 の中心は点 $\left(\frac{1}{4}, -\frac{1}{2}\right)$ で，半径 $\dfrac{\sqrt{8a^2+5}}{4}$ である．

このとき，2 円の中心間の距離は，
$$\sqrt{\left(\frac{1}{4}\right)^2 + \left(-\frac{1}{2}\right)^2} = \frac{\sqrt{5}}{4}$$
である．よって，C_1 と C_2 が異なる 2 点で交わるための条件は
$$\left|\frac{\sqrt{8a^2+5}}{4} - 1\right| < \frac{\sqrt{5}}{4} < \frac{\sqrt{8a^2+5}}{4} + 1$$
$$\left|\sqrt{8a^2+5} - 4\right| < \sqrt{5} < \sqrt{8a^2+5} + 4$$

左側の不等式より，
$$-\sqrt{5} < \sqrt{8a^2+5} - 4 < \sqrt{5}$$
$$4 - \sqrt{5} < \sqrt{8a^2+5} < 4 + \sqrt{5}$$
$$21 - 8\sqrt{5} < 8a^2 + 5 < 21 + 8\sqrt{5} \; (\because \; 0 < 4 - \sqrt{5} < 4 + \sqrt{5})$$
$$2 - \sqrt{5} < a^2 < 2 + \sqrt{5}$$

$2 - \sqrt{5} < 0$ であり，$a > 0$ だから，$0 < a^2 < 2 + \sqrt{5}$ より，
$$0 < a < \sqrt{2 + \sqrt{5}}$$

右側の不等式より，
$$\sqrt{5} - 4 < \sqrt{8a^2+5}$$

$\sqrt{5} - 4 < 0$ だから，これは任意の実数 a で成立する．

以上から，求める範囲は $\boldsymbol{0 < a < \sqrt{2 + \sqrt{5}}}$

問題 53

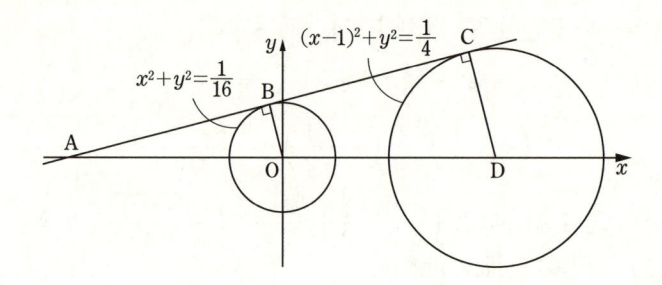

▶▶▶ 設問 P53

図のように各点を定める．このとき，$\triangle ABO \backsim \triangle ACD$ より，$OA = x$ とおくと，

$$x : \frac{1}{4} = (x+1) : \frac{1}{2} \quad \therefore \quad x = 1$$

つまり，共通外接線は $A(-1, 0)$ を通る．よって，$y = m(x+1)$ とおくと，$mx - y + m = 0$ と $O(0, 0)$ との距離が半径 $\frac{1}{4}$ に等しいから，

$$\frac{|m|}{\sqrt{m^2+1}} = \frac{1}{4}$$
$$m^2 + 1 = 16m^2 \quad \therefore \quad m = \pm \frac{1}{\sqrt{15}}$$

上式に代入して，$y = \pm \dfrac{1}{\sqrt{15}}(x+1)$

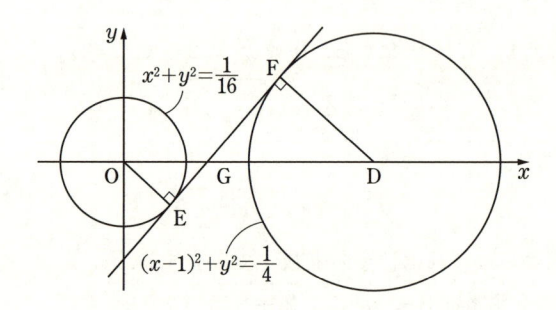

同様に，図のように各点を定めると $\triangle OEG \backsim \triangle DFG$ から

$$\begin{cases} OG : DG = OE : DF(半径比) = 1 : 2 \\ OD = 1 \end{cases} \quad \therefore \quad OG = \frac{1}{3}$$

つまり，共通内接線は $G\left(\dfrac{1}{3}, 0\right)$ を通る．よって，$y = n\left(x - \dfrac{1}{3}\right)$ とおくと，

$3nx - 3y - n = 0$ と $O(0, 0)$ の距離が半径 $\dfrac{1}{4}$ に等しいことを利用して，

$$y = \pm \dfrac{3}{\sqrt{7}}\left(x - \dfrac{1}{3}\right)$$

別解

$$x^2 + y^2 = \dfrac{1}{16} \quad \cdots\cdots ①$$

$$(x-1)^2 + y^2 = \dfrac{1}{4} \quad \cdots\cdots ②$$

y 軸に平行な直線は共通接線とはなりえないから，求める直線を $y = mx + k$ とおく．すなわち，

$$mx - y + k = 0 \quad \cdots\cdots ③$$

とする．①と③が接することから，

$$\dfrac{|k|}{\sqrt{m^2+1}} = \dfrac{1}{4}$$

$$\therefore \quad 16k^2 = m^2 + 1 \quad \cdots\cdots ④$$

②と③が接することから，

$$\dfrac{|m+k|}{\sqrt{m^2+1}} = \dfrac{1}{2}$$

$$\therefore \quad 4(m+k)^2 = m^2 + 1 \quad \cdots\cdots ⑤$$

④，⑤を連立して，

$$4(m+k)^2 = 16k^2$$

$$m = \pm 2k - k = k, \ -3k$$

(ⅰ) $m = k$ のとき

$$④ \text{ より } k = \pm\dfrac{1}{\sqrt{15}} = m$$

(ⅱ) $m = -3k$ のとき

$$④ \text{ より } k = \pm\dfrac{1}{\sqrt{7}} \quad \therefore \quad m = \mp\dfrac{3}{\sqrt{7}} \text{ (複号同順)}$$

以上から，共通接線の方程式は

$$x \pm \sqrt{15}y + 1 = 0, \ 3x \pm \sqrt{7}y - 1 = 0$$

問題 54

(1) ① : $(x-1)^2 + (y+2)^2 = 5$ より C_1 の中心の座標は $(1, -2)$, 半径は $\sqrt{5}$
② : $(x+1)^2 + y^2 = 2$ より C_2 の中心の座標は $(-1, 0)$, 半径は $\sqrt{2}$
よって, C_1, C_2 の中心間の距離は $\sqrt{\{1-(-1)\}^2 + (-2+0)^2} = 2\sqrt{2}$
$\sqrt{5} - \sqrt{2} < 2\sqrt{2} < \sqrt{5} + \sqrt{2}$ となるから, C_1, C_2 は異なる 2 点で交わる.

(2) 2 点 P, Q を通る円は k を実数として
$$x^2 + y^2 - 2x + 4y + k(x^2 + y^2 + 2x - 1) = 0 \cdots\cdots ③$$
とおける. これが点 $(1, 0)$ を通るから $-1 + 2k = 0$ $\quad \therefore \quad k = \dfrac{1}{2}$
よって, 求める円の方程式は
$$x^2 + y^2 - 2x + 4y + \frac{1}{2}(x^2 + y^2 + 2x - 1) = 0$$
$$\frac{3}{2}x^2 + \frac{3}{2}y^2 - x + 4y - \frac{1}{2} = 0$$
$$\boldsymbol{x^2 + y^2 - \frac{2}{3}x + \frac{8}{3}y - \frac{1}{3} = 0}$$

(3) ③ で $k = -1$ とすると, $-4x + 4y + 1 = 0$ $\quad \therefore \quad \boldsymbol{4x - 4y - 1 = 0}$

問題 55

(1) 条件を満たす点を $P(x, y)$ とすると,
$OP^2 + AP^2 = 20$
$x^2 + y^2 + x^2 + (y-2)^2 = 20$
$x^2 + y^2 - 2y = 8$
$x^2 + (y-1)^2 = 9$

以上から, 求める軌跡は 円 $\boldsymbol{x^2 + (y-1)^2 = 9}$

(2) $Q(s, t)$ とすると, Q は直線 $x - 2y - 1 = 0$
の上にあるから,
$$s - 2t - 1 = 0 \cdots\cdots ①$$
$P(x, y)$ とすると, P は線分 AQ の中点であることから,
$$x = \frac{s+1}{2}, \ y = \frac{t+3}{2}$$
$$\therefore \quad s = 2x - 1, \ t = 2y - 3$$

これらを①に代入して，s, t を消去すると
$$(2x-1) - 2(2y-3) - 1 = 0$$
$$x - 2y + 2 = 0$$

以上から，求める軌跡の方程式は 直線 $x - 2y + 2 = 0$

問題 56　　　　　　　　　　　　　　　▶▶▶ 設問 P58

(1) 与えられた式により，$y = \left(x + \dfrac{p}{2}\right)^2 - \dfrac{p^2}{4} - p$ であるから，頂点 P(x, y) について，
$$x = -\dfrac{p}{2} \cdots\cdots ①, \quad y = -\dfrac{p^2}{4} - p \cdots\cdots ②$$
が成り立つ．

(2) ①より，$p = -2x$ であるから，これを②に代入すると，
$$y = -\dfrac{(-2x)^2}{4} - (-2x) \quad \therefore \quad y = -x^2 + 2x$$
p がすべての実数値をとるとき，①により，x もすべての実数値をとるから，求める軌跡は，放物線 $y = -x^2 + 2x$

(3) ①により，$p \geqq 0$ のとき，$x \leqq 0$ であるから，求める軌跡は
$$\text{放物線 } y = -x^2 + 2x \quad (x \leqq 0)$$
であり，これを図示すると右図実線部分．

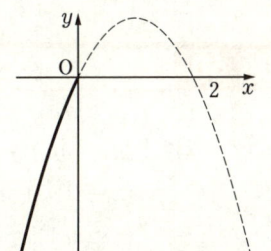

問題 57　　　　　　　　　　　　　　　▶▶▶ 設問 P58

(1) ①，② が異なる 2 点で交わるのは，2 式から y を消去した方程式
$$x^2 = m(x-1) \quad \therefore \quad x^2 - mx + m = 0 \quad \cdots\cdots ③$$
が相異なる 2 つの実数解をもつときであるから，③の判別式を D とすると，
$$D = (-m)^2 - 4m$$
$$= m(m-4) > 0 \quad \therefore \quad m < 0, \, m > 4$$

(2) A, B の x 座標は③の 2 解であり，これらを α, β $(\alpha < \beta)$ とおくと，A, B が①上の点であることにより，

$$A(\alpha, m(\alpha-1)), \ B(\beta, m(\beta-1))$$

とかける．ここで，③に解と係数の関係を用いると，$\alpha+\beta=m$ であるから，

$$x = \frac{\alpha+\beta}{2} = \frac{m}{2}$$

$$y = \frac{m(\alpha-1)+m(\beta-1)}{2}$$

$$= \frac{m(\alpha+\beta)-2m}{2} = \frac{m^2-2m}{2}$$

(3) (2) より，$m=2x$ であるから，これを $y=\dfrac{m^2-2m}{2}$ に代入すると

$$y = \frac{(2x)^2 - 2\cdot 2x}{2} \qquad \therefore \quad y = 2x^2 - 2x$$

また，(1) と $m=2x$ より，

$$2x < 0,\ 2x > 4 \qquad \therefore \quad x < 0,\ x > 2$$

となるから，求める軌跡は 放物線 $y = 2x^2 - 2x \ (x < 0,\ x > 2)$

問題 58 ▶▶▶ 設問 P59

(1) $(x-2)^2 + y^2 = 4,\ y = m(x-6)$ を連立して

$$(x-2)^2 + m^2(x-6)^2 = 4$$
$$(m^2+1)x^2 - 4(3m^2+1)x + 36m^2 = 0 \ \cdots\cdots\ ①$$

判別式を D とすると

$$\frac{D}{4} = 4(3m^2+1)^2 - (m^2+1)\cdot 36m^2 > 0$$

$$(3m^2+1)^2 - 9m^2(m^2+1) > 0 \qquad \therefore \quad -3m^2+1 > 0$$

これを解いて $-\dfrac{1}{\sqrt{3}} < m < \dfrac{1}{\sqrt{3}}$

別解

円の中心 $(2, 0)$ と直線 $mx - y - 6m = 0$ との距離が半径 2 より小さくなればよいから

$$\frac{|2m-6m|}{\sqrt{m^2+(-1)^2}} < 2$$
$$|-4m| < 2\sqrt{m^2+1} \quad \therefore \quad |-2m| < \sqrt{m^2+1}$$

両辺はともに 0 以上であるから，両辺を 2 乗して
$$4m^2 < m^2+1 \quad \therefore \quad 3m^2-1 < 0$$

これを解いて $-\dfrac{1}{\sqrt{3}} < m < \dfrac{1}{\sqrt{3}}$

(2) ① の 2 解を $x = \alpha, \beta \ (\alpha < \beta)$ とする．このとき解と係数の関係から $\alpha+\beta = \dfrac{4(3m^2+1)}{m^2+1}$ となるから，M の x 座標は

$$x = \frac{\alpha+\beta}{2} = \frac{1}{2} \cdot \frac{4(3m^2+1)}{m^2+1} = \frac{2(3m^2+1)}{m^2+1} \ \cdots\cdots \ ②$$

また，M は直線 $y = m(x-6)$ 上の点で，
図より明らかに $x \neq 6$ であるから，$m = \dfrac{y}{x-6}$ が成立する．これを

$$② \iff x(m^2+1) = 6m^2+2$$
$$\iff (x-6)m^2 + x - 2 = 0$$

に代入すると

$$(x-6) \cdot \frac{y^2}{(x-6)^2} + x - 2 = 0$$
$$y^2 + (x-2)(x-6) = 0$$
$$x^2 - 8x + 12 + y^2 = 0 \quad \therefore \quad (x-4)^2 + y^2 = 4$$

最後に M の x 座標の範囲を求める．$-\dfrac{1}{\sqrt{3}} < m < \dfrac{1}{\sqrt{3}}$ より $0 \leqq m^2 < \dfrac{1}{3}$ が成立する．これを，

$$x = \frac{6m^2+2}{m^2+1} = 6 - \frac{4}{m^2+1}$$

に用いると，

$$6 - \frac{4}{0+1} \leqq x < 6 - \frac{4}{\frac{1}{3}+1} \quad \therefore \quad 2 \leqq x < 3$$

以上から，求める軌跡は 円 $\boldsymbol{(x-4)^2 + y^2 = 4 \ (2 \leqq x < 3)}$

別解

円 $(x-2)^2+y^2=4$ の中心を C, 点 $(6, 0)$ を D, 点 $(4, 0)$ を E とする. $y=m(x-6)$ は m の値によらず常に点 D を通ること, 円の中心から弦に下ろした垂線の足は弦の中点に一致することから, つねに CM ⊥ AB が成立する.

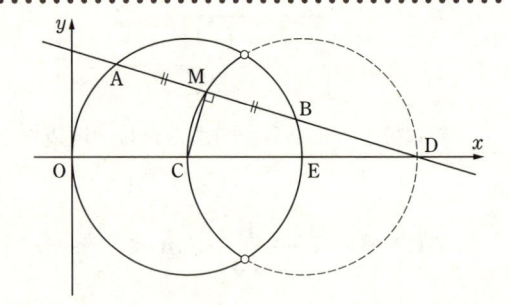

よって, M はつねに $\angle \text{CMD} = \dfrac{\pi}{2}$ を満たすように動く. ゆえに求める軌跡は線分 CD を直径とする円である. つまり中心 E, 半径 2 の円より, 方程式は $(x-4)^2+y^2=4$ となる. このとき M は円 $(x-2)^2+y^2=4$ の内部であることに注意する.

$$\begin{cases}(x-2)^2+y^2=4 \\ (x-4)^2+y^2=4\end{cases}$$

を連立して,

$$(x-2)^2=(x-4)^2$$
$$-4x+4=-8x+16 \quad \therefore \quad x=3$$

であるから, 求める軌跡は円 $\boldsymbol{(x-4)^2+y^2=4 \ (2 \leqq x < 3)}$

問題 59 ▶▶▶ 設問 P59

(1) $OQ=\sqrt{X^2+Y^2}$ で $OP \cdot OQ=1$ より $OP=\dfrac{1}{\sqrt{X^2+Y^2}}$

O を中心に Q を $\dfrac{OP}{OQ}=\dfrac{1}{X^2+Y^2}$ 倍した点が $P(x, y)$ となるから

$$\begin{cases} x=\dfrac{1}{X^2+Y^2} \cdot X = \dfrac{\boldsymbol{X}}{\boldsymbol{X^2+Y^2}} \\ y=\dfrac{1}{X^2+Y^2} \cdot Y = \dfrac{\boldsymbol{Y}}{\boldsymbol{X^2+Y^2}} \end{cases}$$

(2) (x, y) は $3x+4y=5$ を満たすので, (1) の結果を代入すると

$$3 \cdot \dfrac{X}{X^2+Y^2} + 4 \cdot \dfrac{Y}{X^2+Y^2} = 5$$
$$3X+4Y=5(X^2+Y^2)$$
$$X^2+Y^2-\dfrac{3}{5}X-\dfrac{4}{5}Y=0$$

ここで，条件より Q(X, Y) は原点と異なるから，求める軌跡は

$$円\ x^2 + y^2 - \frac{3}{5}x - \frac{4}{5}y = 0 \quad (ただし，原点を除く)$$

問題 60 　　　　　　　　　　　　　　　　▶▶▶ 設問 P60

(1) 直線 l, m の方程式をそれぞれ k について整理すると

$$l : k(x+1) - (y+1) = 0 \quad \cdots\cdots ①$$
$$m : k(y-7) + x - 5 = 0 \quad \cdots\cdots ②$$

となる．① は，$x+1 = 0$ かつ $y+1 = 0$，つまり $(x, y) = (-1, -1)$ のとき k の値にかかわらず成立する．

② は $y-7 = 0$ かつ $x-5 = 0$，つまり $(x, y) = (5, 7)$ のとき k の値にかかわらず成立する．

ゆえに l は定点 $(-1, -1)$，m は定点 $(5, 7)$ を通る．

(2) 交点を P(X, Y) とすると，P は l, m 上の点より

$$\begin{cases} k(X+1) - (Y+1) = 0 \quad \cdots\cdots ③ \\ k(Y-7) + X - 5 = 0 \quad \cdots\cdots ④ \end{cases}$$

が成立する．③ で，$X \neq 1$ のとき $k = \dfrac{Y+1}{X+1}$

これを ④ に代入すると

$$\frac{(Y+1)(Y-7)}{X+1} + X - 5 = 0$$
$$(Y+1)(Y-7) + (X+1)(X-5) = 0$$
$$X^2 - 4X + Y^2 - 6Y - 12 = 0$$
$$\therefore \quad (X-2)^2 + (Y-3)^2 = 5^2$$

また，③ で $X = -1$ のとき，$Y = -1$ で，このとき ④ より

$$-8k - 6 = 0 \quad \therefore \quad k = -\frac{3}{4}$$

となるから，点 P は $(-1, -1)$ となる．
以上から，求める軌跡は

円 $(x-2)^2 + (y-2)^2 = 25$
(ただし，点 $(-1, 7)$ を除く)

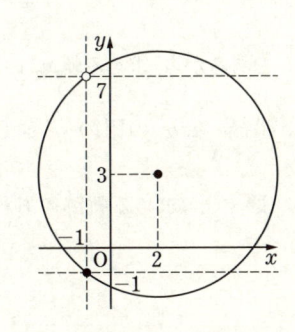

別解

$k=0$ のとき $l:y=-1$, $m:x=5$ となり, l, m は直交する.
$k \neq 0$ のとき l の傾き $=k$, m の傾き $= -\dfrac{1}{k}$ より

$$(l \text{ の傾き}) \times (m \text{ の傾き}) = -1$$

よって, k の値によらず, l, m は直交する.
ここで, (1) の 2 定点を A$(-1, -1)$, B$(5, 7)$, l と m の交点を P とすると
$\angle APB = \dfrac{\pi}{2}$ より, P は 2 点 A, B を直径の両端とする円, つまり

中心 $\left(\dfrac{-1+5}{2}, \dfrac{-1+7}{2}\right)$ すなわち $(2, 3)$,

半径 $\dfrac{1}{2}$AB $= \dfrac{1}{2}\sqrt{(-1-5)^2 + (-1-7)^2} = 5$

の円 $(x-2)^2 + (y-3)^2 = 5^2$ 上に存在する.
ただし, 直線 l, m はそれぞれ y 軸と平行な直線 $x=-1$, x 軸と平行な直線 $y=7$ を表すことができないので, 円のうち点 $(-1, 7)$ は除く.
以上から, 求める軌跡は

円 $(x-2)^2 + (y-2)^2 = 25$ (ただし, 点 $(-1, 7)$ を除く)

問題 61

▶▶▶ 設問 P61

(1) $\angle$APB の大きさが一定であるから, 点 P は円の一部を描く. 求める円の中心を Q とすると, Q は y 軸上にあり, 円周角の定理より,

$$\angle AQB = 2\angle APB = \dfrac{2}{3}\pi$$

であるから, 求める軌跡は中心 Q$\left(0, \dfrac{a}{\sqrt{3}}\right)$, 半径 $\dfrac{2}{\sqrt{3}}a$ の円の $y > 0$ の部分である.
よって, 求める軌跡の方程式は $x^2 + \left(y - \dfrac{a}{\sqrt{3}}\right)^2 = \dfrac{4}{3}a^2 \ (y > 0)$

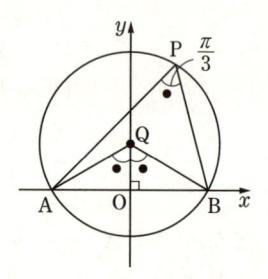

(2) 三角形 APB の重心を G(x, y) とすると，点 P は (1) 上にあるので，

$$\begin{cases} x = \dfrac{-a+a+p}{3} \\ y = \dfrac{q}{3} \\ p^2 + \left(q - \dfrac{a}{\sqrt{3}}\right)^2 = \dfrac{4}{3}a^2 \\ q > 0 \end{cases} \iff \begin{cases} p = 3x \\ q = 3y \\ p^2 + \left(q - \dfrac{a}{\sqrt{3}}\right)^2 = \dfrac{4}{3}a^2 \\ q > 0 \end{cases}$$

p, q を消去して，

$$\begin{cases} (3x)^2 + \left(3y - \dfrac{a}{\sqrt{3}}\right)^2 = \dfrac{4}{3}a^2 \\ 3y > 0 \end{cases}$$

これを整理すると，求める軌跡の方程式は，

$$円 \; x^2 + \left(y - \dfrac{\sqrt{3}}{9}a\right)^2 = \dfrac{4}{27}a^2 \quad (y > 0)$$

問題 62 ▶▶▶ 設問 P62

(1) $(x-y)(x+2y+1) > 0$ となるのは

(i) $\begin{cases} x - y > 0 \\ x + 2y + 1 > 0 \end{cases}$ または

(ii) $\begin{cases} x - y < 0 \\ x + 2y + 1 < 0 \end{cases}$

のときである．

(i) は 直線 $y = x$ の下側 かつ 直線 $y = -\dfrac{1}{2}x - \dfrac{1}{2}$ の上側の領域を，(ii) は直線 $y = x$ の上側 かつ 直線 $y = -\dfrac{1}{2}x - \dfrac{1}{2}$ の下側の領域を表す．これより，求める領域は図の網目部分で境界をすべて含まない．

(2) $(2x-y)(x^2-y-3) \leqq 0$ となるのは，

(i) $\begin{cases} 2x-y \geqq 0 \\ x^2-y-3 \leqq 0 \end{cases}$ または

(ii) $\begin{cases} 2x-y \leqq 0 \\ x^2-y-3 \geqq 0 \end{cases}$

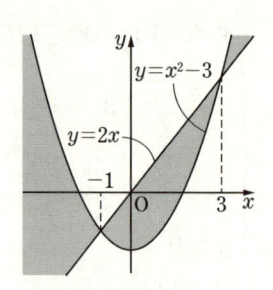

のときである．

(i) は，直線 $y=2x$ の下側 かつ 放物線 $y=x^2-3$ の上側の領域を，(ii) は直線 $y=2x$ の上側 かつ 放物線 $y=x^2-3$ の下側の領域を表す．これより，求める領域は図の網目部分で境界をすべて含む．

問題 63

▶▶▶ 設問 P63

(1) $x \geqq 0$, $y \geqq 0$ のとき，不等式は
$$x^2+y^2 \leqq x+y$$
$$\left(x-\frac{1}{2}\right)^2 + \left(y-\frac{1}{2}\right)^2 \leqq \frac{1}{2}$$

この領域は図1の網目部分（境界含む）である．ここで，
$x^2+y^2 \leqq |x|+|y|$
$\iff (-x)^2+y^2 \leqq |-x|+|y|$
$\iff x^2+(-y)^2 \leqq |x|+|-y|$
$\iff (-x)^2+(-y)^2 \leqq |-x|+|-y|$

より，求める領域は x 軸，y 軸，原点に関して対称であるから，$x^2+y^2 \leqq |x|+|y|$ を満たす領域は，図2の網目部分である．ただし，境界をすべて含む．

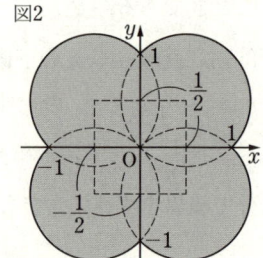

(2) 半径 $\dfrac{\sqrt{2}}{2}$ の半円 4 個と，1 辺 $\sqrt{2}$ の正方形 1 個の面積の和であるから

$$4 \times \frac{1}{2}\pi\left(\frac{\sqrt{2}}{2}\right)^2 + (\sqrt{2})^2 = \boldsymbol{\pi + 2}$$

問題 64

▶▶▶ 設問 P63

$y = (b-a)x - (3b+a)$ …… ① より
$f(x, y) = (b-a)x - y - (3b+a)$ とする.
線分 AB と直線 ① が共有点をもつ
$\iff$ 直線 ① に関して点 A と点 B は，反対側にあるか，点 A または点 B が直線 ① 上にある.
$\iff f(x, y)$ に A，B の座標の値を代入したものが異符号または 0 となる. 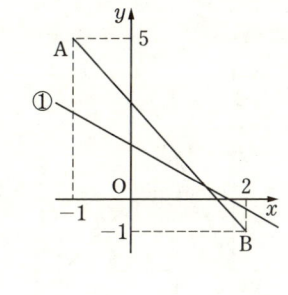
$\iff f(-1, 5) \cdot f(2, -1) \leqq 0$
∴ $(-4b-5)(-3a-b+1) \leqq 0$ すなわち $(4b+5)(3a+b-1) \leqq 0$
よって
$\begin{cases} 4b+5 \leqq 0 \text{ かつ } 3a+b-1 \geqq 0 \\ \text{または} \\ 4b+5 \geqq 0 \text{ かつ } 3a+b-1 \leqq 0 \end{cases}$

∴ $\begin{cases} b \leqq -\dfrac{5}{4} \text{ かつ } b \geqq -3a+1 \\ \text{または} \\ b \geqq -\dfrac{5}{4} \text{ かつ } b \leqq -3a+1 \end{cases}$

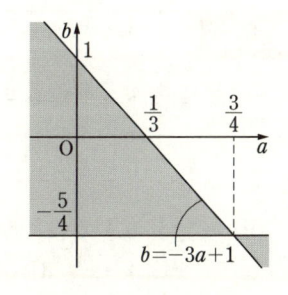

これを図示すると，右図のようになる (網目部分，境界をすべて含む).

問題 65

▶▶▶ 設問 P65

(1) 求める領域 D は図 1 の網目部分 (境界はすべて含む)

(2) $2x+y = k$ (k は定数) とおくと，$y = -2x+k$ …… ①

　① は傾き -2 の直線を表す. 図 2 から，

　(i) k が最大になるのは，① が A$(2, 1)$ を通るときで，最大値 **5**
　(ii) k が最小になるのは，① が O$(0, 0)$ を通るときで，最小値 **0**

(3) $\dfrac{y-3}{x-3} = l$ (l は定数) とおくと，$y = l(x-3)+3$ …… ②

　② は点 $(3, 3)$ を通る直線を表す. 図 3 から，

(i) l が最大になるのは，②が A(2, 1) を通るときで，最大値 **2**

(ii) l が最小となるのは，②が B(1, 2) を通るときで，最小値 $\dfrac{1}{2}$

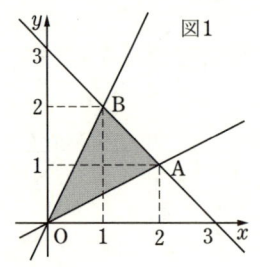

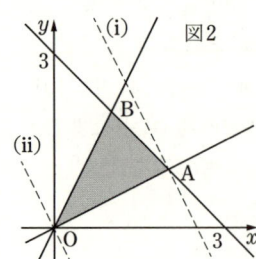

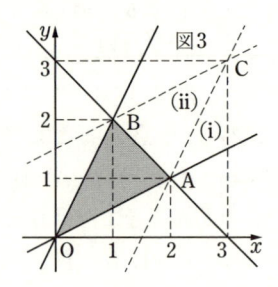

図1　図2　図3

問題 66

▶▶▶ 設問 P66

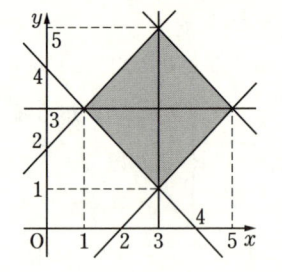

(1) (i) $x \geqq 3$, $y \geqq 3$ のとき
$$x - 3 + y - 3 \leqq 2$$
$$y \leqq -x + 8$$

(ii) $x \leqq 3$, $y \geqq 3$ のとき
$$-(x - 3) + y - 3 \leqq 2$$
$$y \leqq x + 2$$

(iii) $x \leqq 3$, $y \leqq 3$ のとき
$$-(x - 3) - (y - 3) \leqq 2$$
$$y \geqq -x + 4$$

(iv) $x \geqq 3$, $y \leqq 3$ のとき
$$x - 3 - (y - 3) \leqq 2$$
$$y \geqq x - 2$$

以上より，領域 D は図の網目部分．ただし，境界をすべて含む．

(2) $2x + y = k$ (k は定数) とおくと，これは傾き -2, y 切片 k の直線を表す．この直線を①とする．直線が領域 D と共有点をもつような k の最大値を求めればよい．

(1) の図から，k の値は，直線①が点 (5, 3) を通るとき最大になる．

よって，$2x + y$ は $x = 5$, $y = 3$ のとき最大値 $2 \cdot 5 + 3 = 13$ をとる．

(3) $x^2 + y^2 - 4x - 2y = l$ (l は定数) とおくと，$(x-2)^2 + (y-1)^2 = l+5$ で，これは中心が $(2, 1)$，半径 $\sqrt{l+5}$ の円を表す．この円が領域 D と共有点をもつような l の最大値を求めればよい．

半径が最大となる，つまり l が最大となるのは，P(3, 5) または P(5, 3) のときである．

　　P(3, 5) のとき　　$l = 3^2 + 5^2 - 4 \cdot 3 - 2 \cdot 5 = 12$
　　P(5, 3) のとき　　$l = 5^2 + 3^2 - 4 \cdot 5 - 2 \cdot 3 = 8$

ゆえに，$x^2 + y^2 - 4x - 2y$ は $\boldsymbol{x = 3, y = 5}$ のとき，最大値 **12** をとる．

(4) $\dfrac{y-1}{x+2} = m$ (m は定数) とおくと，$y = m(x+2) + 1$

これは，点 $(-2, 1)$ を通り，傾き m の直線を表す．この直線が領域 D と共有点をもつような m の最大値，最小値を求めればよい．

右図から，傾き m は $(x, y) = (3, 1)$ のとき
最小値 0 をとり，$(x, y) = (3, 5)$ のとき最大値 $\dfrac{5-1}{3+2} = \dfrac{4}{5}$ をとる．よって
$$0 \leqq \dfrac{\boldsymbol{y-1}}{\boldsymbol{x+2}} \leqq \dfrac{\boldsymbol{4}}{\boldsymbol{5}}$$

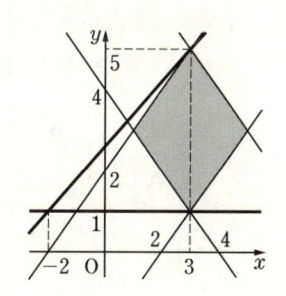

問題 67　　　　　　　　　　　　　　　▶▶▶設問 P66

(1) $\begin{cases} x^2 + y^2 = 1 & \cdots\cdots ① \\ x + 2y - 2 = 0 & \cdots\cdots ② \end{cases}$ とおく．

② から $x = -2(y-1)$
① に代入すると $4(y-1)^2 + (y^2 - 1) = 0$
　　　　$(y-1)(4y - 4 + y + 1) = 0$
　　　　$(y-1)(5y - 3) = 0$

ゆえに $y = 1, \dfrac{3}{5}$

これと ② から $(x, y) = (0, 1), \left(\dfrac{4}{5}, \dfrac{3}{5}\right)$

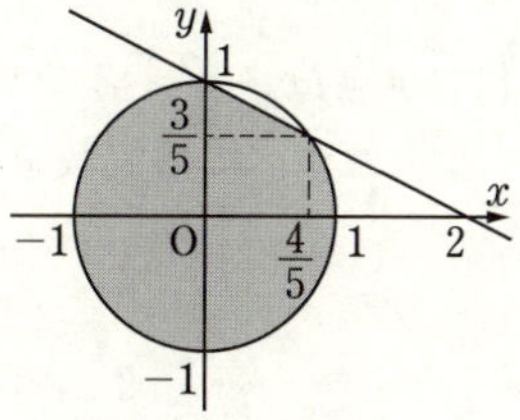

よって，領域 D は図の網目部分である．ただし，境界をすべて含む．

(2) $ax+y=k$ (k は定数) とおくと
$$y = -ax + k \quad \cdots\cdots ③$$
$$ax + y - k = 0 \quad \cdots\cdots ④$$

直線③は，傾きが $-a$，y 切片が k の直線を表す．円①と直線③が接するとき，円の中心 $(0, 0)$ と直線④の距離が 1 となるから，
$$\frac{|-k|}{\sqrt{a^2+1}} = 1 \quad \therefore \quad k = \pm\sqrt{a^2+1}$$

よって，グラフから最小値は $-\sqrt{a^2+1}$

(3) $ax+y=k$ (k は定数) とおく．

(i) $-a > 0$ または $-a \leqq -\dfrac{4}{3}$ すなわち
$a < 0$ または $a \geqq \dfrac{4}{3}$ のとき
グラフと(2)から，最大値は $\sqrt{a^2+1}$

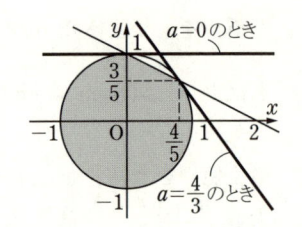

(ii) $-\dfrac{1}{2} \leqq -a \leqq 0$ すなわち $0 \leqq a \leqq \dfrac{1}{2}$
のとき $(x, y) = (0, 1)$ で最大値 **1**

(iii) $-\dfrac{4}{3} < -a < -\dfrac{1}{2}$ すなわち
$\dfrac{1}{2} < a < \dfrac{4}{3}$ のとき $(x, y) = \left(\dfrac{4}{5}, \dfrac{3}{5}\right)$ で最大値 $\dfrac{4}{5}a + \dfrac{3}{5}$

問題 68 ▶▶▶ 設問 P67

(1) $y = tx + t^2 - t$ つまり $t^2 + (x-1)t - y = 0 \cdots\cdots ①$
t はすべての実数を動くから

点 (x, y) が直線の通過領域に含まれる
$\iff t$ の2次方程式①が実数解をもつ

となる．①の判別式を D とすると
$$D = (x-1)^2 + 4y \geqq 0 \quad \therefore \quad y \geqq -\dfrac{1}{4}(x-1)^2 \cdots\cdots ②$$

以上から，求める通過領域は下図の網目部分のようになる．ただし，境界をすべて含む．

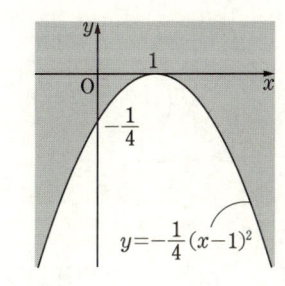

(2) t は $0 \leqq t \leqq 1$ の範囲を動くから

　　　点 (x, y) が直線 PQ の通過領域に含まれる
　　　$\iff$ t の 2 次方程式①が $0 \leqq t \leqq 1$
　　　　の範囲に少なくとも 1 つの実数解をもつ

となる．そこで $f(t) = t^2 + (x-1)t - y$ とおくと，次のいずれかをみたせばよい．

(i) $f(0) \cdot f(1) \leqq 0$

$$-y(x-y) \leqq 0 \quad \therefore \quad \begin{cases} y \geqq 0 \\ y \leqq x \end{cases} \text{ または } \begin{cases} y \leqq 0 \\ y \geqq x \end{cases}$$

(ii) 判別式 $\geqq 0$, $0 \leqq -\dfrac{x-1}{2} \leqq 1$, $f(0) \geqq 0$, $f(1) \geqq 0$

$$y \geqq -\frac{1}{4}(x-1)^2, \ -1 \leqq x \leqq 1, \ y \leqq 0, \ y \leqq x$$

(i), (ii) より直線の通過領域は下図の網目部分のようになる．ただし，境界をすべて含む．

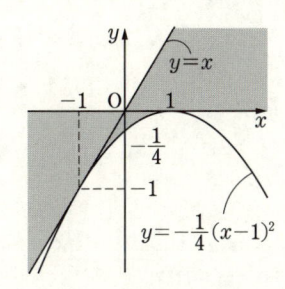

別解

(1) x の値を固定して，y のとり得る値の範囲を考える．$g(t) = tx + t^2 - t$ とすると，

$$g(t) = t^2 + (x-1)t$$
$$= \left(t + \frac{x-1}{2}\right)^2 - \frac{(x-1)^2}{4}$$
$$\geqq -\frac{1}{4}(x-1)^2$$

つまり，$y \geqq -\frac{1}{4}(x-1)^2$

以上から，直線 $y = tx + t^2 - t$ の通過領域は下図の網目部分のようになる．ただし，境界をすべて含む．

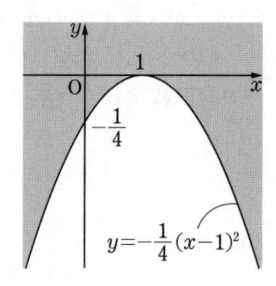

(2) $g(t)$ の $0 \leqq t \leqq 1$ における値域を考えればよい．以下，$y = g(t)$ のグラフの軸の位置によって場合分けする．

(i) $-\dfrac{x-1}{2} \leqq 0$
すなわち $x \geqq 1$ のとき
$$g(0) \leqq y \leqq g(1)$$
$$\therefore \quad 0 \leqq y \leqq x$$

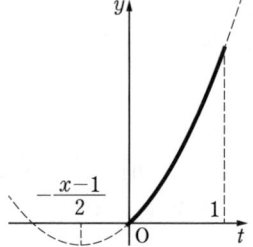

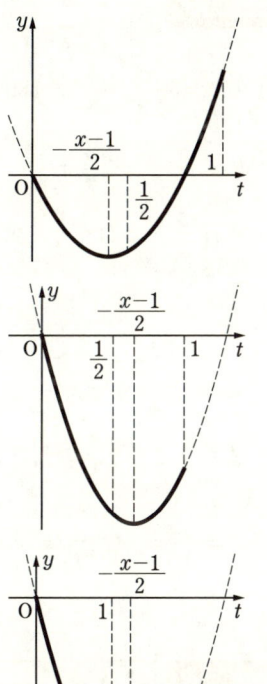

(ii) $0 \leqq -\dfrac{x-1}{2} \leqq \dfrac{1}{2}$
すなわち $0 \leqq x \leqq 1$ のとき
$$g\left(-\dfrac{x-1}{2}\right) \leqq y \leqq g(1)$$
$$\therefore \quad -\dfrac{1}{4}(x-1)^2 \leqq y \leqq x$$

(iii) $\dfrac{1}{2} \leqq -\dfrac{x-1}{2} \leqq 1$
すなわち $-1 \leqq x \leqq 0$ のとき
$$g\left(-\dfrac{x-1}{2}\right) \leqq y \leqq g(0)$$
$$\therefore \quad -\dfrac{1}{4}(x-1)^2 \leqq y \leqq 0$$

(iv) $-\dfrac{x-1}{2} \geqq 1$
すなわち $x \leqq -1$ のとき
$$g(1) \leqq y \leqq g(0)$$
$$\therefore \quad x \leqq y \leqq 0$$

(i)～(iv) から，直線の通過領域は下図の網目部分のようになる．ただし，境界をすべて含む．

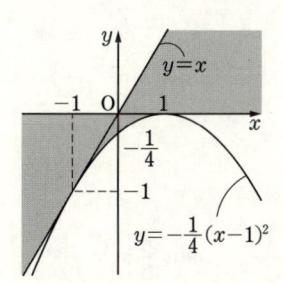

問題 69

(1) $15° = \dfrac{\pi}{12}$, $\dfrac{\pi}{8} = 180° \times \dfrac{1}{8} = \mathbf{22.5°}$

(2) $l = 3 \cdot \dfrac{\pi}{7} = \dfrac{\mathbf{3}}{\mathbf{7}}\boldsymbol{\pi}$, $S = \dfrac{1}{2} \cdot 3^2 \cdot \dfrac{\pi}{7} = \dfrac{\mathbf{9}}{\mathbf{14}}\boldsymbol{\pi}$

(3) 半径を r とおくと、弧の長さは $1 - 2r$ であるから、この扇形の面積を S とすれば、

$$S = \dfrac{1}{2}r(1-2r) = -\left(r - \dfrac{1}{4}\right)^2 + \dfrac{1}{16}$$

となる. $0 < r < \dfrac{1}{2}$ より、S が最大になるのは $r = \dfrac{\mathbf{1}}{\mathbf{4}}$ のときである.

また、このときの弧の長さは $1 - 2 \cdot \dfrac{1}{4} = \dfrac{1}{2}$ であるから、中心角 θ は

$$\theta = \dfrac{l}{r} = \dfrac{\dfrac{1}{2}}{\dfrac{1}{4}} = \mathbf{2}$$

問題 70

(1)

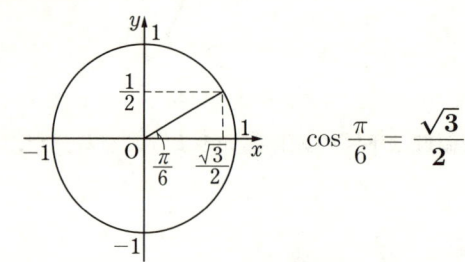

$\cos \dfrac{\pi}{6} = \dfrac{\sqrt{3}}{\mathbf{2}}$

(2)

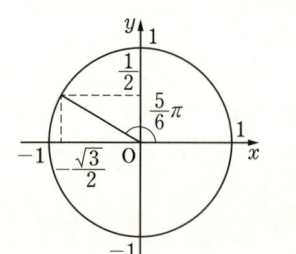

$\sin \dfrac{5}{6}\pi = \dfrac{\mathbf{1}}{\mathbf{2}}$

(3) $\tan\dfrac{3}{4}\pi = -1$

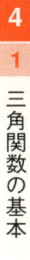

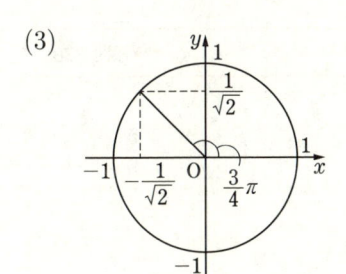

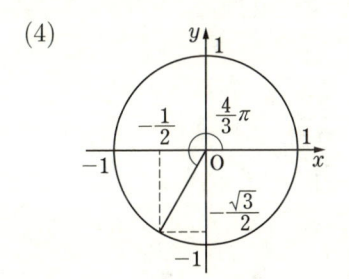

(4) $\cos\dfrac{4}{3}\pi = -\dfrac{1}{2}$

(5) $\sin\left(-\dfrac{\pi}{3}\right) = -\dfrac{\sqrt{3}}{2}$

(6) $\tan\left(-\dfrac{2}{3}\pi\right) = \sqrt{3}$

問題 71 ▶▶▶ 設問 P73

(1) $\sin^2\theta + \cos^2\theta = 1$ より，$\cos^2\theta = 1 - \sin^2\theta = 1 - \left(\dfrac{2}{3}\right)^2 = \dfrac{5}{9}$

$$\therefore \quad \cos\theta = \pm\dfrac{\sqrt{5}}{3}$$

$\cos\theta = \dfrac{\sqrt{5}}{3}$ のとき，$\tan\theta = \dfrac{\sin\theta}{\cos\theta} = \dfrac{\frac{2}{3}}{\frac{\sqrt{5}}{3}} = \dfrac{2}{\sqrt{5}}$

$\cos\theta = -\dfrac{\sqrt{5}}{3}$ のとき，$\tan\theta = \dfrac{\sin\theta}{\cos\theta} = \dfrac{\frac{2}{3}}{-\frac{\sqrt{5}}{3}} = -\dfrac{2}{\sqrt{5}}$

であるから，
$$(\cos\theta,\ \tan\theta) = \left(\dfrac{\sqrt{5}}{3},\ \dfrac{2}{\sqrt{5}}\right),\ \left(-\dfrac{\sqrt{5}}{3},\ -\dfrac{2}{\sqrt{5}}\right)$$

(2) (i) $(\sin\theta + \cos\theta)^2 = \left(\dfrac{1}{2}\right)^2$ より，

$$\sin^2\theta + \cos^2\theta + 2\sin\theta\cos\theta = \dfrac{1}{4}$$

$\sin^2\theta + \cos^2\theta = 1$ であるから，

$$1 + 2\sin\theta\cos\theta = \dfrac{1}{4} \quad \therefore \quad \sin\theta\cos\theta = -\dfrac{3}{8}$$

(ii) 条件より
$$\sin^3\theta + \cos^3\theta = (\sin\theta + \cos\theta)^3 - 3\sin\theta\cos\theta(\sin\theta + \cos\theta)$$
$$= \left(\dfrac{1}{2}\right)^2 - 3\cdot\left(-\dfrac{3}{8}\right)\cdot\dfrac{1}{2}$$
$$= \dfrac{1}{8} + \dfrac{9}{16} = \dfrac{\mathbf{11}}{\mathbf{16}}$$

問題 72 ▶▶▶ 設問 P74

$\sin y = \sin x$ より，$m,\ n$ を整数として，
$$y = x + 2m\pi \ \text{または} \ y = \pi - x + 2n\pi$$

よって，求める図は以下のようになる．

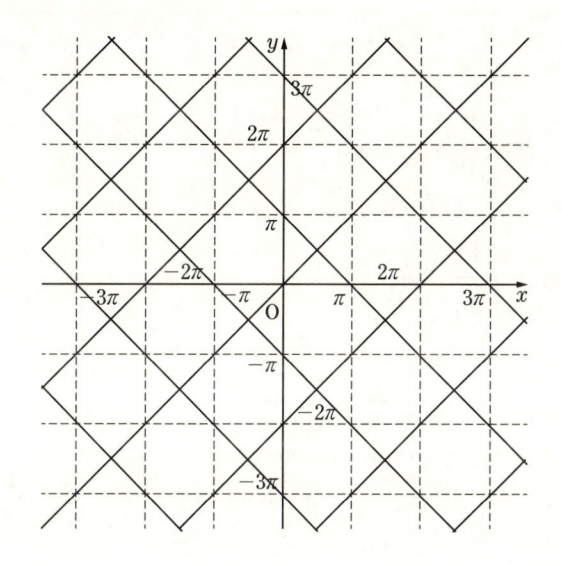

問題 73　　　　　　　　　　　　　　　　▶▶▶ 設問 P76

(1) (与式) $= \cos^2\left(\dfrac{\pi}{4}+\theta\right) + \cos^2\left\{\dfrac{\pi}{2}-\left(\dfrac{\pi}{4}+\theta\right)\right\}$

　　　　$= \cos^2\left(\dfrac{\pi}{4}+\theta\right) + \sin^2\left(\dfrac{\pi}{4}+\theta\right) = \mathbf{1}$

(2) (与式) $= \sin\left(\pi - \dfrac{2}{7}\pi\right) + \tan\left(\dfrac{\pi}{5}+\pi\right) + \cos\left(\pi - \dfrac{3}{14}\pi\right) - \tan\dfrac{\pi}{5}$

　　　　$= \sin\dfrac{2}{7}\pi + \tan\dfrac{\pi}{5} - \cos\dfrac{3}{14}\pi - \tan\dfrac{\pi}{5}$

　　　　$= \sin\dfrac{2}{7}\pi - \cos\left(\dfrac{\pi}{2} - \dfrac{2}{7}\pi\right)$

　　　　$= \sin\dfrac{2}{7}\pi - \sin\dfrac{2}{7}\pi = \mathbf{0}$

問題 74　　　　　　　　　　　　　　　　　　▶▶▶ 設問 P76

(1) 与式から
$$2(1 - \cos^2 x) - 3\cos x - 3 = 0$$
$$2\cos^2 x + 3\cos x + 1 = 0$$
$$(\cos x + 1)(2\cos x + 1) = 0 \quad \therefore \quad \cos x = -1, -\frac{1}{2}$$

よって，解は $\boldsymbol{x = \dfrac{2}{3}\pi, \ \pi, \ \dfrac{4}{3}\pi}$

(2) 与式から
$$\frac{\sin x}{\cos x} = \sqrt{2}\cos x$$
$$\sin x = \sqrt{2}\cos^2 x$$
$$\sin x = \sqrt{2}(1 - \sin^2 x)$$
$$\sqrt{2}\sin^2 x + \sin x - \sqrt{2} = 0$$
$$(\sin x + \sqrt{2})(\sqrt{2}\sin x - 1) = 0$$

$-1 < \sin x < 1$ より $\sin x = \dfrac{1}{\sqrt{2}}$

よって，解は $\boldsymbol{x = \dfrac{\pi}{4}}$

(3) 与式から
$$2\cos x - \frac{3\sin x}{\cos x} > 0$$

$\dfrac{\pi}{2} < x < \pi$ のとき，$\cos x < 0$ であるから，両辺に $\cos x \ (< 0)$ を掛けて
$$2\cos^2 x - 3\sin x < 0$$
$$2(1 - \sin^2 x) - 3\sin x < 0$$
$$2\sin^2 x + 3\sin x - 2 > 0$$
$$(\sin x + 2)(2\sin x - 1) > 0$$

$\sin x + 2 > 0$ であるから $\sin x > \dfrac{1}{2}$

$\dfrac{\pi}{2} < x < \pi$ より，$\boldsymbol{\dfrac{\pi}{2} < x < \dfrac{5}{6}\pi}$

(4) 与式から

$$2(1-\sin^2 x)+\sin x-2<0$$
$$2\sin^2 x-\sin x>0$$
$$\sin x(2\sin x-1)>0$$

$x=0$, π のとき，上の不等式は成り立たない．$0<x<\pi$ のとき，$0<\sin\theta\leqq 1$ であるから，$\sin x>\dfrac{1}{2}$

よって，解は $\dfrac{\pi}{6}<x<\dfrac{5}{6}\pi$

問題 75　　　　　　　　　　　　　　　　　▶▶▶ 設問 P80

$\sin 0=0$

$\dfrac{\pi}{4}<1<\dfrac{\pi}{3}$ であるから $\dfrac{1}{\sqrt{2}}<\sin 1<\dfrac{\sqrt{3}}{2}$

$\dfrac{\pi}{3}<2<\dfrac{2}{3}\pi$ であるから $\dfrac{\sqrt{3}}{2}<\sin 2<1$

$\dfrac{3}{4}\pi<3<\pi$ であるから $0<\sin 3<\dfrac{1}{\sqrt{2}}$

よって，$\sin 0<\sin 3<\sin 1<\sin 2$

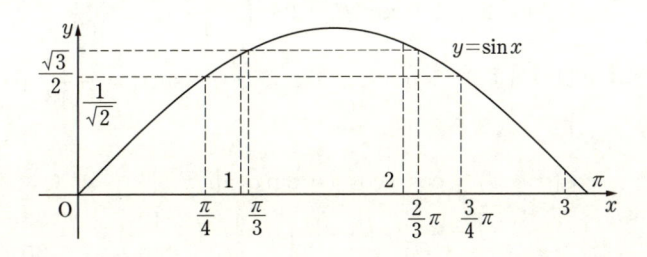

問題 76　　　　　　　　　　　　　　　　　▶▶▶ 設問 P80

$y=2\cos\left(3x-\dfrac{\pi}{2}\right)+1=2\cos 3\left(x-\dfrac{\pi}{6}\right)+1$ より，$y=2\cos 3x$ を x 軸方向へ $\dfrac{\pi}{6}$，y 軸方向へ 1 だけ移動したものである．よって，周期は $2\pi\cdot\dfrac{1}{3}=\dfrac{2}{3}\pi$ グラフは次頁のようになる．

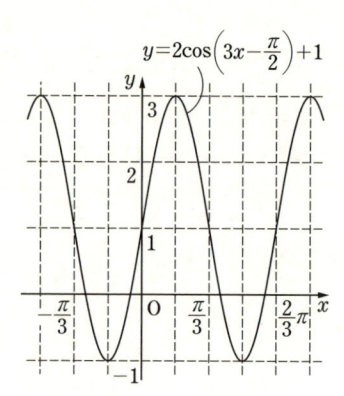

$y = 2\cos\left(3x - \dfrac{\pi}{2}\right) + 1$

問題 77 　　　　　　　　　　　　　　　▶▶▶ 設問 P88

(1) $\cos^2 \alpha = 1 - \sin^2 \alpha = 1 - \left(\dfrac{4}{5}\right)^2 = \dfrac{9}{25}$ より， $\cos \alpha = \pm \dfrac{3}{5}$

α は第 2 象限の角より，$\cos \alpha < 0$ であるから，$\cos \alpha = -\dfrac{3}{5}$

同様に
$$\sin^2 \beta = 1 - \cos^2 \beta = 1 - \left(-\dfrac{5}{13}\right)^2 = \dfrac{144}{169}$$

β は第 3 象限の角より，$\sin \beta < 0$ であるから，$\sin \beta = -\dfrac{12}{13}$

加法定理より
$$\cos(\alpha - \beta) = \cos \alpha \cos \beta + \sin \alpha \sin \beta$$
$$= -\dfrac{3}{5} \cdot \left(-\dfrac{5}{13}\right) + \dfrac{4}{5} \cdot \left(-\dfrac{12}{13}\right) = -\dfrac{\mathbf{33}}{\mathbf{65}}$$

(2) $\tan(\alpha + \beta) = \dfrac{\tan \alpha + \tan \beta}{1 - \tan \alpha \tan \beta} = \dfrac{\dfrac{1}{2} + \dfrac{1}{3}}{1 - \dfrac{1}{2} \cdot \dfrac{1}{3}} = 1$

$0 \leqq \alpha + \beta < \pi$ より $\alpha + \beta = \dfrac{\pi}{4}$

問題 78

▶▶▶ 設問 P89

(1) 解と係数の関係より，
$$\begin{cases} \tan\alpha + \tan\beta = 4 \\ \tan\alpha \tan\beta = -3 \end{cases}$$
となるから，
$$\tan(\alpha+\beta) = \frac{\tan\alpha + \tan\beta}{1 - \tan\alpha\tan\beta} = \frac{4}{1-(-3)} = \mathbf{1}$$

(2) $y = 5x$, $y = kx$ と x 軸の正の向きのなす角を α, β とする。
このとき，$\tan\alpha = 5$, $\tan\beta = k$ であるから，
$$\tan(\alpha - \beta) = \frac{\tan\alpha - \tan\beta}{1 + \tan\alpha\tan\beta} = \frac{5-k}{1+5k}$$
2 直線のなす角が $\dfrac{\pi}{4}$ より $\alpha - \beta = \pm\dfrac{\pi}{4}$ となればよい．
$\tan(\alpha - \beta) = \tan\left(\pm\dfrac{\pi}{4}\right) = \pm 1$ より，
$$\frac{5-k}{1+5k} = \pm 1 \iff 5 - k = \pm(1+5k)$$
これを解いて $\boldsymbol{k = -\dfrac{3}{2}, \dfrac{2}{3}}$

問題 79

▶▶▶ 設問 P89

$x \neq 0$ であるから，直線 PA, PB の傾き m_a, m_b は
$$m_a = \frac{x-1}{x}, \quad m_b = \frac{x-2}{x}$$
直線 PA, PB と x 軸の正の向きのなす角を α, β とする．
このとき，$\theta = \angle\text{APB}$ は $\theta = \alpha - \beta$ となるから
$$\begin{aligned}
\tan\theta &= \tan(\alpha - \beta) \\
&= \frac{\tan\alpha - \tan\beta}{1 + \tan\alpha\tan\beta} \\
&= \frac{m_a - m_b}{1 + m_a m_b} \\
&= \frac{\dfrac{1}{x}}{1 + \dfrac{x^2 - 3x + 2}{x^2}}
\end{aligned}$$

$$= \frac{1}{2\left(x + \dfrac{1}{x}\right) - 3}$$

$x > 0$ であるから，相加平均・相乗平均の不等式より

$$x + \frac{1}{x} \geqq 2\sqrt{x \cdot \frac{1}{x}} = 2$$

等号は $x = \dfrac{1}{x}$ すなわち $x = 1$ のとき成り立つ．したがって，$\tan\theta \leqq 1$ となるので，θ は鋭角である．よって，$0 < \theta < \dfrac{\pi}{2}$ としてよく，このとき，θ が最大となるのは $\tan\theta$ が最大となるときであるから，

$$\tan\theta = 1 \quad \therefore \quad \theta = \frac{\pi}{4}$$

別解

> 方べきの定理を利用して考える方法もあります．一般に，2 定点を一定角度で見込む点は，円周角の定理の逆より円弧上に存在します．円の内部では角は大きく，円の外部では角は小さくなります．ならば，見込む角を大きくするには，円をできるだけ小さくすればよいことがわかります．

点 P は直線 $y = x$ 上の点である．2 点 A，B を通り，直線 $y = x$ に接する円を考えると，点 P がこの円と直線 $y = x$ の接点となるとき，$\angle APB$ は最大となる．

このとき，方べきの定理により

$$OA \cdot OB = OP^2$$
$$1 \cdot 2 = OP^2$$

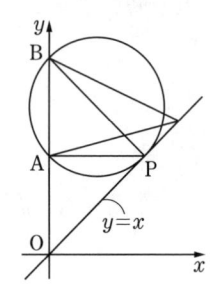

$OP > 0$ であるから $OP = \sqrt{2}$

よって，点 P の座標は $(1, 1)$ となり，このとき，$\angle APB = \dfrac{\pi}{4}$ となる．

問題 80　　　▶▶▶ 設問 P89

$\frac{\pi}{2} < \alpha < \pi$ のとき $\sin \alpha > 0$ であるから，

$$\sin \alpha = \sqrt{1 - \cos^2 \alpha} = \sqrt{1 - \left(-\frac{2}{3}\right)^2} = \frac{\sqrt{5}}{3}$$

となる．このとき，

(1) $\sin 2\alpha = 2 \sin \alpha \cos \alpha = -\dfrac{4\sqrt{5}}{9}$

(2) $\cos 2\alpha = 2 \cos^2 \alpha - 1 = -\dfrac{1}{9}$

(3) $\tan \alpha = \dfrac{\sin \alpha}{\cos \alpha} = \dfrac{\frac{\sqrt{5}}{3}}{-\frac{2}{3}} = -\dfrac{\sqrt{5}}{2}$ であるから，

$$\tan 2\alpha = \frac{2 \tan \alpha}{1 - \tan^2 \alpha} = 4\sqrt{5}$$

問題 81　　　▶▶▶ 設問 P90

(1) 半角の公式より，

$$\sin^2 22.5° = \frac{1 - \cos 45°}{2} = \frac{2 - \sqrt{2}}{4}$$

$\sin 22.5° > 0$ だから，$\sin 22.5° = \dfrac{\sqrt{2 - \sqrt{2}}}{2}$

再び半角の公式より，

$$\cos^2 157.5° = \frac{1 + \cos 315°}{2} = \frac{2 + \sqrt{2}}{4}$$

$\cos 157.5° < 0$ だから，$\cos 157.5° = -\dfrac{\sqrt{2 + \sqrt{2}}}{2}$

(2) $\tan^2 \dfrac{\theta}{2} = \dfrac{\sin^2 \frac{\theta}{2}}{\cos^2 \frac{\theta}{2}} = \dfrac{\frac{1 - \cos \theta}{2}}{\frac{1 + \cos \theta}{2}} = \dfrac{1 - \cos \theta}{1 + \cos \theta}$ であるから，

$$t^2 = \frac{1 - \cos \theta}{1 + \cos \theta}$$

$$(1+t^2)\cos\theta = 1-t^2 \quad \therefore \quad \cos\theta = \frac{1-t^2}{1+t^2}$$

2倍角の公式より，

$$\tan\theta = \tan\left(\frac{\theta}{2}+\frac{\theta}{2}\right) = \frac{2\tan\dfrac{\theta}{2}}{1-\tan^2\dfrac{\theta}{2}} = \frac{2t}{1-t^2}$$

であるから，

$$\sin\theta = \tan\theta \cdot \cos\theta = \frac{2t}{1-t^2}\cdot\frac{1-t^2}{1+t^2} = \frac{2t}{1+t^2}$$

問題 82　　　▶▶▶設問 P90

$\cos\theta = t$ とおくと，
$$y = 2(2\cos^2\theta - 1) + 4\cos\theta - 3$$
$$= 4t^2 + 4t - 5$$
$$= 4\left(t+\frac{1}{2}\right)^2 - 6 \quad (-1 \leqq t \leqq 1)$$

となるので，最大値は $y=3$ で，そのときの θ は $t = \cos\theta = 1$ より $\theta = 0$
最小値は $y=-6$ で，そのときの θ は $t = \cos\theta = -\dfrac{1}{2}$ より $\theta = \dfrac{2}{3}\pi,\ \dfrac{4}{3}\pi$

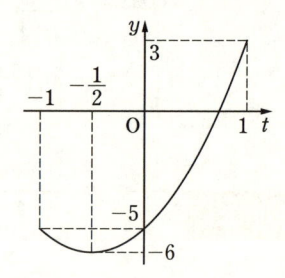

問題 83　　　▶▶▶設問 P90

(1) $\sin\theta - \cos\theta = \sqrt{2}\left(\sin\theta \cdot \dfrac{1}{\sqrt{2}} - \cos\theta \cdot \dfrac{1}{\sqrt{2}}\right)$
$\qquad\qquad = \sqrt{2}\left(\sin\theta\cos\dfrac{\pi}{4} - \cos\theta\sin\dfrac{\pi}{4}\right) = \sqrt{2}\sin\left(\theta - \dfrac{\pi}{4}\right)$

$\sin\theta - \cos\theta = \sqrt{2}\left\{\cos\theta\cdot\left(-\dfrac{1}{\sqrt{2}}\right) + \sin\theta\cdot\dfrac{1}{\sqrt{2}}\right\}$
$\qquad\qquad = \sqrt{2}\left(\cos\theta\cos\dfrac{3}{4}\pi + \sin\theta\sin\dfrac{3}{4}\pi\right) = \sqrt{2}\cos\left(\theta - \dfrac{3}{4}\pi\right)$

(2) $\sqrt{3}\cos\theta - \sin\theta = 2\left\{\sin\theta\cdot\left(-\dfrac{1}{2}\right) + \cos\theta\cdot\dfrac{\sqrt{3}}{2}\right\}$

$\qquad\qquad\qquad = 2\left(\sin\theta\cos\dfrac{2}{3}\pi + \cos\theta\sin\dfrac{2}{3}\pi\right) = \boldsymbol{2\sin\left(\theta + \dfrac{2}{3}\pi\right)}$

$\sqrt{3}\cos\theta - \sin\theta = 2\left(\cos\theta\cdot\dfrac{\sqrt{3}}{2} - \sin\theta\cdot\dfrac{1}{2}\right)$

$\qquad\qquad\qquad = 2\left(\cos\theta\cos\dfrac{\pi}{6} - \sin\theta\sin\dfrac{\pi}{6}\right) = \boldsymbol{2\cos\left(\theta + \dfrac{\pi}{6}\right)}$

問題 84　　　　　　　　　　　　　　　　　　　　　　▶▶▶ 設問 P91

(1) $f(\theta) = \sqrt{2}\sin\left(\theta + \dfrac{\pi}{4}\right)$ となる.

$0 \leqq \theta < 2\pi$ のとき, $\dfrac{\pi}{4} \leqq \theta + \dfrac{\pi}{4} < \dfrac{9}{4}\pi$ より, $-1 \leqq \sin\left(\theta + \dfrac{\pi}{4}\right) \leqq 1$ となるから, $-\sqrt{2} \leqq f(\theta) \leqq \sqrt{2}$

以上から, 最大値 $\boldsymbol{\sqrt{2}}$, 最小値 $\boldsymbol{-\sqrt{2}}$

(2) $g(\theta) = 2\sin\left(\theta + \dfrac{\pi}{6}\right) + \cos\theta$

$\qquad = 2\left(\sin\theta\cos\dfrac{\pi}{6} + \cos\theta\sin\dfrac{\pi}{6}\right) + \cos\theta$

$\qquad = \sqrt{3}\sin\theta + 2\cos\theta = \sqrt{7}\sin(\theta + \alpha)$

$\left(\text{ただし, }\alpha\text{ は }\sin\alpha = \dfrac{2}{\sqrt{7}},\ \cos\alpha = \dfrac{\sqrt{3}}{\sqrt{7}}\text{ をみたす角}\right)$

となる.

$0 \leqq \theta < 2\pi$ のとき, $\alpha \leqq \theta + \alpha < 2\pi + \alpha$ より, $-1 \leqq \sin(\theta + \alpha) \leqq 1$ となるから, $-\sqrt{7} \leqq g(\theta) \leqq \sqrt{7}$

以上から, 最大値 $\boldsymbol{\sqrt{7}}$, 最小値 $\boldsymbol{-\sqrt{7}}$

(3) $h(\theta) = 2\sin\theta + 3\cos\theta = \sqrt{13}\sin(\theta + \alpha)$

$\left(\text{ただし}, \alpha \text{ は } \sin\alpha = \dfrac{3}{\sqrt{13}}, \cos\alpha = \dfrac{2}{\sqrt{13}} \text{ をみたす角}\right)$

となる.

$0 \leqq \theta < 2\pi$ のとき, $\alpha \leqq \theta + \alpha < 2\pi + \alpha$

より, $-1 \leqq \sin(\theta + \alpha) \leqq 1$ となるから,

$-\sqrt{13} \leqq h(\theta) \leqq \sqrt{13}$

以上から, **最大値 $\sqrt{13}$, 最小値 $-\sqrt{13}$**

問題 85　　　　　　　　　　　　　　▶▶▶ 設問 P95

(1) $\sin 105° + \sin 15° = 2\sin\dfrac{105° + 15°}{2}\cos\dfrac{105° - 15°}{2}$

$= 2\sin 60° \cos 45°$

$= 2 \cdot \dfrac{\sqrt{3}}{2} \cdot \dfrac{\sqrt{2}}{2} = \boldsymbol{\dfrac{\sqrt{6}}{2}}$

(2) $\cos 105° + \cos 15° = 2\cos\dfrac{105° + 15°}{2}\cos\dfrac{105° - 15°}{2}$

$= 2\cos 60° \cos 45°$

$= 2 \cdot \dfrac{1}{2} \cdot \dfrac{\sqrt{2}}{2} = \boldsymbol{\dfrac{\sqrt{2}}{2}}$

(3) $\sin 105° \cos 15° = \dfrac{1}{2}\{\sin(105° + 15°) + \sin(105° - 15°)\}$

$= \dfrac{1}{2}(\sin 120° + \sin 90°)$

$= \dfrac{1}{2}\left(\dfrac{\sqrt{3}}{2} + 1\right) = \boldsymbol{\dfrac{2 + \sqrt{3}}{4}}$

(4) $\cos 105° \sin 15° = \dfrac{1}{2}\{\sin(105° + 15°) - \sin(105° - 15°)\}$

$= \dfrac{1}{2}(\sin 120° - \sin 90°)$

$= \dfrac{1}{2}\left(\dfrac{\sqrt{3}}{2} - 1\right) = \boldsymbol{\dfrac{-2 + \sqrt{3}}{4}}$

(5) $\cos 105° \cos 15° = \dfrac{1}{2}\{\cos(105° + 15°) + \cos(105° - 15°)\}$
$= \dfrac{1}{2}(\cos 120° + \cos 90°)$
$= \dfrac{1}{2}\left(-\dfrac{1}{2} + 0\right) = -\dfrac{1}{4}$

(6) $\sin 105° \sin 15° = -\dfrac{1}{2}\{\cos(105° + 15°) - \cos(105° - 15°)\}$
$= -\dfrac{1}{2}(\cos 120° - \cos 90°)$
$= -\dfrac{1}{2}\left(-\dfrac{1}{2} - 0\right) = \dfrac{1}{4}$

問題 86

▶▶▶ 設問 P95

(1) $\sin 20° + \sin 140° = 2\sin\dfrac{20° + 140°}{2}\cos\dfrac{20° - 140°}{2}$
$= 2\sin 80° \cos(-60°)$
$= 2\sin 80° \times \dfrac{1}{2} = \sin 80°$

(2) (1) の結果から,
$\sin 20° + \sin 140° + \sin 260°$
$= \sin 80° + \sin 260°$
$= 2\sin\dfrac{80° + 260°}{2}\cos\dfrac{80° - 260°}{2}$
$= 2\sin 170° \cos(-90°) = 2\sin 170° \cdot 0 = \mathbf{0}$

(3) $\sin 20° \sin 40°$ を和の形に変形して
$\sin 20° \sin 40° = -\dfrac{1}{2}\{\cos(20° + 40°) - \cos(20° - 40°)\}$
$= -\dfrac{1}{2}\{\cos 60° - \cos(-20)°\}$
$= -\dfrac{1}{4} + \dfrac{1}{2}\cos 20°$

であるから,

$$\sin 20° \sin 40° \sin 80° = \left(-\frac{1}{4} + \frac{1}{2}\cos 20°\right)\sin 80°$$
$$= -\frac{1}{4}\sin 80° + \frac{1}{2}\sin 80° \cos 20°$$
$$= -\frac{1}{4}\sin 80° + \frac{1}{2} \cdot \frac{1}{2}(\sin 100° + \sin 60°)$$
$$= -\frac{1}{4}\sin 80° + \frac{1}{4}\left\{\sin(180° - 80°) + \frac{\sqrt{3}}{2}\right\}$$
$$= -\frac{1}{4}\sin 80° + \frac{1}{4}\sin 80° + \frac{\sqrt{3}}{8} = \boldsymbol{\frac{\sqrt{3}}{8}}$$

問題 87　　　　　　　　　　　　　　　　▶▶▶ 設問 P95

$$\sin 4x + \sin 3x + \sin 2x + \sin x = 0$$
$$(\sin 4x + \sin 2x) + (\sin 3x + \sin x) = 0$$

和積公式を用いて

$$2\sin\frac{4x+2x}{2}\cos\frac{4x-2x}{2} + 2\sin\frac{3x+x}{2}\cos\frac{3x-x}{2} = 0$$
$$2(\sin 3x \cos x + \sin 2x \cos x) = 0$$
$$(\sin 3x + \sin 2x)\cos x = 0$$
$$2\sin\frac{5x}{2}\cos\frac{x}{2}\cos x = 0 \quad \therefore \quad \sin\frac{5}{2}x = 0,\ \cos\frac{x}{2} = 0,\ \cos x = 0$$

まず，$0 \leqq x < 2\pi$ のとき，$0 \leqq \frac{5}{2}x < 5\pi$ より，

$\sin\frac{5}{2}x = 0$ となるのは，

$$\frac{5}{2}x = 0,\ \pi,\ 2\pi,\ 3\pi,\ 4\pi \quad \therefore \quad x = 0,\ \frac{2}{5}\pi,\ \frac{4}{5}\pi,\ \frac{6}{5}\pi,\ \frac{8}{5}\pi$$

次に，$0 \leqq x < 2\pi$ のとき，$0 \leqq \frac{x}{2} < \pi$ より，

$\cos\frac{x}{2} = 0$ となるのは，

$$\frac{x}{2} = \frac{\pi}{2} \quad \therefore \quad x = \pi$$

最後に，$0 \leqq x < 2\pi$ のとき，$\cos x = 0$ となるのは，$x = \frac{\pi}{2},\ \frac{3}{2}\pi$

以上から，$x = \boldsymbol{0,\ \frac{2}{5}\pi,\ \frac{1}{2}\pi,\ \frac{4}{5}\pi,\ \pi,\ \frac{6}{5}\pi,\ \frac{3}{2}\pi,\ \frac{8}{5}\pi}$

問題 88 ▶▶▶ 設問 P96

(1) $\sin 2\theta + \sin\theta + \cos\theta = 2\sin\theta\cos\theta + \sin\theta + \cos\theta$
$$= (\sin\theta + \cos\theta)^2 - 1 + (\sin\theta + \cos\theta)$$
$$= t^2 + t - 1$$

であるから，$y = t^2 + t - 1$

(2) $t = \sin\theta + \cos\theta = \sqrt{2}\sin\left(\theta + \dfrac{\pi}{4}\right)$

$-1 \leqq \sin\left(\theta + \dfrac{\pi}{4}\right) \leqq 1$ であるから，$-\sqrt{2} \leqq t \leqq \sqrt{2}$

(3) $y = \left(t + \dfrac{1}{2}\right)^2 - \dfrac{5}{4}$

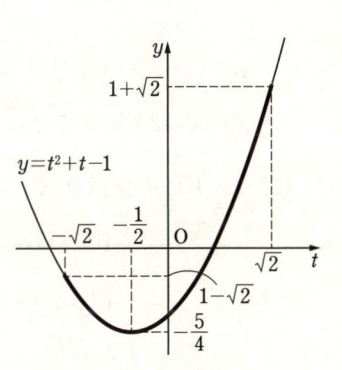

(2)の範囲に注意すると，$-\dfrac{5}{4} \leqq y \leqq 1 + \sqrt{2}$

問題 89 ▶▶▶ 設問 P96

半角の公式を用いると，
$$y = \sin^2 x + 8\sin x\cos x + 7\cos^2 x$$
$$= \dfrac{1 - \cos 2x}{2} + 4\sin 2x + 7 \cdot \dfrac{1 + \cos 2x}{2}$$
$$= 3\cos 2x + 4\sin 2x + 4$$
$$= 5\sin(2x + \alpha) + 4$$
$\left(\text{ただし}\alpha \text{ は } \sin\alpha = \dfrac{3}{5},\ \cos\alpha = \dfrac{4}{5}\text{を満たす}\right)$

$0 \leqq x \leqq \pi$ より $\alpha \leqq 2x + \alpha \leqq 2\pi + \alpha$ ゆえ，$-1 \leqq \sin(2x + \alpha) \leqq 1$ であるから，最大値 **9**，最小値 **−1**

問題 90

(1) $OP = 2$, $\angle POH = \theta$ であるから，$P(2\cos\theta, 2\sin\theta)$
また，$OQ = 4$, $\angle QOH = \theta + \dfrac{\pi}{2}$ であるから，

$$Q\left(4\cos\left(\theta + \dfrac{\pi}{2}\right), 4\sin\left(\theta + \dfrac{\pi}{2}\right)\right)$$ すなわち，$Q(-4\sin\theta, 4\cos\theta)$

$0 < \theta < \dfrac{\pi}{2}$ である．四角形 PQKH の面積を S_1 とすると

$$\begin{aligned}
S_1 &= \dfrac{1}{2}(PH + QK)KH \\
&= \dfrac{1}{2}(2\sin\theta + 4\cos\theta)(2\cos\theta + 4\sin\theta) \\
&= 4\sin^2\theta + 4\cos^2\theta + 10\sin\theta\cos\theta \\
&= 4 + 5\sin 2\theta
\end{aligned}$$

$0 < \theta < \dfrac{\pi}{2}$ より $0 < 2\theta < \pi$ であるから，S_1 は $2\theta = \dfrac{\pi}{2}$ すなわち $\theta = \dfrac{\pi}{4}$ のとき最大値 **9** をとる．

(2) △QKH の面積を S_2 とする．

$$\begin{aligned}
S_2 &= \dfrac{1}{2}KH \cdot QK \\
&= \dfrac{1}{2}(2\cos\theta + 4\sin\theta) \cdot 4\cos\theta \\
&= 2(2\cos^2\theta + 4\sin\theta\cos\theta) \\
&= 2(1 + \cos 2\theta + 2\sin 2\theta) \\
&= 2\left\{\sqrt{5}\sin(2\theta + \alpha) + 1\right\}
\end{aligned}$$

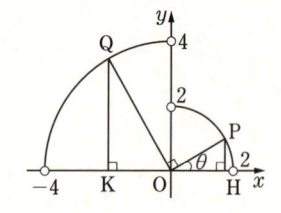

ただし α は $\sin\alpha = \dfrac{1}{\sqrt{5}}, \cos\alpha = \dfrac{2}{\sqrt{5}}$ を満たす鋭角である．
$0 < \theta < \dfrac{\pi}{2}$ より $\alpha < 2\theta + \alpha < \pi + \alpha < \dfrac{3}{2}\pi$ に注意すると，S_2 は $2\theta + \alpha = \dfrac{\pi}{2}$ のとき最大値 $\mathbf{2(\sqrt{5}+1)}$ をとる．

問題 91　▶▶▶ 設問 P97

$\cos^2\theta + \sin\theta + a = 0$ より $1 - \sin^2\theta + \sin\theta + a = 0$
$\sin\theta = t$ とすると
$$1 - t^2 + t + a = 0 \quad \therefore \quad t^2 - t - 1 = a$$

ここで，$0 \leqq \theta \leqq \dfrac{7}{6}\pi$ より $-\dfrac{1}{2} \leqq t \leqq 1$ となる。

$t^2 - t - 1 = a \left(-\dfrac{1}{2} \leqq t \leqq 1\right)$ の解の個数は，$y = t^2 - t - 1 \left(-\dfrac{1}{2} \leqq t \leqq 1\right)$ と $y = a$ の交点の個数と一致する。

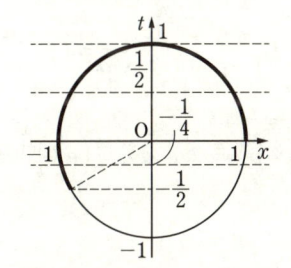

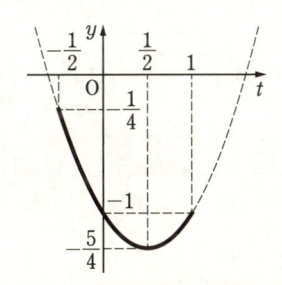

$-\dfrac{1}{2} \leqq t < 0$, $t = 1$ のとき，1つの t に1つの θ，$0 \leqq t < 1$ のとき，1つの t に2つの θ が対応することに注意すると

$\begin{cases} a < -\dfrac{5}{4} \text{ のとき} & \textbf{0 個} \\ a = -\dfrac{5}{4} \text{ のとき} & \textbf{2 個} \\ -\dfrac{5}{4} < a < -1 \text{ のとき} & \textbf{4 個} \\ a = -1 \text{ のとき} & \textbf{3 個} \\ -1 < a \leqq -\dfrac{1}{4} \text{ のとき} & \textbf{1 個} \\ a > -\dfrac{1}{4} \text{ のとき} & \textbf{0 個} \end{cases}$

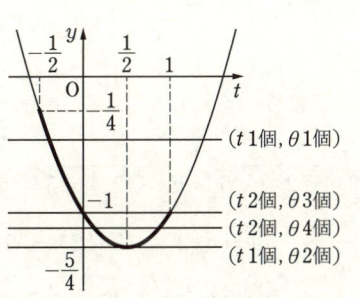

(t 1個, θ 1個)
(t 2個, θ 3個)
(t 2個, θ 4個)
(t 1個, θ 2個)

問題 92　▶▶▶ 設問 P101

(1) $2^{-\frac{1}{2}} \times 2^{\frac{5}{6}} \div 2^{\frac{1}{3}} = 2^{-\frac{1}{2} + \frac{5}{6} - \frac{1}{3}} = 2^0 = \mathbf{1}$

(2) $(9^{\frac{2}{3}} \times 3^{-2})^{\frac{1}{2}} = \{(3^2)^{\frac{2}{3}} \times 3^{-2}\}^{\frac{1}{2}} = (3^{\frac{4}{3} + (-2)})^{\frac{1}{2}} = 3^{(-\frac{2}{3}) \cdot \frac{1}{2}} = 3^{-\frac{1}{3}} = \dfrac{1}{\sqrt[3]{3}}$

(3) $\left\{\left(\dfrac{16}{25}\right)^{-\frac{3}{4}}\right\}^{\frac{2}{3}} = \left(\dfrac{16}{25}\right)^{-\frac{3}{4}\cdot\frac{2}{3}} = \left(\dfrac{16}{25}\right)^{-\frac{1}{2}} = \dfrac{1}{\sqrt{\dfrac{16}{25}}} = \boldsymbol{\dfrac{5}{4}}$

(4) $a^{\frac{3}{2}} \times a^{\frac{3}{4}} \div a^{\frac{1}{4}} = a^{\frac{3}{2}+\frac{3}{4}-\frac{1}{4}} = \boldsymbol{a^2}$

(5) $(a^0 b^{-2} c^{-4})^{\frac{3}{2}} = b^{-2\cdot\frac{3}{2}} c^{-4\cdot\frac{3}{2}} = b^{-3} c^{-6} = \boldsymbol{\dfrac{1}{b^3 c^6}}$

(6) $(a^{\frac{1}{2}} b^{-\frac{3}{2}})^{\frac{1}{2}} \times a^{\frac{3}{4}} \div b^{-\frac{3}{4}} = a^{\frac{1}{2}\cdot\frac{1}{2}} b^{-\frac{3}{2}\cdot\frac{1}{2}} \times a^{\frac{3}{4}} \div b^{-\frac{3}{4}}$
$= a^{\frac{1}{4}+\frac{3}{4}} b^{-\frac{3}{4}-(-\frac{3}{4})} = a^1 b^0 = \boldsymbol{a}$

(7) $\sqrt{a^2 \sqrt[3]{a}} = \sqrt{a^2 \cdot a^{\frac{1}{3}}} = \sqrt{a^{\frac{7}{3}}} = \left(a^{\frac{7}{3}}\right)^{\frac{1}{2}} = a^{\frac{7}{6}} = \boldsymbol{\sqrt[6]{a^7}}$

(8) $\sqrt{a\sqrt{a\sqrt{a}}} = \sqrt{a\sqrt{a\cdot a^{\frac{1}{2}}}} = \sqrt{a\left(a^{\frac{3}{2}}\right)^{\frac{1}{2}}} = \sqrt{a\cdot a^{\frac{3}{4}}} = \left(a^{\frac{7}{4}}\right)^{\frac{1}{2}} = a^{\frac{7}{8}} = \boldsymbol{\sqrt[8]{a^7}}$

問題 93　　　　　　　　　　　　　　　　　　▶▶▶ 設問 P102

(1) $x^{\frac{1}{3}} = a$ とすると，$x^{-\frac{1}{3}} = a^{-1}$ で，
$$x + x^{-1} = a^3 + a^{-3}$$
$$= (a + a^{-1})^3 - 3a\cdot a^{-1}(a + a^{-1})$$
$$= 3^3 - 3\cdot 3 = \boldsymbol{18}$$

(2) $\sqrt[3]{2+\sqrt{5}} = a,\ \sqrt[3]{2-\sqrt{5}} = b$ とすると
$$ab = \sqrt[3]{2+\sqrt{5}}\sqrt[3]{2-\sqrt{5}} = \sqrt[3]{(2+\sqrt{5})(2-\sqrt{5})} = \sqrt[3]{-1} = -1$$
$$a^3 = 2+\sqrt{5},\ b^3 = 2-\sqrt{5}$$

となる．$a + b = x$ として，恒等式 $a^3 + b^3 = (a+b)^3 - 3ab(a+b)$ に代入すると
$$(2+\sqrt{5}) + (2-\sqrt{5}) = x^3 - 3\cdot(-1)x$$
$$4 = x^3 - 3\cdot(-1)x$$
$$x^3 + 3x - 4 = 0$$
$$(x-1)(x^2 + x + 4) = 0 \qquad \therefore\quad x = 1,\ \dfrac{-1 \pm \sqrt{15}i}{2}$$

x は実数より，$x = 1$

(3) $\sqrt[3]{11} = a$ とおくと，

$$(\text{与式}) = \frac{1}{a^2 + a + 1} = \frac{a-1}{(a^2+a+1)(a-1)}$$

$$= \frac{a-1}{a^3-1} = \frac{a-1}{11-1} = \frac{\sqrt[3]{11}-1}{10}$$

ここで，$8 < 11 < 27$ より，$2 < \sqrt[3]{11} < 3$ であるから，

$$1 < \sqrt[3]{11} - 1 < 2 \qquad \therefore \quad 0.1 < \frac{\sqrt[3]{11}-1}{10} < 0.2$$

となるから，小数第1位の数は **1** である．

問題 94　　　　　　　　　　　　　　　▶▶▶ 設問 P102

(1) $\sqrt[4]{27} = 27^{\frac{1}{4}} = 3^{\frac{3}{4}}$，$\sqrt[5]{81} = 81^{\frac{1}{5}} = 3^{\frac{4}{5}}$，$\sqrt[6]{243} = (3^5)^{\frac{1}{6}} = 3^{\frac{5}{6}}$

指数の大小を比較すると，

$$\frac{3}{4} < \frac{4}{5} < \frac{5}{6}$$

となる．$y = 3^x$ は単調増加であるから，

$$3^{\frac{3}{4}} < 3^{\frac{4}{5}} < 3^{\frac{5}{6}} \qquad \therefore \quad \boldsymbol{\sqrt[4]{27} < \sqrt[5]{81} < \sqrt[6]{243}}$$

(2) $\sqrt{0.5^3} = 0.5^{\frac{3}{2}}$，$\sqrt[3]{0.5^4} = 0.5^{\frac{4}{3}}$，$\sqrt[4]{0.5^5} = 0.5^{\frac{5}{4}}$

指数の大小を比較すると，

$$\frac{3}{2} > \frac{4}{3} > \frac{5}{4}$$

であるが，$y = 0.5^x$ は単調減少であるから，

$$0.5^{\frac{3}{2}} < 0.5^{\frac{4}{3}} < 0.5^{\frac{5}{4}} \qquad \therefore \quad \boldsymbol{\sqrt{0.5^3} < \sqrt[3]{0.5^4} < \sqrt[4]{0.5^5}}$$

問題 95　　　　　　　　　　　　　　　▶▶▶ 設問 P103

(1) 両辺の底をそろえて

$$5^{2x-1} = 5^{-3}$$

$$2x - 1 = -3 \qquad \therefore \quad \boldsymbol{x = -1}$$

(2) $9 = \left(\dfrac{1}{3}\right)^{-2}$ であるから,
$$\left(\dfrac{1}{3}\right)^{2x} = \left(\dfrac{1}{3}\right)^{-2(x-1)}$$
$$2x = -2(x-1) \qquad \therefore \quad \boldsymbol{x = \dfrac{1}{2}}$$

(3) $4^x = (2^2)^x = 2^{2x} = (2^x)^2$ より
$$(2^x)^2 - 2 \cdot 2^x - 8 = 0$$
$2^x = t \; (> 0)$ とおくと,
$$t^2 - 2t - 8 = 0$$
$$(t-4)(t+2) = 0 \qquad \therefore \quad t = 4$$

以上から, $\boldsymbol{x = 2}$

(4) 与式を変形して
$$\begin{cases} \dfrac{1}{2} \cdot 2^x + 3 \cdot 3^y = 11 \\ 4 \cdot 2^x - \dfrac{1}{3} \cdot 3^y = 15 \end{cases}$$

ここで, $2^x = X, \; 3^y = Y$ とおくと
$$\begin{cases} X + 6Y = 22 \\ 12X - Y = 45 \end{cases}$$

となるから, これを解いて,
$$X = 4, \; Y = 3 \qquad \therefore \quad \boldsymbol{x = 2, \; y = 1}$$

(5) $3^x + 3^{-x} = t$ とおくと, 相加平均・相乗平均の不等式より
$$t = 3^x + 3^{-x} \geqq 2\sqrt{3^x \cdot 3^{-x}} = 2$$

このとき, 与式は
$$3\{(3^x + 3^{-x})^2 - 2\} - 7(3^x + 3^{-x}) - 4 = 0$$
$$3t^2 - 7t - 10 = 0 \qquad \therefore \quad (3t - 10)(t + 1) = 0$$

$t \geqq 2$ に注意すると $t = \dfrac{10}{3}$

つまり, $3^x + 3^{-x} = \dfrac{10}{3}$

$3^x = X(> 0)$ とおくと,

$$X + \frac{1}{X} = \frac{10}{3}$$
$$3X^2 - 10X + 3 = 0$$
$$(3X-1)(X-3) = 0 \qquad \therefore \quad X = 3^x = \frac{1}{3},\ 3$$

以上から，$x = \pm 1$

問題 96　　　　　　　　　　　　　　　　　▶▶▶ 設問 P103

(1) $81 = \left(\dfrac{1}{3}\right)^{-4}$ であるから，与えられた不等式は
$$\left(\frac{1}{3}\right)^{x-1} > \left(\frac{1}{3}\right)^{-4}$$
$y = \left(\dfrac{1}{3}\right)^x$ は単調減少であるから
$$x - 1 < -4 \qquad \therefore \quad x < -3$$

(2) 与えられた不等式の底を 2 にそろえて
$$2^{2(x+2)} \leqq 2^{3x}$$
$y = 2^x$ は単調増加であるから
$$2(x+2) \leqq 3x \qquad \therefore \quad x \geqq 4$$

(3) $0.125 = 0.5^3$ であるから，与えられた不等式は
$$0.5^{2x-1} \geqq 0.5^3$$
$y = (0.5)^x$ は単調減少であるから，
$$2x - 1 \leqq 3 \qquad \therefore \quad x \leqq 2$$

(4) 変形して $0.1^x > 0.1^2$

$y = 0.1^x$ は単調減少であるから，$x < 2$

(5) $4^x = (2^2)^x = 2^{2x} = (2^x)^2$ より
$$(2^x)^2 - 5 \cdot 2^x + 4 < 0$$
$2^x = t\ (>0)$ とおくと，

$$t^2 - 5t + 4 < 0$$
$$(t-1)(t-4) < 0$$
$$1 < t < 4$$
$$2^0 < 2^x < 2^2$$

$y = 2^x$ は単調増加であるから $\boldsymbol{0 < x < 2}$

(6) $3^x = t$ とおくと
$$t^2 - 4t + 3 \leqq 0$$
$$(t-1)(t-3) \leqq 0$$
$$1 \leqq t \leqq 3$$
$$3^0 \leqq 3^x \leqq 3^1$$

$y = 3^x$ は単調増加であるから $\boldsymbol{0 \leqq x \leqq 1}$

問題 97

▶▶▶ 設問 P104

方程式を変形すると
$$(2^x)^2 - a^2 \cdot 2^x + 2a^2 + 4a - 6 = 0$$
$2^x = t$ とおくと
$$t^2 - a^2 t + 2a^2 + 4a - 6 = 0$$

となる．右図より，$x < 0$ は $0 < t < 1$ に対応し，$x > 0$ は $t > 1$ に対応することに注意すると，$f(t) = t^2 - a^2 t + 2a^2 + 4a - 6$ としたとき，$f(t) = 0$ が $0 < t < 1$, $t > 1$ に 1 つずつ解をもつように a を定めればよい．そのための条件は $f(0) > 0$, $f(1) < 0$ である．まず，$f(0) > 0$ から
$$2a^2 + 4a - 6 > 0$$
$$(a+3)(a-1) > 0 \quad \therefore \quad a < -3, \ 1 < a \cdots\cdots ①$$

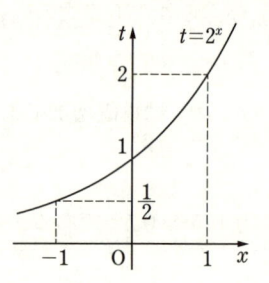

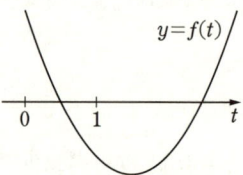

次に，$f(1) < 0$ から

$$1^2 - a^2 \cdot 1 + 2a^2 + 4a - 6 < 0$$
$$a^2 + 4a - 5 < 0$$
$$(a+5)(a-1) < 0 \quad \therefore \quad -5 < a < 1 \cdots\cdots ②$$

①，② の共通範囲を求めて $-5 < a < -3$

問題 98　　　　　　　　　　　　　　　　▶▶▶設問 P104

(1) $t = 3^x + 3^{-x}$ の両辺を 2 乗すると，
$$t^2 = (3^x + 3^{-x})^2$$
$$= 9^x + 2 + 9^{-x}$$

であるから，$9^x + 9^{-x} = t^2 - 2$

よって，$y = t^2 - 2 - 6t + 13 = \boldsymbol{t^2 - 6t + 11}$

(2) $3^x > 0$ であるから，相加平均・相乗平均の不等式より，
$$t = 3^x + 3^{-x} \geqq 2\sqrt{3^x \cdot 3^{-x}} = 2$$

等号は，$3^x = 3^{-x}$ より，$x = -x$ つまり，$x = 0$ のとき成立する．

よって，t のとりうる値の範囲は $\boldsymbol{t \geqq 2}$

(3) (1) より，
$$y = t^2 - 6t + 11 = (t-3)^2 + 2$$

ここで，(2) より，$t \geqq 2$ であるから，$t = 3$ で最小値 $\boldsymbol{2}$ となる．

また，このとき，$t = 3^x + 3^{-x} = 3$ より，
$$(3^x)^2 + 1 = 3 \cdot 3^x$$
$$(3^x)^2 - 3 \cdot 3^x + 1 = 0$$
$$3^x = \frac{3 \pm \sqrt{5}}{2} \quad \therefore \quad \boldsymbol{x = \log_3 \frac{3 \pm \sqrt{5}}{2}}$$

問題 99　　　　　　　　　　　　　　　　▶▶▶設問 P111

(1) 与式 $= \log_6 2 \cdot 3 = \log_6 6 = \boldsymbol{1}$

(2) 与式 $= \log_5 \dfrac{75}{15} = \log_5 5 = \mathbf{1}$

(3) 与式 $= \log_3 3^{\frac{3}{2}} = \dfrac{3}{2} \log_3 3 = \dfrac{\mathbf{3}}{\mathbf{2}}$

(4) 与式 $= \dfrac{3}{2} \log_3 5^{\frac{1}{3}} - \log_3 \dfrac{5^{\frac{1}{2}}}{3^2}$

$= \dfrac{1}{2} \cancel{\log_3 5} - \left(\dfrac{1}{2} \cancel{\log_3 5} - 2 \log_3 3 \right) = \mathbf{2}$

(5) 与式 $= \log_2 2^{\frac{1}{2}} + \dfrac{3}{2} \log_2 3^{\frac{1}{2}} - \dfrac{3}{2} \log_2 (2 \cdot 3)^{\frac{1}{2}}$

$= \dfrac{1}{2} \log_2 2 + \dfrac{3}{4} \log_2 3 - \dfrac{3}{4} (\log_2 2 + \log_2 3)$

$= \dfrac{1}{2} \log_2 2 + \dfrac{3}{4} \cancel{\log_2 3} - \dfrac{3}{4} \log_2 2 - \dfrac{3}{4} \cancel{\log_2 3}$

$= \dfrac{1}{2} - \dfrac{3}{4} = -\dfrac{\mathbf{1}}{\mathbf{4}}$

問題 100　　　　　　　　　　　　　　　▶▶▶ 設問 P111

(1) 底を 2 に変換すると，

$$(与式) = \dfrac{\log_2 4}{\log_2 8} = \dfrac{\mathbf{2}}{\mathbf{3}}$$

(2) 底を 2 に統一すると

$$(与式) = \cancel{\log_2 3} \times \dfrac{\log_2 8}{\cancel{\log_2 3}}$$

$$= \log_2 8 = \log_2 2^3 = \mathbf{3}$$

(3) 底を 3 に統一すると，

$$(与式) = \cancel{\log_3 5} \cdot \dfrac{\cancel{\log_3 7}}{\cancel{\log_3 5}} \cdot \dfrac{\log_3 9}{\cancel{\log_3 7}}$$

$$= \log_3 3^2 = \mathbf{2}$$

(4) 底を 2 に統一すると，

$$(与式) = \left(\dfrac{\log_2 3}{\log_2 4} + \dfrac{\log_2 3}{\log_2 8} \right) \left(\dfrac{\log_2 2}{\log_2 3} + \dfrac{\log_2 2}{\log_2 9} \right)$$

$$= \left(\dfrac{\log_2 3}{2} + \dfrac{\log_2 3}{3} \right) \left(\dfrac{1}{\log_2 3} + \dfrac{1}{2 \log_2 3} \right)$$

$$= \dfrac{5}{6} \cancel{\log_2 3} \cdot \dfrac{3}{2 \cancel{\log_2 3}} = \dfrac{\mathbf{5}}{\mathbf{4}}$$

問題 101　　　　　　　　　　　　　　▶▶▶ 設問 P111

(1) $\log_2 45 = \log_2(3^2 \cdot 5) = \log_2 3^2 + \log_2 5 = 2\log_2 3 + \log_2 5 = \boldsymbol{2a + b}$

(2) $\log_2 \dfrac{6}{25} = \log_2 \dfrac{2 \cdot 3}{5^2} = \log_2 2 + \log_2 3 - 2\log_2 5 = \boldsymbol{1 + a - 2b}$

(3) $\log_3 15 = \dfrac{\log_2 15}{\log_2 3} = \dfrac{\log_2(3 \cdot 5)}{\log_2 3} = \dfrac{\log_2 3 + \log_2 5}{\log_2 3} = \boldsymbol{\dfrac{a+b}{a}}$

問題 102　　　　　　　　　　　　　　▶▶▶ 設問 P112

(1) 真数の大小を比較すると
$$\sqrt{7} < \sqrt{8} < 3$$
　底 4 は 1 より大きいから
$$\boldsymbol{\log_4 \sqrt{7} < \log_4 \sqrt{8} < \log_4 3}$$

(2) 真数の大小を比較すると
$$0.1 < 2 < 5$$
　底 0.5 は 1 より小さいから
$$\boldsymbol{\log_{0.5} 5 < \log_{0.5} 2 < \log_{0.5} 0.1}$$

問題 103　　　　　　　　　　　　　　▶▶▶ 設問 P112

$a^2 < b$ において，底を b $(0 < b < 1)$ とする対数をとって
$$\log_b a^2 > \log_b b = 1$$
$$2\log_b a > 1 \quad \therefore \quad \log_b a > \dfrac{1}{2} \qquad \cdots\cdots ①$$
$0 < b < a < 1$ より
$$\log_a b > \log_a a = 1 = \log_b b > \log_b a \qquad \cdots\cdots ②$$
①，② より
$$\log_a \dfrac{a}{b} = 1 - \log_a b < 0$$
$$0 < \log_b \dfrac{b}{a} = 1 - \log_b a < \dfrac{1}{2} \qquad \cdots\cdots ③$$

①, ②, ③ より

$$\log_a \frac{a}{b} < \log_b \frac{b}{a} < \frac{1}{2} < \log_b a < \log_a b$$

問題 104 ▶▶▶ 設問 P112

(1) 真数条件より，

$$\begin{cases} x > 0 \\ x - 2 > 0 \end{cases} \quad \therefore \quad x > 2$$

となる．このとき，与式を変形して，

$\log_2 x(x-2) = \log_2 2^3$
$x(x-2) = 8$
$x^2 - 2x - 8 = 0$
$(x-4)(x+2) = 0 \quad \therefore \quad \boldsymbol{x = 4} \quad (\because \quad x > 2)$

(2) 真数条件より，

$$\begin{cases} x + 1 > 0 \\ x - 2 > 0 \end{cases} \quad \therefore \quad x > 2$$

となる．このとき，与式を変形して，

$\log_{10}(x+1)(x-2) = \log_{10} 10$
$(x+1)(x-2) = 10$
$x^2 - x - 12 = 0$
$(x-4)(x+3) = 0 \quad \therefore \quad \boldsymbol{x = 4} \quad (\because \quad x > 2)$

(3) 真数条件，底の条件より $x > 0$, $x \neq 1$ である．このとき，

$$\log_2 x - \frac{\log_2 16}{\log_2 x} = 3$$

$\log_2 x = t \ (t \neq 0)$ として，

$t - \dfrac{4}{t} = 3$
$t^2 - 3t - 4 = 0$
$(t+1)(t-4) = 0 \quad \therefore \quad t = 4, \ -1$

$t = \log_2 x = 4$ のとき $x = 16$, $t = \log_2 x = -1$ のとき $x = \dfrac{1}{2}$ であるから，求める解は $\boldsymbol{x = \dfrac{1}{2},\ 16}$

(4) 真数条件より，$x > 0$ である．このとき，

$$4\left(\dfrac{\log_2 x}{\log_2 4}\right)^2 - 3\left(\dfrac{\log_2 x}{\log_2 8}\right) - 2 = 0$$

$$4\left(\dfrac{\log_2 x}{2}\right)^2 - 3\left(\dfrac{\log_2 x}{3}\right) - 2 = 0$$

$\log_2 x = t$ として，

$$t^2 - t - 2 = 0$$
$$(t+1)(t-2) = 0 \quad \therefore \quad t = -1,\ 2$$

$t = \log_2 x = -1$ のとき $x = \dfrac{1}{2}$, $t = \log_2 x = 2$ のとき $x = 4$ であるから，求める解は $\boldsymbol{x = \dfrac{1}{2},\ 4}$

問題 105　　　　　　　　　　　▶▶▶ 設問 P113

(1) 真数条件より $x > 0$ かつ $x + 2 > 0$

つまり $x > 0$ ……①

与式を変形して
$$\log_3 x(x+2) < \log_3 3$$
$$x(x+2) < 3\ (\because\ 底 > 1)$$
$$(x-1)(x+3) < 0 \quad \therefore \quad -3 < x < 1\ \cdots\cdots ②$$

①，② より $\boldsymbol{0 < x < 1}$

(2) 真数条件より $x - 1 > 0$ かつ $7 - x > 0$

つまり $1 < x < 7$ ……①

与式を変形して
$$\log_{0.5}(x-1)^2 \leqq \log_{0.5}(7-x)$$
$$(x-1)^2 \geqq 7 - x\ (\because\ 底 < 1)$$

$$x^2 - x - 6 \geqq 0$$
$$(x+2)(x-3) \geqq 0 \quad \therefore \quad x \leqq -2, \ x \geqq 3 \cdots\cdots ②$$

①, ② より $3 \leqq x < 7$

(3) 真数条件より $x - 1 > 0$ かつ $x + 11 > 0$

つまり $x > 1 \cdots\cdots ①$

与式を変形すると
$$\log_a(x-1) \geqq \frac{\log_a(x+11)}{\log_a a^2}$$
$$\log_a(x-1) \geqq \frac{\log_a(x+11)}{2}$$
$$2\log_a(x-1) \geqq \log_a(x+11)$$
$$\log_a(x-1)^2 \geqq \log_a(x+11)$$

底 a について $0 < a < 1$ であるから
$$(x-1)^2 \leqq x+11$$
$$x^2 - 3x - 10 \leqq 0$$
$$(x+2)(x-5) \leqq 0 \quad \therefore \quad -2 \leqq x \leqq 5 \quad \cdots\cdots ②$$

①, ② より $1 < x \leqq 5$

問題 106 ▶▶▶ 設問 P113

底の条件より $x > 0, \ x \neq 1, \ y > 0, \ y \neq 1$

このもとで, $\log_x y = X \ (X \neq 0)$ とおくと,
$$\log_y x = \frac{1}{\log_x y} = \frac{1}{X}$$

であるから, 与式は
$$X - \frac{2}{X} < 1$$
$$\frac{X^2 - X - 2}{X} < 0$$
$$\frac{(X-2)(X+1)}{X} < 0$$
$$(X-2)(X+1)X < 0$$
$$\therefore \quad X < -1 \quad \text{または} \quad 0 < X < 2$$
$$\therefore \quad \log_x y < -1 \quad \text{または} \quad 0 < \log_x y < 2$$

となる.

(i) $x > 1$ のとき
  $y < \dfrac{1}{x}$ または $1 < y < x^2$

(ii) $0 < x < 1$ のとき
  $y > \dfrac{1}{x}$ または $1 > y > x^2$

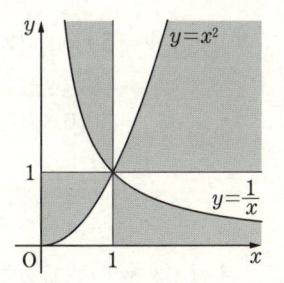

これを図示すると右図の網目部分となる (境界はすべて含まない).

問題 107　　▶▶▶設問 P113

与式を変形して,

$$y = (\log_3 x - \log_3 27) \dfrac{\log_3 \dfrac{3}{x}}{\log_3 \dfrac{1}{3}}$$

$$= (\log_3 x - 3) \cdot \dfrac{\log_3 3 - \log_3 x}{-1}$$

$$= (\log_3 x - 3)(\log_3 x - 1)$$

ここで, $\log_3 x = t$ とおくと,

$$y = (t-3)(t-1)$$
$$= t^2 - 4t + 3 = (t-2)^2 - 1$$

$\dfrac{1}{3} \leqq x \leqq 27$ より $\log_3 \dfrac{1}{3} \leqq \log_3 x \leqq \log_3 27$, つまり $-1 \leqq t \leqq 3$ となることに注意すると, 図から

$$t = \log_3 x = -1 \text{ つまり } x = \dfrac{1}{3} \text{ のとき最大値} 8$$

$$t = \log_3 x = 2 \text{ つまり } x = 9 \text{ のとき最小値} -1$$

問題 108　　▶▶▶設問 P114

(1) 常用対数をとると

$$\log_{10} A = 50 \log_{10}(2 \cdot 3^2)$$
$$= 50(\log_{10} 2 + 2 \log_{10} 3)$$
$$= 50(0.3010 + 0.9542) = 50 \cdot 1.2552 = 62.76$$

となるから,
$$62 < \log_{10} A < 63 \qquad \therefore \quad 10^{62} < A < 10^{63}$$

よって, A は **63 桁** の数である.

(2) $\log_{10} 6 = \log_{10} 2 + \log_{10} 3 = 0.7781 > 0.76$ により, $10^{0.76} < 6$

(3) $\log_{10} 5 = \log_{10} \dfrac{10}{2} = 1 - \log_{10} 2 = 0.6990 < 0.76$ より $5 < 10^{0.76}$ であるから, (2) の結果とあわせると, $5 < 10^{0.76} < 6$

これより,
$$5 \times 10^{62} < 10^{0.76} \times 10^{62} < 6 \times 10^{62}$$

よって, A の最高位の数字は **5**

問題 109 ▶▶▶ 設問 P116

(1) (与式) $= 3 - (-2) + (-2)^2 = \mathbf{9}$

(2) (与式) $= \displaystyle\lim_{x \to 2} \dfrac{(x-1)(x-2)}{x-2} = \lim_{x \to 2}(x-1) = 2 - 1 = \mathbf{1}$

(3) (与式) $= \displaystyle\lim_{x \to 3} \dfrac{(\sqrt{x+1}-2)(\sqrt{x+1}+2)}{(x-3)(\sqrt{x+1}+2)} = \lim_{x \to 3} \dfrac{(x-3)}{(x-3)(\sqrt{x+1}+2)}$
$= \displaystyle\lim_{x \to 3} \dfrac{1}{\sqrt{x+1}+2} = \dfrac{1}{\sqrt{3+1}+2} = \dfrac{\mathbf{1}}{\mathbf{4}}$

(4) (与式) $= \displaystyle\lim_{x \to 1} \dfrac{(x^2+x+1)-(5x-2)}{(x-1)(x^2+x+1)} = \lim_{x \to 1} \dfrac{(x-1)(x-3)}{(x-1)(x^2+x+1)}$
$= \displaystyle\lim_{x \to 1} \dfrac{x-3}{x^2+x+1} = -\dfrac{\mathbf{2}}{\mathbf{3}}$

問題 110 ▶▶▶ 設問 P116

$x \to 1$ のとき，(分母) $\to 0$ であるから，極限値が定まるためには，(分子) $\to 0$ となることが必要である．したがって，
$$\lim_{x \to 1}(2x^2 - x + a) = 1 + a = 0 \qquad \therefore \quad a = -1$$

このとき，
$$\lim_{x \to 1} \frac{2x^2 - x - 1}{x - 1} = \lim_{x \to 1} \frac{(2x+1)(x-1)}{x-1}$$
$$= \lim_{x \to 1}(2x + 1) = 3$$

よって，$a = -1, b = 3$

別解

$$\lim_{x \to 1}(2x^2 - x + a) = \lim_{x \to 1}\left\{\frac{2x^2 - x + a}{x - 1} \times (x - 1)\right\}$$
$$= \lim_{x \to 1}\frac{2x^2 - x + a}{x - 1} \times \lim_{x \to 1}(x - 1) = b \times 0 = 0$$

よって，$\lim_{x \to 1}(2x^2 - x + a) = 0$ より，
$$2 - 1 + a = 0 \qquad \therefore \quad \boldsymbol{a = -1} \text{(以下省略)}$$

問題 111 ▶▶▶ 設問 P118

(1) $\dfrac{f(3) - f(1)}{3 - 1} = \dfrac{21 - (-1)}{2} = \boldsymbol{11}$

(2) $f'(1) = \lim_{h \to 0} \dfrac{f(1+h) - f(1)}{h}$
$\qquad = \lim_{h \to 0} \dfrac{\{(1+h)^3 - 2(1+h)\} - (-1)}{h}$
$\qquad = \lim_{h \to 0} \dfrac{h^3 + 3h^2 + h}{h} = \lim_{h \to 0}(h^2 + 3h + 1) = \boldsymbol{1}$

(3) $g'(2) = \lim_{h \to 0} \dfrac{g(2+h) - g(2)}{h}$
$\qquad = \lim_{h \to 0} \dfrac{\{(2+h)^2 - 3(2+h) + 2\} - 0}{h}$
$\qquad = \lim_{h \to 0} \dfrac{h^2 + h}{h} = \lim_{h \to 0}(h + 1) = \boldsymbol{1}$

(4) $g'(a) = \lim_{h \to 0} \dfrac{g(a+h) - g(a)}{h}$

$= \lim_{h \to 0} \dfrac{\{(a+h)^2 - 3(a+h) + 2\} - (a^2 - 3a + 2)}{h}$

$= \lim_{h \to 0} \dfrac{2ah + h^2 - 3h}{h}$

$= \lim_{h \to 0} (2a + h - 3) = \boldsymbol{2a - 3}$

問題 112　　　▶▶▶設問 P119

(1)　$\lim_{h \to 0} \dfrac{f(a+3h) - f(a-2h)}{h}$

$= \lim_{h \to 0} \dfrac{f(a+3h) - f(a-2h) + f(a) - f(a)}{h}$

$= \lim_{h \to 0} \dfrac{\{f(a+3h) - f(a)\} - \{f(a-2h) - f(a)\}}{h}$

$= \lim_{h \to 0} \dfrac{f(a+3h) - f(a)}{3h} \times 3 + \dfrac{f(a-2h) - f(a)}{-2h} \times 2$

$= f'(a) \times 3 + f'(a) \times 2 = \boldsymbol{5f'(a)}$

(2)　$\lim_{x \to a} \dfrac{x^2 f(x) - a^2 f(a)}{x^2 - a^2}$

$= \lim_{x \to a} \dfrac{x^2 f(x) - a^2 f(a) + x^2 f(a) - x^2 f(a)}{x^2 - a^2}$

$= \lim_{x \to a} \dfrac{x^2 \{f(x) - f(a)\} + (x^2 - a^2) f(a)}{x^2 - a^2}$

$= \lim_{x \to a} \left\{ \dfrac{x^2}{x+a} \cdot \dfrac{f(x) - f(a)}{x-a} \right\} + f(a) = \boldsymbol{\dfrac{a}{2} f'(a) + f(a)}$

別解 ••

$x^2 f(a)$ を足し引きすることにより微分係数の定義が使えるようにしましたが，以下のように $a^2 f(x)$ を足し引きする変形も可能です．

$$\lim_{x \to a} \frac{x^2 f(x) - a^2 f(a) + a^2 f(x) - a^2 f(x)}{x^2 - a^2}$$
$$= \lim_{x \to a} \frac{f(x)(x^2 - a^2) + a^2\{f(x) - f(a)\}}{x^2 - a^2}$$
$$= \lim_{x \to a} \left\{ f(x) + a^2 \cdot \frac{f(x) - f(a)}{x - a} \cdot \frac{1}{x + a} \right\}$$
$$= f(a) + a^2 \cdot f'(a) \cdot \frac{1}{2a} = \boldsymbol{\frac{a}{2} f'(a) + f(a)}$$

問題 113 ▶▶▶ 設問 P119

(1) $f'(x) = \lim_{h \to 0} \dfrac{f(x+h) - f(x)}{h}$
$= \lim_{h \to 0} \dfrac{(x+h)^2 + 2(x+h) - (x^2 + 2x)}{h}$
$= \lim_{h \to 0} \dfrac{2hx + h^2 + 2h}{h}$
$= \lim_{h \to 0} (2x + h + 2) = \boldsymbol{2x + 2}$

(2) $f(x) = x^3 - x^2 + 2x - 2$ より $\boldsymbol{f'(x) = 3x^2 - 2x + 2}$
よって，$f'(1) = 3 \cdot 1^2 - 2 \cdot 1 + 2 = \boldsymbol{3}$

(3) $f(x)$ が n 次式であるとすると，$f'(x)$ は $n-1$ 次式だから，$x^2 f'(x)$ は $n+1$ 次式となる．これより，$x^2 f'(x) - f(x) = 2x^3 - x + 3$ の左辺は $n+1$ 次式となるから，両辺の次数を比較して
$$n + 1 = 3 \quad \therefore \quad n = 2$$
よって，$f(x)$ は 2 次式である．このとき，$f(x) = ax^2 + bx + c$ とおくと，$f'(x) = 2ax + b$ であるから，
$$x^2 f'(x) - f(x) = 2x^3 - x + 3$$
$$x^2(2ax + b) - (ax^2 + bx + c) = 2x^3 - x + 3$$
$$2ax^3 + (b-a)x^2 - bx - c = 2x^3 - x + 3$$
これが x の恒等式であるから，
$$2a = 2,\ b - a = 0,\ -b = -1,\ -c = 3 \quad \therefore \quad a = b = 1,\ c = -3$$
以上から，$\boldsymbol{f(x) = x^2 + x - 3}$

問題 114

(1) $y' = x^2 + 2x$ より，点 $\left(1, -\dfrac{2}{3}\right)$ における接線の傾きは 3 であるから，l の方程式は
$$y = 3(x-1) - \dfrac{2}{3} \quad \therefore \quad \boldsymbol{y = 3x - \dfrac{11}{3}}$$

(2) C と m の接点の座標を $\left(t, \dfrac{1}{3}t^3 + t^2 - 2\right)$ とおくと，$y' = x^2 + 2x$ より この点における接線の傾きは $t^2 + 2t$ となる．$l \parallel m$ より
$$t^2 + 2t = 3$$
$$(t+3)(t-1) = 0 \quad \therefore \quad t = -3, 1$$

ここで，$t = 1$ は C と l の接点に対応するので $t \neq 1$

よって，$t = -3$ となるから，接点は $\boldsymbol{(-3, -2)}$

また，m の方程式は，
$$y = 3(x+3) - 2 \quad \therefore \quad \boldsymbol{y = 3x + 7}$$

問題 115

(1) 接線の傾きが $\tan 135° = -1$ と，$y' = 3x^2 - 6x - 10$ から
$$3x^2 - 6x - 10 = -1$$
$$(x-3)(x+1) = 0 \quad \therefore \quad x = 3, -1$$

$x = -1$ のとき，$y = (-1)^3 - 3 \cdot (-1)^2 - 10 \cdot (-1) + 1 = 7$
$x = 3$ のとき，$y = 3^3 - 3 \cdot 3^3 - 10 \cdot 3 + 1 = -29$
よって，接点の座標は $\boldsymbol{(-1, 7), (3, -29)}$

(2) 曲線 $y = x^2 - x + 3$ 上の点 $(t, t^2 - t + 3)$ における接線の方程式は，$y' = 2x - 1$ より
$$y = (2t-1)(x-t) + t^2 - t + 3$$
$$y = (2t-1)x - t^2 + 3 \cdots\cdots ①$$

となる．これが点 $(1, -1)$ を通るから，
$$-1 = (2t-1) \cdot 1 - t^2 + 3$$
$$t^2 - 2t - 3 = 0$$
$$(t-3)(t+1) = 0 \quad \therefore \quad t = 3, -1$$

$t = 3$ のとき，接点の座標は $(3, 9)$ で，①に用いると，接線の方程式は，$y = 5x - 6$

$t = -1$ のとき，接点の座標は $(-1, 5)$ で，①に用いると，接線の方程式は，$y = -3x + 2$

問題 116 ▶▶▶ 設問 P122

$f'(x) = 3x^2 + 2a,\ g'(x) = -3x^2 + 2b$
2 曲線がともに点 $P(1, 0)$ を通るから
$$f(1) = 0 \quad \therefore\ 2a - b + 1 = 0 \cdots\cdots ①$$
$$g(1) = 0 \quad \therefore\ 2b + c - 1 = 0 \cdots\cdots ②$$
点 P で共通接線をもつから
$$f'(1) = g'(1) \quad \therefore\ a - b + 3 = 0 \cdots\cdots ③$$
①，②，③を連立して，$a = 2,\ b = 5,\ c = -9$

このとき，$f(x) = x^3 + 4x - 5,\ g(x) = -x^3 + 10x - 9$ となり，$f(x) = g(x)$ とおくと
$$x^3 - 3x + 2 = 0$$
$$(x-1)^2(x+2) = 0 \quad \therefore\ x = 1,\ -2$$
よって，点 P 以外の共有点の x 座標は $x = -2$ である．$f(-2) = g(-2) = -21$ であるから，求める共有点の座標は $(-2, -21)$

問題 117 ▶▶▶ 設問 P122

$y = x^2 - 2x + 5$ より $y' = 2x - 2$
これより，放物線 $y = x^2 - 2x + 5$ 上の点 $(s, s^2 - 2s + 5)$ における接線の方程式は，
$$y = (2s - 2)(x - s) + s^2 - 2s + 5$$
$$= (2s - 2)x - s^2 + 5 \quad \cdots\cdots (*)$$
これが $y = -2x^2 + 2$ に接するから
$$-2x^2 + 2 = (2s - 2)x - s^2 + 5$$
$$2x^2 + 2(s - 1)x - s^2 + 3 = 0$$

が重解をもつ．判別式を D とすると

$$\frac{D}{4} = (s-1)^2 - 2(-s^2+3) = 0$$
$$3s^2 - 2s + 5 = 0$$
$$(3s-5)(s+1) = 0 \quad \therefore \quad s = -1, \frac{5}{3}$$

(∗) に用いると共通接線の方程式は $y = -4x + 4$, $y = \dfrac{4}{3}x + \dfrac{20}{9}$

別解

$y = x^2 - 2x + 5$ より，$y' = 2x - 2$ 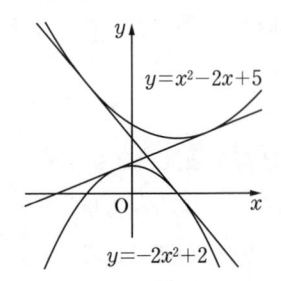
これより，放物線 $y = x^2 - 2x + 5$ 上の点
$(s, s^2 - 2s + 5)$ における接線の方程式は
$$y = (2s-2)(x-s) + s^2 - 2s + 5$$
$$= (2s-2)x - s^2 + 5 \quad \cdots\cdots ①$$

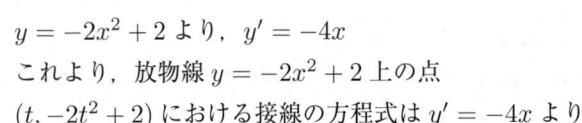

$y = -2x^2 + 2$ より，$y' = -4x$
これより，放物線 $y = -2x^2 + 2$ 上の点
$(t, -2t^2 + 2)$ における接線の方程式は $y' = -4x$ より
$$y = -4t(x-t) - 2t^2 + 2$$
$$= -4tx + 2t^2 + 2 \quad \cdots\cdots ②$$

共通接線となるのは，①，② が一致するときより
$$\begin{cases} 2s - 2 = -4t & \cdots\cdots ③ \\ -s^2 + 5 = 2t^2 + 2 & \cdots\cdots ④ \end{cases}$$

③ より $s = -2t + 1$
④ に代入して
$$-(-2t+1)^2 + 5 = 2t^2 + 2$$
$$-6t^2 + 4t + 2 = 0$$
$$3t^2 - 2t - 1 = 0$$
$$(t-1)(3t+1) = 0$$
$$\therefore \quad t = -\frac{1}{3}, 1$$

これを ② に用いると，共通接線の方程式は $y = \dfrac{4}{3}x + \dfrac{20}{9}$, $y = -4x + 4$

問題 118　　　　　　　　　　　　　　　▶▶▶ 設問 P125

(1) $f'(x) = 3x^2 - 12x + 9 = 3(x-1)(x-3)$

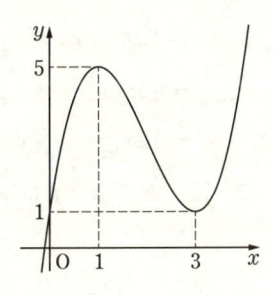

$f'(x) = 0$ を解くと，$x = 1, 3$ となり，これを利用して $f'(x)$ の符号を調べると，下の増減表が得られる．よって，$y = f(x)$ のグラフの概形は右図のようになる．

x	$\cdots$	1	$\cdots$	3	$\cdots$
$f'(x)$	+	0	−	0	+
$f(x)$	↗	5	↘	1	↗

また，$f(x)$ は，

$x = 3$ のとき極小値 1，$x = 1$ のとき極大値 5

をとる．

(2) $f'(x) = 3x^2 - 6x + 3 = 3(x-1)^2 \geqq 0$

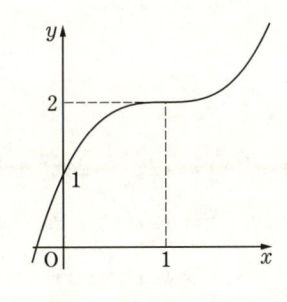

$f'(x)$ の符号を調べると，下の増減表が得られる．よって，$y = f(x)$ のグラフの概形は右図のようになる．

x	$\cdots$	1	$\cdots$
$f'(x)$	+	0	+
$f(x)$	↗	2	↗

極値は存在しない．

(3) $f'(x) = 3x^2 - 6x + 4 = 3(x-1)^2 + 1 > 0$

より $y = f(x)$ は単調増加であるから グラフの概形は右図のようになる．

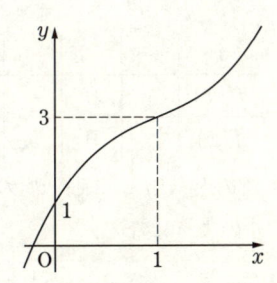

極値は存在しない．

問題 119
▶▶▶ 設問 P126

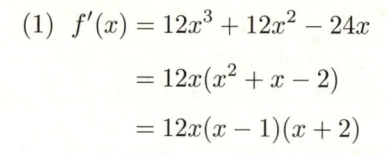

(1) $f'(x) = 12x^3 + 12x^2 - 24x$
$= 12x(x^2 + x - 2)$
$= 12x(x-1)(x+2)$

で，図1から増減表は下のようになる．

x	$\cdots$	-2	$\cdots$	0	$\cdots$	1	$\cdots$
$f'(x)$	$-$	0	$+$	0	$-$	0	$+$
$f(x)$	↘	-17	↗	15	↘	10	↗

このとき $y = f(x)$ のグラフの概形は図2のようになる．

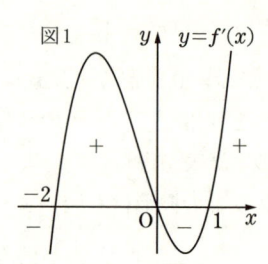

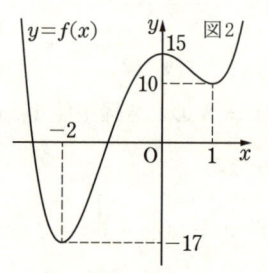

(2) $f'(x) = 12x^3 + 24x^2 + 12x$
$= 12x(x^2 + 2x + 1)$
$= 12x(x+1)^2$

で，図3から増減表は下のようになる．

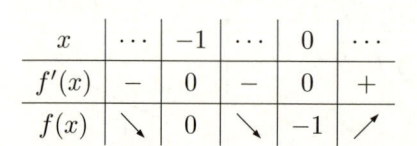

x	$\cdots$	-1	$\cdots$	0	$\cdots$
$f'(x)$	$-$	0	$-$	0	$+$
$f(x)$	↘	0	↘	-1	↗

このとき $y = f(x)$ のグラフの概形は図4のようになる．

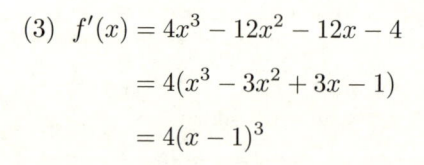

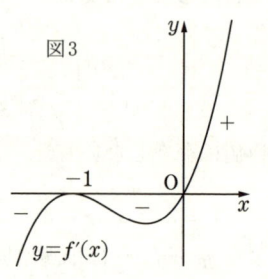

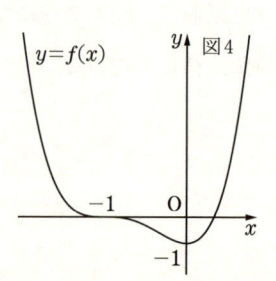

(3) $f'(x) = 4x^3 - 12x^2 - 12x - 4$
$= 4(x^3 - 3x^2 + 3x - 1)$
$= 4(x-1)^3$

で，図5から増減表は下のようになる．

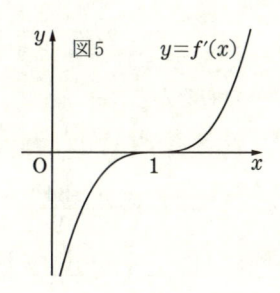

x	$\cdots$	1	$\cdots$
$f'(x)$	$-$	0	$+$
$f(x)$	↘	1	↗

このとき $y=f(x)$ のグラフの概形は図6のようになる．

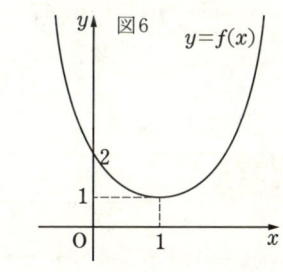

問題 120 ▶▶▶設問 P126

(1) $f'(x) = 9x^2 - 6x - 11$

$f'(x) = 0$ となるのは $x = \dfrac{1 \pm 2\sqrt{3}}{3}$

$y = f(x)$ の増減表は下のようになる．

x	$\cdots$	$\dfrac{1-2\sqrt{3}}{3}$	$\cdots$	$\dfrac{1+2\sqrt{3}}{3}$	$\cdots$
$f'(x)$	$+$	0	$-$	0	$+$
$f(x)$	↗	極大	↘	極小	↗

よって $f(x)$ は $x = \dfrac{1-2\sqrt{3}}{3}$ で極大値をとる．

(2) $f(x) = f'(x)\left(\dfrac{1}{3}x - \dfrac{1}{9}\right) - 8x + \dfrac{34}{9}$ と表せる．

$\alpha = \dfrac{1-2\sqrt{3}}{3}$ とすると，$f'(\alpha) = 0$

であるから，

$$f(\alpha) = f'(\alpha)\left(\dfrac{1}{3}\alpha - \dfrac{1}{9}\right) - 8\alpha + \dfrac{34}{9}$$

$$= -8\alpha + \dfrac{34}{9}$$

$$= -8 \cdot \dfrac{1-2\sqrt{3}}{3} + \dfrac{34}{9}$$

$$= \dfrac{10 + 48\sqrt{3}}{9}$$

$$\begin{array}{r}
\dfrac{1}{3}x - \dfrac{1}{9} \\
9x^2-6x-11 \overline{\smash{)}3x^3-3x^2-11x+5} \\
\underline{3x^3-2x^2-\dfrac{11}{3}x} \\
-x^2-\dfrac{22}{3}x+5 \\
\underline{-x^2+\dfrac{2}{3}x+\dfrac{11}{9}} \\
-8x+\dfrac{34}{9}
\end{array}$$

問題 121　　　▶▶▶ 設問 P127

(1) $f'(x) = 3x^2 + 2ax + b$ であり，$f(x)$ が $x = -1, 5$ で極値をもつから，

$$f'(-1) = 3 - 2a + b = 0$$
$$f'(5) = 75 + 10a + b = 0$$

これを解いて $a = -6$, $b = -15$

このとき，$f(x) = x^3 - 6x^2 - 15x + c$ で $f(-1) = 34$ より，

$$f(-1) = -1 - 6 + 15 + c = 34 \quad \therefore \quad c = 26$$

よって，$f(x) = x^3 - 6x^2 - 15x + 26$ となり，

$$d = f(5) = 5^3 - 6 \cdot 5^2 - 15 \cdot 5 + 26 = -74$$

逆にこのとき，

$f(x) = x^3 - 6x^2 - 15x + 26$
$f'(x) = 3x^2 - 12x - 15$
　　　$= 3(x+1)(x-5)$

x	$\cdots$	-1	$\cdots$	5	$\cdots$
$f'(x)$	$+$	0	$-$	0	$+$
$f(x)$	↗		↘		↗

より増減表は右のようになり，確かに $x = -1$ で極大値，$x = 5$ で極小値をとる．

以上から，$(a, b, c, d) = (-6, -15, 26, -74)$

別解 ••

$f'(x) = 0$ の解が $x = -1, 5$ であり，$f'(x)$ の x^2 の係数が 3 であるから，

$$f'(x) = 3(x+1)(x-5) = 3x^2 - 12x - 15$$

表すことができる．これを積分すると，
$$f(x) = x^3 - 6x^2 - 15x + c$$

となる．係数を比較して，$a = -6$, $b = -15$ （以下略）

(2) $f'(x) = 3x^2 + 2ax + a$

$y = f(x)$ が極値をもたないためには $f'(x)$ が符号変化をしなければよい．そのための条件は $f'(x) = 0$ の判別式を D とすると
$$\frac{D}{4} = a^2 - 3a \leqq 0$$
$$a(a-3) \leqq 0$$

これを解いて，$\boldsymbol{0 \leqq a \leqq 3}$

問題 122 　　　　　　　　　　　　　　▶▶▶ 設問 P127

$f(x) = x^3 + ax^2 + bx$ のとき $f'(x) = 3x^2 + 2ax + b$

(1) $f(x)$ が極大値と極小値をもつのは $f'(x) = 0$ が異なる2つの実数解をもつときである．$f'(x) = 0$ の判別式を D とすると
$$\frac{D}{4} = a^2 - 3b > 0 \quad \therefore \quad b < \frac{a^2}{3}$$

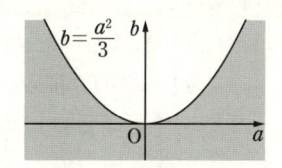

よって，点 (a, b) の存在範囲は，図の網目部分．ただし，境界は除く．

(2) $f(x)$ が $-1 < x < 1$ に極大値と極小値をもつのは $f'(x) = 0$ が $-1 < x < 1$ に異なる2つの実数解をもつときである．
$$f'(x) = 3x^2 + 2ax + b$$
$$= 3\left(x + \frac{a}{3}\right)^2 + b - \frac{a^2}{3}$$

であるから，求める条件は
$$\frac{D}{4} = a^2 - 3b > 0 \quad \cdots\cdots \text{①}$$

軸の方程式 $x = -\frac{a}{3}$ について $-1 < -\frac{a}{3} < 1$

$\therefore \quad -3 < a < 3 \quad \cdots\cdots \text{②}$

端点における y 座標について

$f'(-1) = 3 - 2a + b > 0$　　∴　$b > 2a - 3$ ……③

$f(1) = 3 + 2a + b > 0$　　∴　$b > -2a - 3$ ……④

以上 ①〜④ より，点 (a, b) の存在範囲は，図の網目部分．ただし，境界はすべて除く．

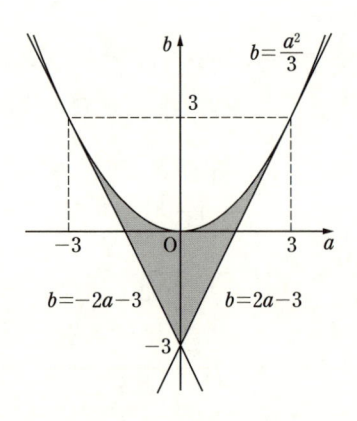

問題 123　　▶▶▶ 設問 P128

(1) $f'(x) = 6x^2 + 2ax + b$

$f'(x) = 0$ の 2 解が $x = \alpha, \beta$ であるから，解と係数の関係から

$$\begin{cases} \alpha + \beta = -\dfrac{a}{3} \\ \alpha\beta = \dfrac{b}{6} \end{cases} \quad \therefore \quad \begin{cases} a = -3(\alpha + \beta) \\ b = 6\alpha\beta \end{cases} \quad \cdots\cdots ①$$

が成立する．このとき

$$\begin{aligned} f(\alpha) &= 2\alpha^3 + a\alpha^2 + b\alpha + 1 \\ &= 2\alpha^3 - 3(\alpha + \beta)\alpha^2 + 6\alpha\beta \cdot \alpha + 1 \\ &= -\alpha^3 + 3\alpha^2\beta + 1 \\ f(\beta) &= 2\beta^3 + a\beta^2 + b\beta^2 + 1 \\ &= 2\beta^3 - 3(\alpha + \beta)\beta^2 + 6\alpha\beta \cdot \beta + 1 \\ &= -\beta^3 + 3\alpha\beta^2 + 1 \end{aligned}$$

となるから，

$$\begin{aligned} f(\alpha) - f(\beta) &= -\alpha^3 + 3\alpha^2\beta + 1 - (-\beta^3 + 3\alpha\beta^2 + 1) \\ &= \beta^3 - 3\alpha\beta^2 + 3\alpha^2\beta - \alpha^3 = \boldsymbol{(\beta - \alpha)^3} \end{aligned}$$

別解

$f'(x) = 6x^2 + 2ax + b$ で $f'(x) = 0$ の 2 解が $x = \alpha, \beta$ であるから，$f'(x) = 6(x-\alpha)(x-\beta)$ となる．このとき，$\int f'(x)dx = f(x) + C$ (C は積分定数) となることと，$\int_\alpha^\beta (x-\alpha)(x-\beta)dx = -\frac{1}{6}(\beta-\alpha)^3$ を利用すると，

$$\begin{aligned}
f(\alpha) - f(\beta) &= \Big[f(x)\Big]_\beta^\alpha = \int_\beta^\alpha f'(x)dx \\
&= \int_\beta^\alpha 6(x-\alpha)(x-\beta)dx \\
&= -\int_\alpha^\beta 6(x-\alpha)(x-\beta)dx \\
&= -6\int_\alpha^\beta (x-\alpha)(x-\beta)dx \\
&= -6\left\{-\frac{1}{6}(\beta-\alpha)^3\right\} = \boldsymbol{(\beta-\alpha)^3}
\end{aligned}$$

(2) $f(\alpha) - f(\beta) = 1$ と (1) の結果から

$$(\beta-\alpha)^3 = 1 \quad \therefore \quad \beta - \alpha = 1 \quad \cdots\cdots \text{②}$$

また，条件から $\alpha + \beta = 3$ …… ③ となるから，②，③ を連立して $\alpha = 1, \beta = 2$

① に代入して，$\boldsymbol{a = -9, \ b = 12}$

問題 124　　　　　　　　　　　　　▶▶▶ 設問 P128

$a^x + a^{-x} = t$ とすると $a^x > 0, a^{-x} > 0$ であるから相加平均・相乗平均の不等式より

$$t = a^x + a^{-x} \geqq 2\sqrt{a^x \cdot a^{-x}} = 2$$

(等号は $a^x = a^{-x}$ つまり $x = -x$ $\quad \therefore \quad x = 0$ で成立する) となるから $t \geqq 2$ である．このとき

$$\begin{aligned}
a^{2x} + a^{-2x} &= (a^x + a^{-x})^2 - 2a^x \cdot a^{-x} = t^2 - 2 \\
a^{3x} + a^{-3x} &= (a^x + a^{-x})^3 - 3a^x \cdot a^{-x}(a^x + a^{-x}) = t^3 - 3t
\end{aligned}$$

より，

$$y = a^{3x} + a^{-3x} - 9(a^{2x} + a^{-2x}) + 27(a^x + a^{-x})$$
$$= t^3 - 3t - 9(t^2 - 2) + 27t$$
$$= t^3 - 9t^2 + 24t + 18 \quad (t \geq 2)$$

となる．$f(t) = t^3 - 9t^2 + 24t + 18 \ (t \geq 2)$ とすると
$$f'(t) = 3t^2 - 18t + 24$$
$$= 3(t^2 - 6t + 8)$$
$$= 3(t - 2)(t - 4)$$

右の増減表より，最小値は $f(4) = \mathbf{34}$
　$t = 4$ のとき
$$a^x + a^{-x} = 4$$

t	2	$\cdots$	4	$\cdots$
$f'(t)$		$-$	0	$+$
$f(t)$		$\searrow$	34	$\nearrow$

両辺に a^x を掛けて，
$$(a^x)^2 + 1 = 4a^x$$
$$(a^x)^2 - 4a^x + 1 = 0$$

$a^x = X$ とすると，$X^2 - 4X + 1 = 0$
これを解いて $X = 2 \pm \sqrt{3}$
$0 < a < 1,\ x \geq 0$ より，$0 < a^x \leq 1$ となることに注意すると
$$a^x = 2 - \sqrt{3} \quad \therefore \quad \boldsymbol{x = \log_a(2 - \sqrt{3})}$$

問題 125 　　　　　　　　　　　　　　　　　　▶▶▶ 設問 P128

$f'(x) = 3ax^2 - 12ax = 3ax(x - 4)$

(i) $a > 0$ のとき

　$f(x)$ の増減表は右のようになる．
　$f(-1) = -7a + b$,
　$f(2) = -16a + b$ より，$f(2) < f(-1)$ であるから，
$$f(0) = 3,\ f(2) = -29$$
$$b = 3,\ -16a + b = -29$$

x	-1	$\cdots$	0	$\cdots$	2
$f'(x)$		$+$	0	$-$	
y		$\nearrow$		$\searrow$	

　これを解いて，$\boldsymbol{a = 2,\ b = 3}$

(ii) $a<0$ のとき

$f(x)$ の増減表は右のようになる.
$f(-1)=-7a+b$,
$f(2)=-16a+b$ より, $f(2)>f(-1)$ であるから,
$$f(0)=-29,\ f(2)=3$$
$$b=-29,\ -16a+b=3$$

これを解いて, $a=-2,\ b=-29$

x	-1	$\cdots$	0	$\cdots$	2
$f'(x)$		$-$	0	$+$	
y		↘		↗	

問題 126　　　▶▶▶ 設問 P129

$f(x)=-2x^3+9x^2+4$
$f'(x)=-6x^2+18x=-6x(x-3)$

x	$\cdots$	0	$\cdots$	3	$\cdots$
$f'(x)$	$-$	0	$+$	0	$-$
$f(x)$	↘	4	↗	31	↘

増減表より, グラフは右のようになる.
最大値について

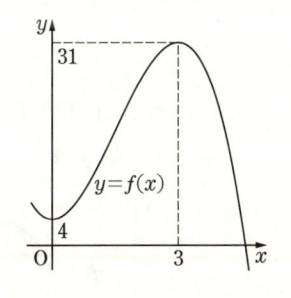

(i) $0<a<3$ のとき

$x=a$ のとき $f(x)$ は最大となる (図1参照).
よって, 最大値 $f(a)=-2a^3+9a^2+4$

(ii) $a\geqq 3$ のとき

$x=3$ のとき $f(x)$ は最大となる (図2参照). よって, 最大値 $f(3)=31$

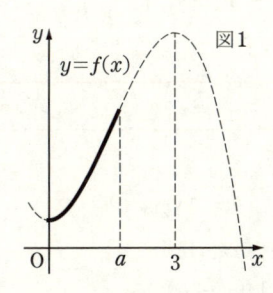

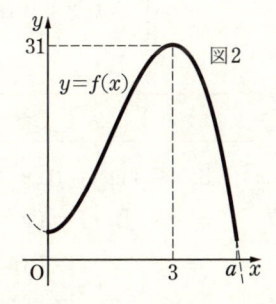

以上 (i), (ii) より $M = \begin{cases} -2a^3 + 9a^2 + 4 & (0 < a < 3) \\ 31 & (a \geqq 3) \end{cases}$

最小値について
まず $f(x) = 4$ となる x の値を求める（図3 参照）．
$-2x^3 + 9x^2 + 4 = 4$
$2x^3 - 9x^2 = 0$
$x^2(2x - 9) = 0$　∴　$x = 0$（重解），$\dfrac{9}{2}$

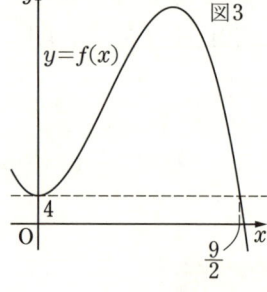

図3

(i) $0 < a < \dfrac{9}{2}$ のとき
　$x = 0$ のとき $f(x)$ は最小となる（図4 参照）．よって，最小値 $f(0) = 4$

(ii) $a \geqq \dfrac{9}{2}$ のとき
　$x = a$ のとき $f(x)$ は最小となる（図5 参照）．
　よって，最小値 $f(a) = -2a^3 + 9a^2 + 4$

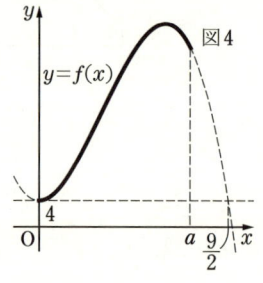

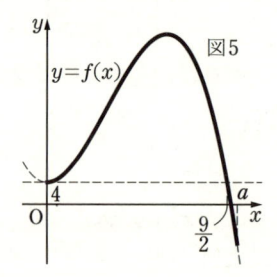

図4　図5

以上 (i),(ii) より $m = \begin{cases} 4 & \left(0 < a < \dfrac{9}{2}\right) \\ -2a^3 + 9a^2 + 4 & \left(a \geqq \dfrac{9}{2}\right) \end{cases}$

問題 127　　　▶▶▶ 設問 P129

(1) $f(x) = 2x^3 - 3(a+1)x^2 + 6ax$
$$f'(x) = 6x^2 - 6(a+1)x + 6a$$
$$= 6\{x^2 - (a+1)x + a\}$$
$$= 6(x-1)(x-a)$$

$a > 1$ に注意すると，増減表は下のようになる．

x	$\cdots$	1	$\cdots$	a	$\cdots$
$f'(x)$	+	0	−	0	+
$f(x)$	↗	$3a-1$	↘	$-a^3+3a^2$	↗

よって極大値は $f(1) = \bm{3a-1}$，極小値は $f(a) = \bm{-a^3+3a^2}$

(2) まず，$f(x) = 3a-1$ の解を求める．

$$2x^3 - 3(a+1)x^2 + 6ax = 3a-1$$
$$2x^3 - 3(a+1)x^2 + 6ax - 3a + 1 = 0$$
$$(x-1)^2(2x-3a+1) = 0 \quad \therefore \quad x = 1, \frac{3a-1}{2}$$

(i) $4 \leqq \dfrac{3a-1}{2}$ つまり $a \geqq 3$ のとき，最大値は $f(1) = 3a-1$

(ii) $1 < \dfrac{3a-1}{2} < 4$ つまり $1 < a < 3$ のとき，最大値は $f(4) = -24a+80$

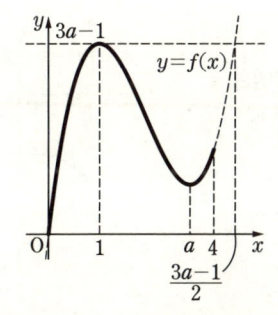

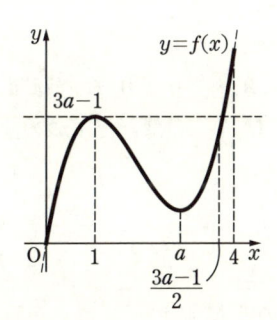

以上 (i)，(ii) より，$M = \begin{cases} 3a-1 & (a \geqq 3) \\ -24a+80 & (1 < a < 3) \end{cases}$

問題 128　　　　　　　　　　　　　　　　　　▶▶▶ 設問 P133

(1) $f'(x) = 3x^2 - 6x = 3x(x-2)$

$f'(x) = 0$ を解くと，$x = 0, 2$ となり，これを利用して $f'(x)$ の符号を調べると，下の増減表が得られる．よって，$y = f(x)$ のグラフの概形は右図のようになる．

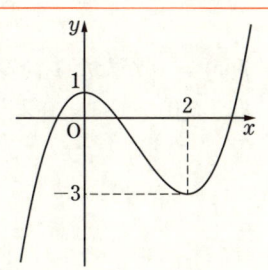

x	$\cdots$	0	$\cdots$	2	$\cdots$
$f'(x)$	$+$	0	$-$	0	$+$
$f(x)$	↗	1	↘	-3	↗

(2) 方程式 $f(x)=0$ の実数解の個数は，曲線 $y=f(x)$ と x 軸の共有点の個数に一致するから，(1) のグラフにより，求める個数は **3 個**

(3) 曲線 $y=f(x)$ と直線 $y=k$ の共有点の個数を考えればよいから，

$$\begin{cases} k>1,\ k<-3 \text{ のとき } \mathbf{1} \text{ 個} \\ k=1,\ -3 \text{ のとき } \mathbf{2} \text{ 個} \\ -3<k<1 \text{ のとき } \mathbf{3} \text{ 個} \end{cases}$$

問題 129　　　▶▶▶ 設問 P133

$f(x)=x^3+3kx^2-4$ とする．$f'(x)=3x^2+6kx=3x(x+2k)$
$f'(x)=0$ となるのは $x=0,\ -2k$

(i) $k=0$ のとき

$f'(x)=3x^2 \geqq 0$ より $f(x)$ は単調増加
よって $f(x)=0$ はただ 1 つの解をもつ．

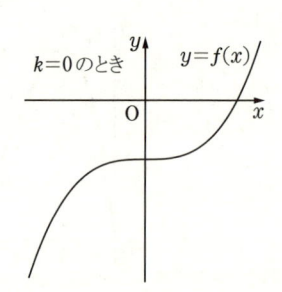

(ii) $k \neq 0$ のとき

$k>0$ のとき

x	$\cdots$	$-2k$	$\cdots$	0	$\cdots$
$f'(x)$	$+$	0	$-$	0	$+$
$f(x)$	↗		↘	-4	↗

$k<0$ のとき

x	$\cdots$	0	$\cdots$	$-2k$	$\cdots$
$f'(x)$	$+$	0	$-$	0	$+$
$f(x)$	↗	-4	↘		↗

$f(x)=0$ がただ 1 つの実数解をもつ条件は極値が同符号になることである．$f(0)=-4<0$ より，求める条件は

$$f(-2k)=4k^3-4<0$$
$$k^3<1$$
$$\therefore\ k<1\ (\text{ただし } k \neq 0)$$

以上，(i), (ii) をまとめて，求める範囲は $k < 1$

参考

k を動かすと右のような概形を描く．

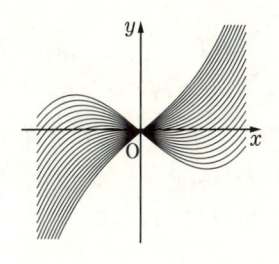

問題 130　▶▶▶設問 P134

$f(x) = 2x^3 - 3(a+1)x^2 + 6ax - 2a$ とおく．$y = f(x)$ のグラフと x 軸が異なる 3 点で交わるように a を定めればよい．

$$f'(x) = 6x^2 - 6(a+1)x + 6a$$
$$= 6(x-1)(x-a)$$

より，$a \neq 1$ が必要．この条件のもとで $y = f(x)$ の極大値が正，かつ極小値が負となればよいから，

$$f(1) \cdot f(a) < 0$$
$$\{2 - 3(a+1) + 6a - 2a\} \cdot \{2a^3 - 3(a+1)a^2 + 6a^2 - 2a\} < 0$$
$$(a-1)(-a^3 + 3a^2 - 2a) < 0$$
$$-a(a-1)(a^2 - 3a + 2) < 0$$
$$(a-1)^2 \cdot a(a-2) > 0$$
$$a(a-2) > 0 \quad \therefore \quad \boldsymbol{a < 0, \ 2 < a}$$

問題 131　▶▶▶設問 P134

$y' = 3x^2 - 12x + 1$ より，曲線上の点 $(t, \ t^3 - 6t^2 + t + b)$ における接線の方程式は，

$$y = (3t^2 - 12t + 1)(x - t) + t^3 - 6t^2 + t + b$$

これが原点を通るから

$$-t(3t^2 - 12t + 1) + t^3 - 6t^2 + t + b = 0$$
$$2t^3 - 6t^2 = b \cdots\cdots ①$$

題意を満たすには，①が 2 解をもてばよく，そのためには $f(t) = 2t^3 - 6t^2$ と

したとき，曲線 $y=f(t)$ と直線 $y=b$ が2点で交わるように b の値を定めればよい． 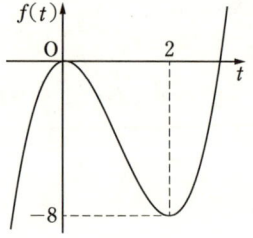
$f'(t)=6t^2-12t=6t(t-2)$
$f'(t)=0$ を解くと，$t=0, 2$ となり，これを利用して $f'(t)$ の符号を調べると，下の増減表が得られる．よって，$y=f(t)$ のグラフの概形は右図のようになる．

t	$\cdots$	0	$\cdots$	2	$\cdots$
$f'(t)$	$+$	0	$-$	0	$+$
$f(t)$	↗	0	↘	-8	↗

以上から，求める値は $\boldsymbol{b=0, -8}$

問題 132　　　▶▶▶ 設問 P134

(1) $y'=6x^2-3$ より，C 上の点 $(t, 2t^3-3t)$ における接線の方程式は，
$$y=(6t^2-3)(x-t)+2t^3-3t \quad \therefore \quad \boldsymbol{y=(6t^2-3)x-4t^3}$$

(2) (1)の接線が点 $(1, a)$ を通るとき，
$$a=(6t^2-3)\cdot 1-4t^3$$
$$a=-4t^3+6t^2-3 \cdots\cdots ①$$

点 $(1, a)$ を通る C の接線が3本引けるためには，方程式①が異なる3つの実数解をもてばよい．$f(t)=-4t^3+6t^2-3$ とおくと，
$f'(t)=-12t^2+12t=-12t(t-1)$

t	$\cdots$	0	$\cdots$	1	$\cdots$
$f'(t)$	$-$	0	$+$	0	$-$
$f(t)$	↘	-3	↗	-1	↘

増減表より，右図を得る．よって，①が3つの実数解をもつ範囲は
$\boldsymbol{-3<a<-1}$

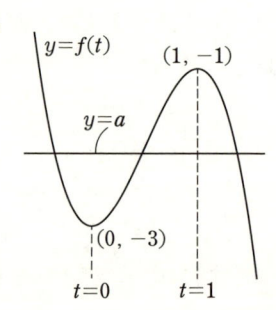

問題 133　　　　　　　　　　　　　　　▶▶▶ 設問 P135

(1) $f(x) = x^3 - 3x^2 + 5$ とすると，$f'(x) = 3x^2 - 6x = 3x(x-2)$

x	0	$\cdots$	2	$\cdots$
$f'(x)$		$-$	0	$+$
$f(x)$	5	↘	1	↗

$x \geqq 0$ における増減表は上のようになる．よって $x \geqq 0$ において
$f(x) \geqq 1 > 0$　　∴　$x^3 + 5x > 3x^2$ が成立する．

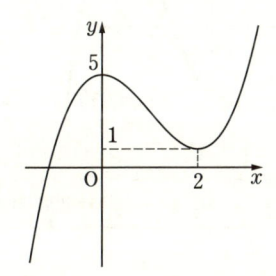

(2) $g(x) = x^3 - 3x^2 + 6x - 4$ とすると
$$g'(x) = 3x^2 - 6x + 6 = 3(x-1)^2 + 3 > 0$$
より $g(x)$ は単調増加であるから，
$$g(x) \geqq g(1) = 0 \quad ∴ \quad x^3 - 3x^2 + 6x - 4 \geqq 0$$

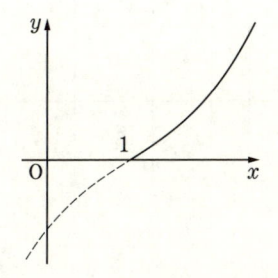

問題 134　　　▶▶▶設問 P135

$2x^3 - 6x^2 + 3 + k \geqq 0$
$\iff k \geqq -2x^3 + 6x^2 - 3$

$f(x) = -2x^3 + 6x^2 - 3$ とすると
$f'(x) = -6x^2 + 12x = -6x(x-2)$

よって $x \geqq 0$ における $y = f(x)$ の増減表，グラフは右のようになる．よって，求める範囲は $k \geqq 5$

x	0	$\cdots$	2	$\cdots$
$f'(x)$		$+$	0	$-$
$f(x)$	-3	↗	5	↘

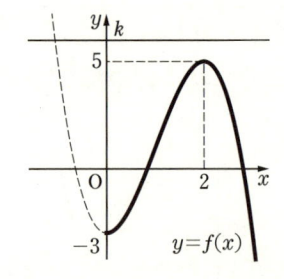

問題 135　　　▶▶▶設問 P136

$f(x) = x^3 - ax + 1$ とおくと $f'(x) = 3x^2 - a$

（ⅰ）$a \leqq 0$ のとき，$f'(x) \geqq 0$ であるから，$f(x)$ は増加関数であり，$x \geqq 0$ における最小値は $f(0) = 1$

よって，$x \geqq 0$ において $f(x) \geqq 0$ となり，与えられた不等式は成り立つ．

（ⅱ）$a > 0$ のとき，$x \geqq 0$ における $f(x)$ の増減表は右のようになるから，$f(x) \geqq 0$ であるための条件は

$f\left(\sqrt{\dfrac{a}{3}}\right) = -\dfrac{2}{3}a\sqrt{\dfrac{a}{3}} + 1 \geqq 0$

$\dfrac{2a}{3}\sqrt{\dfrac{a}{3}} \leqq 1$

$\dfrac{4a^3}{27} \leqq 1 \quad \therefore \quad a^3 \leqq \dfrac{27}{4}$

$\therefore \ 0 < a \leqq \dfrac{3}{\sqrt[3]{4}}$

x	0	$\cdots$	$\sqrt{\dfrac{a}{3}}$	$\cdots$
$f'(x)$		$-$	0	$+$
$f(x)$		↘	極小	↗

以上，（ⅰ），（ⅱ）より，求める a の範囲は，$a \leqq \dfrac{3}{\sqrt[3]{4}}$

別解

> 文字定数を分離して $\dfrac{x^3+1}{x} \geqq a$ すると，左辺に数 II では扱いにくい関数が現れてしまいます．そこで，問題の不等式を
> $$x^3 - ax + 1 \geqq 0 \iff x^3 \geqq ax - 1$$
> と書き直してみます．こうすれば，$x \geqq 0$ の範囲で直線 $y = ax - 1$ が曲線 $y = x^3$ の下側にあるような a の値の範囲を求めればよいことになります．

$$x^3 - ax + 1 \geqq 0 \iff x^3 \geqq ax - 1$$

で，曲線 $y = x^3$ の点 $(0, -1)$ を通る接線の接点の x 座標を t とすれば，$y' = 3x^2$ により接線の傾きについて，

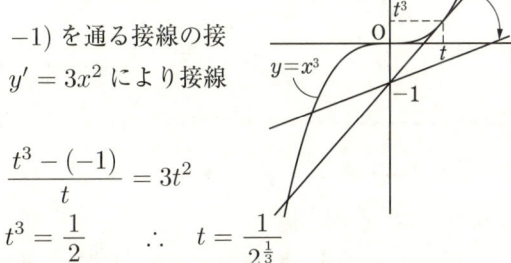

$$\frac{t^3 - (-1)}{t} = 3t^2$$

$$t^3 = \frac{1}{2} \quad \therefore \quad t = \frac{1}{2^{\frac{1}{3}}}$$

この点における接線の傾きは，$3t^2 = \dfrac{3}{\sqrt[3]{4}}$ となるから，図より $a \leqq \dfrac{3}{\sqrt[3]{4}}$ を得る．

問題 136

▶▶▶ 設問 P136

$y = 6x - x^2 = -(x-3)^2 + 9$ より，軸の方程式は $x = 3$ である．

点 A は点 B より左にあるとする．A の座標を $(t, 6t - t^2)$ $(0 < t < 3)$ とおき，軸に関する対称性に注意すると，B の x 座標は $6 - t$ と表される．

このとき，三角形 OAB の面積を $S(t)$ とすれば，

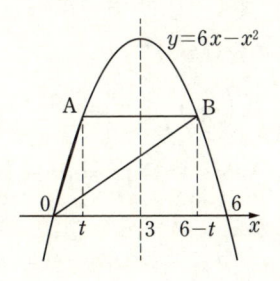

$$S(t) = \{(6-t)-t\} \cdot (6t-t^2) \cdot \frac{1}{2}$$
$$= \frac{1}{2} \cdot 2(3-t)t(6-t)$$
$$= t^3 - 9t^2 + 18t$$

これより,
$$S'(t) = 3t^2 - 18t + 18 = 3(t^2 - 6t + 6)$$

$S'(t) = 0$ を解くと, $t^2 - 6t + 6 = 0$ から $t = 3 - \sqrt{3}$ ($\because 0 < t < 3$)

増減表は右のようになる.

t	0	$\cdots$	$3-\sqrt{3}$	$\cdots$	3
$s'(t)$		$+$	0	$-$	
$s(t)$		↗		↘	

以上から,求める最大値は
$$S(3-\sqrt{3}) = \{(3+\sqrt{3})-(3-\sqrt{3})\} \cdot 6 \cdot \frac{1}{2} = \boldsymbol{6\sqrt{3}}$$

別解

ここで,$S(t)$ を $t^2 - 6t + 6$ で割ると,$S(t) = (t^2-6t+6)(t-3) - 6t + 18$ であるから,求める最大値は
$$S(3-\sqrt{3}) = -6(3-\sqrt{3}) + 18 = \boldsymbol{6\sqrt{3}}$$

問題 137　　　▶▶▶設問 P136

底面の円の半径を r,直円柱の高さを x とすると
$$V = \pi r^2 x$$

三平方の定理より
$$\left(\frac{x}{2}\right)^2 + r^2 = a^2$$
$$\therefore \quad r^2 = a^2 - \left(\frac{x}{2}\right)^2$$

となるから,
$$V = \pi r^2 x$$
$$= \pi \left\{a^2 - \left(\frac{x}{2}\right)^2\right\} \cdot x$$
$$= -\frac{\pi}{4}x^3 + \pi a^2 x$$

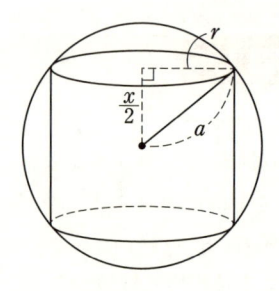

x	0	$\cdots$	$\dfrac{2\sqrt{3}}{3}a$	$\cdots$	$2a$
$\dfrac{dV}{dx}$		$+$	0	$-$	
V		↗		↘	

$$\frac{dV}{dx} = -\frac{3}{4}\pi x^2 + \pi a^2 = -\frac{3}{4}\pi\left(x^2 - \frac{4}{3}a^2\right)$$
$$= -\frac{3}{4}\pi\left(x + \frac{2\sqrt{3}}{3}a\right)\left(x - \frac{2\sqrt{3}}{3}a\right)$$

$0 < x < 2a$ より，増減表は右のようになる．

以上から，$x = \dfrac{2\sqrt{3}}{3}a$ のとき，最大値

$$-\frac{\pi}{4}\cdot\left(\frac{2\sqrt{3}}{3}a\right)^3 + \pi a^2 \cdot \frac{2\sqrt{3}}{3}a$$
$$= -\frac{\pi}{4}\cdot\frac{24\sqrt{3}}{27}a^3 + \frac{2\sqrt{3}}{3}\pi a^3$$
$$= \frac{-6\sqrt{3}+18\sqrt{3}}{27}\pi a^3 = \boldsymbol{\frac{4\sqrt{3}}{9}\pi a^3}$$

問題 138　　　　　　　　　　　　　▶▶▶ 設問 P140

$$f(x) = \int_{-1}^{1}(2t^2 + 3xt + 4x^2)dt$$
$$= 2\int_{0}^{1}(2t^2 + 4x^2)dt \quad (\because \quad 3xt \text{ は奇関数，その他は偶関数})$$
$$= 2\left[\frac{2}{3}t^3 + 4x^2 t\right]_{0}^{1}$$
$$= 2\left(\frac{2}{3} + 4x^2\right) = 8x^2 + \frac{4}{3}$$

であるから，
$$\int_{-1}^{1}f(x)dx = \int_{-1}^{1}\left(8x^2 + \frac{4}{3}\right)dx$$
$$= 2\int_{0}^{1}\left(8x^2 + \frac{4}{3}\right)dx$$
$$= 2\left[\frac{8}{3}x^3 + \frac{4}{3}x\right]_{0}^{1} = \boldsymbol{8}$$

問題 139　　　　　　　　　　　　　▶▶▶ 設問 P141

$g(x)$ は 2 次式だから $g(x) = px^2 + qx + r \ (p \neq 0)$ とおくと

$$\int_{-1}^{1} f(x)g(x)dx = \int_{-1}^{1} (x^3 + ax^2 + bx + c)(px^2 + qx + r)dx$$
$$= \int_{-1}^{1} \{px^5 + (ap+q)x^4 + (bp+aq+r)x^3$$
$$\qquad + (cp+bq+ar)x^2 + (cq+br)x + cr\}dx$$
$$= 2\int_{0}^{1} \{(ap+q)x^4 + (cp+bq+ar)x^2 + cr\}dx$$
$$= 2\left[\frac{ap+q}{5}x^5 + \frac{cp+bq+ar}{3}x^3 + crx\right]_0^1$$
$$= 2\left(\frac{ap+q}{5} + \frac{cp+bq+ar}{3} + cr\right) = 0$$

p, q, r について整理して,
$$(3a+5c)p + (5b+3)q + (5a+15c)r = 0$$
これが任意の p, q, r の値に対して成り立つ恒等式だから
$$3a+5c = 0,\ 5b+3 = 0,\ 5a+15c = 0$$
これを解いて $a = \mathbf{0}$, $b = -\dfrac{\mathbf{3}}{\mathbf{5}}$, $c = \mathbf{0}$

問題 140　　　　　　　　　　　　　　　　▶▶▶ 設問 P141

(1) $\displaystyle\int_{\alpha}^{\beta} (x-\alpha)(x-\beta)dx$
$= \displaystyle\int_{\alpha}^{\beta} (x-\alpha)\{(x-\alpha) + (\alpha-\beta)\}dx$
$= \displaystyle\int_{\alpha}^{\beta} \{(x-\alpha)^2 + (\alpha-\beta)(x-\alpha)\}dx$
$= \left[\dfrac{1}{3}(x-\alpha)^3 + (\alpha-\beta)\cdot\dfrac{1}{2}(x-\alpha)^2\right]_{\alpha}^{\beta}$
$= \dfrac{1}{3}(\beta-\alpha)^3 + (\alpha-\beta)\cdot\dfrac{1}{2}(\beta-\alpha)^2$
$= \dfrac{1}{3}(\beta-\alpha)^3 - \dfrac{1}{2}(\beta-\alpha)^3 \qquad (\alpha-\beta = -(\beta-\alpha)\ とする)$
$= -\dfrac{1}{6}(\beta-\alpha)^3$

(2) $\displaystyle\int_\alpha^\beta (x-\alpha)(x-\beta)^2 dx = \int_\alpha^\beta \{(x-\beta)+(\beta-\alpha)\}(x-\beta)^2 dx$

$\displaystyle = \int_\alpha^\beta \{(x-\beta)^3 + (\beta-\alpha)(x-\beta)^2\}dx$

$\displaystyle = \left[\frac{1}{4}(x-\beta)^4 + \frac{1}{3}(\beta-\alpha)(x-\beta)^3\right]_\alpha^\beta$

$\displaystyle = 0 - \left\{\frac{1}{4}(\alpha-\beta)^4 + \frac{1}{3}(\beta-\alpha)(\alpha-\beta)^3\right\}$

$\displaystyle = -\frac{1}{4}(\alpha-\beta)^4 - \frac{1}{3}(\beta-\alpha)(\alpha-\beta)^3$

$\displaystyle = -\frac{1}{4}(\beta-\alpha)^4 + \frac{1}{3}(\beta-\alpha)^4 = \frac{1}{12}(\beta-\alpha)^4$

(3) $\displaystyle\int_\alpha^\beta (x-\alpha)^2(x-\beta)^2 dx = \int_\alpha^\beta (x-\alpha)^2\{(x-\alpha)+(\alpha-\beta)\}^2 dx$

$\displaystyle = \int_\alpha^\beta (x-\alpha)^2\{(x-\alpha)^2 + 2(\alpha-\beta)(x-\alpha) + (\alpha-\beta)^2\}dx$

$\displaystyle = \int_\alpha^\beta \{(x-\alpha)^4 + 2(\alpha-\beta)(x-\alpha)^3 + (\alpha-\beta)^2(x-\alpha)^2\}dx$

$\displaystyle = \left[\frac{1}{5}(x-\alpha)^5 + 2(\alpha-\beta)\frac{(x-\alpha)^4}{4} + (\alpha-\beta)^2\frac{(x-\alpha)^3}{3}\right]_\alpha^\beta$

$\displaystyle = \frac{(\beta-\alpha)^5}{5} + 2(\alpha-\beta)\cdot\frac{(\beta-\alpha)^4}{4} + (\alpha-\beta)^2\cdot\frac{(\beta-\alpha)^3}{3}$

$\displaystyle = \frac{(\beta-\alpha)^5}{5} - \frac{(\beta-\alpha)^5}{2} + \frac{(\beta-\alpha)^5}{3} = \frac{1}{30}(\beta-\alpha)^5$

参考 $(x-\alpha)^2(x-\beta)^2$ は 4 次の係数が正である 4 次関数で, $x=\alpha, \beta$ で x 軸と接する. よって, $\displaystyle\int_\alpha^\beta (x-\alpha)^2(x-\beta)^2 dx$ は左図の網目部分の面積を表す.

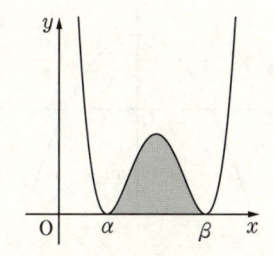

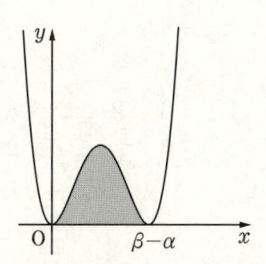

これを x 軸方向に $-\alpha$ だけ平行移動しても面積は変わらないので

$$\int_\alpha^\beta (x-\alpha)^2 (x-\beta)^2 dx = \int_0^{\beta-\alpha} x^2 \{x-(\beta-\alpha)\}^2 dx$$

$$= \int_0^a x^2 (x-a)^2 dx \quad (\beta-\alpha = a \text{ とする})$$

$$= \int_0^a (x^4 - 2ax^3 + a^2 x^2) dx$$

$$= \left[\frac{x^5}{5} - \frac{a}{2} x^4 + \frac{a^2}{3} x^3 \right]_0^a$$

$$= \frac{a^5}{5} - \frac{a^5}{2} + \frac{a^5}{3} = \frac{1}{30} a^5 = \frac{1}{30} (\beta-\alpha)^5$$

問題 141　　　▶▶▶設問 P142

(1) 右図より，

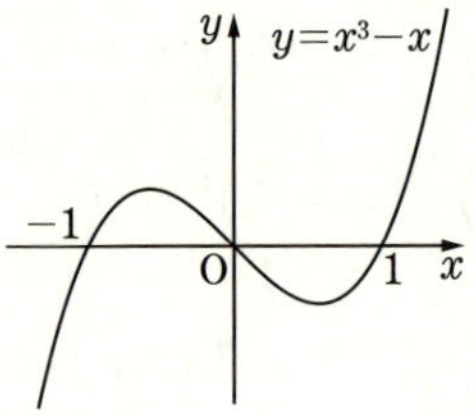

$$\begin{cases} x^3 - x \geqq 0 & (-1 \leqq x \leqq 0) \\ x^3 - x \leqq 0 & (0 \leqq x \leqq 1) \end{cases}$$

となるから，

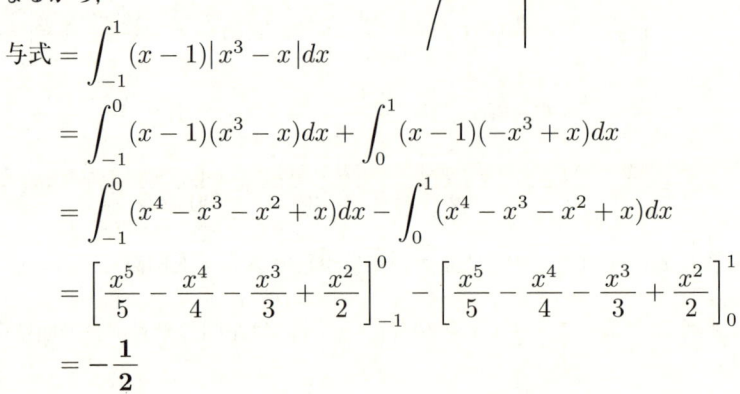

$$\text{与式} = \int_{-1}^1 (x-1)|x^3-x| dx$$

$$= \int_{-1}^0 (x-1)(x^3-x) dx + \int_0^1 (x-1)(-x^3+x) dx$$

$$= \int_{-1}^0 (x^4 - x^3 - x^2 + x) dx - \int_0^1 (x^4 - x^3 - x^2 + x) dx$$

$$= \left[\frac{x^5}{5} - \frac{x^4}{4} - \frac{x^3}{3} + \frac{x^2}{2} \right]_{-1}^0 - \left[\frac{x^5}{5} - \frac{x^4}{4} - \frac{x^3}{3} + \frac{x^2}{2} \right]_0^1$$

$$= -\frac{1}{2}$$

(2) 右図より，

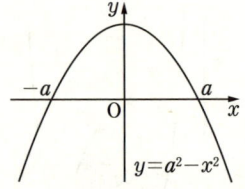

$$\begin{cases} a^2 - x^2 \geqq 0 & (0 \leqq x \leqq a) \\ a^2 - x^2 \leqq 0 & (a \leqq x \leqq 2a) \end{cases}$$

となるから，

$$与式 = \int_0^{2a} |a^2 - x^2| dx$$
$$= \int_0^a (a^2 - x^2) dx + \int_a^{2a} (x^2 - a^2) dx$$
$$= \left[a^2 x - \frac{1}{3} x^3 \right]_0^a + \left[\frac{1}{3} x^3 - a^2 x \right]_a^{2a}$$
$$= \frac{2}{3} a^3 + \left(\frac{7}{3} a^3 - a^3 \right) = \mathbf{2a^3}$$

問題 142

▶▶▶ 設問 P142

(1) 右図より $|x-1| = \begin{cases} x-1 & (x \geq 1 \text{ のとき}) \\ -(x-1) & (x \leq 1 \text{ のとき}) \end{cases}$

であるから,
$$\int_0^2 |x-1| dx = \int_0^1 \{-(x-1)\} dx$$
$$+ \int_1^2 (x-1) dx$$
$$= -\left[\frac{1}{2}(x-1)^2 \right]_0^1 + \left[\frac{1}{2}(x-1)^2 \right]_1^2$$
$$= \frac{1}{2} + \frac{1}{2} = \mathbf{1}$$

別解

$\int_0^2 |x-1| dx$ は右図の網目部分の面積を表すので

$$\int_0^2 |x-1| dx = \frac{1}{2} \cdot 1^2 + \frac{1}{2} \cdot 1^2 = \mathbf{1}$$

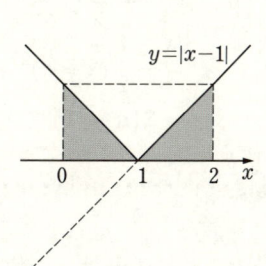

(2) (i) $a \leqq 0$ のとき

$$\int_0^2 |x-a|\,dx = \int_0^2 (x-a)\,dx$$
$$= \left[\frac{1}{2}(x-a)^2\right]_0^2$$
$$= \frac{1}{2}(2-a)^2 - \frac{1}{2}(-a)^2$$
$$= \boldsymbol{2(1-a)}$$

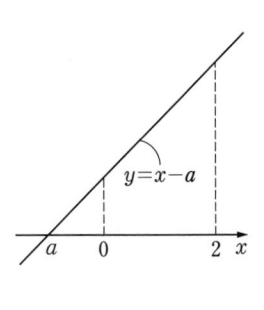

(ii) $0 \leqq a \leqq 2$ のとき

$$\int_0^2 |x-a|\,dx = \int_0^a \{-(x-a)\}\,dx$$
$$\qquad\qquad + \int_a^2 (x-a)\,dx$$
$$= \left[-\frac{1}{2}(x-a)^2\right]_0^a + \left[\frac{1}{2}(x-a)^2\right]_a^2$$
$$= \frac{1}{2}a^2 + \frac{1}{2}(2-a)^2$$
$$= \boldsymbol{a^2 - 2a + 2}$$

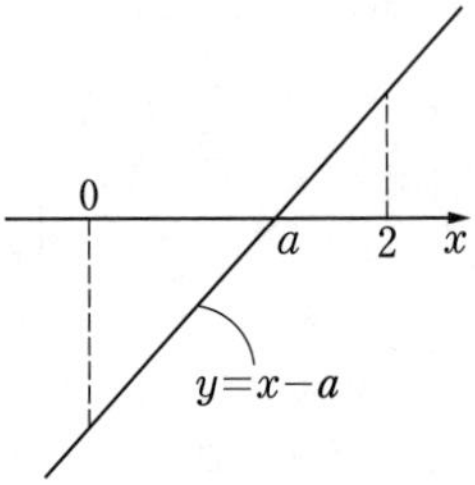

(iii) $a \geqq 2$ のとき

$$\int_0^2 |x-a|\,dx = \int_0^2 \{-(x-a)\}\,dx$$
$$= \left[-\frac{1}{2}(x-a)^2\right]_0^2$$
$$= -\frac{1}{2}(2-a)^2 + \frac{1}{2}(-a)^2$$
$$= \boldsymbol{2(a-1)}$$

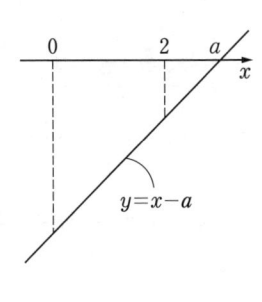

別解 ・・・

$\int_0^2 |x-a|\,dx$ は a の値によって，それぞれ下図の網目部分の面積を表す．

図1　(2, 2−a)　y=|x−a|　(0, −a)　a　0　2　x

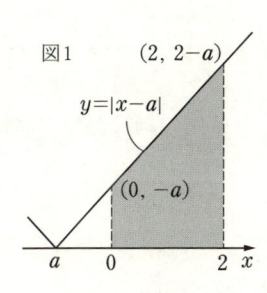

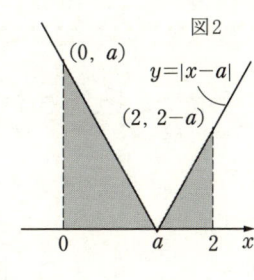

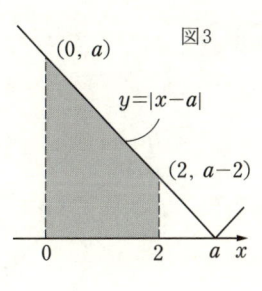

図2　(0, a)　y=|x−a|　(2, 2−a)　0　a　2　x

図3　(0, a)　y=|x−a|　(2, a−2)　0　2　a　x

(i) $a \leqq 0$ のとき

図1の面積を求めると，$\dfrac{1}{2}\{-a+(2-a)\}\cdot 2 = \mathbf{2(1-a)}$

(ii) $0 \leqq a \leqq 2$ のとき

図2の面積を求めると，$\dfrac{1}{2}a^2 + \dfrac{1}{2}(2-a)^2 = \boldsymbol{a^2 - 2a + 2}$

(iii) $a \geqq 2$ のとき

図3の面積を求めると，$\dfrac{1}{2}\{a+(a-2)\}\cdot 2 = \mathbf{2(a-1)}$

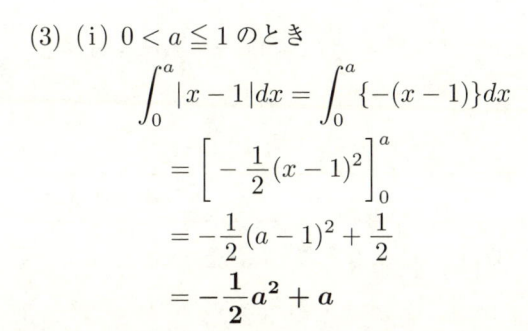

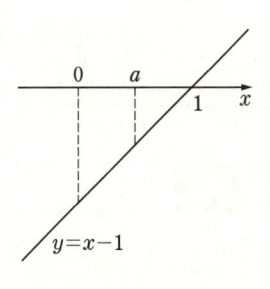

(3) (i) $0 < a \leqq 1$ のとき

$$\int_0^a |x-1|dx = \int_0^a \{-(x-1)\}dx$$
$$= \left[-\dfrac{1}{2}(x-1)^2\right]_0^a$$
$$= -\dfrac{1}{2}(a-1)^2 + \dfrac{1}{2}$$
$$= \boldsymbol{-\dfrac{1}{2}a^2 + a}$$

(ii) $a \geqq 1$ のとき

$$\int_0^a |x-1|dx = \int_0^1 \{-(x-1)\}dx$$
$$+ \int_1^a (x-1)dx$$
$$= \left[-\dfrac{1}{2}(x-1)^2\right]_0^1 + \left[\dfrac{1}{2}(x-1)^2\right]_1^a$$
$$= \dfrac{1}{2} + \dfrac{1}{2}(a-1)^2$$
$$= \boldsymbol{\dfrac{1}{2}a^2 - a + 1}$$

別解

$\int_0^a |x-1|dx$ は a の値によって，それぞれ下図の網目部分の面積を表す．

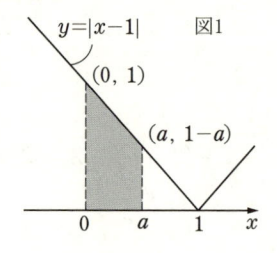

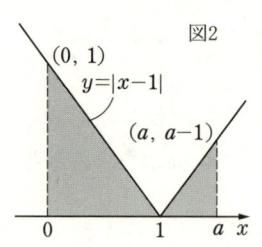

図1　$y=|x-1|$，$(0,1)$，$(a, 1-a)$，0，a，1，x

図2　$(0,1)$，$y=|x-1|$，$(a, a-1)$，0，1，a，x

(ⅰ) $0 < a \leqq 1$ のとき

図1の面積を求めると，$\dfrac{1}{2}\{(1-a)+1\}\cdot a = \boldsymbol{-\dfrac{1}{2}a^2 + a}$

(ⅱ) $a \geqq 1$ のとき

図2の面積を求めると，$\dfrac{1}{2}\cdot 1^2 + \dfrac{1}{2}(a-1)^2 = \boldsymbol{\dfrac{1}{2}a^2 - a + 1}$

問題 143　　　▶▶▶設問 P143

$0 \leqq x \leqq 1$ で，$|3x^2 - 3ax| = 3x|x-a|$ となることに注意する．

(ⅰ) $0 \leqq a \leqq 1$ のとき

$$\begin{aligned}
f(a) &= \int_0^a \{-3x(x-a)\}dx + \int_a^1 3x(x-a)dx \\
&= -3\int_0^a x(x-a)dx + \int_a^1 (3x^2 - 3ax)dx \\
&= -3\left\{-\dfrac{1}{6}(a-0)^3\right\} + \left[x^3 - \dfrac{3}{2}ax^2\right]_a^1 \\
&= \dfrac{1}{2}a^3 + \left(1 - \dfrac{3}{2}a\right) + \dfrac{a^3}{2} \\
&= a^3 - \dfrac{3}{2}a + 1
\end{aligned}$$

$y = x - a$

(ii) $1 \leqq a \leqq 2$ のとき

$$f(a) = \int_0^1 \{-3x(x-a)\}dx$$
$$= \int_0^1 (-3x^2 + 3ax)dx$$
$$= \left[-x^3 + \frac{3}{2}ax^2\right]_0^1$$
$$= \frac{3}{2}a - 1$$

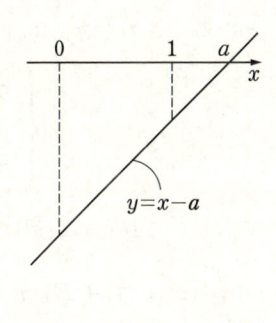

以上 (i), (ii) より

$$f(a) = \begin{cases} a^3 - \dfrac{3}{2}a + 1 & (0 \leqq a \leqq 1) \\ \dfrac{3}{2}a - 1 & (1 \leqq a \leqq 2) \end{cases}$$

問題 144 ▶▶▶ 設問 P143

(1) $\int_0^2 f(t)\,dt$ は定数より, $A = \int_0^2 f(t)\,dt$ ……① とすると,

$$f(x) = x^3 - x + A \qquad \cdots\cdots ②$$

となる．このとき，②を①に代入すると,

$$A = \int_0^2 (t^3 - t + A)\,dt$$
$$= \left[\frac{1}{4}t^4 - \frac{1}{2}t^2 + At\right]_0^2 = 2 + 2A$$

これを解くと $A = -2$ となるから, $f(x) = \boldsymbol{x^3 - x - 2}$

(2) $f(x) = x^2 + x\int_0^1 f(t)\,dt + \int_0^1 tf(t)\,dt$ において,

$$A = \int_0^1 f(t)dt \qquad \cdots\cdots ①$$

$$B = \int_0^1 tf(t)dt \qquad \cdots\cdots ②$$

とおくと,

$$f(x) = x^2 + Ax + B \qquad \cdots\cdots ③$$

となる．このとき，③を①，②に代入すると，
$$\begin{cases} A = \int_0^1 (t^2 + At + B)\,dt \\ B = \int_0^1 (t^3 + At^2 + Bt)\,dt \end{cases}$$
であり，これらの右辺はそれぞれ，
$$\int_0^1 (t^2 + At + B)\,dt = \left[\frac{1}{3}t^3 + \frac{A}{2}t^2 + Bt\right]_0^1 = \frac{1}{3} + \frac{A}{2} + B$$
$$\int_0^1 (t^3 + At^2 + Bt)\,dt = \left[\frac{1}{4}t^4 + \frac{A}{3}t^3 + \frac{B}{2}t^2\right]_0^1 = \frac{1}{4} + \frac{A}{3} + \frac{B}{2}$$
であるから，
$$\begin{cases} A = \frac{1}{3} + \frac{A}{2} + B \\ B = \frac{1}{4} + \frac{A}{3} + \frac{B}{2} \end{cases}$$
連立して
$$A = -5,\ B = -\frac{17}{6} \qquad \therefore\quad f(x) = \boldsymbol{x^2 - 5x - \frac{17}{6}}$$

問題 145 　　　　　　　　　　　　　　▶▶▶ 設問 P144

(1) 与式の両辺を x で微分して，
$$\left\{\int_1^x f(t)\,dt\right\}' = (x^2 - 2x + a)' \qquad \therefore\quad f(x) = \boldsymbol{2x - 2}$$
また，与式の両辺に $x = 1$ を代入して
$$0 = -1 + a \qquad \therefore\quad a = \boldsymbol{1}$$

(2) 与式の両辺を x で微分して，
$$\left\{\int_a^x f(t)\,dt\right\}' = (x^3 - 2ax + 3)' \qquad \therefore\quad f(x) = 3x^2 - 2a$$
また，与式の両辺に $x = a$ を代入して
$$0 = a^3 - 2a^2 + 3$$
$$(a+1)(a^2 - 3a + 3) = 0$$

$a^2 - 3a + 3 = 0$ の判別式を D とすると，$D = (-3)^2 - 4 \cdot 3 < 0$ より，$a^2 - 3a + 3 = 0$ は実数解をもたないので，$a = -1$

以上から，$a = -1$, $f(x) = 3x^2 + 2$

問題 146

▶▶▶ 設問 P147

(1) 右図の網目部分の面積を求めればよい．

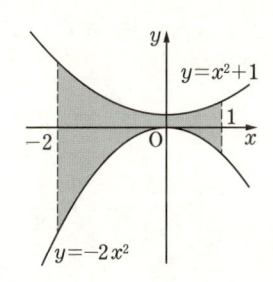

$$\begin{aligned}
S_1 &= \int_{-2}^{1} \{(x^2 + 1) - (-2x^2)\}dx \\
&= \int_{-2}^{1} (3x^2 + 1)dx \\
&= \left[x^3 + x\right]_{-2}^{1} \\
&= \{1^3 - (-2)^3\} + \{1 - (-2)\} = \mathbf{12}
\end{aligned}$$

(2) 右図の網目部分の面積を求めればよい．

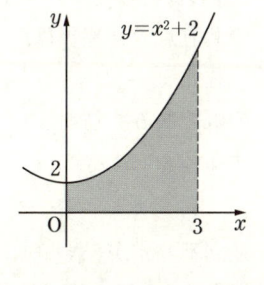

$$\begin{aligned}
S_2 &= \int_{0}^{3} \{(x^2 + 2) - 0\}dx \\
&= \int_{0}^{3} (x^2 + 2)dx \\
&= \left[\frac{1}{3}x^3 + 2x\right]_{0}^{3} \\
&= \frac{1}{3} \cdot 3^3 + 2 \cdot 3 = \mathbf{15}
\end{aligned}$$

(3) 右図の網目部分の面積を求めればよい．

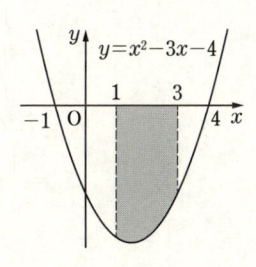

$$\begin{aligned}
S_3 &= \int_{1}^{3} \{0 - (x^2 - 3x - 4)\}dx \\
&= \int_{1}^{3} (-x^2 + 3x + 4)dx \\
&= \left[-\frac{1}{3}x^3 + \frac{3}{2}x^2 + 4x\right]_{1}^{3} \\
&= -\frac{1}{3}(3^3 - 1^3) + \frac{3}{2}(3^2 - 1^2) + 4(3 - 1) \\
&= -\frac{26}{3} + \frac{3}{2} \cdot 8 + 4 \cdot 2 = \mathbf{\frac{34}{3}}
\end{aligned}$$

問題 147

(1) $x \geqq 0$ のとき
$$y = x^2 - 2x + 1 = (x-1)^2$$
$x < 0$ のとき
$$y = -x^2 - 2x + 1 = -(x+1)^2 + 2$$ 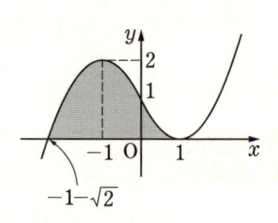
ここで，$-x^2 - 2x + 1 = 0 \ (x < 0)$ を解くと，$x = -1 - \sqrt{2}$
ゆえに，
$$S_1 = \int_{-1-\sqrt{2}}^{0} \{-(x+1)^2 + 2\} \, dx + \int_0^1 (x-1)^2 \, dx$$
$$= \left[-\frac{(x+1)^3}{3} + 2x \right]_{-1-\sqrt{2}}^{0} + \left[\frac{(x-1)^3}{3} \right]_0^1$$
$$= -\frac{1}{3} + \frac{(-\sqrt{2})^3}{3} - 2(-1-\sqrt{2}) - \frac{(-1)^3}{3} = \mathbf{2 + \frac{4\sqrt{2}}{3}}$$

(2) 2つの放物線 $y = x^2 - 1$, $y = -x^2 + 3x + 1$ の共有点の x 座標は，
方程式 $x^2 - 1 = -x^2 + 3x + 1$ の解である．整理して，$2x^2 - 3x - 2 = 0$
すなわち $(2x+1)(x-2) = 0$
$\therefore \ x = -\dfrac{1}{2}, \ 2$ 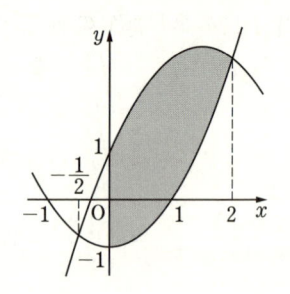
連立不等式が表す領域は，右図の網目部分であるから，求める面積は
$$S_2 = \int_0^2 \{(-x^2 + 3x + 1) - (x^2 - 1)\} \, dx$$
$$= \int_0^2 (-2x^2 + 3x + 2) \, dx$$
$$= \left[-\frac{2}{3}x^3 + \frac{3}{2}x^2 + 2x \right]_0^2 = \mathbf{\frac{14}{3}}$$

問題 148

▶▶▶ 設問 P148

(1) $C_1 : y = x^2 - x + 1$ から $y' = 2x - 1$
よって，点 $A(1, 1)$ における C_1 の接線の傾きは 1
ゆえに，直線 l の傾きは -1 であり，その方程式は $y - 1 = -(x - 1)$ すなわち $y = -x + 2$
l と C_2 の交点の x 座標は
$$x^2 - 2x + 1 = -x + 2$$
$$x^2 - x - 1 = 0$$

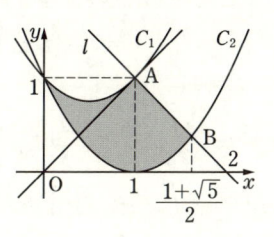

これを解くと $x = \dfrac{1 \pm \sqrt{5}}{2}$

B の x 座標は正であるから $B\left(\dfrac{\mathbf{1+\sqrt{5}}}{\mathbf{2}}, \dfrac{\mathbf{3-\sqrt{5}}}{\mathbf{2}}\right)$

(2) 求める面積は
$$\int_0^1 \{(x^2 - x + 1) - (x^2 - 2x + 1)\} \, dx$$
$$+ \int_1^{\frac{1+\sqrt{5}}{2}} \{(-x + 2) - (x^2 - 2x + 1)\} \, dx$$
$$= \int_0^1 x \, dx + \int_1^{\frac{1+\sqrt{5}}{2}} (-x^2 + x + 1) \, dx$$
$$= \left[\frac{1}{2}x^2\right]_0^1 + \left[-\frac{1}{3}x^3 + \frac{1}{2}x^2 + x\right]_1^{\frac{1+\sqrt{5}}{2}}$$
$$= \frac{1}{2} + \left\{-\frac{1}{3}(2 + \sqrt{5}) + \frac{1}{2} \cdot \frac{3 + \sqrt{5}}{2} + \frac{1 + \sqrt{5}}{2} - \frac{7}{6}\right\}$$
$$= \frac{1}{2} + \frac{5\sqrt{5} - 7}{12} = \dfrac{\mathbf{5\sqrt{5} - 1}}{\mathbf{12}}$$

問題 149

▶▶▶ 設問 P148

(1) l と C の交点の x 座標は,
$1 - a^2 = 1 - x^2, \ x \geqq 0, \ 0 < a < 1$ から
$x = a$

$S_1 = \int_0^a \{(1-x^2) - (1-a^2)\} \, dx$

$ = \int_0^a (a^2 - x^2) \, dx$

$ = \left[a^2 x - \dfrac{x^3}{3} \right]_0^a = \dfrac{2}{3}a^3$

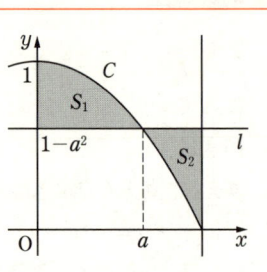

$S_2 = \int_a^1 \{(1-a^2) - (1-x^2)\} \, dx = \int_a^1 (x^2 - a^2) \, dx$

$ = \left[\dfrac{x^3}{3} - a^2 x \right]_a^1 = \dfrac{2}{3}a^3 - a^2 + \dfrac{1}{3}$

(2) $S = S_1 + S_2 = \dfrac{4}{3}a^3 - a^2 + \dfrac{1}{3}$

$S' = 4a^2 - 2a = 2a(2a - 1)$ より, S の増減表は次のようになる.

a	0	$\cdots$	$\dfrac{1}{2}$	$\cdots$	1
S'		$-$	0	$+$	
S		↘		↗	

よって, $a = \dfrac{1}{2}$ で最小値 $\dfrac{4}{3}\left(\dfrac{1}{2}\right)^3 - \left(\dfrac{1}{2}\right)^2 + \dfrac{1}{3} = \dfrac{1}{4}$

問題 150

▶▶▶ 設問 P152

(1) $y = x^2 - 2x$ と $y = x$ の交点の x 座標は
$ x^2 - 2x = x$
$ x^2 - 3x = 0$
$ x(x-3) = 0 \qquad \therefore \quad x = 0, \ 3$

となるので, 右図を得る. よって, 求める面積を S とすると,

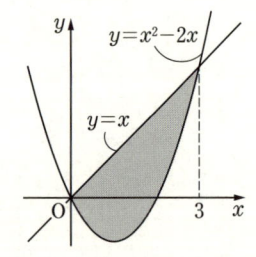

$$S = \int_0^3 \{x - (x^2 - 2x)\}dx$$
$$= -\int_0^3 (x^2 - 3x)dx$$
$$= -\int_0^3 x(x-3)dx$$
$$= \frac{1}{6}(3-0)^3 = \frac{9}{2}$$

(2) $y = \frac{1}{2}x^2$ と $y = \frac{1}{2}x + 1$ の交点の x 座標は
$$\frac{1}{2}x^2 = \frac{1}{2}x + 1$$
$$x^2 - x - 2 = 0$$
$$(x-2)(x+1) = 0 \qquad \therefore \quad x = -1, 2$$

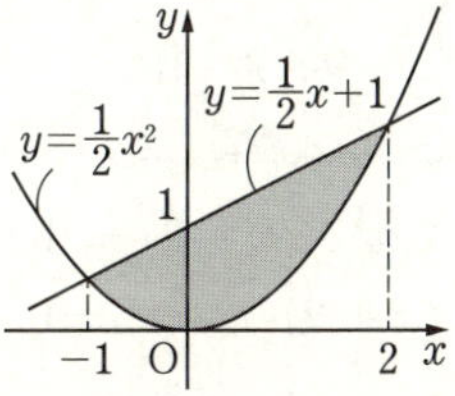

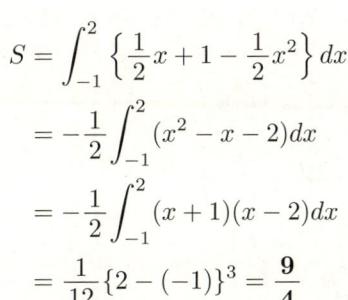

となるので，右図を得る．よって，求める面積を S とすると，

$$S = \int_{-1}^2 \left\{ \frac{1}{2}x + 1 - \frac{1}{2}x^2 \right\} dx$$
$$= -\frac{1}{2}\int_{-1}^2 (x^2 - x - 2)dx$$
$$= -\frac{1}{2}\int_{-1}^2 (x+1)(x-2)dx$$
$$= \frac{1}{12}\{2-(-1)\}^3 = \frac{9}{4}$$

問題 151 ▶▶▶ 設問 P153

(1) $y = x^2 - 2x - 5$ と $y = -x^2 + 2x + 1$ の交点の x 座標は
$$x^2 - 2x - 5 = -x^2 + 2x + 1$$
$$2(x^2 - 2x - 3) = 0$$
$$(x+1)(x-3) = 0 \qquad \therefore \quad x = -1, 3$$

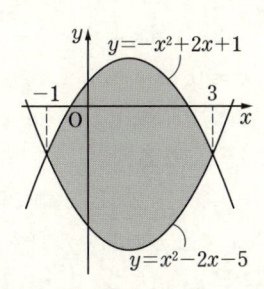

となるので，右図を得る．よって，求める面積を S とすると，

$$S = \int_{-1}^{3} \{(-x^2+2x+1)-(x^2-2x-5)\}dx$$
$$= -2\int_{-1}^{3}(x^2-2x-3)dx$$
$$= -2\int_{-1}^{3}(x+1)(x-3)dx$$
$$= \frac{2}{6}\{3-(-1)\}^3 = \frac{64}{3}$$

(2) $y=x^2+4x+1$ と $y=-x^2+2x+5$ の
交点の x 座標は
$x^2+4x+1=-x^2+2x+5$
$2(x^2+x-2)=0$
$(x+2)(x-1)=0 \quad \therefore \quad x=-2, 1$

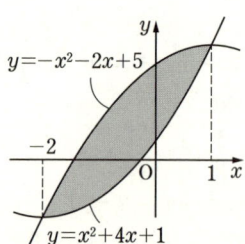

となるので，右図を得る．よって，求める面積を S とすると，

$$S = \int_{-2}^{1}\{(-x^2+2x+5)-(x^2+4x+1)\}dx$$
$$= -2\int_{-2}^{1}(x^2+x-2)dx$$
$$= -2\int_{-2}^{1}(x+2)(x-1)dx$$
$$= \frac{2}{6}\{1-(-2)\}^3 = \mathbf{9}$$

問題 152　　　　　　　　　　　　▶▶▶ 設問 P153

$y=-x^2+2x$ と $y=ax$ の交点の x 座標は
$-x^2+2x=ax$ より $x(x-2+a)=0$
$\therefore \quad x=0, \ 2-a$
$0<a<2$ より $0<2-a<2$ であるから，右図のようになる．

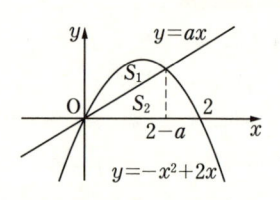

$y=-x^2+2x$ と x 軸で囲まれた部分の面積を S とする．また，S のうち $y=ax$ の上方の部分の面積を S_1，$y=ax$ の下方の部分の面積を S_2 とする．

$$S = \int_0^2 (-x^2 + 2x)dx$$

$$= -\int_0^2 x(x-2)dx$$

$$= -\left\{-\frac{1}{6}(2-0)^3\right\} = \frac{4}{3}$$

$$S_1 = \int_0^{2-a} \{(-x^2+2x) - ax\}dx$$

$$= -\int_0^{2-a} \{x(x-2+a)\}dx$$

$$= -\left\{-\frac{1}{6}(2-a-0)^3\right\} = \frac{1}{6}(2-a)^3$$

条件より $S = 2S_1$ となればよいから

$$\frac{4}{3} = 2 \cdot \frac{1}{6}(2-a)^3$$

$$(2-a)^3 = 4$$

$$2 - a = \sqrt[3]{4} \qquad \therefore \quad \boldsymbol{a = 2 - \sqrt[3]{4}}$$

問題 153 ▶▶▶ 設問 P153

(1) l の方程式は, $y = m(x-2) + 1$

l と C の交点の x 座標は
$x^2 - 2x = m(x-2) + 1$
$x^2 - (m+2)x + 2m - 1 = 0$ ……①

の2解 α, β ($\alpha < \beta$) である. このとき,

$$S(m) = \int_\alpha^\beta \{(mx - 2m + 1) - (x^2 - 2x)\}dx$$

$$= -\int_\alpha^\beta \{x^2 - (m+2)x + 2m - 1\}dx$$

$$= -\int_\alpha^\beta (x-\alpha)(x-\beta)dx$$

$$= \frac{1}{6}(\beta - \alpha)^3 = \frac{1}{6}\{(\beta-\alpha)^2\}^{\frac{3}{2}}$$

$$= \frac{1}{6}\{(\alpha+\beta)^2 - 4\alpha\beta\}^{\frac{3}{2}}$$

となる．ここで，①に解と係数の関係を用いると，
$$\alpha + \beta = m+2, \ \alpha\beta = 2m-1$$
となるので，
$$S(m) = \frac{1}{6}\{(m+2)^2 - 4(2m-1)\}^{\frac{3}{2}}$$
$$= \frac{1}{6}(m^2 - 4m + 8)^{\frac{3}{2}}$$

(2) $S(m) = \dfrac{1}{6}\{(m-2)^2 + 4\}^{\frac{3}{2}}$ は $m=2$ のとき最小値 $\dfrac{4}{3}$ をとる．

注意 ①の判別式を調べるまでもなく，図によって l と C が異なる 2 点で交わることがわかります．

問題 154　　▶▶▶ 設問 P154

(1) $y' = -2x$ より，$y = -(x^2 - 1)$ 上の点 $(-1, 0)$ における接線の方程式は
$$y = 2(x+1)$$
であるから，右図より求める a の範囲は
$$0 < a < 2$$

点 $(-1, 0)$ における接線
$y = x^2 - 1$
$y = -(x^2-1)$
$y = a(x+1)$

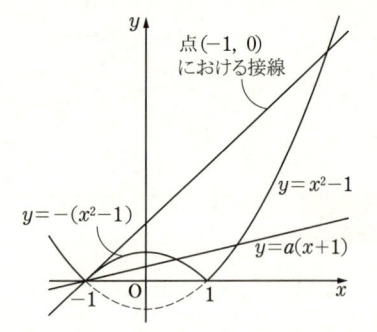

(2) まず曲線 C と直線 l の交点の x 座標を求める．

(i) $y = x^2 - 1$ と $y = a(x+1)$ を連立すると
$$x^2 - 1 = a(x+1)$$
$$(x+1)(x-1) = a(x+1)$$
$$(x+1)(x-1-a) = 0$$
$$\therefore \quad x = -1, \ 1+a$$

(ii) $y = -(x^2 - 1)$ と $y = a(x+1)$ を連立すると
$$-(x^2-1) = a(x+1)$$
$$-(x+1)(x-1) = a(x+1)$$
$$(x+1)(x-1+a) = 0$$
$$\therefore \quad x = -1, \ 1-a$$

よって右図を得る．図のように 4 つの
部分の面積をそれぞれ S_1, S_2, S_3, S_4
とする．このとき
$S_1 + S_3 = S_4$ だから，
$$\begin{aligned}S = S_1 + S_2 &= S_1 + \{S_1 + (S_2 + S_3 + S_4) \\ &\quad - (S_1 + S_3) - S_4\} \\ &= 2S_1 + (S_2 + S_3 + S_4) - 2S_4\end{aligned}$$
となる．

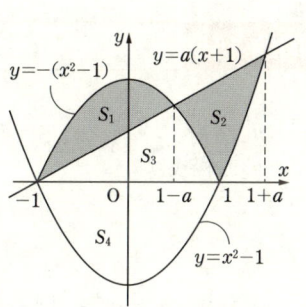

$$S_1 = \int_{-1}^{1-a} \{-(x^2 - 1) - a(x + 1)\}dx$$
$$= -\int_{-1}^{1-a} (x + 1)(x - 1 + a)dx$$
$$= -\left[-\frac{1}{6}\{(1 - a) - (-1)\}^3\right] = \frac{1}{6}(2 - a)^3$$

$$S_2 + S_3 + S_4 = \int_{-1}^{1+a} \{a(x + 1) - (x^2 - 1)\}dx$$
$$= -\int_{-1}^{1+a} (x + 1)(x - 1 - a)dx$$
$$= -\left[-\frac{1}{6}\{(1 + a) - (-1)\}^3\right] = \frac{1}{6}(2 + a)^3$$

$$S_4 = \int_{-1}^{1} (-x^2 + 1)dx$$
$$= -\int_{-1}^{1} (x + 1)(x - 1)dx$$
$$= -\left[-\frac{1}{6}\{1 - (-1)\}^3\right] = \frac{4}{3}$$

よって，
$$\begin{aligned}S &= 2S_1 + (S_2 + S_3 + S_4) - 2S_4 \\ &= 2 \cdot \frac{1}{6}(2 - a)^3 + \frac{1}{6}(2 + a)^3 - 2 \cdot \frac{4}{3} \\ &= -\frac{1}{6}a^3 + 3a^2 - 2a + \frac{4}{3}\end{aligned}$$

問題 155 ▶▶▶ 設問 P155

(1) $y' = 2x + 2$ より，$y = x^2 + 2x + 2$ 上の点 $(t, t^2 + 2t + 2)$ における接線の方程式は

$$y = (2t+2)(x-t) + t^2 + 2t + 2$$
$$= (2t+2)x - t^2 + 2 \cdots\cdots ①$$

これが，$y = x^2 - 4x + 17$ と接するから，

$$x^2 - 4x + 17 = (2t+2)x - t^2 + 2$$
$$x^2 - 2(t+3)x + t^2 + 15 = 0 \cdots\cdots ②$$

が重解をもつ．よって判別式を D とすると

$$\frac{D}{4} = (t+3)^2 - (t^2 + 15) = 6t - 6 = 0 \quad \therefore \quad t = 1$$

① に用いて，l の方程式は $\boldsymbol{y = 4x + 1}$

(2) (1) より l と C_1 の接点の座標は $\boldsymbol{(1, 5)}$

$t = 1$ のとき ② : $x^2 - 8x + 16 = 0 \quad (x-4)^2 = 0 \quad \therefore \quad x = 4$

となるので，l と C_2 の接点の座標は $\boldsymbol{(4, 17)}$

(3) C_1 と C_2 の交点の x 座標は

$$x^2 + 2x + 2 = x^2 - 4x + 17$$
$$6x = 15 \quad \therefore \quad x = \frac{5}{2}$$

よって

$$S = \int_1^{\frac{5}{2}} \{(x^2 + 2x + 2) - (4x + 1)\}$$
$$\quad + \int_{\frac{5}{2}}^4 \{(x^2 - 4x + 17) - (4x + 1)\} dx$$
$$= \int_1^{\frac{5}{2}} (x-1)^2 dx + \int_{\frac{5}{2}}^4 (x-4)^2 dx$$
$$= \left[\frac{1}{3}(x-1)^3\right]_1^{\frac{5}{2}} + \left[\frac{1}{3}(x-4)^3\right]_{\frac{5}{2}}^4$$
$$= \frac{1}{3}\left(\frac{3}{2}\right)^3 - \frac{1}{3}\left(-\frac{3}{2}\right)^3 = \boldsymbol{\frac{9}{4}}$$

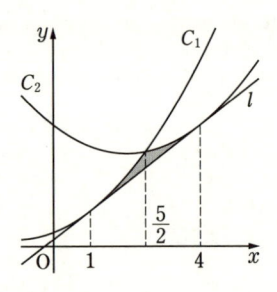

問題 156　　　　　　　　　　　　　▶▶▶ 設問 P155

(1) $y' = 2x$ より，点 $Q(\alpha, \alpha^2)$ における接線の方程式は，
$$y = 2\alpha(x - \alpha) + \alpha^2$$
$$\therefore\ y = 2\alpha x - \alpha^2 \ \cdots\cdots\ ①$$

同様に点 R における接線の方程式は
$$y = 2\beta x - \beta^2 \ \cdots\cdots\ ②$$

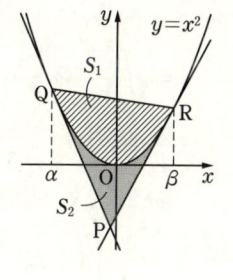

①，② を連立して，
$$2\alpha x - \alpha^2 = 2\beta x - \beta^2$$
$$2(\alpha - \beta)x = \alpha^2 - \beta^2$$

$\alpha \neq \beta$ であるから，
$$x = \frac{\alpha^2 - \beta^2}{2(\alpha - \beta)} = \frac{\alpha + \beta}{2}$$

このとき，$y = 2\alpha \cdot \dfrac{\alpha + \beta}{2} - \alpha^2 = \alpha\beta$

以上から，$(X,\ Y) = \left(\dfrac{\alpha + \beta}{2},\ \alpha\beta \right)$

(2) 直線 QR の方程式は
$$y = \frac{\beta^2 - \alpha^2}{\beta - \alpha}(x - \alpha) + \alpha^2 \quad \therefore\ y = (\alpha + \beta)x - \alpha\beta$$

となるから，
$$S_1 = \int_\alpha^\beta \{(\alpha + \beta)x - \alpha\beta - x^2\}dx$$
$$= \int_\alpha^\beta \{-(x - \alpha)(x - \beta)\}dx = \frac{1}{6}(\beta - \alpha)^3$$

また,
$$S_2 = \int_{\alpha}^{\frac{\alpha+\beta}{2}} \{x^2 - (2\alpha x - \alpha^2)\}dx + \int_{\frac{\alpha+\beta}{2}}^{\beta} \{x^2 - (2\beta x - \beta^2)\}dx$$
$$= \int_{\alpha}^{\frac{\alpha+\beta}{2}} (x-\alpha)^2 dx + \int_{\frac{\alpha+\beta}{2}}^{\beta} (x-\beta)^2 dx$$
$$= \left[\frac{1}{3}(x-\alpha)^3\right]_{\alpha}^{\frac{\alpha+\beta}{2}} + \left[\frac{1}{3}(x-\beta)^3\right]_{\frac{\alpha+\beta}{2}}^{\beta}$$
$$= \frac{1}{3}\left\{\left(\frac{\beta-\alpha}{2}\right)^3 - \left(\frac{\alpha-\beta}{2}\right)^3\right\}$$
$$= \frac{1}{3}\left\{\frac{(\beta-\alpha)^3}{8} + \frac{(\beta-\alpha)^3}{8}\right\} = \frac{(\beta-\alpha)^3}{12}$$

よって, $S_1 : S_2 = \dfrac{(\beta-\alpha)^3}{6} : \dfrac{(\beta-\alpha)^3}{12} = \mathbf{2 : 1}$

別解 ••

S_2 を求めるには, △PQR の面積を利用することもできます。
点 P を通り, y 軸と平行な直線と QR との交点を M とする。また, $\gamma = \dfrac{\alpha+\beta}{2}$ とする。

$$\text{PM} = \text{M の } y \text{ 座標} - \text{P の } y \text{ 座標}$$
$$= \frac{\alpha^2 + \beta^2}{2} - \alpha\beta = \frac{1}{2}(\beta-\alpha)^2$$

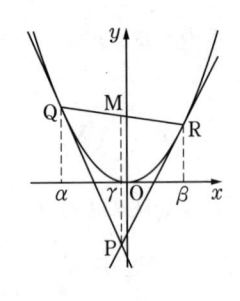

であるから,
$$\triangle\text{PQR の面積} = \frac{1}{2}\text{PM}(\gamma-\alpha) + \frac{1}{2}\text{PM}(\beta-\gamma)$$
$$= \frac{\beta-\alpha}{2} \cdot \text{PM} = \frac{1}{4}(\beta-\alpha)^3$$

よって,
$$S_2 = \frac{(\beta-\alpha)^3}{4} - S_1$$
$$= \left(\frac{1}{4} - \frac{1}{6}\right)(\beta-\alpha)^3 = \frac{1}{12}(\beta-\alpha)^3$$

問題 157

▶▶▶ 設問 P156

(1) ① より $x^2 = 4y + 4$ ……① $'$
これを ② に代入して，
$(4y+4) + y^2 = 16$
$y^2 + 4y - 12 = 0$
$(y-2)(y+6) = 0$
$\therefore y = -6, 2$

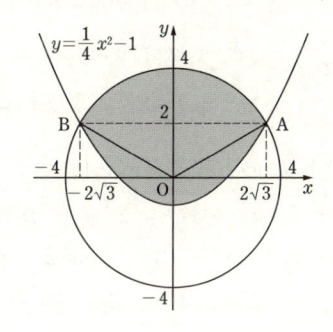

① $'$ より $4y + 4 \geqq 0$ $\therefore y \geqq -1$
に注意すると $y = 2$
このとき ① $'$ より $x^2 = 12$
$\therefore x = \pm 2\sqrt{3}$
以上から，交点の座標は $(\pm 2\sqrt{3},\ 2)$

(2) (1) の 2 交点を $A(2\sqrt{3}, 2), B(-2\sqrt{3}, 2)$ とする．このとき $\angle AOB = \dfrac{2}{3}\pi$
となる．求める面積は図の網目部分である．これを線分 AB の上方の面積と下方の面積と分けて考える．線分 AB の上方の面積は半径 4，中心角 $\dfrac{2}{3}\pi$ の扇形から △OAB をくり抜くと考えると

$$\dfrac{1}{2} \cdot 4^2 \cdot \dfrac{2}{3}\pi - \dfrac{1}{2} \cdot 4^2 \cdot \sin\dfrac{2}{3}\pi = \dfrac{16}{3}\pi - 4\sqrt{3} \ \cdots\cdots\ ③$$

また，線分 AB の下方の面積は

$$\int_{-2\sqrt{3}}^{2\sqrt{3}} \left\{ 2 - \left(\dfrac{1}{4}x^2 - 1\right)\right\} dx = \int_{-2\sqrt{3}}^{2\sqrt{3}} \left\{ -\dfrac{1}{4}(x + 2\sqrt{3})(x - 2\sqrt{3})\right\} dx$$

$$= -\dfrac{1}{4} \int_{-2\sqrt{3}}^{2\sqrt{3}} (x + 2\sqrt{3})(x - 2\sqrt{3}) dx$$

$$= -\dfrac{1}{4} \left[-\dfrac{1}{6} \{2\sqrt{3} - (-2\sqrt{3})\}^3 \right]$$

$$= \dfrac{1}{24}(4\sqrt{3})^3 = 8\sqrt{3} \ \cdots\cdots\ ④$$

③，④ より求める面積は $\dfrac{16}{3}\pi - 4\sqrt{3} + 8\sqrt{3} = \dfrac{\mathbf{16}}{\mathbf{3}}\boldsymbol{\pi} + \mathbf{4\sqrt{3}}$

問題 158
▶▶▶設問 P156

(1) $D: y = (x-a)^3 + 3(x-a)^2$
$= x^3 - 3ax^2 + 3a^2x - a^3 + 3(x^2 - 2ax + a^2)$
$= \boldsymbol{x^3 + (-3a+3)x^2 + (3a^2 - 6a)x - a^3 + 3a^2}$

(2) C と D の方程式を連立して
$$x^3 + 3x^2 = x^3 + (-3a+3)x^2 + (3a^2 - 6a)x - a^3 + 3a^2$$
$$3ax^2 - (3a^2 - 6a)x + a^3 - 3a^2 = 0$$
$$3x^2 - 3(a-2)x + a^2 - 3a = 0 \quad (\because a \neq 0) \quad \cdots\cdots ①$$

これが異なる2つの実数解をもつ条件は，①の判別式を D とすると，
$$D = \{-3(a-2)\}^2 - 4 \cdot 3 \cdot (a^2 - 3a)$$
$$= 9(a-2)^2 - 12(a^2 - 3a)$$
$$= -3a^2 + 36 > 0$$

$a > 0$ と合わせて，$\boldsymbol{0 < a < 2\sqrt{3}}$

①の2解を $x = \alpha, \beta \ (\alpha < \beta)$ とすると
$$S = \int_\alpha^\beta \{(x-a)^3 + 3(x-a)^2 - x^2(x+3)\}dx$$
$$= \int_\alpha^\beta \{-3a(x-\alpha)(x-\beta)\}dx$$
$$= -3a \int_\alpha^\beta (x-\alpha)(x-\beta)dx$$
$$= -3a \left\{-\frac{1}{6}(\beta-\alpha)^3\right\}$$
$$= \frac{a}{2}(\beta-\alpha)^3$$
$$= \frac{a}{2}\{(\alpha+\beta)^2 - 4\alpha\beta\}^{\frac{3}{2}}$$

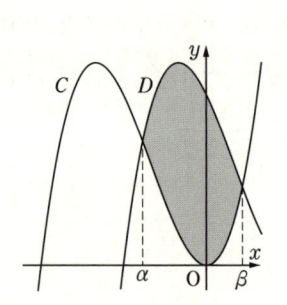

ここで解と係数の関係から $\alpha + \beta = -\dfrac{-3(a-2)}{3} = a-2,\ \alpha\beta = \dfrac{a^2-3a}{3}$

となるから

$$S = \frac{a}{2}\left\{(a-2)^2 - 4\cdot\frac{a^2-3a}{3}\right\}^{\frac{3}{2}}$$

$$= \frac{a}{2}\left(\frac{3a^2-12a+12-4a^2+12a}{3}\right)^{\frac{3}{2}}$$

$$= \frac{a}{2}\left(\frac{12-a^2}{3}\right)^{\frac{3}{2}} = \frac{\sqrt{3}}{18}a(12-a^2)^{\frac{3}{2}}$$

問題 159　　　　　　　　　　　　　　　　▶▶▶ 設問 P157

(1) $f'(x) = -4x^3 + 24x^2 - 36x$
$= -4x(x^2 - 6x + 9)$
$= -4x(x-3)^2$

増減表は下のようになる．

x	$\cdots$	0	$\cdots$	3	$\cdots$
$f'(x)$	$+$	0	$-$	0	$-$
$f(x)$	↗	11	↘	-16	↘

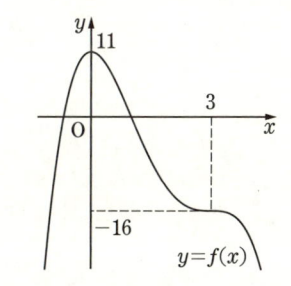

よって，極大値は $f(0) = 11$，極小値は存在しない．

(2) 求める直線を $y = mx + n$，2 接点の x 座標を $x = \alpha, \beta \ (\alpha < \beta)$ とすると
$$mx + n - (-x^4 + 8x^3 - 18x^2 + 11) = (x-\alpha)^2(x-\beta)^2 \ \cdots\cdots ①$$
と表される．ここで
$$(x-\alpha)^2(x-\beta)^2 = \{x^2 - (\alpha+\beta)x + \alpha\beta\}^2$$
$$= x^4 - 2(\alpha+\beta)x^3 + \{(\alpha+\beta)^2 + 2\alpha\beta\}x^2$$
$$- 2\alpha\beta(\alpha+\beta)x + (\alpha\beta)^2 \ \cdots\cdots ②$$

であるから，①，② の係数を比較すると
$$\begin{cases} -8 = -2(\alpha+\beta) & \cdots\cdots ③ \\ 18 = (\alpha+\beta)^2 + 2\alpha\beta & \cdots\cdots ④ \\ m = -2\alpha\beta(\alpha+\beta) & \cdots\cdots ⑤ \\ n - 11 = (\alpha\beta)^2 & \cdots\cdots ⑥ \end{cases}$$

③，④ より $\alpha + \beta = 4, \alpha\beta = 1 \ \cdots\cdots ⑦$

⑦ を ⑤，⑥ を用いて，$m = -8, n = 12$

以上から，求める方程式は $y = -8x + 12$

(3) 右図から
$$S = \int_\alpha^\beta \{(-8x+12) - (-x^4 + 8x^3 - 18x^2 + 11)\}dx$$
$$= \int_\alpha^\beta (x-\alpha)^2(x-\beta)^2 dx = \frac{1}{30}(\beta-\alpha)^5$$

ここで, $\alpha + \beta = 4, \alpha\beta = 1$ より
$$(\beta - \alpha)^2 = (\alpha + \beta)^2 - 4\alpha\beta = 12$$

となるから
$$S = \frac{1}{30} \cdot 12 \cdot 12 \cdot \sqrt{12} = \frac{48}{5}\sqrt{3}$$

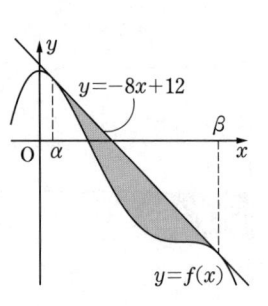

問題 160　　▶▶▶ 設問 P161

この等差数列の公差を d とすると，
$$a_{10} + a_{11} + a_{12} + a_{13} + a_{14}$$
$$= (a_{12} - 2d) + (a_{12} - d) + a_{12} + (a_{12} + d) + (a_{12} + 2d)$$
$$= 5a_{12} = 365 \quad \therefore \quad a_{12} = 73 \quad \cdots\cdots ①$$

また，
$$a_{15} + a_{17} + a_{19} = (a_{17} - 2d) + a_{17} + (a_{17} + 2d)$$
$$= 3a_{17} = -6 \quad \therefore \quad a_{17} = -2 \quad \cdots\cdots ②$$

$a_{17} = a_{12} + 5d$ であるから，①，② を用いて
$$5d = -2 - 73 \quad \therefore \quad d = \mathbf{-15}$$
このとき，$a_1 = a_{12} - 11d = 73 - 11 \cdot (-15) = \mathbf{238}$

別解

初項を a，公差を d とすると
$$a_{10} + a_{11} + a_{12} + a_{13} + a_{14} = \frac{a_{10} + a_{14}}{2} \times 5$$
$$= \frac{5}{2} \{a + 9d + (a + 13d)\}$$
$$= 5(a + 11d) = 365$$

よって，
$$a + 11d = 73 \quad \cdots\cdots ①$$

また，
$$a_{15} + a_{17} + a_{19} = (a + 14d) + (a + 16d) + (a + 18d)$$
$$= 3(a + 16d) = -6$$

よって，
$$a + 16d = -2 \quad \cdots\cdots ②$$

①，② を連立して $a = \mathbf{238}$, $d = \mathbf{-15}$

問題 161　　▶▶▶ 設問 P161

等差数列 a_n の公差を d とすると，初項 40 より
$$\begin{cases} a_n = 40 + (n-1)d \\ S_n = \dfrac{n}{2}(a_1 + a_n) \end{cases}$$

となる．条件より

$$a_{10} + \cdots\cdots + a_{19} = \frac{a_{10}+a_{19}}{2} \times 10$$
$$= \frac{(40+9d)+(40+18d)}{2} \times 10$$
$$= 400 + 135d = -5$$

これを解いて $d = -3$ を得る．

このとき，$a_n = -3n+43 > 0$ を満たす最大の整数は $n = 14$ より，ここまでの和が最大である．その最大値は

$$S_{14} = \frac{14}{2}(40+a_{14}) = \frac{14}{2}(40+1) = \mathbf{287}$$

問題 162 ▶▶▶ 設問 P162

m 以上 n 以下で p を分母とする数は

$$\frac{pm}{p}(=m),\ \frac{pm+1}{p},\ \frac{pm+2}{p},\ \cdots\cdots,\ \frac{pn-1}{p},\ \frac{pn}{p}(=n)$$

これは 初項 m，末項 n，項数 $pn-pm+1$，公差 $\dfrac{1}{p}$ の等差数列であるから，その和を S_1 とすると

$$S_1 = \frac{1}{2}(pn-pm+1)(m+n)$$

このうち，整数となるものは

$$m,\ m+1,\ m+2,\ \cdots\cdots,\ n-1,\ n$$

これは，初項 m，末項 n，項数 $n-m+1$，公差 1 の等差数列であるから，その和を S_2 とすると

$$S_2 = \frac{1}{2}(n-m+1)(m+n)$$

よって，
$$S = S_1 - S_2$$
$$= \frac{1}{2}(pn-pm+1)(m+n) - \frac{1}{2}(n-m+1)(m+n)$$
$$= \frac{1}{2}(m+n)\{(pn-pm+1)-(n-m+1)\}$$
$$= \frac{1}{2}(m+n)(pn-pm-n+m)$$
$$= \boldsymbol{\frac{1}{2}(m+n)(n-m)(p-1)}$$

問題 163

▶▶▶ 設問 P162

数列 $\{a_n\}, \{b_n\}$ の項を書き出すと
$$\{a_n\} : 2, 5, 8, 11, 14, 17, 20, 23, 26, 29, \cdots$$
$$\{b_n\} : 4, 9, 14, 19, 24, 29, \cdots$$

数列 $\{a_n\}, \{b_n\}$ に共通に含まれる項を書き出すと
$$\{c_n\} : 14, 29, \cdots$$

よって，数列 $\{c_n\}$ の初項は 14

また，数列 $\{a_n\}$ は公差 3 の等差数列，数列 $\{b_n\}$ は公差 5 の等差数列であるから，数列 $\{c_n\}$ は公差 15 の等差数列である．

以上から，数列 $\{c_n\}$ の一般項は $c_n = 14 + (n-1) \cdot 15 = \boldsymbol{15n - 1}$

別解

条件より
$$a_n = 2 + (n-1) \cdot 3 = 3n - 1$$
$$b_n = 4 + (n-1) \cdot 5 = 5n - 1$$

共通な項を $a_p = b_q$ とすると
$$3p - 1 = 5q - 1 \qquad \therefore \quad 3p = 5q$$

3 と 5 は互いに素であるから，p は 5 の倍数である．よって，
$$p = 5k \ (k = 1, 2, 3, \cdots)$$

と表される．

よって，数列 $\{c_n\}$ の第 n 項は数列 $\{a_n\}$ の第 $5n$ 項で
$$c_n = a_{5n} = 3 \cdot 5n - 1 = \boldsymbol{15n - 1}$$

問題 164

▶▶▶ 設問 P164

等比数列 a_n の初項を a_1，公比を r とする．$r = 1$ のとき，
$$8a_1 = 2, \quad 16a_1 = 8$$

となるが，これを同時に満たす a_1 は存在しないため不適．よって，$r \neq 1$ としてよい．このとき第 n 項までの和を S_n とすると
$$\begin{cases} a_n = a_1 r^{n-1} \\ S_n = \dfrac{a_1(1-r^n)}{1-r} \end{cases}$$

となる．条件より
$$S_8 = \frac{a_1(1-r^8)}{1-r} = 2 \qquad \cdots\cdots ①$$
$$S_{16} = \frac{a_1(1-r^{16})}{1-r} = 8 \qquad \cdots\cdots ②$$

② ÷ ① より
$$\frac{1-r^{16}}{1-r^8} = 4$$
$$\frac{(1+r^8)(1-r^8)}{1-r^8} = 4$$
$$1+r^8 = 4 \qquad \therefore \quad r^8 = 3$$

となるから，これを ① に代入して
$$\frac{a_1}{1-r} = -1$$

以上から
$$S_{24} = \frac{a_1(1-r^{24})}{1-r} = \frac{a_1}{1-r}\{1-(r^8)^3\} = \mathbf{26}$$
$$S_{32} = \frac{a_1(1-r^{32})}{1-r} = \frac{a_1}{1-r}\{1-(r^8)^4\} = \mathbf{80}$$

別解

$a_9 = ar^8 = r^8 \cdot a$, $a_{10} = ar^9 = r^8 \cdot ar$, $\cdots$, $a_{16} = ar^{15} = r^8 \cdot ar^7$ に着目して 8 個ずつをカタマリで考えていくと，r についての場合分けを行わずに以下のように解くことも可能です．

$$S_8 = a + ar + ar^2 + \cdots + ar^7 = 2 \qquad \cdots\cdots ①$$
$$\begin{aligned}S_{16} &= a + ar + ar^2 + \cdots + ar^7 + (ar^8 + ar^9 + \cdots\cdots + ar^{15}) \\ &= S_8 + r^8 S_8 = (1+r^8)S_8 = 8 \qquad \cdots\cdots ②\end{aligned}$$

①，② より
$$(1+r^8) \cdot 2 = 8 \qquad \therefore \quad r^8 = 3$$

このとき
$$\begin{aligned}S_{24} &= a + ar + \cdots + ar^7 + (ar^8 + ar^9 + \cdots + ar^{15}) \\ &\quad + (ar^{16} + ar^{17} + \cdots + ar^{23}) \\ &= S_8 + r^8 S_8 + r^{16} S_8 \\ &= (1 + r^8 + r^{16})S_8 \\ &= (1 + 3 + 3^2) \cdot 2 = \mathbf{26}\end{aligned}$$

$$S_{32} = a + ar + \cdots + ar^{15} + (ar^{16} + ar^{17} + \cdots + ar^{31})$$
$$= S_{16} + r^{16}S_{16} = (1 + r^{16})S_{16}$$
$$= (1 + 3^2) \cdot 8 = \mathbf{80}$$

問題 165   ▶▶▶ 設問 P165

$1, a, b$ がこの順に等差数列になるので,
$$2a = 1 + b \qquad \cdots\cdots ①$$

$1, b^2, a^2$ がこの順に等比数列になるので
$$b^4 = a^2 \quad \therefore \quad (a - b^2)(a + b^2) = 0 \qquad \cdots\cdots ②$$

(i) $a = -b^2$ のとき

① に代入して整理すると
$$2b^2 + b + 1 = 0 \qquad \cdots\cdots ③$$

③の判別式を D とすると, $D < 0$ より, これを満たす a, b は存在しない

(ii) $a = b^2$ のとき

① に代入して整理すると
$$(2b + 1)(b - 1) = 0 \quad \therefore \quad b = -\frac{1}{2}, 1$$

以上から, $(a, b) = \left(\mathbf{\dfrac{1}{4}}, \mathbf{-\dfrac{1}{2}}\right), \mathbf{(1, 1)}$

問題 166   ▶▶▶ 設問 P174

(1) (i) $\displaystyle\sum_{k=1}^{5} 3k = 3 \cdot 1 + 3 \cdot 2 + 3 \cdot 3 + 3 \cdot 4 + 3 \cdot 5$
$$= 3(1 + 2 + 3 + 4 + 5) = \mathbf{45}$$

(ii) $\displaystyle\sum_{k=1}^{4} k^4 = 1^4 + 2^4 + 3^4 + 4^4 = \mathbf{354}$

(iii) $\displaystyle\sum_{k=1}^{n-1}\left(-\frac{1}{2}\right)^k = \left(-\frac{1}{2}\right) + \left(-\frac{1}{2}\right)^2 + \left(-\frac{1}{2}\right)^3 + \cdots\cdots + \left(-\frac{1}{2}\right)^{n-1}$

は，初項 $-\dfrac{1}{2}$，公比 $-\dfrac{1}{2}$，項数 $n-1$ の等比数列の和であるから

$$\sum_{k=1}^{n-1}\left(-\frac{1}{2}\right)^k = \frac{\left(-\dfrac{1}{2}\right)\left\{1-\left(-\dfrac{1}{2}\right)^{n-1}\right\}}{1-\left(-\dfrac{1}{2}\right)}$$

$$= -\frac{1}{3}\left\{1-\left(-\frac{1}{2}\right)^{n-1}\right\}$$

(2) (i) $1^3 + 2^3 + 3^3 + \cdots + 100^3 = \displaystyle\sum_{k=1}^{100} k^3$

(ii) $1\cdot 2 + 2\cdot 3 + 3\cdot 4 + \cdots + 10\cdot 11 = \displaystyle\sum_{k=1}^{10} k(k+1)$

(iii) $1\cdot 1 + 2\cdot 3 + 3\cdot 9 + 4\cdot 27 + 5\cdot 81 + \cdots = \displaystyle\sum_{k=1}^{n} k\cdot 3^{k-1}$

問題 167　　　　　　　　　　　　　　　▶▶▶設問 P174

(1) $\displaystyle\sum_{k=1}^{n}(k^2 - 4k) = \sum_{k=1}^{n} k^2 - 4\sum_{k=1}^{n} k$

$$= \frac{n(n+1)(2n+1)}{6} - 4\cdot\frac{n(n+1)}{2}$$

$$= \frac{n(n+1)(2n+1)}{6} - 2n(n+1)$$

$$= \frac{1}{6}n(n+1)\{(2n+1) - 12\}$$

$$= \frac{1}{6}n(n+1)(2n-11)$$

(2) $\displaystyle\sum_{k=1}^{n}(1+k)(2-3k) = \sum_{k=1}^{n}(2-k-3k^2)$

$\displaystyle\qquad\qquad\qquad\quad = \sum_{k=1}^{n}2 - \sum_{k=1}^{n}k - 3\sum_{k=1}^{n}k^2$

$\displaystyle\qquad\qquad\qquad\quad = 2n - \frac{n(n+1)}{2} - 3\cdot\frac{n(n+1)(2n+1)}{6}$

$\displaystyle\qquad\qquad\qquad\quad = 2n - \frac{1}{2}n(n+1) - \frac{1}{2}n(n+1)(2n+1)$

$\displaystyle\qquad\qquad\qquad\quad = \frac{1}{2}n\{4-(n+1)-(n+1)(2n+1)\}$

$\displaystyle\qquad\qquad\qquad\quad = \frac{1}{2}n(2-4n-2n^2)$

$\displaystyle\qquad\qquad\qquad\quad = \boldsymbol{n(1-2n-n^2)}$

(3) $\displaystyle\sum_{k=4}^{19}\left(k-\frac{1}{2}\right)^2 = \sum_{k=1}^{19}\left(k^2-k+\frac{1}{4}\right) - \sum_{k=1}^{3}\left(k^2-k+\frac{1}{4}\right)$

$\displaystyle\qquad\qquad\quad = \frac{19\cdot 20\cdot 39}{6} - \frac{19\cdot 20}{2} + \frac{1}{4}\times 19 - \frac{3\cdot 4\cdot 7}{6} + \frac{3\cdot 4}{2} - \frac{1}{4}\times 3$

$\displaystyle\qquad\qquad\quad = \boldsymbol{2276}$

問題 168　　　　　　　　　　　　　　▶▶▶ 設問 P175

(1) $\displaystyle\frac{1}{k(k+1)} = \frac{1}{(k+1)-k}\left(\frac{1}{k}-\frac{1}{k+1}\right)$

$\displaystyle\qquad\qquad = \frac{1}{k} - \frac{1}{k+1}$ であるから，

$\displaystyle\sum_{k=1}^{n}\frac{1}{k(k+1)} = \sum_{k=1}^{n}\left(\frac{1}{k}-\frac{1}{k+1}\right)$

$\displaystyle\qquad\qquad\quad = 1 - \frac{1}{n+1} = \boldsymbol{\frac{n}{n+1}}$

参考

$k=1\quad \dfrac{1}{1} - \dfrac{1}{2}$

$k=2\quad \dfrac{1}{2} - \dfrac{1}{3}$

$k=3\quad \dfrac{1}{3} - \dfrac{1}{4}$

$\vdots$

$k=n\quad \dfrac{1}{n} - \dfrac{1}{n+1}$

$\overline{\qquad\qquad 1 - \dfrac{1}{n+1}}$

(2) $\dfrac{1}{k(k+1)(k+2)} = \dfrac{1}{(k+2)-k}\left(\dfrac{1}{k(k+1)} - \dfrac{1}{(k+1)(k+2)}\right)$ であるから，

$\displaystyle\sum_{k=1}^{n} \dfrac{1}{k(k+1)(k+2)}$

$= \dfrac{1}{2}\displaystyle\sum_{k=1}^{n}\left\{\dfrac{1}{k(k+1)} - \dfrac{1}{(k+1)(k+2)}\right\}$

$= \dfrac{1}{2}\left(\dfrac{1}{2} - \dfrac{1}{(n+1)(n+2)}\right)$

$= \dfrac{n(n+3)}{4(n+1)(n+2)}$

参考

$k=1$: $\dfrac{1}{1\cdot 2} - \dfrac{1}{2\cdot 3}$

$k=2$: $\dfrac{1}{2\cdot 3} - \dfrac{1}{3\cdot 4}$

$k=3$: $\dfrac{1}{3\cdot 4} - \dfrac{1}{4\cdot 5}$

$\vdots$

$k=n$: $\dfrac{1}{n\cdot(n+1)} - \dfrac{1}{(n+1)(n+2)}$

$\dfrac{1}{1\cdot 2} - \dfrac{1}{(n+1)(n+2)}$

(3) 第 k 項は $a_k = \dfrac{1}{(2k-1)(2k+1)(2k+3)}$ で，

$\dfrac{1}{(2k-1)(2k+1)(2k+3)} = \dfrac{1}{4}\left(\dfrac{1}{(2k-1)(2k+1)} - \dfrac{1}{(2k+1)(2k+3)}\right)$

であるから，第 n 項までの和を S_n とすると

$S_n = \displaystyle\sum_{k=1}^{n} a_k$

$= \displaystyle\sum_{k=1}^{n} \dfrac{1}{(2k-1)(2k+1)(2k+3)}$

$= \dfrac{1}{4}\displaystyle\sum_{k=1}^{n}\left\{\dfrac{1}{(2k-1)(2k+1)} - \dfrac{1}{(2k+1)(2k+3)}\right\}$

$= \dfrac{1}{4}\left\{\left(\dfrac{1}{1\cdot 3} - \dfrac{1}{3\cdot 5}\right) + \cdots \right.$

$\left. + \left(\dfrac{1}{(2n-1)(2n+1)} - \dfrac{1}{(2n+1)(2n+3)}\right)\right\}$

$= \dfrac{1}{4}\left\{\dfrac{1}{1\cdot 3} - \dfrac{1}{(2n+1)(2n+3)}\right\}$

ここで，$2n-1 = 101$ となるのは，$n = 51$ のときであるから，初項から 51 項までの和は上式で $n = 51$ として，$S_{51} = \dfrac{901}{10815}$

> **参考**
>
> $k=1$: $\dfrac{1}{1\cdot 3} - \dfrac{1}{3\cdot 5}$
>
> $k=2$: $\dfrac{1}{3\cdot 5} - \dfrac{1}{5\cdot 7}$
>
> $k=3$: $\dfrac{1}{5\cdot 7} - \dfrac{1}{7\cdot 9}$
>
> $\vdots$
>
> $k=n$: $\dfrac{1}{(2n-1)\cdot(2n+1)} - \dfrac{1}{(2n+1)\cdot(2n+3)}$
>
> $\dfrac{1}{1\cdot 3} - \dfrac{1}{(2n+1)\cdot(2n+3)}$

問題 169

▶▶▶ 設問 P176

(1) 分母は

$$1^2 + 3^2 + 5^2 + \cdots + (2k-1)^2$$

$$= \sum_{i=1}^{k}(2i-1)^2 = \sum_{i=1}^{k}(4i^2 - 4i + 1)$$

$$= 4\cdot\frac{1}{6}k(k+1)(2k+1) - 4\cdot\frac{1}{2}k(k+1) + k$$

$$= \frac{4}{3}(k-1)k(k+1) + k = \frac{1}{3}k(4k^2 - 1)$$

$$= \frac{1}{3}k(2k-1)(2k+1)$$

となるから,

$$P_n = \sum_{k=1}^{n}\frac{3k}{k(2k-1)(2k+1)} = \sum_{k=1}^{n}\frac{3}{(2k-1)(2k+1)}$$

$$= \frac{3}{2}\sum_{k=1}^{n}\left(\frac{1}{2k-1} - \frac{1}{2k+1}\right)$$

$$= \frac{3}{2}\left\{\left(1-\frac{1}{3}\right) + \left(\frac{1}{3}-\frac{1}{5}\right) + \cdots + \left(\frac{1}{2n-1} - \frac{1}{2n+1}\right)\right\}$$

$$= \frac{3}{2}\left(1 - \frac{1}{2n+1}\right) = \boldsymbol{\frac{3n}{2n+1}}$$

(2) $\dfrac{1}{\sqrt{k+2} + \sqrt{k+1}} = \dfrac{\sqrt{k+2} - \sqrt{k+1}}{(\sqrt{k+2} + \sqrt{k+1})(\sqrt{k+2} - \sqrt{k+1})}$

$$= \frac{\sqrt{k+2} - \sqrt{k+1}}{(k+2) - (k+1)} = \sqrt{k+2} - \sqrt{k+1}$$

であるから，
$$Q_n = (\sqrt{3} - \sqrt{2}) + (\sqrt{4} - \sqrt{3}) + \cdots + (\sqrt{n+2} - \sqrt{n+1})$$
$$= -\sqrt{2} + \sqrt{n+2} = \boldsymbol{\sqrt{n+2} - \sqrt{2}}$$

(3) $k \cdot k! = \{(k+1) - 1\}k! = (k+1)! - k!$ であるから，
$$R_n = (2! - 1!) + (3! - 2!) + (4! - 3!) + \cdots + \{(n+1)! - n!\}$$
$$= \boldsymbol{(n+1)! - 1}$$

(4) $\dfrac{k}{(k+1)!} = \dfrac{(k+1) - 1}{(k+1)!} = \dfrac{k+1}{(k+1)!} - \dfrac{1}{(k+1)!} = \dfrac{1}{k!} - \dfrac{1}{(k+1)!}$ であるから，
$$S_n = \left(\dfrac{1}{1} - \dfrac{1}{2!}\right) + \left(\dfrac{1}{2!} - \dfrac{1}{3!}\right) + \cdots + \left\{\dfrac{1}{n!} - \dfrac{1}{(n+1)!}\right\}$$
$$= \boldsymbol{1 - \dfrac{1}{(n+1)!}}$$

問題 170 　　　　　　　　　　　　　　　　　　▶▶▶ 設問 P176

$S_n = 1 + \dfrac{2}{2} + \dfrac{3}{2^2} + \dfrac{4}{2^3} + \cdots + \dfrac{n}{2^{n-1}}$ とおく．両辺に $\dfrac{1}{2}$ をかけて，

$$\dfrac{1}{2} S_n = \quad \dfrac{1}{2} + \dfrac{2}{2^2} + \dfrac{3}{2^3} + \cdots + \dfrac{n-1}{2^{n-1}} + \dfrac{n}{2^n}$$

辺々引いて
$$S_n - \dfrac{1}{2} S_n = 1 + \dfrac{1}{2} + \dfrac{1}{2^2} + \dfrac{2}{2^3} + \cdots + \dfrac{1}{2^{n-1}} - \dfrac{n}{2^n}$$

右辺は，最後の 1 項を除くと，初項 1，公比 $\dfrac{1}{2}$，項数 n の等比数列の和であるから，

$$\left(1 - \dfrac{1}{2}\right) S_n = \dfrac{1 - \left(\dfrac{1}{2}\right)^n}{1 - \dfrac{1}{2}} - \dfrac{n}{2^n}$$
$$= 2 - \dfrac{2}{2^n} - \dfrac{n}{2^n} = 2 - \dfrac{n+2}{2^n}$$

両辺 2 倍して，$S_n = \boldsymbol{4 - \dfrac{n+2}{2^{n-1}}}$

問題 171

$(1+2+3+\cdots+n)^2 = 1^2+2^2+3^2+\cdots+n^2+2S$ より

$$S = \frac{1}{2}\{(1+2+\cdots+n)^2 - (1^2+2^2+\cdots+n^2)\}$$

$$= \frac{1}{2}\left\{\left(\sum_{k=1}^n k\right)^2 - \sum_{k=1}^n k^2\right\}$$

$$= \frac{1}{2}\left[\left\{\frac{1}{2}n(n+1)\right\}^2 - \frac{1}{6}n(n+1)(2n+1)\right]$$

$$= \frac{1}{8}n^2(n+1)^2 - \frac{1}{12}n(n+1)(2n+1)$$

$$= \frac{1}{24}n(n+1)\{3n(n+1) - 2(2n+1)\}$$

$$= \frac{1}{24}n(n+1)(3n^2 - n - 2)$$

$$= \boldsymbol{\frac{1}{24}n(n+1)(n-1)(3n+2)}$$

別解

階差数列を利用すると次のような解法も可能です.

$S_{n+1} - S_n = (1+2+\cdots+n)(n+1) = \frac{1}{2}n(n+1)^2$ であるから, $n \geqq 2$ のとき

$$S_n = S_1 + \sum_{k=1}^{n-1} \frac{1}{2}k(k+1)^2$$

$$= \frac{1}{2}\left(\sum_{k=1}^{n-1} k^3 + 2\sum_{k=1}^{n-1} k^2 + \sum_{k=1}^{n-1} k\right) \quad (\because \quad S_1 = 0)$$

$$= \frac{1}{2}\left\{\frac{1}{4}n^2(n-1)^2 + 2\cdot\frac{1}{6}n(n-1)(2n-1) + \frac{1}{2}n(n-1)\right\}$$

$$= \frac{1}{24}(n-1)n(n+1)(3n+2)$$

これは $n=1$ のときも成立するから,

$S_n = \frac{1}{24}(n-1)n(n+1)(3n+2)$

問題 172

(1) 階差数列は $2, 4, 6, 8, \cdots\cdots$ となり, 初項 2, 公差 2 の等差数列である.
 階差数列の第 k 項は $2k$ となるから, $n \geqq 2$ のとき,

$$a_n = 1 + \sum_{k=1}^{n-1} 2k$$
$$= 1 + 2 \cdot \frac{1}{2}(n-1)n$$
$$= n^2 - n + 1$$

となる．$n=1$ のとき，$n^2 - n + 1 = 1 - 1 + 1 = 1 = a_1$ が成立するから $a_n = \boldsymbol{n^2 - n + 1}$

(2) 階差数列は 1, 2, 4, 8, …… となり，初項 1，公比 2 の等比数列である．階差数列の第 k 項は 2^{k-1} となるから，$n \geqq 2$ のとき，

$$a_n = 2 + \sum_{k=1}^{n-1} 2^{k-1}$$
$$= 2 + \frac{1 \cdot (2^{n-1} - 1)}{2 - 1}$$
$$= 2^{n-1} + 1$$

となる．$n=1$ のとき，$2^0 + 1 = 1 + 1 = 2 = a_1$ が成立するから $a_n = \boldsymbol{2^{n-1} + 1}$

問題 173　　　　　　　　　　　　　　　　　　　　　▶▶▶ 設問 P179

(1) まず，$a_1 = S_1 = 90$ である．$n \geqq 2$ のとき，
$$a_n = S_n - S_{n-1}$$
$$= n^3 - 21n^2 + 110n - \{(n-1)^3 - 21(n-1)^2 + 110(n-1)\}$$
$$= 3n^2 - 45n + 132$$

これは $n=1$ のときも成立するから，$a_n = \boldsymbol{3n^2 - 45n + 132}$

(2) (1) の結果から
$$a_n = 3n^2 - 45n + 132$$
$$= 3(n-4)(n-11) < 0$$

これを満たすのは $4 < n < 11$ であるから，**第 5 項から第 10 項までが負**である．

(3) 第 5 項から第 10 項までの和を求めればよいから，
$$a_5 + a_6 + \cdots + a_{10} = S_{10} - S_4$$
$$= (10^3 - 21 \cdot 10^2 + 110 \cdot 10) - (4^3 - 21 \cdot 4^2 + 110 \cdot 4) = \boldsymbol{-168}$$

問題 174

(1) $\sum_{k=1}^{n} \dfrac{1}{a_k} = n(n^2-1) + 1 = T_n$ とおくと，$\dfrac{1}{a_1} = T_1 = 1$ である．
$n \geqq 2$ のとき，
$$\dfrac{1}{a_n} = T_n - T_{n-1}$$
$$= (n^3 - n + 1) - \{(n-1)^3 - (n-1) + 1\} = 3n(n-1)$$
より，
$$a_n = \begin{cases} 1 & (\boldsymbol{n=1} \text{ のとき}) \\ \dfrac{1}{3n(n-1)} & (\boldsymbol{n \geqq 2} \text{ のとき}) \end{cases}$$

(2) (1) の結果から，$n \geqq 2$ のとき
$$S_n = a_1 + \sum_{k=2}^{n} \dfrac{1}{3k(k-1)}$$
$$= 1 + \dfrac{1}{3} \sum_{k=2}^{n} \left(\dfrac{1}{k-1} - \dfrac{1}{k} \right)$$
$$= 1 + \dfrac{1}{3} \left(1 - \dfrac{1}{n} \right) = \dfrac{4n-1}{3n}$$
これは，$n=1$ でも成立する．以上から，$S_n = \dfrac{4n-1}{3n}$

問題 175

(1) $n \geqq 2$ のとき，第 $n-1$ 群の末項は，はじめから数えて
$$1 + 2 + \cdots + 2^{n-2} = \dfrac{1-2^{n-1}}{1-2} = 2^{n-1} - 1 \text{ 項目}$$
であるから，その数字は $2^{n-1} - 1$
よって，第 n 群の最初の数は $(2^{n-1}-1) + 1 = 2^{n-1}$ となる．これは $n=1$ のときも成立するから，求める数は $\boldsymbol{2^{n-1}}$

(2) 第 n 群の末項は，はじめから数えて
$$1 + 2 + \cdots + 2^{n-1} = \dfrac{1-2^n}{1-2} = 2^n - 1 \text{ 項目}$$

なので，その数字は $2^n - 1$
よって，第 n 群は初項 2^{n-1}，末項 $2^n - 1$，項数 2^{n-1} の等差数列となるから，その和は

$$\frac{1}{2}\{2^{n-1} + (2^n - 1)\} \times 2^{n-1} = \mathbf{2^{n-2}(3 \cdot 2^{n-1} - 1)}$$

(3) 3000 が第 n 群に存在するとき

$$2^{n-1} - 1 < 3000 \leq 2^n - 1 \quad \cdots\cdots ①$$

が成立する．ここで，$2^{11} = 2048$，$2^{12} = 4096$ より，① を満たすのは $n = 12$
つまり 3000 は第 12 群に存在する．
このとき第 12 群の最初の数は
$2^{12-1} = 2048$ より 3000 は **第 12 群の $3000 - 2048 + 1 = 953$ 項目** である．

> **参考**
> ① を満たす n を求める際には，ある程度，解の見当をつけて $n = 11, 12, \cdots$ と代入して解をみつけるのが実戦的です．

問題 176　　　　　　　　　　　▶▶▶ 設問 P181

(1) 分母が n である分数 $\dfrac{1}{n}, \dfrac{3}{n}, \dfrac{5}{n}, \cdots, \dfrac{2n-1}{n}$ をまとめて第 n 群とする．このとき第 n 群には n 個の数が存在する．

$n \geq 2$ のとき 第 $n-1$ 群の末項ははじめから数えて

$$1 + 2 + 3 + \cdots + (n-1) = \frac{1 + (n-1)}{2} \times (n-1)$$
$$= \frac{1}{2}n(n-1) \text{ 項目}$$

また，第 n 群の末項は，はじめから数えて

$$1 + 2 + 3 + \cdots + n = \frac{1+n}{2} \times n = \frac{1}{2}n(n+1) \text{ 項目}$$

であるから，800 が第 n 群に存在するとき

$$\frac{1}{2}n(n-1) < 800 \leq \frac{1}{2}n(n+1)$$

が成立する．これを満たすのは $n = 40$
このとき第 39 群の末項ははじめから数えて $\dfrac{1}{2} \cdot 40 \cdot 39 = 780$ 項目であるから，800 項は 40 群の $800 - 780 = 20$ 番目の項である．

よって，800 項は $\dfrac{2 \cdot 20 - 1}{40} = \boldsymbol{\dfrac{39}{40}}$

(2) 第 n 群は初項 $\dfrac{1}{n}$，末項 $\dfrac{2n-1}{n}$，項数 n の等差数列であるから，第 n 群の総和は

$$\dfrac{1}{n} + \dfrac{3}{n} + \dfrac{5}{n} + \cdots + \dfrac{2n-1}{n} = \dfrac{1}{n} \cdot \dfrac{1 + (2n-1)}{2} \times n = n$$

よって，初項から第 800 項までの和は

(第 1 群から第 39 群までの総和) + (第 40 群の初項から第 20 項までの総和)

$$\begin{aligned}
&= \sum_{k=1}^{39} k + \left(\dfrac{1}{40} + \dfrac{3}{40} + \dfrac{5}{40} + \cdots + \dfrac{39}{40} \right) \\
&= \dfrac{1}{2} \cdot 39 \cdot 40 + \dfrac{1}{40} \cdot \dfrac{1 + 39}{2} \times 20 \\
&= 780 + 10 = \boldsymbol{790}
\end{aligned}$$

問題 177

▶▶▶ 設問 P182

(1) 直線 $x = k$ $(k = 0, 1, 2, \cdots, n)$ 上には $(x, y) = (k, 0), (k, 1), \cdots, (k, (n-k)^2)$ の全部で

$$(n-k)^2 - 0 + 1 = (n-k)^2 + 1$$

個の格子点が存在する．よって，求める格子点の個数は

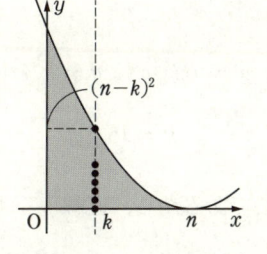

$$\sum_{k=0}^{n} \{(n-k)^2 + 1\} = \sum_{k=0}^{n} (n-k)^2 + \sum_{k=0}^{n} 1$$

となる．ここで，

$$\begin{aligned}
\sum_{k=0}^{n} (n-k)^2 &= n^2 + (n-1)^2 + (n-2)^2 + \cdots + 1^2 + 0^2 \\
&= 1^2 + 2^2 + \cdots + (n-1)^2 + n^2 = \sum_{k=1}^{n} k^2
\end{aligned}$$

となることに注意すると，求める個数は

$$\sum_{k=0}^{n} k^2 + (n+1) = \frac{1}{6}n(n+1)(2n+1) + (n+1)$$
$$= \frac{1}{6}(n+1)\{n(2n+1)+6\}$$
$$= \boldsymbol{\frac{1}{6}(n+1)(2n^2+n+6)}$$

(2) 直線 $x = k$ $(k = 0,\ 1,\ 2,\ \cdots,\ n)$ 上には $(x,\ y) = (k,\ 2^k),\ (k,\ 2^k+1),\ \cdots,\ (k,\ 3^k)$ の全部で
$$3^k - 2^k + 1$$
個の格子点が存在する．よって，求める格子点の個数は

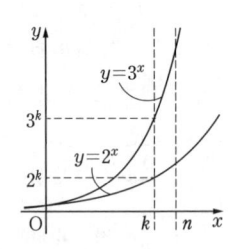

$$\sum_{k=0}^{n}(3^k - 2^k + 1) = \frac{3^0(1-3^{n+1})}{1-3} - \frac{2^0(1-2^{n+1})}{1-2} + (n+1)$$
$$= \boldsymbol{\frac{1}{2} \cdot 3^{n+1} - 2^{n+1} + n + \frac{3}{2}}$$

(3) $y = \log_2 x$ に $y = k$ を代入すると
$$k = \log_2 x \iff x = 2^k$$

であるから，直線 $y = k$ $(k = 1,\ 2,\ \cdots,\ n)$ 上には $(x,\ y) = (2^k,\ k),\ (2^k+1,\ k),\ \cdots,\ (2^{n+1}-1,\ k)$ の全部で
$$(2^{n+1} - 1) - 2^k + 1 = 2^{n+1} - 2^k$$
個の格子点が存在する．
よって，求める格子点の個数は
$$\sum_{k=1}^{n}(2^{n+1} - 2^k) = \sum_{k=1}^{n} 2^{n+1} - \sum_{k=1}^{n} 2^k$$
$$= n \cdot 2^{n+1} - \frac{2(1-2^n)}{1-2}$$
$$= n \cdot 2^{n+1} - (2^{n+1} - 2)$$
$$= \boldsymbol{(n-1) \cdot 2^{n+1} + 2}$$

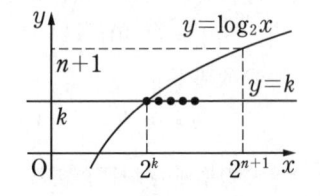

(4) 直線 $y = k$ $(k = 0, 1, \cdots, n)$ 上には $(x, y) = (0, k), (1, k), \cdots, (2n-2k, k)$ の全部で $2n - 2k + 1$ 個の格子点が存在する. よって, 求める総数は

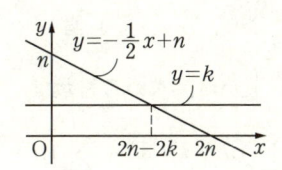

$$\sum_{k=0}^{n}(2n - 2k + 1)$$
$$= \underbrace{(2n+1) + (2n-1) + (2n-3) + \cdots\cdots + 1}_{\text{初項 } 2n+1, \text{ 末項 } 1, \text{ 項数 } n+1 \text{ の等差数列の和}}$$
$$= \frac{(2n+1)+1}{2} \times (n+1) = \boldsymbol{(n+1)^2}$$

別解 1

右図のような長方形で考える. $A(0, n)$, $B(2n, 0)$, $C(2n, n)$ とする. 対角線 AB 上には, 点 $(0, n)$, $(2, n-1), (4, n-2), \cdots, (2n, 0)$ の全部で $n+1$ 個の格子点が存在する.

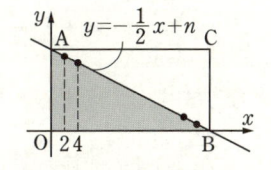

長方形の周および内部に存在する格子点の個数は $(2n+1) \cdot (n+1)$ 個 $\triangle$OAB の周および内部に存在する格子点の個数を S とすると,

$$S + S - (n+1) = (2n+1)(n+1)$$
$$\therefore S = \frac{1}{2}\{(2n+1)(n+1) + (n+1)\} = \boldsymbol{(n+1)^2}$$

別解 2

3 本の直線 $x + 2y = 2n$, $x = 0$, $y = 0$ で囲まれる三角形の周および内部を不等式で表すと, $y \leqq -\frac{1}{2}x + n$, $x \geqq 0$, $y \geqq 0$ である. 直線 $x = k$ 上にある格子点の個数は

(i) $k = 2i$ $(i = 0, 1, 2, \cdots, n)$ のとき

$$0 \leqq y \leqq -\frac{1}{2} \cdot 2i + n = n - i$$

より, $n - i + 1$ 個

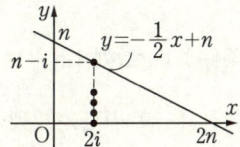

(ii) $k = 2i - 1$ $(i = 1, 2, 3, \cdots, n)$ のとき

$$0 \leqq y \leqq -\frac{1}{2}(2i-1) + n$$
$$= n - i + \frac{1}{2}$$

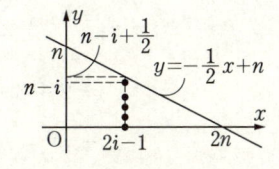

より，$n-i+1$ 個

以上から，求める総数は
$$\sum_{i=0}^{n}(n-i+1)+\sum_{i=1}^{n}(n-i+1)=(n+1)+2\sum_{i=1}^{n}(n-i+1)$$
$$=(n+1)+2\cdot\frac{n+1}{2}\cdot n=(n+1)^2$$

注意 最後の計算をするにあたっては，計算の工夫をすることが望ましいです。

$$\sum_{i=0}^{n}(n-i+1)=\underbrace{(n+1)}_{i=0\text{ のとき}}+\sum_{i=1}^{n}(n-i+1)$$

とすると，
$$\sum_{i=0}^{n}(n-i+1)+\sum_{i=1}^{n}(n-i+1)=(n+1)+2\sum_{i=1}^{n}(n-i+1)$$

となります。こうすると，シグマの計算が1回で済みます。さらに，
$$\sum_{i=1}^{n}(n-i+1)=\underbrace{n+(n-1)+(n-2)+\cdots\cdots+1}_{\text{初項 }n\text{, 末項 1, 項数 }n\text{ の等差数列の和}}=\frac{n+1}{2}\times n$$

と処理できるようになりましょう。記号に踊らされることなく，つねに頭の中で具体化する習慣をつけるとよいでしょう。

問題 178 ▶▶▶ 設問 P183

(1) 条件より，数列 $\{a_n\}$ は初項 4，公差 -2 の等差数列であるから
$$a_n=4+(n-1)\cdot(-2)=\boldsymbol{-2n+6}$$

(2) 条件より，数列 $\{a_n\}$ は初項 7，公比 3 の等比数列であるから $a_n=\boldsymbol{7\cdot 3^{n-1}}$

(3) 数列 $\{a_n\}$ の階差数列の第 n 項は $3n^2+n$ であるから，$n\geqq 2$ のとき
$$a_n=a_1+\sum_{k=1}^{n-1}(3k^2+k)$$
$$=2+3\cdot\frac{1}{6}(n-1)n(2n-1)+\frac{1}{2}(n-1)n$$
$$=n^3-n^2+2$$

これは，$n=1$ のとき，$a_1 = 1 - 1 + 2 = 2$ となり成立するから，
$$a_n = \boldsymbol{n^3 - n^2 + 2}$$

(4) 数列 $\{a_n\}$ の階差数列の第 n 項は 4^n であるから，$n \geq 2$ のとき
$$a_n = a_1 + \sum_{k=1}^{n-1} 4^k$$
$$= 1 + \frac{4(4^{n-1} - 1)}{4 - 1} = \frac{1}{3}(4^n - 1)$$

これは，$n=1$ のとき，$a_1 = \frac{1}{3}(4-1) = 1$ となり成立するから，
$$a_n = \boldsymbol{\frac{1}{3}(4^n - 1)}$$

問題 179 ▶▶▶ 設問 P184

$a_{n+1} = 2a_n - 3$ を変形すると，
$$a_{n+1} - 3 = 2(a_n - 3) \quad \cdots\cdots ①$$
このとき，$a_n - 3 = b_n$ $(n = 1, 2, 3, \cdots)$ とおくと，① より，
$$b_{n+1} = 2b_n$$
よって，数列 $\{b_n\}$ は初項 $b_1 = a_1 - 3 = -2$，公比 2 の等比数列となるから，
$$b_n = (-2) \cdot 2^{n-1} = -2^n$$
$$a_n - 3 = -2^n \quad \therefore \quad \boldsymbol{a_n = 3 - 2^n}$$

注意 $a_{n+1} - 3 = 2(a_n - 3) \cdots\cdots ①$ の後，$a_n - 3 = b_n$ とおいていますが，慣れてきたら $\{a_n - 3\}$ を公比 2 の等比数列とみて $a_n - 3 = (a_1 - 3) \cdot 2^{n-1}$ とできるとよいでしょう．

解説 $a_{n+1} = pa_n + q \cdots\cdots ①$ を解くにあたって，1次方程式 $\alpha = p\alpha + q$ がどのような理由で出てきたかを確認しておきます．
定数項 q がなければ $a_{n+1} = pa_n$ ですから，公比 p の等比数列となります．そこで，定数項 q を a_{n+1}, a_n に振り分けて
$$a_{n+1} - \alpha = p(a_n - \alpha) \quad \cdots\cdots ②$$

となる変形を目指します.
$$② \iff a_{n+1} = pa_n - p\alpha + \alpha$$
より, ①と比較して
$$q = -p\alpha + \alpha \quad \therefore \quad \alpha = p\alpha + q$$
すなわち, α は 1 次方程式 $\alpha = p\alpha + q$ の解として求めればよいとわかります.

問題 180 ▶▶▶ 設問 P184

(1) $a_{n+1} = 2a_n - n + 2$ に $a_n = b_n + n - 1$ を代入すると,
$$b_{n+1} + (n+1) - 1 = 2(b_n + n - 1) - n + 2 \quad \therefore \quad b_{n+1} = 2b_n$$
$\{b_n\}$ は初項 $b_1 = a_1 - 1 + 1 = 1$, 公比 2 の等比数列より $b_n = \mathbf{2^{n-1}}$

(2) $a_n = b_n + n - 1 = \mathbf{2^{n-1} + n - 1}$

解説 $a_{n+1} = 2a_n - n + 2$ ……① を解くにあたって, $b_n = a_n - n + 1$ がどのような理由で出てきたかを確認しておきます. ①において, $2a_n$ の後の $-n+2$ がなければ $a_{n+1} = 2a_n$ より公比 2 の等比数列となります. そこで, 定数項 $-n+2$ を a_{n+1}, a_n に振り分けて
$$a_{n+1} - f(n+1) = 2\{a_n - f(n)\} \quad \cdots\cdots ②$$
となる変形を目指します.
$$② \iff a_{n+1} = 2a_n - 2f(n) + f(n+1)$$
より, ①と比較して
$$-n + 2 = -2f(n) + f(n+1)$$
となるので, これを満たす $f(n)$ を見つければいいことになります. 両辺の次数を比較すると $f(n)$ は n の 1 次式 $\alpha n + \beta$ となるから,
$$\begin{aligned} -2f(n) + f(n+1) &= -2(\alpha n + \beta) + \alpha(n+1) + \beta \\ &= -\alpha n + \alpha - \beta \end{aligned}$$
で, これが $-n+2$ となるとき,
$$-\alpha = -1, \alpha - \beta = 2 \quad \therefore \quad \alpha = 1, \beta = -1$$
すなわち $f(n) = n - 1$ と見つかります.

問題 181　　　　　　　　　　　　　　　　　　　　▶▶▶ 設問 P185

両辺を 3^{n+1} で割ると,
$$\frac{a_{n+1}}{3^{n+1}} = \frac{2}{3} \cdot \frac{a_n}{3^n} + \frac{1}{3}$$

$\dfrac{a_n}{3^n} = b_n$ とすると,
$$b_{n+1} = \frac{2}{3}b_n + \frac{1}{3} \quad \left(b_1 = \frac{a_1}{3} = \frac{1}{3}\right)$$
$$b_{n+1} - 1 = \frac{2}{3}(b_n - 1)$$

$\{b_n - 1\}$ は公比 $\dfrac{2}{3}$ の等比数列であるから,
$$b_n - 1 = (b_1 - 1) \cdot \left(\frac{2}{3}\right)^{n-1} = -\left(\frac{2}{3}\right)^n$$
$$b_n = 1 - \left(\frac{2}{3}\right)^n$$
$$\therefore \quad a_n = 3^n b_n = \boldsymbol{3^n - 2^n}$$

別解 ●●●

両辺を 2^{n+1} で割ると, $\dfrac{a_{n+1}}{2^{n+1}} = \dfrac{a_n}{2^n} + \dfrac{1}{2} \cdot \left(\dfrac{3}{2}\right)^n$

$\dfrac{a_n}{2^n} = c_n$ とすると,
$$c_{n+1} = c_n + \frac{1}{2} \cdot \left(\frac{3}{2}\right)^n \quad \left(c_1 = \frac{a_1}{2} = \frac{1}{2}\right)$$

$n \geqq 2$ のとき
$$c_n = c_1 + \sum_{k=1}^{n-1} \frac{1}{2}\left(\frac{3}{2}\right)^k$$
$$= \frac{1}{2} + \frac{1}{2}\sum_{k=1}^{n-1}\left(\frac{3}{2}\right)^k$$
$$= \frac{1}{2}\left\{1 + \frac{3}{2} + \left(\frac{3}{2}\right)^2 + \cdots + \left(\frac{3}{2}\right)^{n-1}\right\}$$
$$= \frac{1}{2} \cdot \frac{1 \cdot \left\{1 - \left(\frac{3}{2}\right)^n\right\}}{1 - \frac{3}{2}} = \left(\frac{3}{2}\right)^n - 1$$

これは, $n = 1$ のとき, $c_1 = \dfrac{3}{2} - 1 = \dfrac{1}{2}$ となり成立するから,

$$c_n = \left(\frac{3}{2}\right)^n - 1$$
$$\therefore\ a_n = 2^n c_n = 2^n\left\{\left(\frac{3}{2}\right)^n - 1\right\} = \boldsymbol{3^n - 2^n}$$

解説 このタイプの漸化式は以下のような有名な誤答が有名です．

Ⓐ 特性方程式 ($a_n,\ a_{n+1}$をαとおく) を用意

$$\alpha = 2\alpha + 3^n$$

Ⓑ 与式とあわせて辺々引く

$$a_{n+1} = 2a_n + 3^n$$
$$-)\quad \alpha = 2\alpha + 3^n$$
$$\overline{a_{n+1} - \alpha = 2(a_n - \alpha)}$$

Ⓒ Ⓐ から α を求め，等比数列の一般項を導出

$a_{n+1} + 3^n = 2(a_n + 3^n)$ より $\{a_n + 3^n\}$ は公比 2 の等比数列であるから，
$$a_n + 3^n = 4 \cdot 2^{n-1} = 2^{n+1} \quad \therefore\ a_n = 2^{n+1} - 3^n \quad \cdots\cdots(*)$$

この答えが間違いであることはすぐにわかります．というのは，与式に $n=1$ を代入すると $a_2 = 2a_1 + 3 = 5$ となりますが，$(*)$ で $n=2$ を入れると $a_2 = 2^3 - 3^2 = -1$ となり，一致しないからです．では，どこで間違えたかということですが，間違っているのはⒸ の

$$\{a_n + 3^n\}\ \text{は公比}\ 2\ \text{の等比数列であるから}$$

というところです．$a_n + 3^n = b_n$ とおくと，$b_{n+1} = a_{n+1} + 3^{n+1}$ であるから，
$$a_{n+1} + 3^n = 2(a_n + 3^n)$$
の左辺は b_{n+1} ではないのです．単に等比数列のように見えるだけであって，実は等比数列ではありません．根本を理解しておかないととんでもないミスをするので注意しましょう．

別解❶ ··

$a_{n+1} = 2a_n + 3^n$ を
$a_{n+1} - f(n+1) = 2\{a_n - f(n)\} \iff a_{n+1} = 2a_n - 2f(n) + f(n+1)$

の形にしたいと考えます．与式と比較すると，
$$-2f(n) + f(n+1) = 3^n$$
を満たす $f(n)$ を求めることになります．$f(n)$ は 3^n と似ているはずなので，$f(n) = c \cdot 3^n$（c は定数）とすると
$$-2 \cdot c \cdot 3^n + c \cdot 3^{n+1} = 3^n$$
$$3^n(-2c + 3c) = 3^n$$
$$c \cdot 3^n = 3^n \quad \therefore \quad c = 1$$

つまり $f(n) = 3^n$ とすればよいことがわかります．すると，
$$a_{n+1} - 3^{n+1} = 2(a_n - 3^n)$$
より，$\{a_n - 3^n\}$ は公比 2 の等比数列となるから
$$a_n - 3^n = (a_1 - 3) \cdot 2^{n-1}$$
$$= (1 - 3) \cdot 2^{n-1} = -2^n$$

よって，$a_n = \boldsymbol{3^n - 2^n}$

別解❷

(ややテクニカルなので余裕のある方だけで十分です)
$$a_{n+1} = 2a_n + 3^n \qquad \cdots\cdots ①$$
① で 3^n が消えれば $a_{n+1} = 2a_n$ となるので，添字を 1 つずらした
$$a_{n+2} = 2a_{n+1} + 3^{n+1} \qquad \cdots\cdots ②$$
を用意して，② - ① × 3 をつくると
$$a_{n+2} - 3a_{n+1} = 2(a_{n+1} - 3a_n)$$
これは $\{a_{n+1} - 3a_n\}$ が公比 2 の等比数列であることを意味する．初項 $a_2 - 3a_1$ を求めるため，$a_1 = 1$ と ① から a_2 を求めると
$$a_2 = 2a_1 + 3^1 = 5$$
となるから，初項は $a_2 - 3a_1 = 5 - 3 = 2$
よって
$$a_{n+1} - 3a_n = 2 \cdot 2^{n-1} = 2^n \quad \therefore \quad a_{n+1} - 3a_n = 2^n$$
① を代入すると
$$2a_n + 3^n - 3a_n = 2^n \quad \therefore \quad a_n = \boldsymbol{3^n - 2^n}$$

問題 182　　　　　　　　　　　　　　　　　　　▶▶▶ 設問 P185

$a_{n+1} = 0$ と仮定すると，$a_{n+1} = \dfrac{a_n}{2a_n + 3}$ より $a_n = 0$ となる．これを繰り返すと，

$$a_{n+1} = a_n = a_{n-1} = \cdots = a_1 = 0$$

となるが，これは $a_1 = 1$ に反するから不適．よって，すべての自然数 n に対して $a_n \neq 0$ であるから，両辺の逆数をとって

$$\dfrac{1}{a_{n+1}} = \dfrac{2a_n + 3}{a_n} = 3 \cdot \dfrac{1}{a_n} + 2$$

$\dfrac{1}{a_n} = b_n$ とすると，

$$b_{n+1} = 3b_n + 2, \quad b_1 = \dfrac{1}{a_1} = 1$$

となる．変形して，

$$b_{n+1} + 1 = 3(b_n + 1)$$

$\{b_n + 1\}$ は公比 3 の等比数列であるから，

$$b_n + 1 = (b_1 + 1) \cdot 3^{n-1} = 2 \cdot 3^{n-1}$$
$$b_n = 2 \cdot 3^{n-1} - 1$$
$$\therefore \quad a_n = \dfrac{1}{b_n} = \dfrac{1}{2 \cdot 3^{n-1} - 1}$$

問題 183　　　　　　　　　　　　　　　　　　　▶▶▶ 設問 P185

(1) 与式を変形して，

$$\begin{cases} a_{n+2} - 3a_{n+1} = -1 \cdot (a_{n+1} - 3a_n) \\ a_{n+2} + a_{n+1} = 3 \, (a_{n+1} + a_n) \end{cases}$$

$\{a_{n+1} - 3a_n\}$ は公比 -1 の等比数列であるから，

$$a_{n+1} - 3a_n = (a_2 - 3a_1)(-1)^{n-1} = 3 \cdot (-1)^{n-1} \quad \cdots\cdots ①$$

$\{a_{n+1} + a_n\}$ は公比 3 の等比数列であるから，

$$a_{n+1} + a_n = (a_2 + a_1) \cdot 3^{n-1} = 7 \cdot 3^{n-1} \quad \cdots\cdots ②$$

① $-$ ② より

$$-4a_n = 3(-1)^{n-1} - 7 \cdot 3^{n-1} \quad \therefore \quad a_n = \dfrac{7 \cdot 3^{n-1} - 3(-1)^{n-1}}{4}$$

(2) 与式を変形して,
$$a_{n+2} - 2a_{n+1} = 2(a_{n+1} - 2a_n)$$
$\{a_{n+1} - 2a_n\}$ は公比 2 の等比数列であるから,
$$a_{n+1} - 2a_n = (a_2 - 2a_1) \cdot 2^{n-1} = 2^{n-1}$$
2^{n+1} で割って
$$\frac{a_{n+1}}{2^{n+1}} - \frac{a_n}{2^n} = \frac{2^{n-1}}{2^{n+1}} = \frac{1}{4}$$
$\frac{a_n}{2^n}$ は公差 $\frac{1}{4}$ の等差数列であるから,
$$\frac{a_n}{2^n} = \frac{a_1}{2} + (n-1) \cdot \frac{1}{4} = \frac{n-1}{4}$$
$$\therefore \quad a_n = \boldsymbol{2^{n-2}(n-1)}$$

解説 一般に $a_{n+2} = pa_{n+1} + qa_n$ を解く際には中央項である a_{n+1} をうまく分配して,
$$a_{n+2} = pa_{n+1} + qa_n \qquad \cdots\cdots ①$$
$$\iff a_{n+2} - \alpha a_{n+1} = \beta(a_{n+1} - \alpha a_n) \qquad \cdots\cdots ②$$

のように書くことができれば, $a_{n+1} - \alpha a_n = b_n$ とおくと, $b_{n+1} = \beta b_n$ となり公比 β の等比数列であるから一般項を求めることができます. そこで, 見やすくするために, ② を次のように書き直します.
$$\begin{cases} ① & \iff & a_{n+2} = pa_{n+1} + qa_n \\ ② & \iff & a_{n+2} = (\alpha + \beta)a_{n+1} - \alpha\beta a_n \end{cases}$$
両式において a_{n+1}, a_n の係数を比較して
$$\begin{cases} p = \alpha + \beta \\ q = -\alpha\beta \end{cases} \quad \therefore \quad \begin{cases} \alpha + \beta = p \\ \alpha\beta = -q \end{cases}$$
すなわち, α, β は
$$x^2 - px - q = 0 \quad \iff \quad x^2 = px + q$$
の解として求めることができます.

問題 184 ▶▶▶ 設問 P186

(1) 数列 $\{c_n\}$ が等比数列であるとは, r を定数として c_n が $c_{n+1} = rc_n$ と表せるということであるから, $c_n = a_n + kb_n$ のとき, これを上式に代入して

$$a_{n+1} + kb_{n+1} = r(a_n + kb_n) \quad \cdots\cdots ①$$

を得る．左辺に条件式を代入すると，
$$(2+k)a_n + (3+2k)b_n = r(a_n + kb_n) \quad \cdots\cdots ②$$

となるから，両辺の係数を比較して
$$r = 2+k, \; rk = 3+2k$$

連立して
$$k(2+k) = 3+2k$$
$$k^2 = 3 \quad \therefore \; \boldsymbol{k = \pm\sqrt{3}}$$

(2) (1) の結果から
$$\begin{cases} a_{n+1} + \sqrt{3}b_{n+1} = (2+\sqrt{3})(a_n + \sqrt{3}b_n) \\ a_{n+1} - \sqrt{3}b_{n+1} = (2-\sqrt{3})(a_n - \sqrt{3}b_n) \end{cases}$$

となる．数列 $\{a_n + \sqrt{3}b_n\}$, $\{a_n - \sqrt{3}b_n\}$ はそれぞれ公比 $2+\sqrt{3}$, $2-\sqrt{3}$ の等比数列であるから，$a_1 = 2$, $b_1 = 1$ を用いると
$$\begin{cases} a_n + \sqrt{3}b_n = (a_1 + \sqrt{3}b_1)(2+\sqrt{3})^{n-1} = (2+\sqrt{3})^n \\ a_n - \sqrt{3}b_n = (a_1 - \sqrt{3}b_1)(2-\sqrt{3})^{n-1} = (2-\sqrt{3})^n \end{cases}$$

これらを連立して，
$$\boldsymbol{a_n = \frac{(2+\sqrt{3})^n + (2-\sqrt{3})^n}{2}, \; b_n = \frac{(2+\sqrt{3})^n - (2-\sqrt{3})^n}{2\sqrt{3}}}$$

問題 185　　　　　　　　　　　　　　　　▶▶▶ 設問 P186

$$\begin{cases} a_{n+1} = \dfrac{5}{4}a_n - \dfrac{3}{4}b_n + 1 & \cdots\cdots ① \\ b_{n+1} = -\dfrac{3}{4}a_n + \dfrac{5}{4}b_n + 1 & \cdots\cdots ② \end{cases}$$

① + ② より
$$a_{n+1} + b_{n+1} = \frac{1}{2}(a_n + b_n) + 2$$

$a_n + b_n$ を c_n とすると，
$$c_{n+1} = \frac{1}{2}c_n + 2 \iff c_{n+1} - 4 = \frac{1}{2}(c_n - 4)$$

であるから，$c_1 = a_1 + b_1 = 1$ に注意すると，

$$c_n - 4 = (c_1 - 4)\left(\frac{1}{2}\right)^{n-1} = -3\left(\frac{1}{2}\right)^{n-1}$$

$$c_n = 4 - 3\left(\frac{1}{2}\right)^{n-1}$$

$$\therefore \quad a_n + b_n = 4 - 3\left(\frac{1}{2}\right)^{n-1} \quad \cdots\cdots ③$$

また，① - ② より，

$$a_{n+1} - b_{n+1} = 2(a_n - b_n)$$

$a_n - b_n$ を d_n とすると,

$$d_{n+1} = 2d_n$$

であるから，$d_1 = a_1 - b_1 = 1$ に注意すると,

$$d_n = a_n - b_n = 2^{n-1} \quad \cdots\cdots ④$$

③，④より

$$a_n = 2 + 2^{n-2} - 3\left(\frac{1}{2}\right)^n,\ b_n = 2 - 2^{n-2} - 3\left(\frac{1}{2}\right)^n$$

問題 186 ▶▶▶ 設問 P187

(1) $a_1 > 0$ と与漸化式から，すべての n に対して $a_n > 0$ であるから，両辺に 2 を底とする対数をとると

$$\log_2 a_{n+1}{}^3 = \log_2 2a_n{}^2$$
$$\log_2 a_{n+1}{}^3 = \log_2 2 + \log_2 a_n{}^2$$
$$3\log_2 a_{n+1} = 1 + 2\log_2 a_n$$
$$3b_{n+1} = 1 + 2b_n$$
$$\therefore \quad b_{n+1} = \frac{2}{3}b_n + \frac{1}{3}$$

(2) (1) の結果を変形すると，

$$b_{n+1} - 1 = \frac{2}{3}(b_n - 1)$$

$\{b_n - 1\}$ は公比 $\frac{2}{3}$ の等比数列であるから,

$$b_n - 1 = (b_1 - 1)\left(\frac{2}{3}\right)^{n-1}$$

これと $b_1 = \log_2 a_1 = \log_2 1 = 0$ より,

$$b_n = 1 - \left(\frac{2}{3}\right)^{n-1}$$

$b_n = \log_2 a_n$ より，$a_n = 2^{b_n} = 2^{1-\left(\frac{2}{3}\right)^{n-1}}$

問題 187
▶▶▶設問 P187

(1) 与式の両辺を $n(n+1)$ で割ると $\dfrac{a_{n+1}}{n+1} = 2\dfrac{a_n}{n}$ となる．

$\dfrac{a_n}{n} = x_n$ とすると，$x_{n+1} = 2x_n$ $\left(x_1 = \dfrac{a_1}{1} = 1\right)$

よって，$x_n = 1 \cdot 2^{n-1} = 2^{n-1}$ となるから，$a_n = nx_n = \boldsymbol{n \cdot 2^{n-1}}$

別解

与式を変形すると，$a_{n+1} = 2 \cdot \dfrac{n+1}{n} a_n$ である．漸化式を繰り返し用いると，

$$\begin{aligned}
a_n &= 2\frac{n}{n-1}a_{n-1} \\
&= 2 \cdot \frac{n}{n-1} \cdot 2 \cdot \frac{n-1}{n-2}a_{n-2} \\
&= 2 \cdot \frac{n}{n-1} \cdot 2 \cdot \frac{n-1}{n-2} \cdot \cdots \cdot 2 \cdot \frac{2}{1} \cdot 1 \\
&= 2^{n-1} \cdot \frac{n}{n-1} \cdot \frac{n-1}{n-2} \cdot \cdots \cdot \frac{3}{2} \cdot \frac{2}{1} \cdot 1 = \boldsymbol{2^{n-1} \cdot n}
\end{aligned}$$

(2) 両辺を $n(n+1)(n+2)$ で割ると $\dfrac{a_{n+1}}{(n+1)(n+2)} = \dfrac{a_n}{n(n+1)}$

これは数列 $\left\{\dfrac{a_n}{n(n+1)}\right\}$ が定数数列であることを表すから，

$$\frac{a_n}{n(n+1)} = \frac{a_1}{1 \cdot 2} = \frac{1}{2}$$

よって，$\boldsymbol{a_n = \dfrac{1}{2}n(n+1)}$

別解

与式を変形すると，$a_{n+1} = \dfrac{n+2}{n} a_n$ である．漸化式を繰り返し用いると，

$$a_n = \frac{n+1}{n-1}a_{n-1}$$
$$= \frac{n+1}{n-1} \cdot \frac{n}{n-2}a_{n-2}$$
$$= \frac{n+1}{n-1} \cdot \frac{n}{n-2} \cdot \frac{n-1}{n-3}a_{n-3}$$
$$= \frac{n+1}{n-1} \cdot \frac{n}{n-2} \cdot \frac{n-1}{n-3} \cdot \cdots \cdot \frac{5}{3} \cdot \frac{4}{2} \cdot \frac{3}{1} \cdot 1 = \frac{(n+1)n}{2 \cdot 1}$$
$$\therefore \quad a_n = \boldsymbol{\frac{1}{2}n(n+1)}$$

(3) 与式の両辺を $n(n+1)$ で割ると $\dfrac{a_{n+1}}{n+1} = \dfrac{a_n}{n} + \dfrac{1}{n(n+1)}$

$\dfrac{a_n}{n} = b_n$ とすると,

$$b_{n+1} = b_n + \frac{1}{n(n+1)} \quad \left(b_1 = \frac{a_1}{1} = 1\right)$$

となるから, $n \geqq 2$ のとき

$$b_n = b_1 + \sum_{k=1}^{n-1} \frac{1}{k(k+1)}$$
$$= 1 + \sum_{k=1}^{n-1} \left(\frac{1}{k} - \frac{1}{k+1}\right)$$
$$= 1 + \left(1 - \frac{1}{n}\right) = 2 - \frac{1}{n}$$

これは $n=1$ でも成立するから, $b_n = 2 - \dfrac{1}{n}$

よって, $a_n = nb_n = n\left(2 - \dfrac{1}{n}\right) = \boldsymbol{2n - 1}$

問題 188　　　　　　　　　　　　　　▶▶▶ 設問 P189

(1) 4段の階段の上り方を列挙すると

$1+1+1+1,\ 1+1+2,\ 1+2+1,\ 1+3,\ 2+1+1,\ 2+2,\ 3+1$

より $a_4 = \boldsymbol{7}$

5段の階段の上り方を列挙すると

$1+1+1+1+1,\ 1+1+1+2,\ 1+1+2+1,$
$1+1+3,\ 1+2+1+1,\ 1+2+2,\ 1+3+1,$
$2+1+1+1,\ 2+1+2,\ 2+2+1,\ 2+3,$
$3+1+1,\ 3+2$

より $a_5 = \mathbf{13}$

(2) $(n+3)$ 段の階段の上り方は，次のいずれかである．

　(i) 最初の一歩で 1 段上って，残り $(n+2)$ 段を上る．

　(ii) 最初の一歩で 2 段上って，残り $(n+1)$ 段を上る．

　(iii) 最初の一歩で 3 段上って，残り n 段を上る．

上り方の総数は，それぞれ $a_{n+2},\ a_{n+1},\ a_n$ であり，これらは排反であるから，$\boldsymbol{a_{n+3} = a_{n+2} + a_{n+1} + a_n}$

別解 ･･･

　最後の手段に着目すると，次のいずれかになる．

　(i) まず $(n+2)$ 段上って，最後に 1 段を上る．

　(ii) まず $(n+1)$ 段上って，最後に 2 段を上る．

　(iii) まず n 段上って，最後に 3 段を上る．

上り方の総数は，それぞれ $a_{n+2},\ a_{n+1},\ a_n$ であり，これらは排反であるから，$\boldsymbol{a_{n+3} = a_{n+2} + a_{n+1} + a_n}$

(3) (2) の関係式を用いて
$$a_6 = a_3 + a_4 + a_5 = 4 + 7 + 13 = 24$$
$$a_7 = a_4 + a_5 + a_6 = 7 + 13 + 24 = 44$$
$$a_8 = a_5 + a_6 + a_7 = 13 + 24 + 44 = \mathbf{81}$$

問題 189　　　　　　　　　　　　　　　　　▶▶▶ 設問 P189

(1) n 本の直線が引いてあるところに，条件を満たすように $n+1$ 本目の直線を引くと，交点の個数は新たに n 個増えることになるから，$\boldsymbol{a_{n+1} = a_n + n}$

(2) 明らかに $a_1 = 0$ であるから，$n \geqq 2$ のとき，

$$a_n = a_1 + \sum_{k=1}^{n-1} k$$
$$= 0 + \frac{(n-1)n}{2} = \frac{(n-1)n}{2}$$

これは $n=1$ のとき 0 よりたしかに成立する．以上から，$a_n = \dfrac{(n-1)n}{2}$

別解 ••

　この問題は漸化式を利用しなくても組合せの考え方を利用すれば解くことができます．

　どの2本の直線も平行でなく，どの3本も1点で交わることはないから，2本の直線に対して交点が1個必ず存在し，その2本の直線の選び方を変えれば交点も異なることになる．よって，求める交点の個数は n 本の直線から2本の直線を選び出す組合せの総数だけあることになるから，${}_n\mathrm{C}_2 = \dfrac{1}{2}n(n-1)$

問題 190　　　　　　　　　　　　　　　　　　　　▶▶▶ 設問 P190

(1) p_1 は1回の試行で赤球が1個取り出される確率だから，$p_1 = \dfrac{3}{9} = \dfrac{1}{3}$

(2) $n+1$ 回目に赤球が奇数個であるのは，以下の二つの場合がある．

　(ⅰ) n 回繰り返したときに記録された赤球の個数が奇数個で，$n+1$ 回目に白球を取り出す．

　(ⅱ) n 回繰り返したときに記録された赤球の個数が偶数個で，$n+1$ 回目に赤球を取り出す．

よって，

$$p_{n+1} = p_n \times \frac{2}{3} + (1-p_n) \times \frac{1}{3}$$
$$\therefore \quad \boldsymbol{p_{n+1} = \frac{1}{3}p_n + \frac{1}{3}}$$

(3) (2)で得られた漸化式を変形すると,
$$p_{n+1} = \frac{1}{3}p_n + \frac{1}{3}$$
$$p_{n+1} - \frac{1}{2} = \frac{1}{3}\left(p_n - \frac{1}{2}\right)$$

となるから，数列 $\left\{p_n - \frac{1}{2}\right\}$ は初項 $p_1 - \frac{1}{2} = \frac{1}{3} - \frac{1}{2} = -\frac{1}{6}$, 公比 $\frac{1}{3}$ の等比数列である．よって,
$$p_n - \frac{1}{2} = -\frac{1}{6}\left(\frac{1}{3}\right)^{n-1}$$
$$\therefore \quad \boldsymbol{p_n = \frac{1}{2} - \frac{1}{2}\left(\frac{1}{3}\right)^n}$$

問題 191
▶▶▶ 設問 P191

X_{n+1} が O に一致するのは，X_n が O 以外にあり，隣接する点の中から，O を選ぶ場合だから

$X_n=O$ （確率 p_n） $\xrightarrow{0}$ $X_{n+1}=O$ （確率 p_{n+1}）
$X_n \neq O$ （確率 $1-p_n$） $\xrightarrow{\frac{1}{3}}$

$$p_{n+1} = \frac{1}{3}(1-p_n) = -\frac{1}{3}p_n + \frac{1}{3} \quad \cdots\cdots ①$$

①を変形して
$$p_{n+1} - \frac{1}{4} = -\frac{1}{3}\left(p_n - \frac{1}{4}\right)$$

これより数列 $\left\{p_n - \frac{1}{4}\right\}$ は公比 $-\frac{1}{3}$ の等比数列であるから
$$p_n - \frac{1}{4} = \left(p_1 - \frac{1}{4}\right) \cdot \left(-\frac{1}{3}\right)^{n-1}$$

$p_1 = 0$ を代入して,
$$p_n = \frac{1}{4} - \frac{1}{4}\left(-\frac{1}{3}\right)^{n-1}$$
$$= \boldsymbol{\frac{1}{4}\left\{1 - \left(-\frac{1}{3}\right)^{n-1}\right\}}$$

問題 192　　　　　　　　　　　　　　　　　▶▶▶設問 P193

(1) (i) $n=1$ のとき　$5^1-1=4$ より成立する.

(ii) $n=k$ のとき　5^k-1 が 4 の倍数であると仮定すると,
$5^k-1=4m$ (m は整数) とおける.
$n=k+1$ のときを考えると
$$\begin{aligned}5^{k+1}-1&=5\cdot 5^k-1\\&=5(4m+1)-1\\&=20m+4\\&=4(5m+1)\end{aligned}$$

は 4 の倍数より, $n=k+1$ のときも成立する.
以上 (i), (ii) よりすべての自然数 n に対して, 5^n-1 は 4 の倍数であることが示された.

別解

(i) $n=1$ のとき　$5^1-1=4$ より成立する.

(ii) $n=k$ のとき　5^k-1 が 4 の倍数であると仮定すると,
$5^k-1=4m$ (m は整数) とおける. このとき
$$\begin{aligned}5(5^k-1)&=20m\\5^{k+1}-5&=20m\\5^{k+1}-1&=20m+4\\5^{k+1}-1&=4(5m+1)\end{aligned}$$

が成立する. これは, $n=k+1$ のときに成立することを意味する.
以上 (i), (ii) よりすべての自然数 n に対して, 5^n-1 は 4 の倍数である.

解説　最初の解答では, 目標である $n=k+1$ のときの式を持ち出し, そこに $n=k$ のときの仮定を組み込んでいます. 別解では $n=k$ のときの式を加工して, $n=k+1$ のときの式を作り出しています. 当然どちらも正解です. 流れや, 文章の表現などは人によって千差万別ですから, 自らの言葉で書いてみることが重要です.

(2) (i) $n=2$ のとき $2^6 - 7\cdot 2 - 1 = 49$ より成立.

(ii) $n=k$ (k は 2 以上の自然数) のとき, $2^{3k} - 7k - 1$ が 49 で割り切れると仮定すると
$$2^{3k} - 7k - 1 = 49m \quad (m\text{ は自然数})$$
とおける. $n=k+1$ のときを考えると
$$\begin{aligned}
2^{3(k+1)} - 7(k+1) - 1 &= 2^{3k+3} - 7k - 8 \\
&= 2^3 \cdot 2^{3k} - 7k - 8 \\
&= 8(49m + 7k + 1) - 7k - 8 \\
&= 8\cdot 49m + 56k + 8 - 7k - 8 \\
&= 8\cdot 49m + 49k \\
&= 49(8m + k)
\end{aligned}$$

は 49 の倍数より, $n=k+1$ のときも成立する.

以上 (i), (ii) より題意は示された.

別解

(i) $n=2$ のとき $2^6 - 7\cdot 2 - 1 = 49$ より成立.

(ii) $n=k$ (k は 2 以上の自然数) のとき, $2^{3k} - 7k - 1$ が 49 で割り切れると仮定すると,
$2^{3k} - 7k - 1 = 49m$ (m は自然数) とおける. 両辺に $2^3 = 8$ をかけて
$$\begin{aligned}
2^3 \cdot 2^{3k} - 7k\cdot 8 - 8 &= 49m \cdot 8 \\
2^{3(k+1)} - 56k - 8 &= 8\cdot 49m \\
2^{3(k+1)} - \{7(k+1) + 1\} - 49k &= 8\cdot 49m \\
2^{3(k+1)} - 7(k+1) - 1 &= 49(8m + k)
\end{aligned}$$

これは $n=k+1$ のとき, 49 の倍数となることを意味する.

以上 (i), (ii) より題意は示された.

問題 193　　　　　　　　　　　　　　　　　▶▶▶ 設問 P193

(i) $n=1$ のとき

左辺 $= 1 + 1 = 2$, 右辺 $= 2^1 \cdot 1 = 2$ より成立する.

(ii) $n=k$ のとき
$$(k+1)(k+2)(k+3)\cdot \cdots \cdot (2k) = 2^k \cdot 1 \cdot 3 \cdot 5 \cdot \cdots \cdot (2k-1)$$
つまり
$$(k+2)(k+3)\cdot \cdots \cdot (2k) = \frac{2^k \cdot 1 \cdot 3 \cdot 5 \cdot \cdots \cdot (2k-1)}{k+1}$$
が成立すると仮定する．ここで，$n=k+1$ のときを考えると，
$$(k+2)(k+3)\cdot \cdots \cdot (2k)(2k+1)(2k+2)$$
$$= \frac{2^k \cdot 1 \cdot 3 \cdot 5 \cdot \cdots \cdot (2k-1)}{k+1} \cdot (2k+1)(2k+2)$$
$$= 2^k \cdot 1 \cdot 3 \cdot 5 \cdot \cdots \cdot (2k-1)(2k+1) \cdot 2$$
$$= 2^{k+1} \cdot 1 \cdot 3 \cdot 5 \cdot \cdots \cdot (2k-1)(2k+1)$$

となる．これは $n=k+1$ のときに成立することを意味する．

以上 (i), (ii) より題意は示された．

問題 194　　▶▶▶ 設問 P194

(i) $n=1$ のとき
$$(左辺) = 1, \ (右辺) = \frac{2}{1+1} = 1 \text{ より (※) は成立する．}$$

(ii) $n=k$ のとき，(※) が成立すると仮定すると
$$1 + \frac{1}{2} + \frac{1}{3} + \cdots + \frac{1}{k} \geq \frac{2k}{k+1} \quad \cdots\cdots ①$$

このとき，
$$\left(1 + \frac{1}{2} + \frac{1}{3} + \cdots + \frac{1}{k} + \frac{1}{k+1}\right) - \frac{2(k+1)}{k+2}$$
$$\geq \frac{2k}{k+1} + \frac{1}{k+1} - \frac{2(k+1)}{k+2} \quad (\because \ ①)$$
$$= \frac{2k(k+2) + (k+2) - 2(k+1)^2}{(k+1)(k+2)}$$
$$= \frac{k}{(k+1)(k+2)} > 0 \quad (\because \ k \geq 1)$$

より，$1 + \dfrac{1}{2} + \dfrac{1}{3} + \cdots + \dfrac{1}{k} + \dfrac{1}{k+1} \geq \dfrac{2(k+1)}{k+2}$ が成立する．
これは $n=k+1$ のとき (※) が成立することを意味する．
以上 (i), (ii) よりすべての自然数 n について (※) が成立することが示された．

問題 195

(1) $a_2 = \dfrac{3 \cdot 1 + 2}{1 + 2} \cdot \dfrac{1}{4 - a_1} = \dfrac{5}{3} \cdot \dfrac{1}{4 - \dfrac{1}{4}} = \dfrac{5}{3} \cdot \dfrac{4}{15} = \boldsymbol{\dfrac{4}{9}}$

$a_3 = \dfrac{3 \cdot 2 + 2}{2 + 2} \cdot \dfrac{1}{4 - a_2} = \dfrac{8}{4} \cdot \dfrac{1}{4 - \dfrac{4}{9}} = 2 \cdot \dfrac{9}{32} = \boldsymbol{\dfrac{9}{16}}$

$a_4 = \dfrac{3 \cdot 3 + 2}{3 + 2} \cdot \dfrac{1}{4 - a_3} = \dfrac{11}{5} \cdot \dfrac{1}{4 - \dfrac{9}{16}} = \dfrac{11}{5} \cdot \dfrac{16}{55} = \boldsymbol{\dfrac{16}{25}}$

(2) (1) から $a_n = \left(\dfrac{n}{n+1}\right)^2$ ……① と推定されるので，これを数学的帰納法を用いて示す．

 (ⅰ) $n = 1$ のとき，$\left(\dfrac{1}{1+1}\right)^2 = \dfrac{1}{4}$ であるから，① は成立する．

 (ⅱ) $n = k$ のとき，① が成立する，すなわち $a_k = \left(\dfrac{k}{k+1}\right)^2$ と仮定する．このとき，与えられた漸化式により

$$a_{k+1} = \dfrac{3k+2}{k+2} \cdot \dfrac{1}{4 - a_k} = \dfrac{3k+2}{k+2} \cdot \dfrac{1}{4 - \left(\dfrac{k}{k+1}\right)^2}$$

$$= \dfrac{3k+2}{k+2} \cdot \dfrac{(k+1)^2}{4(k+1)^2 - k^2}$$

$$= \dfrac{3k+2}{k+2} \cdot \dfrac{(k+1)^2}{\{2(k+1)+k\}\{2(k+1)-k\}}$$

$$= \dfrac{3k+2}{k+2} \cdot \dfrac{(k+1)^2}{(3k+2)(k+2)} = \left\{\dfrac{k+1}{(k+1)+1}\right\}^2$$

となる．これは，$n = k+1$ のときにも ① が成立することを意味する．

以上 (ⅰ)，(ⅱ) より，すべての自然数 n に対して $a_n = \left(\dfrac{n}{n+1}\right)^2$ が成立することが示された．

問題 196   ▶▶▶ 設問 P195

与えられた命題を Ⓐ とする.

(i) $n=1$ のとき $x+y$ は偶数である.

$n=2$ のとき $x^2+y^2=(x+y)^2-2xy$ で $x+y$, xy は偶数であるから x^2+y^2 も偶数である.

よって, $n=1, 2$ のとき Ⓐ は成立する.

(ii) $n=k, k+1$ のとき, Ⓐ が成立すると仮定する.

このとき, $(x+y)(x^{k+1}+y^{k+1})$, $xy(x^k+y^k)$ はともに偶数である. すると,
$$x^{k+2}+y^{k+2}=(x+y)(x^{k+1}+y^{k+1})-xy(x^k+y^k)$$
は偶数であるから, $n=k+2$ のときも Ⓐ は成立する.

以上 (i), (ii) から, すべての自然数 n に対して Ⓐ が成立することが示された.

問題 197   ▶▶▶ 設問 P195

(1) $a_2 = 3a_1 = \mathbf{3}$

$a_3 = \dfrac{3}{2}(a_1+a_2) = \dfrac{3}{2}(1+3) = \mathbf{6}$

$a_4 = \dfrac{3}{3}(a_1+a_2+a_3) = 1+3+6 = \mathbf{10}$

$a_5 = \dfrac{3}{4}(a_1+\cdots\cdots+a_4) = \dfrac{3}{4}(1+3+6+10) = \mathbf{15}$

$a_6 = \dfrac{3}{5}(a_1+\cdots\cdots+a_5) = \dfrac{3}{5}(1+3+6+10+15) = \mathbf{21}$

$\{a_n\}$ の階差数列を $\{b_n\}$ とおくと $b_n = a_{n+1} - a_n$

$a_1=1, a_2=3, a_3=6, a_4=10, a_5=15, a_6=21$ であるから

$b_1=2, b_2=3, b_3=4, b_4=5, b_5=6$

ゆえに, $b_n = n+1$ と推定される.

$n \geqq 2$ のとき

$$a_n = a_1 + \sum_{k=1}^{n-1} b_k$$
$$= 1 + \sum_{k=1}^{n-1}(k+1) = 1 + \frac{n(n-1)}{2} + (n-1)$$
$$= \frac{n(n+1)}{2}$$

これは $n=1$ のときも成立する．よって，$a_n = \dfrac{n(n+1)}{2}$ と推定される．

(2) $a_n = \dfrac{n(n+1)}{2}$ ……① とおく．

(i) $n=1$ のとき $a_1 = 1$ であるから，① は成立する．

(ii) $n=1,\ 2,\ 3,\ \cdots\cdots,\ k$ のとき，① が成り立つと仮定する．このとき
$$a_{k+1} = \frac{3}{k}(a_1 + a_2 + \cdots + a_k) = \frac{3}{k}\sum_{m=1}^{k}\frac{m(m+1)}{2}$$
$$= \frac{3}{k}\cdot\frac{1}{2}\left\{\frac{k(k+1)(2k+1)}{6} + \frac{k(k+1)}{2}\right\}$$
$$= \frac{(k+1)(k+2)}{2}$$

であるから，$n=k+1$ のときも ①は成立する．

以上 (i), (ii) から，すべての自然数 n に対して $a_n = \dfrac{n(n+1)}{2}$ が成立することが示された．

問題 198 ▶▶▶ 設問 P202

(1) 正六角形の中心を O とすると，
$$\overrightarrow{AM} = \overrightarrow{AD} + \overrightarrow{DM} = 2\overrightarrow{AO} + (-\overrightarrow{MD})$$
$$= 2(\overrightarrow{AB} + \overrightarrow{AF}) + \left(-\frac{1}{2}\overrightarrow{AB}\right)$$
$$= \frac{3}{2}\overrightarrow{AB} + 2\overrightarrow{AF}$$

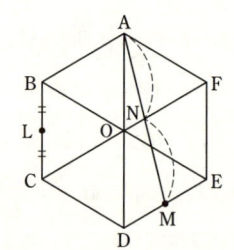

(2) $\overrightarrow{NL} = \overrightarrow{AL} - \overrightarrow{AN}$

$= \left(\overrightarrow{AB} + \dfrac{1}{2}\overrightarrow{AO}\right) - \dfrac{1}{2}\overrightarrow{AM}$

$= \overrightarrow{AB} + \dfrac{1}{2}(\overrightarrow{AB} + \overrightarrow{AF}) - \dfrac{1}{2}\left(\dfrac{3}{2}\overrightarrow{AB} + 2\overrightarrow{AF}\right)$

$= \dfrac{3}{4}\overrightarrow{AB} - \dfrac{1}{2}\overrightarrow{AF}$

問題 199　　　　　　　　　　　　　　▶▶▶ 設問 P202

$\overrightarrow{AP} = \dfrac{2\overrightarrow{AB} + \overrightarrow{AC}}{1 + 2} = \dfrac{2}{3}\overrightarrow{AB} + \dfrac{1}{3}\overrightarrow{AC}$

$\overrightarrow{AQ} = \dfrac{3}{4}\overrightarrow{AC}$

$\overrightarrow{AR} = \dfrac{6}{5}\overrightarrow{AB}$

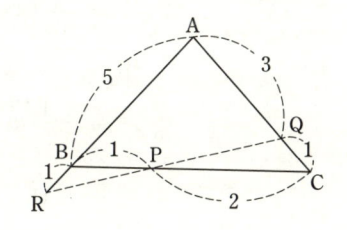

となるから

$\overrightarrow{QP} = \overrightarrow{AP} - \overrightarrow{AQ}$

$= \dfrac{2}{3}\overrightarrow{AB} + \dfrac{1}{3}\overrightarrow{AC} - \dfrac{3}{4}\overrightarrow{AC}$

$= \dfrac{8\overrightarrow{AB} - 5\overrightarrow{AC}}{12}$ ……①

$\overrightarrow{QR} = \overrightarrow{AR} - \overrightarrow{AQ}$

$= \dfrac{6}{5}\overrightarrow{AB} - \dfrac{3}{4}\overrightarrow{AC}$

$= \dfrac{24\overrightarrow{AB} - 15\overrightarrow{AC}}{20}$ ……②

①, ② より

$\overrightarrow{QR} = \dfrac{9}{5}\overrightarrow{QP}$

となるので, 3点 P, Q, R は一直線上に存在する.

別解 ●●●

始点を O にとると, 次のような解答になります.

A, B, C, P, Q, R の位置ベクトルを $\vec{a}$, $\vec{b}$, $\vec{c}$, $\vec{p}$, $\vec{q}$, $\vec{r}$ とすると

$$\vec{p} = \frac{2\vec{b} + \vec{c}}{1+2} = \frac{2}{3}\vec{b} + \frac{1}{3}\vec{c}$$

$$\vec{q} = \frac{\vec{a} + 3\vec{c}}{3+1} = \frac{1}{4}\vec{a} + \frac{3}{4}\vec{c}$$

$$\vec{r} = \frac{-\vec{a} + 6\vec{b}}{6-1} = -\frac{1}{5}\vec{a} + \frac{6}{5}\vec{b}$$

よって

$$\overrightarrow{PQ} = \vec{q} - \vec{p}$$
$$= \frac{1}{4}\vec{a} + \frac{3}{4}\vec{c} - \left(\frac{2}{3}\vec{b} + \frac{1}{3}\vec{c}\right)$$
$$= \frac{1}{12}(3\vec{a} - 8\vec{b} + 5\vec{c})$$

$$\overrightarrow{PR} = \vec{r} - \vec{p}$$
$$= -\frac{1}{5}\vec{a} + \frac{6}{5}\vec{b} - \left(\frac{2}{3}\vec{b} + \frac{1}{3}\vec{c}\right)$$
$$= -\frac{1}{15}(3\vec{a} - 8\vec{b} + 5\vec{c})$$

となるから $\overrightarrow{PQ} = -\frac{5}{4}\overrightarrow{PR}$

ゆえに 3 点 P, Q, R は一直線上に存在する.

参考

2 つの解答を見比べると本問の場合は始点を A にした方が楽なことがわかります. 始点が A ならば $\overrightarrow{AB}$, $\overrightarrow{AC}$ という 2 つのベクトルを設定するだけでよいのですが, 始点を O とすると, 3 つのベクトルが必要となるからです. いずれにしても, 示すべき目標がわかれば単なる数的処理で済むところがベクトルの利点です.

問題 200 ▶▶▶ 設問 P202

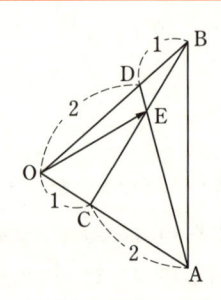

点 E は直線 AD 上にあるから, 実数 t を用いて

$$\overrightarrow{OE} = (1-t)\overrightarrow{OA} + t\overrightarrow{OD}$$
$$= (1-t)\vec{a} + t \cdot \frac{2}{3}\vec{b} \qquad \cdots\cdots ①$$

と表せる. また, 点 E は直線 CB 上にあるから, 実数 s を用いて

$$\overrightarrow{OE} = (1-s)\overrightarrow{OC} + s\overrightarrow{OB}$$
$$= (1-s)\cdot\frac{1}{3}\vec{a} + s\vec{b} \qquad \cdots\cdots ②$$

と表せる。
$\vec{a}, \vec{b}$ は1次独立より，①，②の係数を比較して

$$\begin{cases} 1-t = \dfrac{1}{3}(1-s) \\ \dfrac{2}{3}t = s \end{cases}$$

これらを解いて，$s = \dfrac{4}{7}$, $t = \dfrac{6}{7}$ となる。以上から，$\overrightarrow{OE} = \dfrac{1}{7}\vec{a} + \dfrac{4}{7}\vec{b}$

別解 ・・

メネラウスの定理より，

$$\frac{AC}{CO} \times \frac{OB}{BD} \times \frac{DE}{EA} = 1$$
$$\frac{2}{1} \times \frac{3}{1} \times \frac{DE}{EA} = 1 \qquad \therefore \quad DE:EA = 1:6$$

よって，

$$\overrightarrow{OE} = \overrightarrow{OA} + \overrightarrow{AE}$$
$$= \overrightarrow{OA} + \frac{6}{7}\overrightarrow{AD}$$
$$= \overrightarrow{OA} + \frac{6}{7}\left(\overrightarrow{OD} - \overrightarrow{OA}\right)$$
$$= \frac{1}{7}\overrightarrow{OA} + \frac{6}{7}\overrightarrow{OD}$$
$$= \frac{1}{7}\vec{a} + \frac{6}{7}\cdot\frac{2}{3}\vec{b} = \frac{1}{7}\vec{a} + \frac{4}{7}\vec{b}$$

問題 201 ▶▶▶ 設問 P203

∠A の二等分線と BC との交点を D, ∠B の二等分線と AC との交点を E とする。このとき，角の二等分線定理から，

$$BD:DC = AB:AC = 8:5$$
$$AE:CE = BA:BC = 8:7$$

である。△ABC に分点公式を用いて，

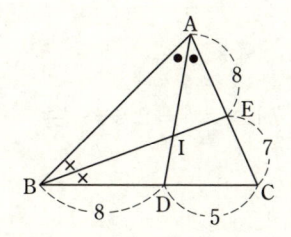

$$\overrightarrow{\mathrm{AD}} = \frac{5\overrightarrow{\mathrm{AB}} + 8\overrightarrow{\mathrm{AC}}}{8+5} \qquad \cdots\cdots ①$$

メネラウスの定理から

$$\frac{\mathrm{AE}}{\mathrm{EC}} \times \frac{\mathrm{CB}}{\mathrm{BD}} \times \frac{\mathrm{DI}}{\mathrm{IA}} = 1$$

$$\frac{8}{7} \times \frac{13}{8} \times \frac{\mathrm{DI}}{\mathrm{IA}} = 1 \qquad \therefore \quad \mathrm{DI:IA} = 7:13$$

となるから，$\overrightarrow{\mathrm{AI}} = \frac{13}{20}\overrightarrow{\mathrm{AD}}$ を得る．①を代入して，$\overrightarrow{\mathrm{AI}} = \dfrac{1}{4}\overrightarrow{\mathbf{AB}} + \dfrac{2}{5}\overrightarrow{\mathbf{AC}}$

別解 ・・

t を実数とすると

$$\overrightarrow{\mathrm{AI}} = t\left(\frac{\overrightarrow{\mathrm{AB}}}{|\overrightarrow{\mathrm{AB}}|} + \frac{\overrightarrow{\mathrm{AC}}}{|\overrightarrow{\mathrm{AC}}|}\right)$$

$$= t\left(\frac{\overrightarrow{\mathrm{AB}}}{8} + \frac{\overrightarrow{\mathrm{AC}}}{5}\right) \quad \cdots\cdots ①$$

とおける．同様に s を実数とすると

$$\overrightarrow{\mathrm{BI}} = s\left(\frac{\overrightarrow{\mathrm{BA}}}{|\overrightarrow{\mathrm{BA}}|} + \frac{\overrightarrow{\mathrm{BC}}}{|\overrightarrow{\mathrm{BC}}|}\right) = s\left(\frac{\overrightarrow{\mathrm{BA}}}{8} + \frac{\overrightarrow{\mathrm{BC}}}{7}\right)$$

$$= s\left\{-\frac{1}{8}\overrightarrow{\mathrm{AB}} + \frac{1}{7}(\overrightarrow{\mathrm{AC}} - \overrightarrow{\mathrm{AB}})\right\}$$

$$= s\left(-\frac{15}{56}\overrightarrow{\mathrm{AB}} + \frac{1}{7}\overrightarrow{\mathrm{AC}}\right)$$

$$\therefore \quad \overrightarrow{\mathrm{AI}} = \overrightarrow{\mathrm{AB}} + \overrightarrow{\mathrm{BI}}$$

$$= \left(1 - \frac{15s}{56}\right)\overrightarrow{\mathrm{AB}} + \frac{s}{7}\overrightarrow{\mathrm{AC}} \quad \cdots\cdots ②$$

$\overrightarrow{\mathrm{AB}}, \overrightarrow{\mathrm{AC}}$ は 1 次独立より ①，② の係数を比較して

$$\begin{cases} \dfrac{t}{8} = 1 - \dfrac{15}{56}s \\ \dfrac{t}{5} = \dfrac{s}{7} \end{cases}$$

連立して，$t = 2, s = \dfrac{14}{5}$ $\qquad \therefore \quad \overrightarrow{\mathrm{AI}} = \dfrac{1}{4}\overrightarrow{\mathbf{AB}} + \dfrac{2}{5}\overrightarrow{\mathbf{AC}}$

問題 202

▶▶▶ 設問 P203

(1) 始点を A に揃えると，
$$7\overrightarrow{PA} + 2\overrightarrow{PB} + 3\overrightarrow{PC} = \vec{0}$$
$$\iff -7\overrightarrow{AP} + 2(\overrightarrow{AB} - \overrightarrow{AP}) + 3(\overrightarrow{AC} - \overrightarrow{AP}) = \vec{0}$$
$$\iff 12\overrightarrow{AP} = 2\overrightarrow{AB} + 3\overrightarrow{AC}$$
$$\iff \overrightarrow{AP} = \frac{2\overrightarrow{AB} + 3\overrightarrow{AC}}{12}$$

(2) (1) の結果から，$\overrightarrow{AP} = \frac{5}{12} \cdot \frac{2\overrightarrow{AB} + 3\overrightarrow{AC}}{3+2}$ となる．BC を $3:2$ に内分する点を D とすると，$\overrightarrow{AP} = \frac{5}{12}\overrightarrow{AD}$ となるから，P は図1を満たす．$\triangle$ABC の面積を S とすると，

$$S_1 = \frac{5}{12} \times (\triangle\text{ABD の面積})$$
$$= \frac{5}{12} \times \frac{3}{5}S = \frac{1}{4}S$$
$$S_2 = \frac{7}{12} \times S = \frac{7}{12}S$$
$$S_3 = \frac{5}{12} \times (\triangle\text{ADC の面積})$$
$$= \frac{5}{12} \times \frac{2}{5}S = \frac{1}{6}S$$

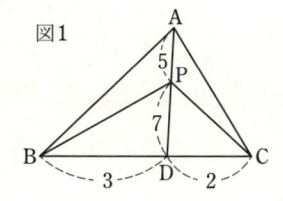

図1

よって，$S_1 : S_2 : S_3 = \frac{1}{4}S : \frac{7}{12}S : \frac{1}{6}S = \mathbf{3 : 7 : 2}$

問題 203

▶▶▶ 設問 P209

(1) $|3\vec{a} + 2\vec{b}|^2 = 9|\vec{a}|^2 + 12\vec{a} \cdot \vec{b} + 4|\vec{b}|^2$
$\qquad = 9 \times 1 + 12\vec{a} \cdot \vec{b} + 4 \times 4$
$\qquad = 25 + 12\vec{a} \cdot \vec{b}$

に $|3\vec{a} + 2\vec{b}|^2 = 13$ を代入して，
$$25 + 12\vec{a} \cdot \vec{b} = 13 \qquad \therefore \quad \vec{a} \cdot \vec{b} = \mathbf{-1}$$

また
$$|\vec{a}+\vec{b}|^2 = |\vec{a}|^2 + 2\vec{a}\cdot\vec{b} + |\vec{b}|^2$$
$$= 1 + 2\times(-1) + 2^2 = 3$$

であるから，$|\vec{a}+\vec{b}| = \sqrt{3}$

(2) $|\vec{a}+\vec{b}|^2 = |\vec{a}|^2 + 2\vec{a}\cdot\vec{b} + |\vec{b}|^2$
$$= 3^2 + 2\vec{a}\cdot\vec{b} + 1$$
$$= 10 + 2\vec{a}\cdot\vec{b}$$

に $|\vec{a}+\vec{b}|^2 = 13$ を代入して
$$10 + 2\vec{a}\cdot\vec{b} = 13 \quad \therefore \quad \vec{a}\cdot\vec{b} = \frac{3}{2}$$

$\vec{a}$, $\vec{b}$ のなす角を θ $(0 \leqq \theta \leqq \pi)$ とすると
$$\cos\theta = \frac{\vec{a}\cdot\vec{b}}{|\vec{a}||\vec{b}|} = \frac{\frac{3}{2}}{3\cdot 1} = \frac{1}{2} \quad \therefore \quad \boldsymbol{\theta = \frac{\pi}{3}}$$

このとき
$$|\vec{a}-\vec{b}|^2 = |\vec{a}|^2 - 2\vec{a}\cdot\vec{b} + |\vec{b}|^2$$
$$= 3^2 - 2\times\frac{3}{2} + 1 = 7$$

であるから，$|\vec{a}-\vec{b}| = \sqrt{7}$

問題 204　　　　　　　　　　　　　　　　　▶▶▶ 設問 P209

$$|\vec{c}|^2 = |\vec{a}+t\vec{b}|^2$$
$$= |\vec{a}|^2 + 2t\vec{a}\cdot\vec{b} + t^2|\vec{b}|^2$$

である．ここで，$|\vec{a}|^2 = 11^2 + (-2)^2 = 125$, $|\vec{b}|^2 = (-4)^2 + 3^2 = 25$,
$\vec{a}\cdot\vec{b} = 11\cdot(-4) + (-2)\cdot 3 = -50$ を上式に用いると
$$|\vec{c}|^2 = 25t^2 - 100t + 125$$
$$= 25(t-2)^2 + 25$$

これは $t=2$ のとき最小値 25 をとる。$|\vec{c}| \geqq 0$ であるから, $|\vec{c}|^2$ が最小のとき, $|\vec{c}|$ も最小となる。よって, $t=2$ のとき最小値 **5** をとる。

別解

$|\vec{c}| = |\vec{a} + t\vec{b}|$ が最小となるのは
$\vec{c} \perp \vec{b}$ のときであるから

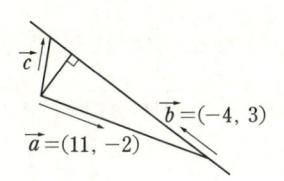

$$\vec{c} \cdot \vec{b} = (11 - 4t) \cdot (-4) + (-2 + 3t) \cdot 3$$
$$= 25t - 50 = 0$$

これを解いて, $t=2$. よって, $|\vec{c}|$ の最小値は,
$$|\vec{c}| = \sqrt{(11 - 4 \times 2)^2 + (-2 + 3 \times 2)^2}$$
$$= \sqrt{3^2 + 4^2} = 5$$

問題 205

(1) $\overrightarrow{AM} = \overrightarrow{AB} + \overrightarrow{BM}$
$= \vec{a} + \dfrac{1}{2}(\vec{a} + \vec{b})$
$= \dfrac{3}{2}\vec{a} + \dfrac{1}{2}\vec{b}$

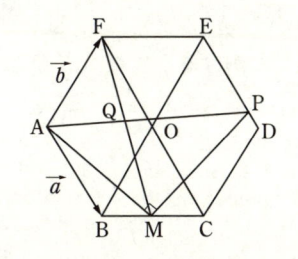

(2) 点 P は線分 DE 上の点より, s を実数として,
$$\overrightarrow{AP} = s\overrightarrow{AD} + (1-s)\overrightarrow{AE}$$

とかける。線分 BE と線分 CF の交点を O とすると,
$$\overrightarrow{AD} = 2\overrightarrow{AO} = 2(\vec{a} + \vec{b})$$
$$\overrightarrow{AE} = \overrightarrow{AO} + \overrightarrow{OE} = (\vec{a} + \vec{b}) + \vec{b} = \vec{a} + 2\vec{b}$$

であるから,
$$\overrightarrow{AP} = 2s(\vec{a} + \vec{b}) + (1-s)(\vec{a} + 2\vec{b})$$
$$= (1+s)\vec{a} + 2\vec{b} \quad \cdots\cdots ①$$

よって，
$$\overrightarrow{MP} = \overrightarrow{AP} - \overrightarrow{AM}$$
$$= (1+s)\vec{a} + 2\vec{b} - \left(\frac{3}{2}\vec{a} + \frac{1}{2}\vec{b}\right)$$
$$= \left(s - \frac{1}{2}\right)\vec{a} + \frac{3}{2}\vec{b}$$

となる．$\angle AMP = \dfrac{\pi}{2}$ より，$\overrightarrow{MP} \perp \overrightarrow{AM}$ であるから，
$$\overrightarrow{MP} \cdot \overrightarrow{AM} = \left\{\left(s-\frac{1}{2}\right)\vec{a} + \frac{3}{2}\vec{b}\right\} \cdot \left(\frac{3}{2}\vec{a} + \frac{1}{2}\vec{b}\right)$$
$$= \frac{3}{4}(2s-1)|\vec{a}|^2 + \frac{s+4}{2}\vec{a}\cdot\vec{b} + \frac{3}{4}|\vec{b}|^2 = 0$$

$|\vec{a}| = 1$，$|\vec{b}| = 1$，$\vec{a}\cdot\vec{b} = 1 \times 1 \times \cos\dfrac{2}{3}\pi = -\dfrac{1}{2}$ を代入して，
$$3(2s-1) - (s+4) + 3 = 0 \qquad \therefore\quad s = \frac{4}{5}$$

①に代入して，$\overrightarrow{AP} = \dfrac{9}{5}\vec{a} + 2\vec{b}$

(3) 点 Q は線分 AP 上の点より，t を実数として，
$$\overrightarrow{AQ} = t\overrightarrow{AP} = \frac{9}{5}t\vec{a} + 2t\vec{b} \qquad \cdots\cdots ②$$

とかける．また，点 Q は線分 MF 上の点より，u を実数として，
$$\overrightarrow{AQ} = u\overrightarrow{AM} + (1-u)\overrightarrow{AF}$$
$$= u\left(\frac{3}{2}\vec{a} + \frac{1}{2}\vec{b}\right) + (1-u)\vec{b}$$
$$= \frac{3}{2}u\vec{a} + \left(1 - \frac{u}{2}\right)\vec{b} \qquad \cdots\cdots ③$$

とかける．$\vec{a}$，$\vec{b}$ は 1 次独立であるから ②，③ の係数を比較して，
$$\frac{9}{5}t = \frac{3}{2}u, \quad 2t = 1 - \frac{u}{2}$$

これを解いて $t = \dfrac{5}{13}$，$u = \dfrac{6}{13}$

よって，$\overrightarrow{AQ} = \dfrac{5}{13}\overrightarrow{AP}$ となるから，AQ : QP $= \mathbf{5 : 8}$

問題 206

$|\vec{BC}| = 2$ より $|\vec{AC} - \vec{AB}| = 2$
両辺2乗して，$|\vec{AC}|^2 - 2\vec{AB}\cdot\vec{AC} + |\vec{AB}|^2 = 4$
$|\vec{AB}| = \sqrt{2}$, $|\vec{AC}| = \sqrt{3}$ を代入して
$3 - 2\vec{AB}\cdot\vec{AC} + 2 = 4$ $\therefore \vec{AB}\cdot\vec{AC} = \dfrac{1}{2}$

AB，ACの中点をそれぞれM，Nとする．このとき，Oは△ABCの外心であるから，MO⊥AB，NO⊥ACとなる．よって，

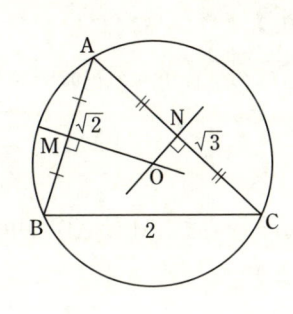

$$\vec{MO}\cdot\vec{AB} = 0, \ \vec{NO}\cdot\vec{AC} = 0$$

ここで

$$\vec{MO} = \vec{AO} - \vec{AM} = \left(s - \dfrac{1}{2}\right)\vec{AB} + t\vec{AC},$$
$$\vec{NO} = \vec{AO} - \vec{AN} = s\vec{AB} + \left(t - \dfrac{1}{2}\right)\vec{AC}$$

となるから

$$\begin{aligned}
\vec{MO}\cdot\vec{AB} &= \left\{\left(s - \dfrac{1}{2}\right)\vec{AB} + t\vec{AC}\right\}\cdot\vec{AB} \\
&= \left(s - \dfrac{1}{2}\right)|\vec{AB}|^2 + t\vec{AB}\cdot\vec{AC} \\
&= \left(s - \dfrac{1}{2}\right)\cdot 2 + t\cdot\dfrac{1}{2} \\
&= 2s + \dfrac{t}{2} - 1
\end{aligned}$$

$\therefore\ 2s + \dfrac{t}{2} - 1 = 0 \ \cdots\cdots$ ①

$$\begin{aligned}
\vec{NO}\cdot\vec{AC} &= \left\{s\vec{AB} + \left(t - \dfrac{1}{2}\right)\vec{AC}\right\}\cdot\vec{AC} \\
&= s\vec{AB}\cdot\vec{AC} + \left(t - \dfrac{1}{2}\right)|\vec{AC}|^2 \\
&= s\cdot\dfrac{1}{2} + \left(t - \dfrac{1}{2}\right)\cdot 3 \\
&= \dfrac{1}{2}s + 3t - \dfrac{3}{2}
\end{aligned}$$

$\therefore\ \dfrac{1}{2}s + 3t - \dfrac{3}{2} = 0 \ \cdots\cdots$ ②

①, ② を連立して, $s = \dfrac{9}{23}$, $t = \dfrac{10}{23}$

別解

$\overrightarrow{AO}$ の $\overrightarrow{AB}$ 上への正射影ベクトルが $\overrightarrow{AM}$ であるから

$$\overrightarrow{AM} = \dfrac{\overrightarrow{AO} \cdot \overrightarrow{AB}}{|\overrightarrow{AB}|^2}\overrightarrow{AB} = \dfrac{\overrightarrow{AO} \cdot \overrightarrow{AB}}{(\sqrt{2})^2}\overrightarrow{AB}$$

である. いま, M は AB の中点より $\overrightarrow{AM} = \dfrac{1}{2}\overrightarrow{AB}$ となるから $\overrightarrow{AO} \cdot \overrightarrow{AB} = 1$
つまり

$$(s\overrightarrow{AB} + t\overrightarrow{AC}) \cdot \overrightarrow{AB} = 1$$
$$s|\overrightarrow{AB}|^2 + t\overrightarrow{AB} \cdot \overrightarrow{AC} = 1$$
$$s(\sqrt{2})^2 + t \cdot \dfrac{1}{2} = 1 \quad \therefore \quad 4s + t = 2 \quad \cdots\cdots ①$$

同様に $\overrightarrow{AO}$ の $\overrightarrow{AC}$ 上への正射影ベクトルが, $\overrightarrow{AN}$ であるから

$$\overrightarrow{AN} = \dfrac{\overrightarrow{AO} \cdot \overrightarrow{AC}}{|\overrightarrow{AC}|^2}\overrightarrow{AC} = \dfrac{\overrightarrow{AO} \cdot \overrightarrow{AC}}{(\sqrt{3})^2}\overrightarrow{AC}$$

である. N は AC の中点より $\overrightarrow{AN} = \dfrac{1}{2}\overrightarrow{AC}$ となるから

$$\dfrac{\overrightarrow{AO} \cdot \overrightarrow{AC}}{3} = \dfrac{1}{2} \quad \therefore \quad \overrightarrow{AO} \cdot \overrightarrow{AC} = \dfrac{3}{2}$$

つまり,

$$(s\overrightarrow{AB} + t\overrightarrow{AC}) \cdot \overrightarrow{AC} = \dfrac{3}{2}$$
$$s\overrightarrow{AB} \cdot \overrightarrow{AC} + t|\overrightarrow{AC}|^2 = \dfrac{3}{2}$$
$$s \cdot \dfrac{1}{2} + t(\sqrt{3})^2 = \dfrac{3}{2}$$
$$\dfrac{1}{2}s + 3t = \dfrac{3}{2} \quad \therefore \quad s + 6t = 3 \quad \cdots\cdots ②$$

①, ② を連立して, $s = \dfrac{9}{23}$, $t = \dfrac{10}{23}$

問題 207

(1) P, Q, R はそれぞれ線分 BC, CA, AB の中点であるから,

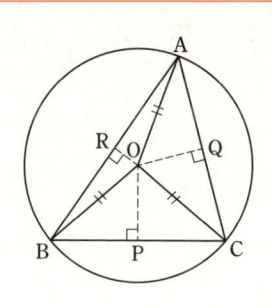

$$\overrightarrow{OP} = \frac{\overrightarrow{OB} + \overrightarrow{OC}}{2},$$

$$\overrightarrow{OQ} = \frac{\overrightarrow{OC} + \overrightarrow{OA}}{2},$$

$$\overrightarrow{OR} = \frac{\overrightarrow{OA} + \overrightarrow{OB}}{2}$$

である．これらを与式に代入して，

$$\frac{\overrightarrow{OB} + \overrightarrow{OC}}{2} + 2 \cdot \frac{\overrightarrow{OC} + \overrightarrow{OA}}{2} + 3 \cdot \frac{\overrightarrow{OA} + \overrightarrow{OB}}{2} = \overrightarrow{0}$$

$$\therefore \quad 5\overrightarrow{OA} + 4\overrightarrow{OB} + 3\overrightarrow{OC} = \overrightarrow{0}$$

(2) $\overrightarrow{OA} = \vec{a}$, $\overrightarrow{OB} = \vec{b}$, $\overrightarrow{OC} = \vec{c}$, また △ABC の外接円の半径を r とする．このとき, $|\vec{a}| = |\vec{b}| = |\vec{c}| = r$ である．

(1) の結果より, $5\vec{a} = -4\vec{b} - 3\vec{c}$ となるので，両辺に絶対値をとって，2乗すると

$$|5\vec{a}|^2 = |-4\vec{b} - 3\vec{c}|^2$$

$$25|\vec{a}|^2 = 16|\vec{b}|^2 + 24\vec{b} \cdot \vec{c} + 9|\vec{c}|^2$$

$$25r^2 = 16r^2 + 24\vec{b} \cdot \vec{c} + 9r^2$$

$$\vec{b} \cdot \vec{c} = 0 \quad \therefore \quad \angle BOC = \frac{\pi}{2}$$

このとき $\angle BAC = \frac{\pi}{4}$ または $\frac{3}{4}\pi$ であるが, $5\vec{a} = -4\vec{b} - 3\vec{c}$ において, $\overrightarrow{OB}$, $\overrightarrow{OC}$ の係数がともに負であることに注意すると右図のようになるから, $\angle BAC = \frac{\pi}{4}$

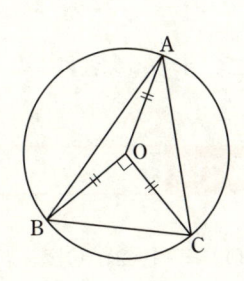

問題 208

▶▶▶ 設問 P215

$\vec{OA}$ と $\vec{OB}$ のなす角を θ $(0 \leqq \theta \leqq \pi)$ とすると
$$\cos\theta = \frac{\vec{OA} \cdot \vec{OB}}{|\vec{OA}||\vec{OB}|} = \frac{4}{2 \times 3} = \frac{2}{3}$$

$\sin\theta \geqq 0$ より
$$\sin\theta = \sqrt{1 - \left(\frac{2}{3}\right)^2} = \frac{\sqrt{5}}{3}$$

である．ここで，$\vec{OP} = s\vec{OA} + t\vec{OB},\ 0 \leqq s + t \leqq 1,\ s \geqq 0,\ t \geqq 0$ を満たす点 P は，△OAB の内部および周上にある．よって，求める面積は
$$\frac{1}{2}|\vec{OA}||\vec{OB}|\sin\theta = \frac{1}{2} \times 2 \times 3 \times \frac{\sqrt{5}}{3} = \sqrt{5}$$

問題 209

▶▶▶ 設問 P215

$3\vec{PA} + 2\vec{PB} + \vec{PC} = k\vec{BC}$ を変形して
$$-3\vec{AP} + 2(\vec{AB} - \vec{AP}) + (\vec{AC} - \vec{AP}) = k(\vec{AC} - \vec{AB})$$
$$6\vec{AP} = (k+2)\vec{AB} + (1-k)\vec{AC}$$
$$\vec{AP} = \frac{k+2}{6}\vec{AB} + \frac{1-k}{6}\vec{AC}$$

点 P が △ABC の内部にあるための条件は
$$\frac{k+2}{6} > 0,\ \frac{1-k}{6} > 0,\ 0 < \frac{k+2}{6} + \frac{1-k}{6} < 1$$

である．これらをまとめると
$$k > -2 \text{ かつ } k < 1$$

よって，求める条件は $\boldsymbol{-2 < k < 1}$

問題 210

▶▶▶ 設問 P216

(1) $\vec{OA} = (1, 2),\ \vec{OB} = (5, 3)$ より (図 1 参照)
$$S_1 = \frac{1}{2}|1 \cdot 3 - 2 \cdot 5| = \boldsymbol{\frac{7}{2}}$$

(2) $\overrightarrow{AB} = (-3, -8)$, $\overrightarrow{AC} = (5, -4)$ より(図2参照)
$$S_2 = \frac{1}{2}|(-3)\cdot(-4) - (-8)\cdot 5| = \mathbf{26}$$

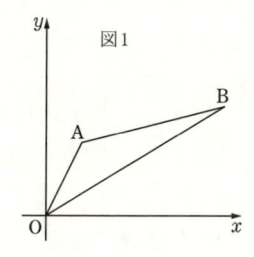

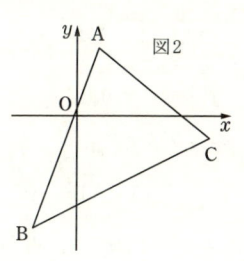

図1

図2

(3) $\begin{cases} |\overrightarrow{OA}| = 1 & \cdots\cdots ① \\ |\overrightarrow{OA} + \overrightarrow{OB}| = 1 & \cdots\cdots ② \\ |2\overrightarrow{OA} + \overrightarrow{OB}| = 1 & \cdots\cdots ③ \end{cases}$

②の両辺を2乗して
$$|\overrightarrow{OA}|^2 + 2\overrightarrow{OA}\cdot\overrightarrow{OB} + |\overrightarrow{OB}|^2 = 1$$
①を代入して
$$2\overrightarrow{OA}\cdot\overrightarrow{OB} + |\overrightarrow{OB}|^2 = 0 \cdots\cdots ④$$
③の両辺を2乗して
$$4|\overrightarrow{OA}|^2 + 4\overrightarrow{OA}\cdot\overrightarrow{OB} + |\overrightarrow{OB}|^2 = 1$$
①を代入して
$$4\overrightarrow{OA}\cdot\overrightarrow{OB} + |\overrightarrow{OB}|^2 = -3 \cdots\cdots ⑤$$
④ − ⑤ より
$$-2\overrightarrow{OA}\cdot\overrightarrow{OB} = 3 \quad \therefore \quad \overrightarrow{OA}\cdot\overrightarrow{OB} = -\frac{3}{2}$$
このとき④より $|\overrightarrow{OB}|^2 = 3$

以上から
$$S_3 = \frac{1}{2}\sqrt{1^2\cdot 3 - \left(-\frac{3}{2}\right)^2} = \frac{\sqrt{3}}{4}$$

問題 211

▶▶▶ 設問 P216

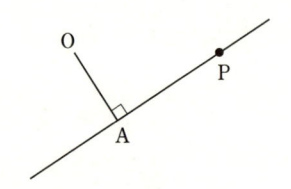

$\overrightarrow{OA} = \vec{a}$, $\overrightarrow{OB} = \vec{b}$, $\overrightarrow{OC} = \vec{c}$, $\overrightarrow{OP} = \vec{p}$ とする.

(1) $\overrightarrow{OA} \cdot \overrightarrow{OP} = \overrightarrow{OA} \cdot \overrightarrow{OA}$ より

$$\vec{a} \cdot \vec{p} = \vec{a} \cdot \vec{a}$$
$$\iff \vec{a} \cdot (\vec{p} - \vec{a}) = 0$$
$$\iff \overrightarrow{OA} \cdot \overrightarrow{AP} = 0$$

よって, 求める点Pの軌跡は, 点**A**を通り**OA**に垂直な直線

(2) $|\overrightarrow{AP} + \overrightarrow{BP} + \overrightarrow{CP}| = 3$ より

$$|(\vec{p} - \vec{a}) + (\vec{p} - \vec{b}) + (\vec{p} - \vec{c})| = 3$$
$$\iff |3\vec{p} - (\vec{a} + \vec{b} + \vec{c})| = 3$$
$$\iff \left|\vec{p} - \frac{\vec{a} + \vec{b} + \vec{c}}{3}\right| = 1$$

△ABCの重心をG($\vec{g}$)とすると, $|\vec{p} - \vec{g}| = 1$　∴ $|\overrightarrow{GP}| = 1$

よって, 求める点Pの軌跡は, **△ABCの重心を中心とする半径1の円**

(3) $\overrightarrow{OA} \cdot \overrightarrow{OB} + \overrightarrow{OP} \cdot \overrightarrow{OP} = \overrightarrow{OA} \cdot \overrightarrow{OP} + \overrightarrow{OB} \cdot \overrightarrow{OP}$ より

$$\vec{a} \cdot \vec{b} + \vec{p} \cdot \vec{p} = \vec{a} \cdot \vec{p} + \vec{b} \cdot \vec{p}$$
$$\iff |\vec{p}|^2 - (\vec{a} + \vec{b}) \cdot \vec{p} + \vec{a} \cdot \vec{b} = 0$$
$$\iff (\vec{p} - \vec{a}) \cdot (\vec{p} - \vec{b}) = 0$$
$$\iff \overrightarrow{AP} \cdot \overrightarrow{BP} = 0$$

よって, 求める点Pの軌跡は, **線分ABを直径とする円**

問題 212

(1) $\left(\dfrac{1\cdot 4+2\cdot 1}{2+1}, \dfrac{1\cdot(-1)+2\cdot 1}{2+1}, \dfrac{1\cdot 2+2\cdot 3}{2+1}\right)$ つまり $\left(2, \dfrac{1}{3}, \dfrac{8}{3}\right)$

(2) $\left(\dfrac{(-1)\cdot 4+2\cdot 1}{2-1}, \dfrac{(-1)\cdot(-1)+2\cdot 1}{2-1}, \dfrac{(-1)\cdot 2+2\cdot 3}{2-1}\right)$ つまり $(-2, 3, 4)$

(3) $\left(\dfrac{4+1+1}{3}, \dfrac{-1+1+0}{3}, \dfrac{2+3+1}{3}\right)$ つまり $(2, 0, 2)$

問題 213

(1) $\vec{a}\cdot\vec{c}=1\cdot x+(-2)\cdot y+2\cdot 1,\ \vec{b}\cdot\vec{c}=2\cdot x+3\cdot y+(-10)\cdot 1$
$\vec{a}\perp\vec{c},\ \vec{b}\perp\vec{c}$ より $\vec{a}\cdot\vec{c}=0,\ \vec{b}\cdot\vec{c}=0$ であるから，
$$\begin{cases} x-2y+2=0 \\ 2x+3y-10=0 \end{cases}$$
これを解いて $x=2,\ y=2$

(2) $\vec{c}=(2, 2, 1)$ より $|\vec{c}|=\sqrt{2^2+2^2+1^2}=3$
よって求めるベクトルは $\pm\dfrac{1}{3}\vec{c}=\pm\left(\dfrac{2}{3}, \dfrac{2}{3}, \dfrac{1}{3}\right)$

問題 214

(1) $|\vec{a}|=\sqrt{1^2+0^2+1^2}=\sqrt{2},\ |\vec{b}|=\sqrt{2^2+2^2+1^2}=3,$
$\vec{a}\cdot\vec{b}=1\cdot 2+0\cdot 2+1\cdot 1=3$
であるから，
$$\cos\theta=\dfrac{\vec{a}\cdot\vec{b}}{|\vec{a}||\vec{b}|}=\dfrac{3}{\sqrt{2}\cdot 3}=\dfrac{1}{\sqrt{2}} \quad 0\leqq\theta<\pi\,\text{より}\,\theta=\dfrac{\pi}{4}$$

(2) $|t\vec{a}+2\vec{c}|^2=t^2|\vec{a}|^2+4t\vec{a}\cdot\vec{c}+4|\vec{c}|^2\ \cdots\cdots\ ①$
ここで，

$|\vec{a}|^2 = 1^2 + 0^2 + 1^2 = 2,\ |\vec{c}|^2 = 3^2 + 4^2 + (-2)^2 = 29,$
$\vec{a} \cdot \vec{c} = 1 \cdot 3 + 0 \cdot 4 + 1 \cdot (-2) = 1$

であるから，① に用いて

$$|t\vec{a} + 2\vec{c}|^2 = 2t^2 + 4t \cdot 1 + 4 \cdot 29$$
$$= 2t^2 + 4t + 116$$
$$= 2(t+1)^2 + 114$$

これは $t = -1$ で最小値 114 をとる．$|t\vec{a} + 2\vec{c}| \geqq 0$ より $|t\vec{a} + 2\vec{c}|$ は $|t\vec{a} + 2\vec{c}|^2$ が最小のときに最小となる．

よって，**$t = -1$ のとき最小値 $\sqrt{114}$**

問題 215 　　　　　　　　　　　　　　　　　　▶▶▶ 設問 P220

(1) $\overrightarrow{\mathrm{AP}} = (\cos\theta - 1,\ \sin\theta,\ 0),\ \overrightarrow{\mathrm{AQ}} = (\cos\theta - 1,\ 0,\ \sin\theta)$ より，

$$|\overrightarrow{\mathrm{AP}}|^2 = (\cos\theta - 1)^2 + \sin^2\theta = \cos^2\theta - 2\cos\theta + 1 + \sin^2\theta$$
$$= 2(1 - \cos\theta)$$

同様に $|\overrightarrow{\mathrm{AQ}}|^2 = 2(1 - \cos\theta)$

また，$\overrightarrow{\mathrm{AP}} \cdot \overrightarrow{\mathrm{AQ}} = (\cos\theta - 1)^2 = (1 - \cos\theta)^2$ であるから，

$$S = \frac{1}{2}\sqrt{|\overrightarrow{\mathrm{AP}}|^2 |\overrightarrow{\mathrm{AQ}}|^2 - (\overrightarrow{\mathrm{AP}} \cdot \overrightarrow{\mathrm{AQ}})^2}$$
$$= \frac{1}{2}\sqrt{4(1 - \cos\theta)^2 - (1 - \cos\theta)^4}$$
$$= \frac{1}{2}\sqrt{4x - x^2}$$

(2) $(1 - \cos\theta)^2 = x$ とおく．$0 < \theta < \pi$ より，

$$0 < 1 - \cos\theta < 2$$
$$0 < (1 - \cos\theta)^2 < 4$$
$$\therefore\ 0 < x < 4\ \cdots\cdots (*)$$

このとき，$S = \dfrac{1}{2}\sqrt{4x - x^2} = \dfrac{1}{2}\sqrt{-(x-2)^2 + 4}$ は $x = 2$ で最大値 1 をとる．

問題 216

▶▶▶ 設問 P220

(1)
$$\overrightarrow{OF} = (1-t)\overrightarrow{OD} + t\overrightarrow{OE}$$
$$= (1-t)\cdot\frac{2}{3}\overrightarrow{OA} + t\cdot\frac{1}{2}\overrightarrow{OB}$$
$$= \frac{2}{3}(1-t)\overrightarrow{OA} + \frac{t}{2}\overrightarrow{OB}$$

であるから，O と三角形 ABC の重心 G を結ぶ線分が線分 CF と交わる点を P とすると s, k を実数として

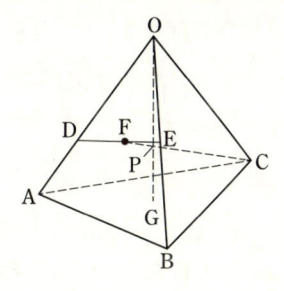

$$\overrightarrow{OP} = (1-s)\overrightarrow{OC} + s\overrightarrow{OF}$$
$$= (1-s)\overrightarrow{OC} + s\left(\frac{2}{3}(1-t)\overrightarrow{OA} + \frac{t}{2}\overrightarrow{OB}\right)$$
$$= \frac{2}{3}s(1-t)\overrightarrow{OA} + \frac{1}{2}st\overrightarrow{OB} + (1-s)\overrightarrow{OC} \quad \cdots\cdots ①$$

$$\overrightarrow{OP} = k\overrightarrow{OG}$$
$$= k\left(\frac{1}{3}\overrightarrow{OA} + \frac{1}{3}\overrightarrow{OB} + \frac{1}{3}\overrightarrow{OC}\right)$$
$$= \frac{k}{3}\overrightarrow{OA} + \frac{k}{3}\overrightarrow{OB} + \frac{k}{3}\overrightarrow{OC} \quad \cdots\cdots ②$$

$\overrightarrow{OA}, \overrightarrow{OB}, \overrightarrow{OC}$ は1次独立より，①，② の係数を比較して

$$\begin{cases} \dfrac{2}{3}s(1-t) = \dfrac{k}{3} & \cdots\cdots ③ \\ \dfrac{1}{2}st = \dfrac{k}{3} & \cdots\cdots ④ \\ 1-s = \dfrac{k}{3} & \cdots\cdots ⑤ \end{cases}$$

ここで $s=0$ とすると ③ より，$k=0$ となるが，これは ⑤ に反するので不適．よって，$s \neq 0$ であるから ③，④ より

$$\frac{2}{3}s(1-t) = \frac{1}{2}st$$
$$\frac{2}{3}(1-t) = \frac{1}{2}t \quad \therefore\ t = \frac{4}{7}$$

このとき $s = \dfrac{7}{9}, k = \dfrac{2}{3}$ として ③〜⑤ はすべて成立する．

問題 217　　　▶▶▶ 設問 P221

E は線分 BD を $3:2$ に内分する点であるから

$$\overrightarrow{OE} = \frac{2\overrightarrow{OB} + 3\overrightarrow{OD}}{3+2}$$
$$= \frac{2}{5}\vec{b} + \frac{3}{5} \cdot \frac{1}{2}\vec{a}$$
$$= \frac{3}{10}\vec{a} + \frac{2}{5}\vec{b}$$

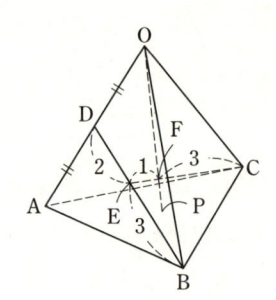

F は線分 CE を $3:1$ に内分する点であるから

$$\overrightarrow{OF} = \frac{\overrightarrow{OC} + 3\overrightarrow{OE}}{3+1}$$
$$= \frac{1}{4}\vec{c} + \frac{3}{4}\left(\frac{3}{10}\vec{a} + \frac{2}{5}\vec{b}\right)$$
$$= \frac{9}{40}\vec{a} + \frac{3}{10}\vec{b} + \frac{1}{4}\vec{c}$$

となる．ここで，P は直線 OF 上にあるから実数 k を用いて

$$\overrightarrow{OP} = k\overrightarrow{OF} = \frac{9}{40}k\vec{a} + \frac{3}{10}k\vec{b} + \frac{1}{4}k\vec{c}$$

と表される．P は平面 ABC 上にあるから

$$\frac{9}{40}k + \frac{3}{10}k + \frac{1}{4}k = 1 \qquad \therefore \quad k = \frac{40}{31}$$

以上から，$\overrightarrow{OP} = \dfrac{\mathbf{9}}{\mathbf{31}}\vec{a} + \dfrac{\mathbf{12}}{\mathbf{31}}\vec{b} + \dfrac{\mathbf{10}}{\mathbf{31}}\vec{c}$

問題 218　　　▶▶▶ 設問 P221

(1) E は線分 BD を $3:1$ に内分するから，

$$\overrightarrow{AE} = \frac{\overrightarrow{AB} + 3\overrightarrow{AD}}{4} \qquad \cdots\cdots ①$$

F は線分 CE を $2:3$ に内分するから，

$$\overrightarrow{AF} = \frac{3\overrightarrow{AC} + 2\overrightarrow{AE}}{5} \qquad \cdots\cdots ②$$

① を ② に代入して

$$\overrightarrow{AF} = \frac{3\overrightarrow{AC} + 2 \cdot \dfrac{\overrightarrow{AB} + 3\overrightarrow{AD}}{4}}{5}$$

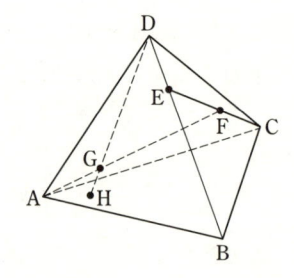

$$= \frac{1}{10}\overrightarrow{AB} + \frac{3}{5}\overrightarrow{AC} + \frac{3}{10}\overrightarrow{AD}$$
$$= \frac{1}{10}\vec{b} + \frac{3}{5}\vec{c} + \frac{3}{10}\vec{d}$$

(2) G は AF を $1:2$ に内分する点より，$\overrightarrow{AG} = \frac{1}{3}\overrightarrow{AF}$

(1) を用いて
$$\overrightarrow{AG} = \frac{1}{3}\left(\frac{1}{10}\vec{b} + \frac{3}{5}\vec{c} + \frac{3}{10}\vec{d}\right)$$
$$= \frac{1}{30}\vec{b} + \frac{1}{5}\vec{c} + \frac{1}{10}\vec{d}$$

いま，H は直線 DG 上にあるから t を実数として
$$\overrightarrow{AH} = (1-t)\overrightarrow{AD} + t\overrightarrow{AG}$$
$$= (1-t)\vec{d} + t\left(\frac{1}{30}\vec{b} + \frac{1}{5}\vec{c} + \frac{1}{10}\vec{d}\right)$$
$$= \frac{t}{30}\vec{b} + \frac{t}{5}\vec{c} + \left(1 - \frac{9}{10}t\right)\vec{d} \quad \cdots\cdots ③$$

と表される．また，H は平面 ABC 上にあるから p, q を実数として
$$\overrightarrow{AH} = p\overrightarrow{AB} + q\overrightarrow{AC} = p\vec{b} + q\vec{c} \quad \cdots\cdots ④$$

と表される．$\vec{b}, \vec{c}, \vec{d}$ は1次独立より ③，④ の係数を比較して
$$\begin{cases} \dfrac{t}{30} = p \\ \dfrac{t}{5} = q \\ 1 - \dfrac{9}{10}t = 0 \end{cases}$$

これを解いて $t = \dfrac{10}{9}$ となる．ここで，③ において，
$$\overrightarrow{AH} = (1-t)\overrightarrow{AD} + t\overrightarrow{AG}$$
$$\iff \overrightarrow{AH} - \overrightarrow{AD} = t(\overrightarrow{AG} - \overrightarrow{AD})$$
$$\iff \overrightarrow{DH} = t\overrightarrow{DG}$$

であるから $t = \dfrac{10}{9}$ を代入して $\overrightarrow{DH} = \dfrac{10}{9}\overrightarrow{DG}$

以上から $DG : GH = \mathbf{9 : 1}$

問題 219

(1) 与えられた条件から

$$|\vec{a}| = |\vec{b}| = |\vec{c}| = 1$$
$$\vec{a} \cdot \vec{b} = \cos 60° = \frac{1}{2}$$
$$\vec{b} \cdot \vec{c} = \cos 45° = \frac{\sqrt{2}}{2}$$
$$\vec{c} \cdot \vec{a} = \cos 45° = \frac{\sqrt{2}}{2}$$

$\overrightarrow{OH} = s\vec{a} + t\vec{b}$ とおくと
$$\overrightarrow{CH} = s\vec{a} + t\vec{b} - \vec{c}$$

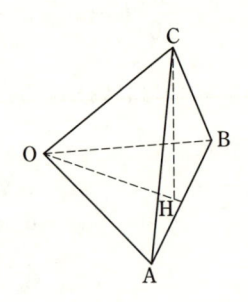

は，$\vec{a}, \vec{b}$ のいずれとも垂直であるから

$$\overrightarrow{CH} \cdot \vec{a} = s + \frac{1}{2}t - \frac{\sqrt{2}}{2} = 0$$
$$\overrightarrow{CH} \cdot \vec{b} = \frac{1}{2}s + t - \frac{\sqrt{2}}{2} = 0$$

これを解いて $s = t = \dfrac{\sqrt{2}}{3}$ となるから $\overrightarrow{OH} = \dfrac{\sqrt{2}}{3}(\vec{a} + \vec{b})$

(2) $|\overrightarrow{CH}|^2 = s^2 + t^2 + 1 + st - \sqrt{2}(s+t)$ に (1) の結果を代入して

$$|\overrightarrow{CH}|^2 = \frac{1}{3} \quad \therefore \quad CH = \frac{\sqrt{3}}{3}$$

(3) △OAB の面積は

$$\triangle OAB = \frac{1}{2}|\overrightarrow{OA}||\overrightarrow{OB}|\sin 60° = \frac{\sqrt{3}}{4}$$

であるから，求める体積は $\dfrac{1}{3} \times \triangle OAB \times CH = \boldsymbol{\dfrac{1}{12}}$

問題 220

(1) 題意より $|\vec{a}| = 3, |\vec{b}| = 2, |\vec{c}| = 3, \vec{a} \cdot \vec{b} = 0, |\vec{a} - \vec{c}| = 4,$
$|\vec{b} - \vec{c}| = 2$
$|\vec{a} - \vec{c}| = 4$ の両辺を 2 乗して

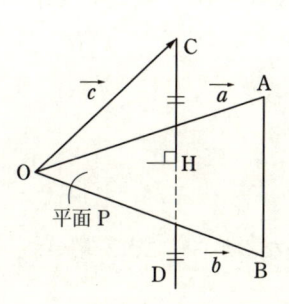

$$|\vec{a}|^2 - 2\vec{a}\cdot\vec{c} + |\vec{c}|^2 = 4^2$$
$$3^2 - 2\vec{a}\cdot\vec{c} + 3^2 = 4^2 \quad \therefore \quad \vec{a}\cdot\vec{c} = 1$$

$|\vec{b} - \vec{c}| = 2$ の両辺を 2 乗して
$$|\vec{b}|^2 - 2\vec{b}\cdot\vec{c} + |\vec{c}|^2 = 2^2$$
$$2^2 - 2\vec{b}\cdot\vec{c} + 3^2 = 2^2 \quad \therefore \quad \vec{b}\cdot\vec{c} = \frac{9}{2}$$

(2) $\vec{CH}\cdot\vec{a} = (\vec{OH} - \vec{OC})\cdot\vec{a}$
$$= (s\vec{a} + t\vec{b} - \vec{c})\cdot\vec{a}$$
$$= s|\vec{a}|^2 + t\vec{a}\cdot\vec{b} - \vec{a}\cdot\vec{c}$$
$$= 9s + 0\cdot t - 1 = 0$$

$\vec{CH}\cdot\vec{b} = (\vec{OH} - \vec{OC})\cdot\vec{b}$
$$= (s\vec{a} + t\vec{b} - \vec{c})\cdot\vec{b}$$
$$= s\vec{a}\cdot\vec{b} + t|\vec{b}|^2 - \vec{b}\cdot\vec{c}$$
$$= 0\cdot s + 4t - \frac{9}{2} = 0$$

これを解いて $s = \dfrac{1}{9}$, $t = \dfrac{9}{8}$

(3) $\vec{CD} = 2\vec{CH}$ より
$$\vec{OD} = \vec{OC} + \vec{CD}$$
$$= \vec{OC} + 2\vec{CH}$$
$$= \vec{c} + 2\left(\frac{1}{9}\vec{a} + \frac{9}{8}\vec{b} - \vec{c}\right)$$
$$= \frac{2}{9}\vec{a} + \frac{9}{4}\vec{b} - \vec{c}$$

問題 221

(1) 点 G は △DQS の重心であるから，
$$\overrightarrow{OG} = \frac{1}{3}(\overrightarrow{OD} + \overrightarrow{OQ} + \overrightarrow{OS})$$
$$= \frac{1}{3}\{(\vec{a} + \vec{b}) + (\vec{a} + \vec{c}) + (\vec{b} + \vec{c})\}$$
$$= \boldsymbol{\frac{2}{3}(\vec{a} + \vec{b} + \vec{c})}$$

(2) 点 F は △ABC の重心であるから，$\overrightarrow{OF} = \frac{1}{3}(\vec{a} + \vec{b} + \vec{c})$

これと $\overrightarrow{OR} = \vec{a} + \vec{b} + \vec{c}$ から，
$$\overrightarrow{OF} = \frac{1}{3}\overrightarrow{OR}, \quad \overrightarrow{OG} = \frac{2}{3}\overrightarrow{OR}$$

よって，4 点 O, F, G, R は同一直線上にある．

問題 222

3 点 A, B, C が一直線上にあるための条件は，$\overrightarrow{CA} = k\overrightarrow{CB}$ となる実数 ($k \neq 0, 1$) が存在することである．
$\overrightarrow{CA} = (a - 4, -4, 12)$，$\overrightarrow{CB} = (-1, b - 3, 6)$ であるから，代入して，
$$(a - 4, -4, 12) = k(-1, b - 3, 6)$$

よって，
$$\begin{cases} a - 4 = -k \\ -4 = k(b - 3) \\ 12 = 6k \end{cases}$$

となるから，これを解いて，$k = 2, a = \boldsymbol{2}, b = \boldsymbol{1}$

問題 223

l_1, l_2 の交点を P とする．t_1 を実数とすると，P は l_1 上の点より
$$\overrightarrow{OP} = \overrightarrow{OA} + t_1 \overrightarrow{AB}$$
$$= (2, 0, 0) + t_1(-2, 1, 1) = (2 - 2t_1, t_1, t_1) \quad \cdots\cdots ①$$

t_2 を実数とすると，P は l_2 上の点より

$$\vec{OP} = \vec{OC} + t_2\vec{CD}$$
$$= (3,\ 3,\ 0) + t_2(-3,\ -3,\ a) = (3-3t_2,\ 3-3t_2,\ at_2) \quad \cdots\cdots ②$$

と表せる。①, ② を比較して，$\begin{cases} 2 - 2t_1 = 3 - 3t_2 & \cdots\cdots ③ \\ t_1 = 3 - 3t_2 & \cdots\cdots ④ \\ t_1 = at_2 & \cdots\cdots ⑤ \end{cases}$

③, ④ を連立して，$t_1 = \dfrac{2}{3}$, $t_2 = \dfrac{7}{9}$
これらを⑤に代入して
$$\dfrac{2}{3} = \dfrac{7}{9}a \quad \therefore \quad a = \boldsymbol{\dfrac{6}{7}}$$

問題 224　　　　　　　　　　　　　　　　　▶▶▶設問 P227

H$(x,\ y,\ z)$ は直線 AB 上にあるから $\vec{AH} = t\vec{AB}$ を満たす実数 t が存在する．すなわち，
$$\vec{OH} = \vec{OA} + t\vec{AB}$$
$$= (-3,\ -1,\ 1) + t(2,\ 1,\ -1)$$
$$= (2t-3,\ t-1,\ -t+1)$$

と表せる．このとき，
$$\vec{CH} = \vec{OH} - \vec{OC}$$
$$= (2t-3,\ t-1,\ -t+1) - (2,\ 3,\ 3)$$
$$= (2t-5,\ t-4,\ -t-2)$$

が $\vec{AB} = (2,\ 1,\ -1)$ に垂直であるから
$$\vec{CH} \cdot \vec{AB} = (2t-5) \cdot 2 + (t-4) \cdot 1 + (-t-2) \cdot (-1)$$
$$= 6t - 12 = 0 \quad \therefore \quad t = 2$$

よって，求める点 H の座標は $\boldsymbol{(1,\ 1,\ -1)}$

別解　•••

$\vec{AH}$ は $\vec{AC}$ の直線 AB 上への正射影ベクトルであるから，$\vec{AH} = \dfrac{\vec{AB} \cdot \vec{AC}}{|\vec{AB}|^2}\vec{AB}$

$\vec{AB} = (2,\ 1,\ -1)$, $\vec{AC} = (5,\ 4,\ 2)$ であるから
$$\vec{AB} \cdot \vec{AC} = 2 \cdot 5 + 1 \cdot 4 + (-1) \cdot 2 = 12$$

$$|\overrightarrow{AB}|^2 = 2^2 + 1^2 + (-1)^2 = 6$$

を代入して，
$$\overrightarrow{OH} = \overrightarrow{OA} + \overrightarrow{AH}$$
$$= (-3, -1, 1) + \frac{12}{6}(2, 1, -1) = (1, 1, -1)$$

以上から，点 H の座標は **(1, 1, −1)**

問題 225   ▶▶▶ 設問 P227

P は l 上の点より，s を実数として，
$$\overrightarrow{OP} = (3, 4, 0) + s(1, 1, 1) = (3+s, 4+s, s)$$

また，Q は m 上の点より，t を実数として，
$$\overrightarrow{OQ} = (2, -1, 0) + t(1, -2, 0) = (2+t, -1-2t, 0)$$

と表せる．このとき，
$$\overrightarrow{PQ} = \overrightarrow{OQ} - \overrightarrow{OP}$$
$$= (2+t, -1-2t, 0) - (3+s, 4+s, s)$$
$$= (t-s-1, -2t-s-5, -s) \quad \cdots\cdots ①$$

となる．PQ が最小になるのは，$\overrightarrow{PQ} \perp l$ かつ $\overrightarrow{PQ} \perp m$ すなわち $\overrightarrow{PQ} \perp \vec{a}$ かつ $\overrightarrow{PQ} \perp \vec{b}$ が成り立つときであるから

$\overrightarrow{PQ} \cdot \vec{a} = 0$
$\iff (t-s-1, -2t-s-5, -s) \cdot (1, 1, 1) = 0$
$\iff (t-s-1) + (-2t-s-5) + (-s) = 0$
$\iff -t - 3s = 6 \quad \cdots\cdots ②$

$\overrightarrow{PQ} \cdot \vec{b} = 0$
$\iff (t-s-1, -2t-s-5, -s) \cdot (1, -2, 0) = 0$
$\iff (t-s-1) - 2(-2t-s-5) + 0 = 0$
$\iff 5t + s = -9 \quad \cdots\cdots ③$

②，③ を連立して $s = t = -\dfrac{3}{2}$

以上から，求める線分 PQ の最小値は
$$\sqrt{(-1)^2 + \left(-\frac{1}{2}\right)^2 + \left(-\frac{3}{2}\right)^2} = \frac{\sqrt{14}}{2}$$

別解

題意から

$$\overrightarrow{OP} = (3, 4, 0) + s(1, 1, 1) = (3+s, 4+s, s)$$

$$\overrightarrow{OQ} = (2, -1, 0) + t(1, -2, 0) = (2+t, -1-2t, 0)$$

となる実数 s, t が存在するから

$$|\overrightarrow{PQ}|^2 = (1+s-t)^2 + (5+s+2t)^2 + s^2$$
$$= 3s^2 + 2(t+6)s + 5t^2 + 18t + 26$$
$$= 3\left(s + \frac{t+6}{3}\right)^2 + \frac{14}{3}\left(t + \frac{3}{2}\right)^2 + \frac{7}{2}$$

これが最小となるのは

$$s = -\frac{t+6}{3}, \ t = -\frac{3}{2} \ \text{すなわち} \ s = t = -\frac{3}{2}$$

のときで，PQ の最小値は

$$\sqrt{\frac{7}{2}} = \frac{\sqrt{14}}{2}$$

問題 226 ▶▶▶ 設問 P228

3 点 A, B, C は一直線上にないから，点 P が平面 ABC 上にある条件は，s, t, u を実数として

$$\overrightarrow{OP} = s\overrightarrow{OA} + t\overrightarrow{OB} + u\overrightarrow{OC} \quad (s+t+u=1)$$

と表されることである．$u = 1-s-t$ を代入して，

$$\overrightarrow{OP} = s\overrightarrow{OA} + t\overrightarrow{OB} + (1-s-t)\overrightarrow{OC}$$

成分を代入すると

$$(x, 8, 1) = s(1, 0, -1) + t(3, 1, 0) + (1-s-t)(2, 4, 1)$$

よって

$$\begin{cases} x = s + 3t + 2(1-s-t) = -s + t + 2 \\ 8 = t + 4(1-s-t) = -4s - 3t + 4 \\ 1 = -s + (1-s-t) = -2s - t + 1 \end{cases}$$

$$\therefore \begin{cases} x = -s + t + 2 & \cdots\cdots ① \\ 4 = -4s - 3t & \cdots\cdots ② \\ 0 = -2s - t & \cdots\cdots ③ \end{cases}$$

②, ③ より $s = 2, t = -4$
① に用いて $x = \mathbf{-4}$

別解

3点 A, B, C は一直線上にないので，点 P が平面 ABC 上にある条件は s, t を実数として，$\overrightarrow{AP} = s\overrightarrow{AB} + t\overrightarrow{AC}$ と表されることである．

$$\overrightarrow{AP} = \overrightarrow{OP} - \overrightarrow{OA} = (x, 8, 1) - (1, 0, -1) = (x-1, 8, 2)$$
$$\overrightarrow{AB} = \overrightarrow{OB} - \overrightarrow{OA} = (3, 1, 0) - (1, 0, -1) = (2, 1, 1)$$
$$\overrightarrow{AC} = \overrightarrow{OC} - \overrightarrow{OA} = (2, 4, 1) - (1, 0, -1) = (1, 4, 2)$$

であるから，成分を代入すると
$(x-1, 8, 2) = s(2, 1, 1) + t(1, 4, 2)$

$$\therefore \begin{cases} x - 1 = 2s + t & \cdots\cdots ① \\ 8 = s + 4t & \cdots\cdots ② \\ 2 = s + 2t & \cdots\cdots ③ \end{cases}$$

②, ③ より $s = -4, t = 3$
① に用いて，$x = \mathbf{-4}$

問題 227

▶▶▶ 設問 P228

$\overrightarrow{AB} = (2, 2, 0), \overrightarrow{AC} = (2, 0, 2)$ である．H は平面 ABC 上にあるから，s, t を実数として
$\overrightarrow{OH} = \overrightarrow{OA} + s\overrightarrow{AB} + t\overrightarrow{AC}$
$\quad = (-2, 0, 0) + s(2, 2, 0) + t(2, 0, 2)$
$\quad = (2(s+t-1), 2s, 2t) \quad \cdots\cdots ①$

と表される．このとき，
$\overrightarrow{DH} = \overrightarrow{OH} - \overrightarrow{OD} = (2(s+t-2), 2s+1, 2t)$

DH ⊥ 平面 ABC となる条件は $\overrightarrow{\mathrm{DH}} \perp \overrightarrow{\mathrm{AB}}$ かつ $\overrightarrow{\mathrm{DH}} \perp \overrightarrow{\mathrm{AC}}$ であるから，
$$\overrightarrow{\mathrm{DH}} \cdot \overrightarrow{\mathrm{AB}} = 0, \quad \overrightarrow{\mathrm{DH}} \cdot \overrightarrow{\mathrm{AC}} = 0$$

ゆえに，
$$\begin{cases} 2(s+t-2) \cdot 2 + (2s+1) \cdot 2 = 0 \\ 2(s+t-2) \cdot 2 + 2t \cdot 2 = 0 \end{cases} \quad \therefore \quad \begin{cases} 4s + 2t = 3 \\ s + 2t = 2 \end{cases}$$

これを解いて，$s = \dfrac{1}{3}$, $t = \dfrac{5}{6}$ となる．①に代入して $\mathrm{H}\left(\dfrac{1}{3},\ \dfrac{2}{3},\ \dfrac{5}{3}\right)$

別解

H は平面 ABC 上にあるから，$k,\ l,\ m$ を実数として，
$$\overrightarrow{\mathrm{OH}} = k\overrightarrow{\mathrm{OA}} + l\overrightarrow{\mathrm{OB}} + m\overrightarrow{\mathrm{OC}} \quad (k+l+m=1)$$

と表される．このとき
$$\overrightarrow{\mathrm{OH}} = k(-2, 0, 0) + l(0, 2, 0) + m(0, 0, 2) = (-2k, 2l, 2m)$$

となるから，$\overrightarrow{\mathrm{DH}} = \overrightarrow{\mathrm{OH}} - \overrightarrow{\mathrm{OD}} = (-2k-2, 2l+1, 2m)$

これが $\overrightarrow{\mathrm{AB}} = (2, 2, 0)$, $\overrightarrow{\mathrm{AC}} = (2, 0, 2)$ と垂直より
$$\overrightarrow{\mathrm{DH}} \cdot \overrightarrow{\mathrm{AB}} = (-2k-2) \cdot 2 + (2l+1) \cdot 2 + 2m \cdot 0$$
$$= -4k + 4l - 2 = 0 \quad \cdots\cdots ①$$
$$\overrightarrow{\mathrm{DH}} \cdot \overrightarrow{\mathrm{AC}} = (-2k-2) \cdot 2 + (2l+1) \cdot 0 + 2m \cdot 2$$
$$= -4k + 4m - 4 = 0 \quad \cdots\cdots ②$$

$k+l+m=1$ より $k = 1-l-m$ を ①, ② に代入すると
$$\begin{cases} -4(1-l-m) + 4l - 2 = 0 \\ -4(1-l-m) + 4m - 4 = 0 \end{cases} \quad \therefore \quad \begin{cases} 8l + 4m - 6 = 0 \\ 4l + 8m - 8 = 0 \end{cases}$$

これを解いて，$k = -\dfrac{1}{6}$, $l = \dfrac{1}{3}$, $m = \dfrac{5}{6}$

以上から $\mathrm{H}\left(\dfrac{1}{3},\ \dfrac{2}{3},\ \dfrac{5}{3}\right)$

問題 228 ▶▶▶ 設問 P228

(1) yz 平面上の点 P を $\mathrm{P}(0, y, z)$ とおく．

$\overrightarrow{AP} = (1, y-1, z-1)$ が $\overrightarrow{AB} = (0, 1, 1)$, $\overrightarrow{AC} = (2, 1, -1)$ のいずれにも垂直であるから

$$\begin{cases} \overrightarrow{AP} \cdot \overrightarrow{AB} = 0 \\ \overrightarrow{AP} \cdot \overrightarrow{AC} = 0 \end{cases} \quad \text{つまり,} \quad \begin{cases} y + z - 2 = 0 \\ y - z + 2 = 0 \end{cases}$$

$$\therefore \quad y = 0, \ z = 2 \qquad \therefore \quad \mathbf{P(0, \ 0, \ 2)}$$

(2) P を頂点とし，3 点 A，B，C を通る円 C を底面とする円錐の体積 V は AP が底面に垂直であるから

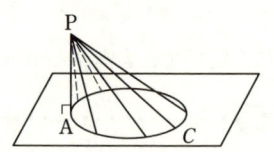

$$V = \frac{1}{3} \cdot (\text{円 } C \text{ の面積}) \cdot AP$$

ところで，$\overrightarrow{AB} \cdot \overrightarrow{AC} = 0 \cdot 2 + 1 \cdot 1 + 1 \cdot (-1) = 0$ だから，$\angle BAC = 90°$ であり，BC は C の直径である。$\overrightarrow{BC} = (0, -2, 2)$ より，$BC = 2\sqrt{2}$ であるから，底面の円の半径は $\sqrt{2}$ である。

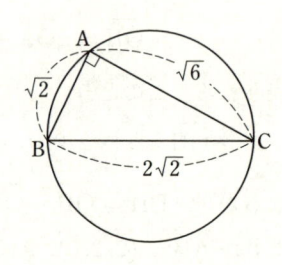

また，$\overrightarrow{AP} = (1, -1, 1)$ より，$|\overrightarrow{AP}| = \sqrt{3}$ であるから，

$$V = \frac{1}{3} \cdot \pi (\sqrt{2})^2 \cdot \sqrt{3} = \frac{\mathbf{2\sqrt{3}}}{\mathbf{3}} \boldsymbol{\pi}$$

問題 229

▶▶▶ 設問 P229

球面 S_1, S_2 の方程式は

$$S_1 : (x-10)^2 + y^2 + z^2 = 81 \qquad \cdots\cdots ①$$
$$S_2 : x^2 + (y-10)^2 + z^2 = 64 \qquad \cdots\cdots ②$$

で，原点を通り方向ベクトルが (a, b, c) の直線の媒介変数表示は，t を実数として

$$\begin{cases} x = at \\ y = bt \\ z = ct \end{cases} \cdots ③$$

となる．ここで，条件から $a^2+b^2+c^2=1$ ……④, $c \geqq 0$ ……⑤
である．①，③ を連立すると
$$(at-10)^2+(bt)^2+(ct)^2=81$$
$$(a^2+b^2+c^2)t^2-20at+19=0$$
④ より
$$t^2-20at+19=0 \quad \cdots\cdots ⑥$$
S_1 と直線が接するとき，⑥ は重解をもつから，判別式を D_1 とすると，
$$\frac{D_1}{4}=(-10a)^2-19=100a^2-19=0 \quad \therefore \quad a=\pm\frac{\sqrt{19}}{10}$$
②，③ を連立すると
$$(at)^2+(bt-10)^2+(ct)^2=64$$
$$(a^2+b^2+c^2)t^2-20bt+36=0$$
④ より
$$t^2-20bt+36=0 \quad \cdots\cdots ⑦$$
S_2 と直線が接するとき，⑦ は重解をもつから，判別式を D_2 とすると
$$\frac{D_2}{4}=(-10b)^2-36=100b^2-36=0 \quad \therefore \quad b=\pm\frac{3}{5}$$
これらを ④ に代入すると，
$$\frac{19}{100}+\frac{9}{25}+c^2=1$$
$$c^2=\frac{45}{100} \quad \therefore \quad c=\frac{3\sqrt{5}}{10} \ (\because \ c>0)$$
以上より，$(a, b, c)=\left(\pm\dfrac{\sqrt{19}}{10}, \ \pm\dfrac{3}{5}, \ \dfrac{3\sqrt{5}}{10}\right)$ (複号任意)

点数が確実にUPする！
数学Ⅱ+B
入試問題集

2016(平成28)年7月30日　初版第1刷発行

著　者　土田竜馬、高橋全人、小島祐太
発行者　錦織圭之介
発行所　株式会社　東洋館出版社
　　　　〒113-0021　東京都文京区本駒込5-16-7
　　　　営業部　電話 03-3823-9206／FAX 03-3823-9208
　　　　編集部　電話 03-3823-9207／FAX 03-3823-9209
　　　　振替　00180-7-96823
　　　　URL http://www.toyokan.co.jp

装　幀　中濱健治
印　刷　藤原印刷株式会社
製　本　牧製本印刷株式会社

ISBN978-4-491-03254-2　Printed in Japan

JCOPY　<(社)出版者著作権管理機構　委託出版物>
本書の無断複写は著作権法上での例外を除き禁じられています。複写される場合は、そのつど事前に、(社)出版者著作権管理機構（電話 03-3513-6969，FAX 03-3513-6979，e-mail : info@jcopy.or.jp）の許諾を得てください。